Landschapsecologie
Laag voor laag leren combineren

Derk Jan Stobbelaar
Hedwig van Loon
Jos Wintermans

Wageningen Academic
P u b l i s h e r s

ISBN: 978-90-8686-374-7
eISBN: 978-90-8686-926-8
DOI: 10.3920/978-90-8686-926-8

Omslagfoto: Giel Bongers

Eerste druk, 2022

© Wageningen Academic Publishers, Nederland, 2022

Inhoudsopgave

Begrijpen

Op sommige woorden moet je even kauwen. En hoe langer dat duurt, hoe mysterieuzer ze soms worden. Zoals begrijpen. Het tweede deel 'grijpen', is nog het makkelijkst. Iets vast hebben, grip hebben op, hanteren. Het geheim zit in de twee letters die eraan voorafgaan. Het verwijst naar een actieve vorm, je moet er wat voor doen. Zoals in behandelen, beleren, bedisselen. Je bent er niet zomaar, je moet in beweging komen. Het is een soort pad naar een doel. Begrijpen is daarmee een actieve vorm van inzicht vergaren.

Landschapsecologie gaat over begrijpen, over die weg naar begrip. Het is niet iets wat er is, maar wat alleen ontstaat als je er wat voor doet. Het is puzzelen, verbanden leggen, hypothesen toetsen. Het gaat om het doorgronden van een groter geheel zonder de details uit het oog te verliezen. Het ontrafelen van interacties; tussen ondergrond en vegetatie, geologie en hydrologie, waterkwaliteit en de aanwezigheid van bepaalde libellensoorten. Altijd in samenhang, zoeken naar relaties, begrijpen hoe onze natuur werkt.

Landschapsecologie is een krachtige discipline. Een werkwijze die je helpt diepgaand inzicht te verschaffen in het functioneren van ecologische systemen. Het is ook een brug tussen verleden en toekomst. Door terug te kijken stelt het je in staat om patronen, gebeurtenissen, veranderingen te verklaren. Waarom staat de Slanke sleutelbloem juist daar? Waarom hebben we zoveel graften in Zuid-Limburg? Wat verklaart de basenrijkdom van het grondwater in deze laagte? Tegelijk is landschapsecologie van belang voor de toekomst van Nederland. Meer dan ooit hebben we landschapsecologie en landschapsecologen nodig om oplossingen te bedenken voor de huidige uitdagingen. Nederland is namelijk in verandering. Er is een myriade van nieuwe eisen die we aan de inrichting van ons land stellen. Klimaatadaptatie, bosaanleg, energielandschappen, natuurinclusief bouwen, herstel biodiversiteit en niet in de laatste plaats de transitie van de huidige, doodgelopen landbouw naar een duurzame wijze van voedselproductie. En dat alles moet landen in een landschap dat uiteindelijk intrinsiek waardevol, herkenbaar en logisch is. Landschapsecologen kunnen daar bij uitstek een bijdrage aan leveren.

En dat begint bij een goede opleiding. Het is verheugend dat zoveel onderwijsinstellingen, zoals Van Hall Larenstein, het vakgebied landschapsecologie aan het oppoetsen zijn. Lange tijd ontbrak het daarbij aan een inspirerend leerboek dat daarin richting gaf. Afgelopen twintig jaar is ontzettend veel nieuwe kennis ontwikkeld, ervaringen opgedaan, mislukkingen geëvalueerd. Eindelijk is er dan een boek dat die kennis bijeen brengt, studenten en werkende ecologen laat zien hoe je dit mooie vak inzet. Het is natuurlijk uitdrukkelijk geen receptenboek. Landschapsecologie laat zich namelijk niet zo makkelijk vangen in processtappen, keuzesleutels en stroomschema's. Je moet er, zogezegd, zelf met het koppie bij blijven. Elke landschapsecoloog zal zich meer detective voelen dan wiskundige. Hoe logisch sommige verbanden ook zijn, in elk gebied spelen weer andere natuurlijke processen op elkaar in. Elke keer worden we verrast door bijzondere patronen, mysteries die opgelost moeten worden. Dit boek helpt daarbij.

Komende jaren heeft Nederland veel onafhankelijk denkende ecologen nodig die bereid zijn steeds weer onbevooroordeeld naar een gebied te kijken. Hypothesen uit het verleden ter discussie te stellen en grondig inzicht te willen hebben in de ecologie van onze landschappen. Oplossingen te verzinnen voor de natuurinclusieve samenleving die geworteld is in begrip, verstand en logica.

Dit boek is een belangrijk hulpmiddel. Het helpt om overzicht te scheppen. Tegelijk nodigt het uit om goed onderzoek te doen. Met de grondboor, peilbuisklokje, verrekijker, pH-papiertjes, veldgidsen en de veenhapper. Natuurlijk ook in toenemende mate met de computermuis en veldtablet. Ik wens iedereen mooie nieuwe inzichten toe, scherpe discussies en vooral uitmuntende oplossingen voor alle uitdagingen die voor ons liggen in de fraaie Nederlandse landschappen.

Robert Ketelaar
Landschapsecoloog bij Natuurmonumenten

Ten geleide bij Landschapsecologie

Dit boek is het resultaat van een zoektocht naar een omvattend en toch compact overzicht van de landschapsecologische kennis voor professionals op Hbo-niveau. En daarmee ook voor studenten die een Hbo-opleiding volgen waarbinnen de landschapsecologie een centrale plaats inneemt.

Er zijn allerlei wetenschappelijke werken over landschapsecologie, die voor het beoogde onderwijs te abstract zijn. Er zijn allerlei toegepaste publicaties die niet geheel de lading dekken. We denken dat we met deze publicatie een aardig eind in de richting zijn gekomen van een boek waar het allemaal in staat.

De zoektocht was een reis van vele jaren met afhakers en aanhakers, waarbij medewerkers van verschillende hogescholen en instituten een bijdrage geleverd hebben. Onze dank gaat uit naar de redactieleden van het eerste uur: Jasper van Belle, Maaike de Graaf, en Jan van der Vleuten. En natuurlijk naar de schrijvers van de verschillende hoofdstukken, die deze taak manmoedig hebben opgenomen naast hun bestaande werk. De schrijvers hebben hulp gehad van meelezers, die we daarvoor ook zeker willen bedanken: Hoofdstuk 1: Giel Bongers, Wimke Cretz en Harm Smeenge; Hoofdstuk 2: Jasper van Belle; Hoofdstuk 3: Giel Bongers, Lisette van den Bosch en Harm Smeenge; Hoofdstuk 4: Giel Bongers, Dan Assendorp en Marjoleine Hanegraaf; Hoofdstuk 5: Giel Bongers, Rik Huiskes en Nils van Rooijen; Hoofdstuk 6: Wimke Cretz, Sip van Wieren en Fokko Erhardt; Hoofdstuk 7: Hilde Thomassen; Hoofdstuk 9: Marius Christiaans en Robert Ketelaar.

Daarnaast dank aan Giel Bongers voor de omslag- en introfoto's bij de hoofdstukken. En zeker ook voor Diederik Hijlkema en Amber Frankfort een woord van dank, voor de prachtige figuren die zij gemaakt hebben.

Met dit boek hopen wij het systeemdenken aan te moedigen, door te laten zien dat je onderdelen in het landschap wel kunt onderscheiden, maar niet van elkaar kunt scheiden. Wil je het landschap echt begrijpen, dan zul je het functioneren van het systeem moeten zien te doorgronden. Wij wensen jullie veel leesplezier en veel wijsheid.

De redactie,
Derk Jan Stobbelaar
Hedwig van Loon
Jos Wintermans

1. Relaties in het landschap

Derk Jan Stobbelaar, Jasper van Belle en Hedwig van Loon

1.1 Doel van dit boek

Met dit boek beogen we aan de hand van het rangordemodel[1] een introductie in de landschapsecologie op hbo-niveau te geven. Landschapsecologie is een onderdeel van de ecologie, maar omvat ook aanpalende vakgebieden, omdat het handelt over ecologische aspecten van het landschap inclusief de rol van de mens (Troll, 1966). Daarmee is ook gezegd dat de landschapsecologie een ruimtelijk georiënteerde en interdisciplinaire wetenschap is (Figuur 1.1). Het ondersteunt de vakgebieden van onder meer de ruimtelijke ordening en het natuurbeheer (zie ook Hoofdstuk 9).

Landschapsecologie gaat over de vraag hoe landschapspatronen ecologische processen beïnvloeden en hoe deze ecologische processen op hun beurt landschapspatronen beïnvloeden (With, 2019, zie ook Hoofdstuk 2 voor verdere uitleg over de studie van patronen en processen). Of zoals Troll (1971) het zegt, landschapsecologie is de studie van de belangrijkste complexe causale relaties tussen levensgemeenschappen en hun omgeving die tot uiting komen in een regionaal bepaald distributiepatroon (landschapsmozaïek, landschapspatroon).

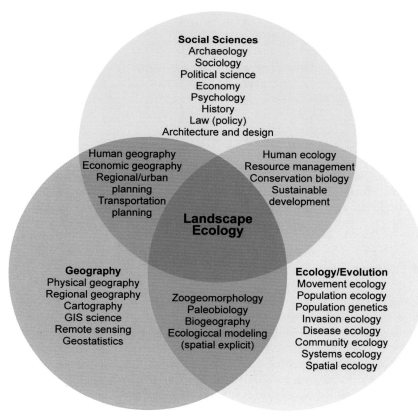

Figuur 1.1 Het interdisciplinaire karakter van de landschapsecologie (With, 2019).

---

[1] Daarmee is het de opvolger van Landschapsecologie (Van Dorp e.a., 1999), waarbij we nog meer proberen aan te sluiten bij de onderwijspraktijk van vandaag onder andere door strakker aan het rangordemodel vast te houden.

In de (landschaps)ecologie draait alles dus om samenhangen. Een plant is afhankelijk van bodem en water, enzovoort, oftewel de plant is onderdeel van een ecosysteem. Maar als je een dergelijk complex systeem inzichtelijk wilt maken, is het toch handig om de onderdelen daarvan uit elkaar te halen en afzonderlijk te beschrijven. Zie daar de opgave van dit boek: de onderdelen van ecosystemen goed uiteenleggen en uitleggen, zonder de samenhang met de andere onderdelen uit het oog te verliezen. We denken dat we dit voor elkaar kunnen krijgen door gebruik te maken van het rangordemodel, dat de kapstok is voor dit boek. Iedere laag in het rangordemodel wordt in een hoofdstuk uitgelicht, waarbij geregeld doorverwezen wordt naar de andere hoofdstukken om de samenhang met de andere lagen uit het rangordemodel te duiden. Ook wordt ieder hoofdstuk afgesloten met een casusbeschrijving, waarin de theorie wordt toegelicht aan de hand van een voorbeeldlandschap. Op die manier komen de belangrijkste landschappen van Nederland aan bod. De mens en de samenleving hebben een bijzondere positie in het rangordemodel, omdat de mens invloed heeft op alle lagen uit het rangordemodel. Er zijn in dit boek dan ook twee hoofdstukken opgenomen die deze invloed laten zien, een over milieufactoren, dus vooral over de negatieve effecten die de mens heeft op natuur en landschap en een over de historische ecologie, waarin beschreven wordt hoe de mens door de eeuwen heen, ook positief, invloed heeft gehad op de verschillende lagen in het rangordemodel. In het laatste hoofdstuk, Natuurbeheer, wordt beschreven hoe mensen tot keuzes kunnen komen om natuur- en landschapswaarden te behouden of te versterken; ook hier wordt het rangordemodel als uitgangspunt genomen.

In dit hoofdstuk zullen een aantal basisbegrippen over ecosystemen geïntroduceerd worden, die het kader vormen voor de volgende hoofdstukken. In Hoofdstuk 2 zal speciale aandacht zijn voor hoe een ecosysteem onderzocht kan worden.

1.2 Landschap en ecosysteem

Dit boek gaat over hoe een landschap functioneert als ecosysteem en over hoe ecosystemen in landschappen met elkaar samenhangen. In het algemene taalgebruik wordt met 'landschap' meestal bedoeld 'het beeld dat een mens waarneemt', of 'een schilderij waarop dat beeld is vastgelegd'

Kader 1.1. Enkele termen.

Biodiversiteit is de variatie in genen, soorten en de ecosystemen waarin soorten samenleven.

Biotoop is de geografische plaats waar een organisme leeft: de biotoop van de Roerdomp (*Botaurus stellaris*) is moeras.

Ecotoop is 'een ruimtelijke eenheid die homogeen is ten aanzien van vegetatiestructuur, successiestadium en de voornaamste abiotische stand-plaatsfacoren' (Stevers e.a., 1987). De Roerdomp leeft in de ecotoop nat rietland.

Habitat is de plek waar wordt voldaan aan de eisen die een organisme aan haar omgeving stelt: de habitat van de Roerdomp bestaat uit tenminste enkele jaren oud rietland, in 10-50 cm diep water, met 0,5-1 km lengte overgang naar open water of (ruig) grasland. De term kan ook andersom gebruikt worden: als aanduiding van het geheel aan eisen dat een soort aan zijn omgeving stelt.

Niche is de habitat van een soort, plus de rol die de soort inneemt in het ecosysteem

Standplaats is het habitat van een plant, waarbij de nadruk ligt op abiotische milieufactoren. Ook: het geheel aan omgevingseisen van een plant.

(Lemaire, 1970) en dat zijn ook de definities die de digitale Van Dale ervoor geeft (www.vandale.nl). Voor ons zijn daarnaast twee andere opvattingen van belang (Kalkhoven 1999, Zonneveld, 1995):

- Landschap als systeem van elkaar beïnvloedende natuurlijke en cultuurlijke factoren. Hierbij ligt de focus op de onderliggende processen, die aanleiding geven tot de patronen op bijvoorbeeld vegetatiekaarten of tot de verspreiding van een vlindersoort. Het gaat om de achterliggende oorzaken van herkenbare eenheden, of van het aan- of afwezig zijn van soorten. Dit gaat zowel om processen die zich op één plaats afspelen, dus binnen zo'n eenheid, als om processen die zich afspelen tussen plaatsen, dus tussen de eenheden;
- Landschap als afgrensbaar mozaïek. Dit gaat om een karakteristiek beeld dat onderscheiden kan worden van zijn omgeving, dus het landschap als streek of regio. Het karakteristieke beeld ontstaat als gevolg van één of meerdere gemeenschappelijke eigenschappen. Dit is vaak een gedeelde combinatie van bodemkundige eigenschappen, hydrologische processen en historisch landgebruik. Op deze manier kunnen typologieën van landschappen gemaakt worden (zie bijvoorbeeld Figuur 1.2).

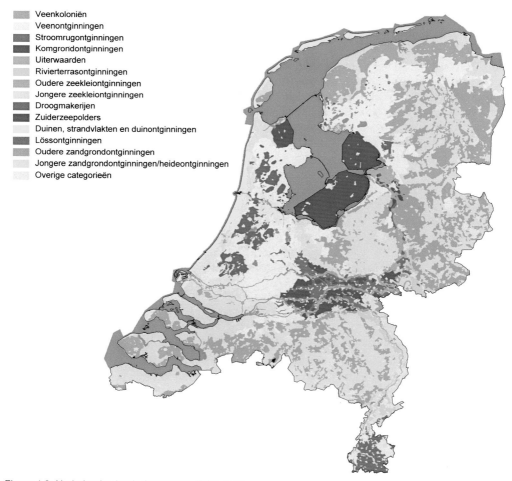

Veenkoloniën
Veenontginningen
Stroomrugontginningen
Komgrondontginningen
Uiterwaarden
Rivierterrasontginningen
Oudere zeekleiontginningen
Jongere zeekleiontginningen
Droogmakerijen
Zuiderzeepolders
Duinen, strandvlakten en duinontginningen
Lössontginningen
Oudere zandgrondontginningen
Jongere zandgrondontginningen/heideontginningen
Overige categorieën

Figuur 1.2. Nederlandse landschapstypen (RCE, z.d.).

De term 'ecosysteem' werd in 1935 geïntroduceerd door Tansley. Hij doelde hiermee op het samenhangende systeem dat wordt gevormd door alle soorten in een bepaald gebied en de 'fysieke' (Engels *physical*) factoren die hun leefomgeving vormen. Samenhang staat hierbij centraal. Samenhang tussen organismen, en samenhang tussen de levende wereld (de biotiek) en de niet-levende wereld (de abiotiek).

Uitgaande van deze definities zijn 'landschap' en 'ecosysteem' beide moeilijk te begrenzen in de ruimte. Voor landschappen geldt dat het karakteristieke beeld van een landschap zelden messcherp overgaat in een ander karakteristiek beeld. Voor ecosystemen geldt dat het open systemen zijn: ze zijn niet afgescheiden van hun omgeving, maar er gaat altijd iets in en iets uit. Dat is lastig, want als je landschappen of ecosystemen wilt onderzoeken moet je ze kunnen onderscheiden van hun omgeving. In de praktijk betekent dit, dat de begrenzing afhangt van de te beantwoorden onderzoeksvraag en dat studiegebiedgrenzen in het onderzoek helder gedefinieerd moeten worden.

Neem bijvoorbeeld een vochtige heide rond een ven, waarin een populatie leeft van het Gentiaan-blauwtje (*Phengaris alcon*). De rups van het Gentiaanblauwtje gebruikt de Klokjesgentiaan (*Gentiana pneumonanthe*) als waardplant en overwintert in nesten van de Bossteekmier (*Myrmica ruginodis*) of de Moerassteekmier (*Myrmica scabrinodis*), die allebei een zeer beperkte actieradius hebben. Als de nesten van de mieren 's winters overstromen sterven de daarin aanwezige rupsen (Vanreusel e.a., 2000). Als je wilt weten wat de invloed van waterstanden in het ven is op de populatie-ontwikkeling van het Gentiaanblauwtje, hoef je niet verder te kijken dan de directe omgeving van het ven en de groeiplaatsen van de Klokjesgentiaan. Boskap rond het heidegebied kan de waterstandsdynamiek in het ven veranderen. Wil je vaststellen welke invloed dergelijke boskap heeft op het Gentiaanblauwtje, dan moet je tenminste dat deel van de omgeving dat afstroomt naar het ven onderzoeken. En als het waterpeil in het ven afhankelijk is van grondwaterstanden, moet je onderzoek wellicht nog verder worden uitgebreid tot het gebied waarbinnen het grondwater naar het ven stroomt. Of wellicht ben je geïnteresseerd in de gevolgen van boomkap op het broedsucces van de Nachtzwaluw (*Caprimulgus europaeus*)? Dan is de schaal van een enkel klein heideterreintje niet langer relevant. De nesten van nachtzwaluwen liggen tot 500 m uit elkaar, en nachtzwaluwen forageren vooral op de overgang van de heide naar een ander type begroeiing (Van Kleunen e.a., 2007). Daarom kan een klein heideterreintje slechts enkele broedparen huisvesten, en zo'n populatie is te klein voor gedegen onderzoek. Relaties tussen boomkap en nachtzwaluwen kun je dus alleen onderzoeken in heideterreinen van enig formaat (enkele vierkante km's), of in een groter aantal kleine heideterreintjes.

1.3 Ecologische relaties in het landschap

De ecologische relaties[2] in landschappen zijn te verdelen in de relaties binnen één plek (verticale of topologische relaties), relaties tussen plekken (horizontale of chorologische relaties) en relaties in de tijd, die weer onder te verdelen zijn in cyclische relaties (jaarverloop, met periodiek terugkerende fenomenen) en historische relaties (door de jaren heen). Al deze relaties werken tegelijkertijd in op een bepaalde plek. Ze zijn wel te onderscheiden maar niet te scheiden in hun werking. Het functioneren van een ecosysteem is altijd tegelijkertijd afhankelijk van de tijd in het jaar, de geschiedenis, de plek in het landschap en de relatie met de rest van het landschap (Figuur 1.3). En al lijken in het rangordemodel de verticale relaties te overhand te hebben, de andere relaties hebben daarin wel degelijk een plek, zoals uit de komende hoofdstukken zal blijken.

---

[2] Samenhang en relatie worden hier als synoniem gebruikt.

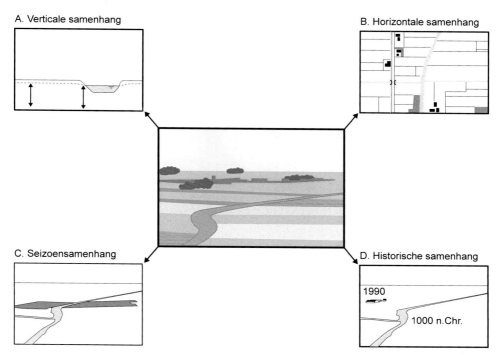

Figuur 1.3. Vier soorten samenhang in een landschap, door verschillende soorten relaties: (A) verticale samenhang, bv. tussen bodem, grondwater en vegetatie; (B) horizontale samenhang: bv. tussen percelen, erven en de watergang; (C) seizoenssamenhang: bv. invloed van winterse inundatie op begroeiing in de zomer; (D) historische samenhang: bv. de invloed van een in 1000 AD gegraven watergang op het huidige landschap (Hendriks en Stobbelaar, 2003).

1.3.1 Samenhang op één plek: verticale relaties

De heersende omstandigheden op een bepaalde plaats en de aanwezigheid van soorten op die plaats worden bepaald door het samenspel tussen verschillende factoren, die echter niet allemaal evenveel invloed op elkaar hebben. Anders gezegd: er is een zekere rangorde van beïnvloeding herkenbaar. Het klimaat heeft bijvoorbeeld veel meer invloed op de vegetatie, dan dat de vegetatie invloed heeft op het klimaat. In ons gematigde klimaat groeien bijvoorbeeld diverse typen loofbossen, terwijl het koudere Scandinavische klimaat geschikter is voor naaldbossen. De vegetatie heeft op haar beurt ook wel invloed op het klimaat. Zo stimuleert vegetatie de verdamping, wat leidt tot wolkvorming. Maar deze invloed van vegetatie op klimaat is geringer dan andersom. In Figuur 1.4 is de rangorde van beïnvloeding weergegeven voor de belangrijkste componenten van het ecosysteem. Deze figuur borduurt voort op werk van Jenny (1941) en Kemmers en De Waal (1999) en vele anderen. Dit rangordemodel vormt de leidraad in dit boek, de hoofdstukindeling is eraan opgehangen. Met de kanttekening dat soms meerdere lagen in een hoofdstuk worden samengevoegd.

Aan de linkerkant van de figuur is aangegeven dat klimaat, topografie, hydrologie, moedermateriaal en de bovenste laag van de bodem – de wortelzone – de abiotische componenten van het ecosysteem vormen. Deze componenten hebben gezamenlijk een grote invloed op de omstandigheden die op een plaats heersen. Vanaf de wortelzone volgt het levende deel van het ecosysteem: de vegetatie, herbivoren, predatoren en reducenten. In de wortelzone komen het levende en het niet levende

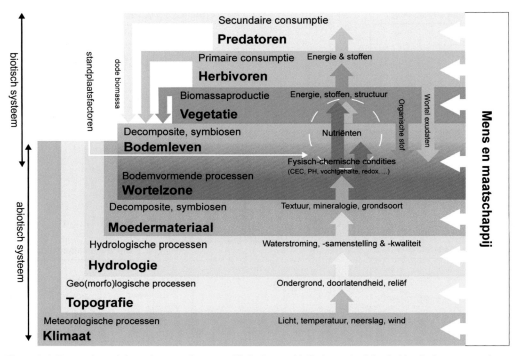

Figuur 1.4. Rangordemodel van de samenhang van biotische en abiotische onderdelen het landschaps-ecosysteem. Ieder gekleurd vak geeft een component van dit systeem (laag) weer. Per component staan de bepalende processen links. De pijlen geven de dominante beïnvloeding tussen compartimenten weer en de toestand die wordt doorgegeven. De beïnvloeding van dit systeem door mens en maatschappij is weergegeven met pijlen van rechts naar links (aangepast en uitgebreid naar Kemmers en De Waal, 1999).

deel van het ecosysteem in functionele zin samen. Per component is links weergegeven welk type processen er speelt en is met pijlen is aangegeven wat de belangrijkste invloeden op andere componenten zijn. Doordat de abiotische en de biotische componenten elkaar ontmoeten in de wortelzone, staan hier meer pijlen over en weer. Aan de rechterkant van de figuur is door middel van een grijze balk weergegeven dat het menselijk handelen invloed heeft op alle componenten van het ecosysteem. De techniek van de mens haar in staat stelt de wereld verregaand naar haar hand te zetten, soms gewenst, soms ongewenst, tot aan het klimaat aan toe.

Klimaat

Het klimaat staat onderaan en omvat de overige componenten, omdat het heel veel processen in de overige componenten beïnvloed. Van onder naar boven werkt het klimaat indirect door, via haar invloed op de overige componenten. Het klimaat heeft echter ook steeds een directe invloed op de levende componenten van het ecosysteem. In het eerdergenoemde voorbeeld van loofbossen versus naaldbossen speelt de temperatuur een belangrijke direct rol, en dus niet alleen via haar indirecte doorwerking in het systeem. Het klimaat op een bepaalde plaats wordt grotendeels bepaald door meteorologische processen. De belangrijkste invloed van het klimaat gaat uit van de lichtenergie, temperatuur, neerslag en wind. Dit boek bevat geen hoofdstuk over het klimaat, omdat dit binnen Nederland slechts weinig varieert. Overigens heeft deze kleine variatie al wel een zodanig effect dat er binnen Nederland sprake is van verschillende plantengeografische districten die mede door het klimaat bepaald zijn. Ook het verschil tussen noord- en zuidhellingen kan zodanig zijn dat er sprake is van verschillende microklimaten, zie topografie.

Topografie

Temperatuur, neerslag en wind hebben veel invloed op geomorfologische processen, zoals de verwering van gesteente, en het transport van de verweringsproducten door water, ijs en wind. Deze geomorfologische processen geven vorm aan de topografie van een landschap, waaronder hier niet alleen de maaiveldhoogte en de variatie daarin wordt verstaan, maar ook de opbouw van de diepere ondergrond. In tegenstelling tot het klimaat, varieert de topografie binnen Nederland aanzienlijk. Meestal is de invloed van topografie op het levende deel van het landschapsecosysteem indirect. Zo kan het samenspel van topografie en klimaat leiden tot het ontstaan van microklimaten, bijvoorbeeld een warmer dan gemiddeld klimaat op een op het zuiden geëxponeerde helling, zoals bekend van duinlandschappen. Verder zijn variatie in maaiveldhoogte – het reliëf – en variatie in doorlatendheid van de ondergrond voor waterstroming van grote invloed op de hydrologie. De wisselwerking van ruimtelijke variatie in de topografie met het klimaat en de hydrologie leidt tot ruimtelijke variatie in hogere lagen van het rangordemodel.

Omdat geomorfologische processen zeer langzaam werken, verandert de topografie hierdoor nauwelijks op de menselijke tijdschaal. Daarom bevat dit boek geen hoofdstuk over topografie. Binnen de menselijke tijdschaal kan de topografie wel aanzienlijk veranderen door menselijk handelen; dit komt aan bod in Hoofdstuk 7 en 8.

Hydrologie

Hydrologie gaat over de stroming van water over en door de bodem. Als water door de bodem stroomt spreken we van grondwater. Het water in sloten en plassen is oppervlaktewater. Zowel grondwater als oppervlaktewater stroomt van hoog naar laag, uitgezonderd in kwelsituaties (zie Hoofdstuk 3). Hoe snel grondwater stroomt is afhankelijk van het hoogteverschil en hoeveel weerstand het ondervindt van de bodem. De samenstelling van grondwater wordt sterk gevormd door het materiaal waar het doorheen stroomt, vooral doordat er stoffen in oplossen. Zo bepalen het klimaat, de topografie en hydrologie tezamen hoeveel (grond)water op een plaats beschikbaar is en welke stoffen in dat water zijn opgelost.

De hoeveelheid en samenstelling van het (grond)water varieert sterk binnen Nederland, en vaak ook binnen een landschap. Zowel de hoeveelheid water als de samenstelling van het water beïnvloedt de begroeiing zowel direct als indirect, waarbij de indirecte beïnvloeding vaak het gevolg is van de invloed van hydrologie op de bodemgesteldheid. Hydrologie en bodem tezamen zijn vaak sterk sturend voor de begroeiing. Vanwege haar sterke invloed op het levende deel van het landschapsecosysteem wordt de hydrologie behandeld in Hoofdstuk 3.

De bodem: moedermateriaal, wortelzone en bodemleven

In het rangordemodel is de bodem opgedeeld in drie componenten, te weten het moedermateriaal, de wortelzone en het bodemleven. Hier komen de biotische (= levende) en abiotische (= niet-levende) delen van het ecosysteem samen. Het moedermateriaal is het minerale materiaal dat op enige diepte onder het maaiveld wordt aangetroffen. Dit gaat bijvoorbeeld om matig fijn zand.

Aan het maaiveld komt dood organisch materiaal uit planten en dieren in de bodem terecht, zodat de samenstelling van de bodem verandert. Dit organische materiaal wordt omgezet door levende organismen, die we het bodemleven noemen. Bovendien hebben planten in deze zone vaak uitgebreide wortelstelsels, waarmee ze stoffen opnemen en uitstoten. Tenslotte leidt fluctuatie van grondwaterstanden tot variatie in chemische en fysische processen.

Onder invloed van al deze processen verandert het moedermateriaal geleidelijk, waardoor een afwisseling van bodemlagen met verschillende eigenschappen ontstaat. Dit proces van bodemvorming is uitvoerig beschreven in Jongmans e.a. (2013). De wisselwerking tussen de eigenschappen van het moedermateriaal en de hoeveelheid en samenstelling van het grondwater speelt hierbij een grote rol. Deze wisselwerking bepaalt voor een groot deel de fysisch-chemische eigenschappen van de bodem, zoals de zuurgraad en zuurbuffering, redoxpotentiaal, vochtbeschikbaarheid en ten dele ook de beschikbaarheid van nutriënten voor planten.

Planten wortelen globaal in de bovenste meter van de bodem, hoewel bepaalde boomsoorten soms tot enkele meters diepte geraken; dit varieert tussen bodemtypen (Ten Cate e.a., 1995). Dit is de wortelzone zoals aangegeven in Figuur 1.4 en wordt behandeld in Hoofdstuk 4, met aanvullingen in Hoofdstuk 6. In deze zone spelen naast fysische en chemische processen ook biologische processen een grote rol. Dit gaat over de groei en het afsterven van plantenwortels, hoe dat de structuur van de bodem beïnvloedt en organische stof in de bodem brengt. Maar wortels stoten ook een scala aan stoffen uit om ze te helpen nutriënten op te nemen, dit zijn wortelexudaten. Zo wordt zuur (H^+) uitgestoten om te compenseren voor de opname van positief geladen ionen en worden suikers en organische zuren uitgestoten om micro-organismen rond de wortel te voeden. Die micro-organismen helpen op hun beurt de plant met de opname van nutriënten en vormen een deel van de component bodemleven. Deze samenwerking tussen planten en micro-organismen is een belangrijk aspect van micro-organismen in de bodem. Een tweede aspect is het afbreken van dood organisch materiaal. Hierdoor komen de bouwstenen van de biomassa opnieuw beschikbaar als nutriënten voor planten.

Vegetatie, herbivoren, carnivoren

De vegetatie (zie Hoofdstuk 5) speelt in de meeste terrestrische ecosystemen de belangrijkste rol bij het produceren van biomassa uit anorganische nutriënten, water en zonne-energie. Anders gezegd: de planten en mossen in de vegetatie zijn de producenten in de meeste ecosystemen op land. In aquatische systemen kunnen algen deze rol hebben. Welke planten ergens groeien en hoeveel biomassa wordt geproduceerd is afhankelijk van de omstandigheden ter plekke; dit noemen we de standplaatsfactoren. De vegetatie vormt vaak de 'aankleding' van het landschap en is daardoor voor de fauna van groot belang als structuurbepalend element. Denk aan vogels die hun nest in een boom maken, maar ook aan kevers in een grasland. Die laatste leven in een driedimensionale wereld die sterk wordt bepaald door de structuur van de grassen en kruiden (zie bijvoorbeeld Di Giulio e.a., 2001). De door planten, mossen of algen geproduceerde biomassa vormt de basis van de voedselketen. Een deel hiervan wordt opgegeten door de herbivoren, oftewel primaire consumenten. Een deel van de herbivoren wordt op haar beurt gegeten door de predatoren, oftewel de secundaire (en hogere orden) consumenten. Deze consumenten komen aan de orde in Hoofdstuk 6. In iedere laag in de voedselketen – producenten en diverse lagen consumenten – wordt een deel van de biomassa niet geconsumeerd. Deze dode biomassa vormt de voeding van de reeds genoemde reducenten, die het afbreken tot voor planten beschikbare nutriënten. Hier kun je meer over vinden in Hoofdstuk 4 en Hoofdstuk 6.

1.3.2 Samenhang tussen plekken: horizontale relaties

Ruimtelijke samenhang in een ecosysteem gaat over beïnvloeding van één plek door een andere plek. In Figuur 1.5 is het verschil tussen verticale relaties en horizontale relaties geïllustreerd, als aanvulling op het rangordemodel als zodanig. Zowel in het biotische (= levende natuur in de figuur) deel als in het abiotische (=niet levende natuur in de figuur) deel van het ecosysteem kan ruimtelijke samenhang optreden. In het abiotische deel kan bijvoorbeeld samenhang ontstaan door transport van stoffen via de lucht of het (grond)water. Denk bijvoorbeeld aan grondwater dat op één plek in de bodem trekt en op een andere plek weer aan het oppervlak komt (zie Figuur 1.6). Dit stromende water kan stoffen meenemen van de eerste naar de tweede plek. Als op plek één volop mest wordt uitgereden kan hierdoor nitraat (NO_3^-) in het grondwater oplossen, waardoor de nutriëntenbeschikbaarheid voor de vegetatie op plaats twee wordt verhoogd (zie voor verder uitleg Hoofdstuk 3). Hetzelfde principe gaat op voor transport van stoffen via de lucht, denk bijvoorbeeld aan de depositie van stikstof (N) in Nederland: dit is het gevolg van het transport via de lucht van stoffen die vrijkomen uit verbranding (NO_x) en mest (NH_y). Dergelijk transport kan over grote afstanden gaan (zie Hoofdstuk 7).

Naast dergelijke abiotische relaties tussen plekken, zijn natuurlijk ook biotische relaties van belang. Denk bijvoorbeeld aan zaadverspreiding door wind, vogels of grazers. Hierdoor kunnen twee ruimtelijk gescheiden groeiplaatsen van een plantensoort toch met elkaar in contact staan. Dieren zoals vogels en grote zoogdieren zijn vaak erg mobiel, omdat ze vaak meerdere delen van een landschap gebruiken als deelhabitats om te slapen, foerageren, nestelen, enzovoort. Bij sommige dieren is het gebruik van het landschap ook sterk seizoensgebonden, denk aan trekvogels die 's winters op een heel ander continent zitten dan 's zomers, of aan ruiende vogels die daarvoor open water opzoeken. Voor het overleven van de soort zijn al deze verschillende plekken in het landschap noodzakelijk en moeten ze voor deze soort ook allemaal bereikbaar zijn. Daarmee komen we op een ander belangrijk begrip in de landschapsecologie: connectiviteit. Connectiviteit

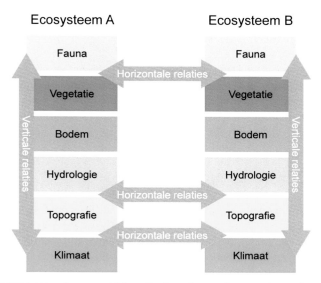

Figuur 1.5. Model van twee ecosystemen met interacties in en tussen de ecosystemen (aangepast naar Stichting Wetenschappelijke Atlas van Nederland, 1987).

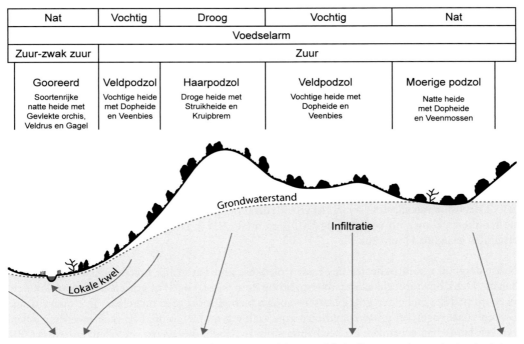

Nat	Vochtig	Droog	Vochtig	Nat
Voedselarm				
Zuur-zwak zuur	Zuur			
Gooreerd	Veldpodzol	Haarpodzol	Veldpodzol	Moerige podzol
Soortenrijke natte heide met Gevlekte orchis, Veldrus en Gagel	Vochtige heide met Dopheide en Veenbies	Droge heide met Struikheide en Kruipbrem	Vochtige heide met Dopheide en Veenbies	Natte heide met Dopheide en Veenmossen

Figuur 1.6. Zonering in een heidelandschap. Op de hogere delen verschilt de diepte van de grondwaterstand door verschillen in maaiveldhoogte en nabij de heidebeek treedt lokale kwel op. Dit leidt tot verschillen in vochtcondities, zuurgraad en bodemtype, waardoor zonering in vegetatie ontstaat (Runhaar e.a., 2000).

gaat over de mate waarin een soort gebruik kan maken van het landschap om zich te voort te bewegen en van de ene verblijfplaats naar de andere te komen of van de ene deelhabitat naar de andere. Er wordt daarbij ook wel gesproken over de weerstand van het landschap, dat wil zeggen, een landschap met een hoge weerstand heeft een lage connectiviteit. Zie voor verdere uitleg Hoofdstuk 6.

Horizontale relaties kunnen ook van invloed zijn op plantengroei. In Figuur 1.6 staat een voorbeeld van een typische zonering van bodemtypen en begroeiing in een heidelandschap. In dit voorbeeld zorgt de wisselwerking tussen het reliëf en het grondwater voor ruimtelijke variatie in vochtbeschikbaarheid en de zuurgraad, waardoor verschillen in bodem en begroeiing ontstaan.

1.4 Samenhang in de tijd

Een kenmerk van landschappen is dat ze altijd veranderen. Deels gebeurt dat door natuurlijke processen, deels door cultuurlijke processen, vaak een combinatie daarvan. Natuurlijke processen zijn bijvoorbeeld successie, brand, begrazing, erosie en veenvorming. Cultuurlijke processen zijn bijvoorbeeld veranderingen in landbouw, wonen, defensie, infrastructuur, religie, recreatie (Horst en Spek, 2014). Samenhang in de tijd gaat dus altijd over verandering, dus altijd over processen. Die verandering wordt zichtbaar in de patronen en het functioneren van het landschap (zie voor verdere uitleg Hoofdstuk 2). Kenmerk van Nederland is dat veel landschapsveranderende natuurlijke processen buiten werking gesteld zijn of op zijn minst teruggedrongen en dat de cultuurlijke processen de overhand gekregen hebben. In natuurontwikkelingsprojecten worden de natuurlijke processen vaak op relatief kleine schaal weer aangezet (zie Hoofdstuk 9).

Veelal spelen natuurlijke processen zich in een jaarcyclus af: hoog water in de rivieren, ijs(gang), brand, enzovoort. Dit zijn landschapsvormende processen, maar ze hebben bovendien specifieke invloed op de levenscyclus van planten en diersoorten. Landschap en het daarin functionerende ecosysteem zijn gedurende het jaar steeds weer anders. De levenscyclus van een soort moet daarin passen, wil de soort kunnen overleven. Voor dieren geldt kort door de bocht dat ze voldoende dicht bij elkaar voedsel, veiligheid (dekking), voortplanting(splekken) kunnen vinden (Figuur 1.7). Als er ergens in het jaar voorwaarden ontbreken, kan de soort zich niet handhaven (zie hier ook weer de verwevenheid van tijd en ruimte). Voor het functioneren van een ecosysteem is het van belang dat de seizoensgebonden processen in de verschillende lagen van het ecosysteem op elkaar aansluiten. We zien bijvoorbeeld dat door klimaatverandering (verschuiving van meteorologische processen), het aanbod van rupsen niet meer synchroon loopt met het uitkomen van de sommige vogeleieren waardoor de jongen verhongeren (Devictor e.a., 2012).

Hoofdstuk 8 laat zien wat een enorme veranderingen de combinatie van natuurlijke en cultuurlijke processen in het Nederlandse landschap teweeg hebben gebracht, waardoor het landschap van 2000 jaar geleden in bijna niets meer lijkt op dat van 1000 jaar geleden of zoals het nu is. Met die veranderende landschappen, veranderde ook de soortensamenstelling, waarbij moet aangemerkt worden dat de cultuurlijke processen vaak een negatief effect hadden op de biodiversiteit (zie Hoofdstuk 7), echter niet altijd (zie Hoofdstuk 8). Het is dus mogelijk om een sterk cultuurlijk landschap te hebben met een hoge biodiversiteit (zie Hoofdstuk 9).

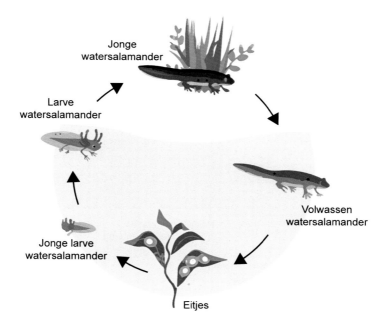

Figuur 1.7. Levenscyclus salamander in relatie tot plekken in het landschap (https://tinyurl.com/yt64b5t9).

1.5 De verschillende relaties geïntegreerd in het rangordemodel

Hierboven is beschreven dat een ecosysteem altijd verschillende ruimtelijke en tijdsrelaties met zijn omgeving onderhoudt. Van Wirdum (1979) heeft dat met nadruk op de positie van planten in het landschap gekoppeld aan schaalniveaus in het landschap (Figuur 1.8). In dit veel gebruikte figuur spreekt hij van operationele, conditionele, positionele en sequentiële relaties (zie voor uitgebreide uitleg Jalink e.a., 2003). Kortgezegd zou je kunnen stellen dat de operationele en conditionele relaties vooral gaan over (een vorm van) verticale samenhang in het landschap, de positionele relaties gaan over (een vorm van) horizontale samenhang[3]. De relaties zijn altijd aan verandering onderhevig, door de inwerking van verschillende abiotische en biotische processen; denk bijvoorbeeld aan erosie en successie. Dit noemen we de sequentiële relatie of de historische samenhang. Deze relaties zijn ook schaalgebonden: de operationele relaties spelen zich af op microniveau, de conditionele op standplaatsniveau en de positionele relaties op meso- of macroniveau.

Zo heeft een plant op microniveau een direct relatie met zijn omgeving, bijvoorbeeld hoe deze omgaat met de beschikbaarheid van voedingsstoffen in het wortelmilieu. Dat wordt onder andere bepaald door de zuurgraad en hoeveelheid water in de bodem, en daarom noemen we dat standplaatsfactoren. Deze relaties worden boven in het rangordemodel beschreven (vegetatie – bodemleven, wortelzone).

---

[3] Voor meer landschapskundige vormen van verticale en horizontale samenhang, zie Hendriks en Stobbelaar, 2003.

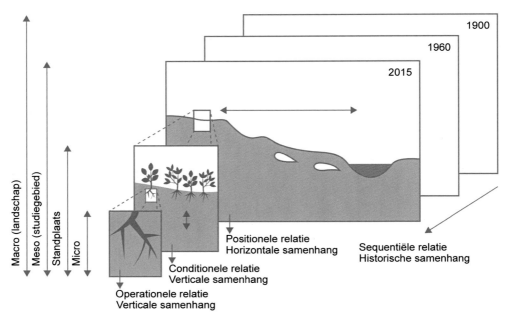

Figuur 1.8. Verschillende niveaus in een ecologisch systeemonderzoek (naar Hendriks en Stobbelaar, 2003; Jalink e.a., 2003; Van Wirdum, 1979).

De standplaatsfactoren staan weer onder invloed van de positie van die plek in het landschap op mesoniveau, omdat allerlei horizontale relaties bijvoorbeeld via de hydrologie invloed hebben op die plek. Daarom noemt Van Wirdum dit de positionele relaties. Om deze relaties goed te kunnen begrijpen moeten ook de middelste lagen uit het rangordemodel meegenomen worden in de analyse (moedermateriaal, hydrologie, topografie). Vaak komt dit mesoniveau ook overeen met het studiegebied dat je onder handen hebt; al is dat natuurlijk afhankelijk van de grootte van het gebied.

Om het studiegebied heen bevindt zich een gebied dat daarop invloed heeft, via de al eerder beschreven mesoniveaurelaties, maar ook door relaties die specifiek zijn voor de macroschaal. Dit wordt ook wel landschapsschaal genoemd. Daarbij moet je denken aan achtergronddepositie, grote migratiebewegingen en klimaat (oftewel, helemaal onderin, boven in het rangordemodel en de zijkant daarvan). Waar de grens tussen meso- en macroschaal ligt, is een dus kwestie van definitie, die ook ingegeven kan worden door de grenzen van je studiegebied. Deze schaalniveaus hebben consequenties voor de wijze waarop ecosystemen onderzocht kunnen worden (zie Hoofdstuk 2) en de wijze waarop natuurbeheer ingezet kan worden (zie Hoofdstuk 9).

1.6 Samenvattend

Samenvattend kan gezegd worden dat de landschapsecologie een aantal samenhangende thema's bestudeert (naar With, 2019):
1. De effecten van ecologische processen (in de verschillende lagen van landschap) op ruimtelijke patronen en vice versa, om op die manier zicht te krijgen op het functioneren van het landschapssysteem. Structuur, functie en verandering zijn hierbij belangrijke studieonderwerpen. Landschappen zijn heterogeen en deze heterogeniteit is van belang voor het begrijpen van ruimtelijke processen in het landschap. De ruimtelijke context is dus belangrijk voor het begrijpen van verspreiding en dynamiek van ecologische processen. Landschappen zijn dynamisch, waardoor de snelheid van de landschapsverandering net zo belangrijk kan zijn als de omvang van de verandering.
2. De rol van de mens in functioneren en uiterlijk van het landschap, omdat hiermee handvatten gegeven kunnen worden voor het ecologisch waardevol beheer en het produceren van ecosysteemdiensten. Landschappen zijn multifunctioneel, wat vereist dat functies in samenhang bestudeerd moeten worden om duurzaam landgebruik te kunnen ondersteunen. Natuur is overal, in natuurgebieden, landelijk gebied en steden en moet in samenhang bestudeerd worden om soorten daadwerkelijk te kunnen beschermen (RLI, 2022).

Literatuur

Devictor, V., Van Swaay, C., Brereton, T.. Brotons, L., Chamberlain, D., Heliölä, J., Herrando, S., Julliard, R., Kuussaari, M., Lindström, A., Reif, J., Roy, D.B., Schweiger, O., Settele, J., Stefanescu, C., Van Strien, A., Van Turnhout, C., Vermouzek, Z., Wallis De Vries, M., Wynhoff, I. en Jiguet, F., 2012. Differences in the climatic debts of birds and butterflies at a continental scale. Nature Climate Change 2: 121-124. https://doi.org/10.1038/nclimate1347

Di Giulio, M., Edwards, P.J. en Meister, E., 2001. Enhancing Insect Diversity in Agricultural Grasslands: The Roles of Management and Landscape Structure. Journal of Applied Ecology 38: 310-319.

Hendriks, C.J.M. en Stobbelaar, D.J., 2003. Landbouw in een leesbaar landschap. Hoe gangbare en biologische landbouwbedrijven bijdragen aan landschapskwaliteit. Proefschrift Wageningen Universiteit, Wageningen.

Horst, M. en Spek, T., 2014. De landschapbiografie – hoe de mens het landschap heeft gevormd. In: Simons, W. en Van Dorp, D. (red.). Praktijkgericht onderzoek in de ruimtelijke planvorming. Methoden voor analyse en visievorming. Uitgeverij Landwerk, Wageningen.

Jalink, M.H., Grijpstra, J. en Zuidhoff, A.C., 2003. Hydro-ecologische systeemtypen met natte schraallanden in pleistoceen Nederland. Expertisecentrum LNV, Ede.

Jenny, H., 1941. Factors of soil formation: a system of quantitative pedology. McGraw-Hill Book Company Inc., New York, NY, USA.

Jongmans, A.G., Van den Berg, M.W., Sonneveld, M.P.W., Peek, G.J.W.C. en Van den Berg van Saparoea, R.M. (red.), 2013. Landschappen van Nederland, geologie, bodem en landgebruik. Wageningen Academic Publishers, Wageningen.

Kalkhoven, J., 1999. Landschapsecologie als zelfstandig vakgebied. In: Van Dorp, D., Canters, K.J., Kalkhoven, J.T.R. en Laan, P. (red.) Landschapsecologie. Natuur en landschap in een veranderende samenleving. Boom, Amsterdam.

Kemmers, R.H. en de Waal, R.W., 1999. Ecologische typering van bodems. Deel 1 Raamwerk en humusvormtypologie. Rapport 667-1. Staring Centrum, Wageningen.

Lemaire, T., 1970. Filosofie van het landschap. Ambo, Baarn.

Raad voor de Leefomgeving en Infrastructuur (RLI), 2022. Natuurinclusief Nederland. Natuur overal en voor iedereen. Raad voor de Leefomgeving en Infrastructuur, Den Haag.

Rijksdienst voor Cultureel Erfgoed (RCE), z.d. https://www.cultureelerfgoed.nl/binaries/cultureelerfgoed/documenten/publicaties/2020/01/01/poster1_landschapstypennl_ruimtelijke_karakteristieken/Poster1_LandschapstypenNL_ruimtelijke_karakteristieken.pdf

Runhaar, J., Maas, C., Meuleman, A.F.M. en Zonneveld, L.M.L., 2000. Handboek herstel van natte en vochtige ecosystemen. RIZA, Lelystad.

Stichting Wetenschappelijke Atlas van Nederland, 1987. Atlas van Nederland. Staatsuitgeverij, 's Gravenhage.

Tansley, A.G., 1935. The use and abuse of vegetational concepts and terms. Ecology 16 (3): 284-307.

Ten Cate, J.A.M., A.F. Holst, H. Kleijer en J. Stolp, 1995. Handleiding bodemgeografisch onderzoek. Richtlijnen en voorschriften. Deel A: bodem. Technisch document 19A. DLO-Staring Centrum, Wageningen.

Troll, C., 1966. Landscape ecology. Publication S 4, ITC-UNESCO, Delft.

Troll, C., 1971. Landscape ecology (geoecology) and biogeoecology – a terminological study. Geoforum 2 (4): 43-46.

Van Dorp, D., Kanters, K.J., Kalkhoven, J.T.R. en Laan, P., 1999. Landschapsecologie. Natuur en landschap in een veranderende samenleving. Boom, Amsterdam.

Van Kleunen, A., Sierdsema, H., Nijssen, M., Lipman, V. en Groenendijk, D., 2007. Het jaar van de Nachtzwaluw 2007. SOVON-onderzoeksrapport 2007/10. SOVON Vogelonderzoek Nederland, Beek-Ubbergen.

Vanreusel, W., Maes, D. en Van Dyck, H.,2000. Soortbeschermingsplan gentiaanblauwtje. Universiteit Antwerpen (UIA-UA), Wilrijk, België.

Van Wirdum, G., 1979. Dynamic aspects of trophic gradients in a mire complex. Proc. and Inf. CHO-TNO 25, Den Haag, pag. 66-82.

With, K.A., 2019. Essentials of landscape ecology. Oxford University Press, Oxford, UK. https://doi.org/10.1093/oso/9780198838388.001.0001

Zonneveld, I.S., 1995. Land ecology. SPD Academic Publishing BV, Amsterdam.

2. Onderzoek en beoordeling van het ecosysteem

Derk Jan Stobbelaar en Hedwig van Loon

2.1 Inleiding: het ecosysteem in het maatschappelijk kader

Dit hoofdstuk gaat over de wijze waarop je de kwaliteit van een ecosysteem kunt onderzoeken en beoordelen. Deze kennis is in het natuurbeheer noodzakelijk omdat we dikwijls willen weten hoe we van de huidige situatie (ook wel huidige toestand genoemd) naar de gewenste situatie kunnen komen, rekening houdend met de mogelijkheden die een gebied heeft (Figuur 2.1). Dan is het nodig op een gestructureerde manier de huidige en de gewenste situatie te beschrijven, de verschillen daartussen aan te geven en maatregelen te bedenken om van huidige naar gewenste situatie te komen.

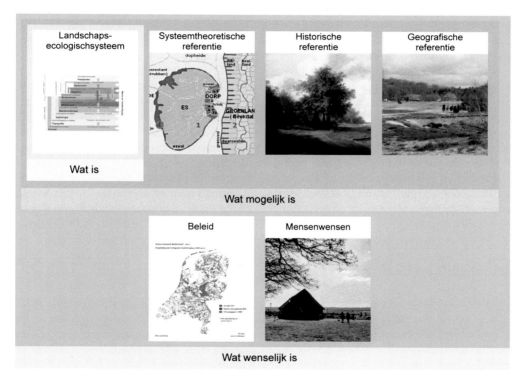

Figuur 2.1. Landschapsecologisch en maatschappelijk kader dat gebruikt kan worden om globale doelen voor het gebied vast te stellen. 'Wat is', is onderdeel van 'wat mogelijk is', wat weer onderdeel is van 'wat wenselijk is'. Als voorbeeld is hier een invulling gegeven van het heidelandschap. 'Wat is' wordt bepaald aan de hand van een LESA. Binnen 'wat mogelijk is' laat de systeemtheoretische referentie zien welke elementen in welke samenhangende configuratie het esdorpenlandschap over het algemeen bevat (Spek, 2004). De historische referentie is zichtbaar gemaakt door middel van een schilderij van Wernardus Bilders waarop vooral de schapenboet (potstal) en cultuurland goed te zien zijn. De geografische referentie is in dit geval de Lünenburgerheide in Duitsland (foto H. Smeenge), waar het heidelandschap met al zijn facetten te bestuderen valt. De typische potstalcultuur als mechanisme achter dit heidelandschap is ook daar sinds de uitvinding van kunstmest verloren gegaan. Vanuit het natuurbeheer wordt het proces achter dit landschap via het plaggen van heide, begrazen met schapen en kappen van hout nagebootst. 'Wat wenselijk is' vanuit beleidsoogpunt wordt gerepresenteerd door een projectenkaart van het gebiedsplan voor de Ginkelseheide (Bloc, 2020), vanuit mensenwensen door te kijken naar het gebruik (foto D.J. Stobbelaar).

De huidige situatie van een landschapsecologisch systeem is onder andere te beschrijven via een LESA, een landschapsecologische systeemanalyse (Van der Molen e.a., 2010; 2021). Deze methode sluit goed aan bij het rangordemodel dat centraal staat in dit boek, omdat het ook laag voor laag het landschap onderzoekt en de samenhang daartussen beschrijft. In Paragraaf 2.2 gaan we hier verder op in.

De mogelijkheden voor het landschapsecologisch functioneren van een gebied – dat waar een gebied naartoe kan ontwikkelen – zijn te beschrijven aan de hand van historische, geografische en systeemtheoretische referenties. Idealiter vullen deze drie benaderingen elkaar aan (Bootsma e.a., 2002; Clewell en Aronson, 2013; Wassen e.a., 2002). Dit wordt verder uitgelegd in Paragraaf 2.5. Voor het beschrijven van de mogelijkheden is het ook noodzakelijk om de huidige situatie van het studiegebied te kennen. Niet alles is overal mogelijk, of in ieder geval niet meer als er onomkeerbare veranderingen zijn opgetreden in bijvoorbeeld de bodemopbouw. Denk bijvoorbeeld aan sterk ingeklonken, veraard veenlandschap.

De landschapsecologische gewenste situatie is te beschrijven aan de hand van het beleid voor het gebied en de wensen van mensen, binnen de kaders van wat mogelijk is uiteraard (Stobbelaar e.a. 2018). Bij het beschrijven van de gewenste situatie is het noodzakelijk de huidige en de mogelijke situaties van het studiegebied te kennen, want opnieuw: niet alles is overal mogelijk. Niet alle natuurdoelen zijn te verenigen met alle maatschappelijke doelen. Een omschrijving van de synergie tussen doelen én conflicten is echter al heel verhelderend. Zo geven Bell e.a. (2018) aan dat de dynamische ontwikkeling van het hoogveensysteem van het Aamsveen, maar moeizaam aansluit op het conserverende Natura 2000-beleid, waarbij habitattypen in de ruimte en tijd worden vastgelegd. Ze geven aan dat: 'de ontwikkeling van een herstellend hoogveenlandschap vraagt om een benadering gericht op procesmatige herstel van de sturende landschapsecologische processen, waarbij wordt geaccepteerd dat bepaalde te beschermen soorten en levensgemeenschappen zullen afnemen of zelfs verdwijnen dan wel fasegewijs elders in het reservaat een plek kunnen vinden' (Bell e.a., 2018: p. 113).

Het bovenstaande maakt duidelijk dat de beschrijving van de huidige situatie, de mogelijke situaties en de gewenste situatie(s) niet los van elkaar gedaan kunnen worden. Nauwkeuriger kennis van het gebied in zijn omgeving en in de geschiedenis kan leiden tot het nauwkeuriger stellen van doelen. Die nauwkeuriger doelen op hun beurt kunnen weer tot diepgaander onderzoek van bepaalde aspecten in het landschapssysteem leiden. Hou er dus rekening mee dat je de verschillende deelonderzoeken naast elkaar moet doen en dat het onderzoek via een iteratief proces verloopt waarbij een ontdekking of aanscherping in het ene onderzoeksveld ertoe kan leiden dat je in het andere onderzoeksveld weer een stapje dieper moet gaan. Als bijvoorbeeld uit het beleid blijkt dat een bepaalde soort beschermd moet worden, zul je extra aandacht moeten besteden aan onderzoek naar de omstandigheden waaronder deze soort voor kan komen.

Op basis van de beschrijving van de gewenste situatie, kunnen plannen gemaakt worden om de situatie in het studiegebied te verbeteren. Daaraan wordt heel kort aandacht besteed in Paragraaf 2.6.

2.2 Omschrijving huidige situatie via de Landschapsecologische systeemanalyse

In Hoofdstuk 1 is het rangordemodel uitgelegd. De lagen uit het rangordemodel – in hun onderlinge verband – zijn in dit boek de basis voor het onderzoek aan het ecosysteem. Een methode die daar goed op aansluit is LESA: landschapsecologische systeemanalyse (Van der Molen e.a., 2010). Met behulp van een LESA bestudeer je een gebied voornamelijk van grof naar fijn, dus vanaf de invloed van klimaat en gesteenten op de vorming van het gebied, tot het voorkomen van specifieke soorten en hun onderlinge relaties (Besselink e.a., 2017). Je loopt dus als het ware van onder naar boven door het rangordemodel heen. Daarbij probeer je zoveel mogelijk per laag de toestand vast te stellen en de invloed hiervan op andere lagen te bepalen. Dit geeft inzicht in de samenhang van het landschapsecologische systeem.

Aan de hand van het vereenvoudigde rangordemodel van Kemmers e.a. (Figuur 2.2) geven we aan welke kenmerken gebruikt kunnen worden bij de beschrijving van de verschillende lagen uit het landschapsecologische systeem. Deze kenmerken komen terug in Paragraaf 2.3, bij de beschrijving van de lagen van het LESA model. Van de kenmerken worden patronen en processen beschreven.

Laag in het rangordemodel	Welke processen breng je beeld?	Wat breng je beeld?	Hoe breng je dat in beeld?	
Predatoren, herbivoren	Verspreiding en habitatontwikkeling	Diersoorten	Verspreidingskaart, (deel) habitatkartering	
Vegetatie	Verspreiding en vegetatieontwikkeling	Plantensoorten en vegetatie	Soorts- en vegetatiekartering	
Bodem Moedermateriaal	Bodemvorming: stapeling en afbraak van organische stof Fysisch-chemische processen	Humus- en bodemprofiel, condities m.b.t. vocht-, zuurgraad- en nutriënten	Ecologische bodemkartering, bodemchemische analyse en monsterpuntenkaart	Patroonanalyses
Hydrologie	Hydrologische processen	Waterkwaliteit, kwantiteit en stroming	Kartering grondwatertrappen en kwel, Isohypsen-kaart, chemische analyse waterkwaliteit en monsterpuntenkaart	
Topografie	Geo(morfo)logische processen	Opbouw ondergrond, gelaagdheid en doorlatendheid, reliëf	Geologische kaart en dwarsdoorsnedes, geomorfologische kaart, hoogtekaart	
Klimaat	Meteorologische processen	Neerslag, temperatuur	Reeksen van temperatuur en neerslag	

Systeemanalyses

Figuur 2.2. Koppeling tussen compartimenten in het rangordemodel en te meten kenmerken ten behoeve van patroon- en systeemanalyses (naar Kemmers e.a., 2001).

2.2.1 Patronen en processen

Allereerst moeten per laag de patronen beschreven worden. Een patroon is de (zichtbare) ruimtelijke verspreiding van kenmerken van het systeem, zoals bijvoorbeeld vegetatie of reliëf. Beschreven kan worden waar de kenmerken zich bevinden en of daarin een herkenbare ordening aanwezig is. Vormt het voorkomen van het kenmerk bijvoorbeeld bepaalde zones dan zegt dat iets over de opbouw van het gebied. Ook hoe de overgang de ene toestand van het kenmerk naar het ander plaats vindt, bijvoorbeeld van droog naar nat, geeft vaak veel informatie over de (potentiële) waarde van het gebied, al was het maar omdat in de overgangen de biodiversiteit hoog kan zijn (Van Leeuwen, 1965). De patroonstudie is een combinatie van kaartstudie (op basis van karteringen) en het bestuderen van de verschijningsvorm van het landschap in het veld. De kracht van kaartstudie is dat het overzicht geeft over het gehele gebied. De kracht van het bestuderen van de verschijningsvorm in het veld is dat het beeld dat je kunt krijgen van het studiegebied zoveel rijker is in het veld dan achter je computer (Hendriks en Stobbelaar, 2003; Van der Molen e.a., 2010). Afwijkingen, overgangen, enzovoort, zijn niet altijd op een kaart zichtbaar. Het gaat hierbij om het lezen van het landschapsbeeld, waarbij structuren, patronen, kleuren, vormen, leeftijd en hoogte alle van belang zijn om te begrijpen hoe het gebied in elkaar zit (Stobbelaar en Hendriks, 2014).

Een tweede analyse is de procesanalyse (Figuur 2.3). Deze analyse laat zien hoe de patronen al dan niet verschuiven in de tijd (seizoenen/jaarverloop, jaren/landschapsgenese). Die seizoensverandering, of seizoenssamenhang tussen het patroon en de tijd van het jaar (Stobbelaar e.a., 2004) vereist dus dat je vaker het veld in gaat, om op die manier de dynamiek van het systeem te leren begrijpen. Belangrijke verschillen tussen winter en zomer zijn de waterstand, de toestand van de vegetatie en het dierenleven. Sommige dieren trekken weg, andere komen, gedrag en uiterlijk verandert, sommigen houden winterslaap, enz.

Als de processen over langere tijd (inclusief de seizoensschommelingen) stabiel zijn, zullen de patronen dat meestal ook zijn. Een stabiel watersysteem met inzijging op de ene plaats en kwel op de andere, zal zorgen voor stabiele vegetatiepatronen (bij gelijkblijvend beheer). Omgekeerd geldt dat als de processen veranderen, de patronen ook gaan veranderen. Zo kunnen in de dierenlaag veranderingen plaats vinden door dispersie en habitatontwikkeling. Bij de beschrijving van de verandering wordt de tijdspanne pragmatisch gekozen, afhankelijk van de laag die bestudeerd wordt. Veranderingen in de bodem gaan in de regel veel langzamer dan die in de dierenlaag, waardoor voor het beschrijven van de richting van het ontwikkelproces in de bodem een langere tijd genomen moet worden.

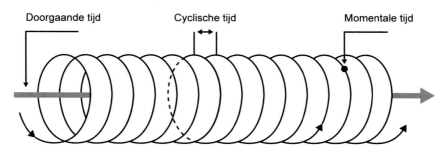

Figuur 2.3. Drie soorten tijd die je kunt bestuderen met een LESA (uit Hendriks en Stobbelaar, 2003).

Voor het beschrijven van de processen maak je voor een groot deel gebruik van dezelfde bronnen als voor het beschrijven van de patronen (kaarten, doorsnedes, metingen, waarnemingen, etc.); alleen gebruik je voor de beschrijving van het proces deze data uit verschillende momenten in de tijd. Van belang hierbij is dat de metingen steeds op dezelfde manier gedaan zijn. Soms is dat duidelijk, bijvoorbeeld het KNMI heeft langjarige reeksen over neerslag en temperatuur. Soms is het minder duidelijk. Zo ontbreken oudere vegetatieopnamen wel eens, of zijn ze niet op dezelfde manier uitgevoerd als de latere. Deze gegevens zijn zeker wel bruikbaar, maar de onzekerheden hierin moeten vermeld worden.

Nadat de patronen en processen beschreven zijn, kan de systeemanalyse plaatsvinden. Hierin worden de patronen en processen van de verschillende lagen met elkaar in verband gebracht. Hier beschrijf je de samenhang tussen de zichtbare patronen in de verschillende lagen van het systeem en de daarachterliggende processen. Je bent op zoek naar de eenheid, het karakter van het landschap, die tot stand komt door in je hoofd alle veldgegevens en bureaugegevens te verbinden (Bockemühl, 1993[4]; Pedroli, 1989), hetgeen veel oefening vereist. Uiteindelijk wil je uitkomen bij het beschrijven van de bepalende processen van het systeem, die zorgen voor het voorkomen en de dynamiek in levensgemeenschappen en soorten. Dat zijn de knoppen waaraan je kunt draaien waarmee het voorkomen van levensgemeenschappen en soorten beïnvloed kunnen worden (Van der Molen e.a., 2010). Voor verdere uitleg over systeemanalyse, zie Paragraaf 2.4 (integratie).

2.2.2 Schaalniveaus van onderzoek

Een systeemanalyse vindt plaats op verschillende schaalniveaus: landschap, studiegebied en standplaats. Van ieder niveau moeten de patronen en processen bestudeerd worden (zie Figuur 1.8). Ieder niveau wordt in kaart gebracht op basis van een combinatie van veld-, kaart- en literatuurstudies en interviews. Voor elk niveau geldt dat onzekerheden in de aanwezige kennis expliciet worden gemaakt, zodat daar later meer onderzoek naar gedaan kan worden en dat duidelijk is hoe stevig de conclusies zijn die worden getrokken over de toestand van het systeem. Onderzoek van de verschillende niveaus is cyclisch: kennis van het ene niveau geeft aanwijzingen voor onderzoek op andere niveaus en door heen en weer te springen tussen de niveaus worden de vragen die je aan het systeem stelt steeds scherper.

Het onderzoek begint vaak op het hoogste schaalniveau, dat wil zeggen op het niveau van het landschap (ook wel macroschaal of positionele relaties genoemd, zie Hoofdstuk 1 voor uitleg begrippen). Hierbij wordt globaal beschreven welke patronen aanwezig zijn en welke processen er plaats vinden in en rondom het eigenlijke studiegebied. Voor het in beeld brengen van relaties via lucht, grond- en oppervlaktewater is namelijk een ruimere omgrenzing nodig. In vochtige en natte gebieden zijn hydrologische processen vaak sturend voor de bepaling van de grenzen van het te bestuderen landschap. De omgeving van het studiegebied is daarnaast van belang voor dispersie van soorten. Grotere dieren zijn vaak niet gebonden aan het studiegebied voor alle levensfasen of gebruiken bijvoorbeeld de (ruime) omgeving als foerageergebied. Veel van de informatie op dit niveau is te vinden in de literatuur, omdat het op dit niveau voldoende is om een globaal beeld te krijgen van de opbouw en functioneren van het landschap. Het is bijvoorbeeld voldoende om te weten welke vegetatietypen op welke plek voorkomen, zonder precies te weten welke soortensamenstelling en bedekking aanwezig is.

---

[4] 'Nur im Bewußtsein des einzelnen Menschen kann Ganzheit erfaßt werden.'

Het middelste schaalniveau is het niveau van het studiegebied (mesoschaal). Stel de grenzen van het studiegebied vast op basis van de onderzoeksvraag. Vaak wordt door de opdrachtgever aangegeven dat een bepaald natuurgebied onderzocht moet worden, maar soms is het dan niet noodzakelijk het gehele gebied aan een gedetailleerde studie te onderwerpen. Van het studiegebied beschrijf en analyseer je de voorkomende patronen per laag van het rangordemodel, de achterliggende processen en als laatste het (potentieel) functioneren van het gehele systeem. Hiervoor ga je vooral dieper in op de hogere lagen van het rangordemodel (hydrologie, bodem, planten, dieren), omdat die meer plaatsgebonden zijn. Ook hiervoor gebruik je zoveel mogelijk bestaande informatie uit de literatuur, maar vaak is het noodzakelijk om deze voor het studiegebied aan te vullen of te verifiëren via veldstudie.

Het laagste schaalniveau is dat van de standplaats (microschaal, conditionele relaties). Onderzoek wordt gedaan naar het wel of niet voorkomen – of de verandering daarin – van bepaalde vegetatietypen en/of diersoorten. Onderzoek op dit niveau is nodig als de onderzoeksvraag gaat over deze specifieke (deel)habitats of zelfs over het voorkomen van een bepaalde soort of de aanwezigheid van bepaalde ecotopen. In dat laatste geval zijn ook de operationele relaties (Van Wirdum, 1979) van belang, waarbij de directe relatie tussen plant en zijn omgeving onderzocht wordt. Ook voor dit onderzoek gebruik je zoveel mogelijk bestaande informatie, maar vaak is de vraag zo specifiek dat veldwerk noodzakelijk is, om relaties tussen water, bodem, vegetatie en dieren op heel concrete plekken in het landschap te kunnen leggen.

Je ziet dus dat ieder niveau een nadere specificatie is van het voorgaande. Na het bestuderen van een bepaald niveau moet een synthese plaatsvinden, om uitspraken over het systeem op dat niveau te kunnen doen en om te kunnen evalueren of de onderzoeksvragen voldoende diepgaand zijn beantwoord. Indien dit niet het geval is, is het nodig het onderzoek op dat niveau uit te breiden. Is het wel voldoende diepgaand, dan geeft de synthese informatie op een bovenliggend niveau vaak informatie over waar specifiek in het onderliggende niveau naar gekeken kan worden. Zo geeft de analyse van het watersysteem op landschapsniveau aanwijzingen waar in het studiegebied kwel kan optreden. Omgekeerd krijg je door het in kaart brengen van de huidige kwel en inzijgingsgebieden een idee van het functioneren van het watersysteem op landschapsniveau.

Het uitvoeren van een landschapsecologische systeemanalyse vraagt zoals je uit het voorgaande kunt begrijpen kennis van vele vakgebieden: geologie, hydrologie, bodemkunde, historische ecologie, plant- en diereologie, etc. Dat is dermate complex, dat de kennis vaak niet in één persoon te vinden is. Zeker de uitgebreidere systeemanalyses worden uitgevoerd door een interdisciplinair team van deskundigen. Dat is overigens ook complex, omdat de verschillende deskundigen elkaars taal moeten spreken. Het helpt dus, als je als ecoloog ook de basis kent van de andere vakgebieden zoals hydrologie en bodemkunde.

Keuzes over wat je precies onderzoekt hangen af van de problematiek in het gebied. In Aamsveen moest er bijvoorbeeld onderzoek gedaan worden naar 'lekkages' van water uit het gebied, omdat duidelijk moest worden waarom de gewenste waterstanden voor hoogveenvorming niet op konden treden (Bell e.a., 2018).

2.3 De lagen in het LESA model

Hier wordt kort iets gezegd over de verschillende lagen in het rangordemodel, met nadruk op welke informatie voor een LESA van belang is en waar die waarschijnlijk te vinden is; een verdere uitwerking van de theoretische achtergronden vindt plaats in de volgende hoofdstukken. De wijze waarop je de beschrijving van de toestand (de patronen) en de veranderingen daarin (de processen) kunt aanpakken wordt tegelijkertijd behandeld, omdat de verandering te herleiden is uit de beschrijving van de toestand op verschillende momenten in de tijd (door de jaren, gedurende een jaar, zie Figuur 2.3).

2.3.1 Klimaat

Klimaat is vooral van belang bij onderzoek naar geografische referenties. Klimaat is meestal geen knop waaraan je kunt draaien in beheer of inrichting, maar als het klimaat natter wordt, kan het gunstig zijn als je dat water vast kunt houden.

Anno nu kent Nederland een gematigd zeeklimaat met milde winters en koele zomers, die echter door klimaatverandering wel eens een stuk minder voorspelbaar kunnen worden qua temperatuur en neerslag. Verschillen in mesoklimaat binnen ons land worden veroorzaakt door verschillen in reliëf, vochtbergend vermogen van de bodem en afstand tot de zee. Op nog kleinere schaal worden lokale klimaten onderscheiden, zoals stadsklimaat (warmer) en bosklimaten (vochtiger). Ecologisch zijn vooral de verschillen in microklimaat relevant: onder invloed van de aan- of afwezigheid van vegetatie kan de temperatuur op een zomerse dag grote verschillen vertonen, oplopend tot meer dan 30 °C. Omdat het microklimaat echter zeer lokaal een rol speelt, wordt dit meestal onderzocht bij de factoren op standplaatsniveau.

Beschrijving van de toestand en veranderingen op macroniveau

Data over temperatuur en neerslag op verschillende locaties in Nederland zijn beschikbaar op de website van het KNMI (www.KNMI.nl). Voor microklimatologische gegevens op standplaatsniveau moet ter plaatse gemeten worden. Afgeleiden hiervan, zoals fenologische data als de eerste bloei van de Bosanemoon (*Anemone nemorosa*), het eerste kievitsei, etc., kunnen tevens een schat aan informatie bieden. Deze data zijn onder andere te raadplegen via www.natuurkalender.nl.

Dezelfde bronnen (KNMI, natuurkalender) geven ook reeksen van voorgaande jaren. Uit deze reeksen valt af te leiden of er trends waar te nemen zijn: blijven neerslag en temperatuur over langere tijdspanne stabiel of zijn er verschuivingen waarneembaar. Een verschuiving in het proces kan verschuivingen in patronen, bijvoorbeeld vegetatiepatronen, met zich meebrengen.

2.3.2 Gesteente en reliëf/topografie

Het doel van het beschrijven van het gesteente is het verkrijgen van inzicht in de opbouw van de ondergrond. Deze beschrijving gebeurt meestal in samenhang met een beschrijving van het reliëf.

De geologische informatie gaat over de gelaagdheid in de diepere ondergrond, terwijl de geomorfologie gaat over de beschrijving van de landschapsvorm aan de oppervlakte. De geologische landschappen in Nederland worden ingedeeld op basis van de herkomst van daarin voorkomende sedimenten en worden formaties genoemd (zie Hoofdstuk 4). In de diepere ondergrond kunnen afwijkende lagen voorkomen die van belang zijn voor de waterhuishouding. Ook de chemische en granulaire samenstelling van de verschillende lagen in de ondergrond is van groot belang.

Ofschoon Nederland een vlak land is, kunnen lokale hoogteverschillen een grote rol spelen in de hydrologie, bijvoorbeeld bij het optreden van lokale kwelstromen (zie ook Hoofdstuk 3).

De oppervlaktemorfologie wordt van nature bepaald door sedimentatie en erosie, samen met de tektoniek (slenken en horsten) en opstuwing door landijs. In grote delen van Nederland zijn deze processen aan banden gelegd (erosie, sedimentatie) of niet meer aanwezig (landijs). Veranderingen in de geologie doen zich zelden voor, behalve in het geologisch actieve gebieden zoals de Centrale Slenk, en als gevolg van delfstofwinning (bv. veenontginning in het verleden, bodemdaling door gas- en zoutwinning of zand- en grindwinning). Veranderingen in de tijdsschaal van een mensenleven doen zich nog wel voor door verstedelijking (opbrengen bouwlaag), en landbouw (egalisatie e.d.).

Beschrijving van de toestand en veranderingen op macroniveau

Voor het beschrijven van de huidige toestand zijn de volgende bronnen bruikbaar:
- Geo(morfo)logie kan gevonden worden in het Actueel Hoogtebestand Nederland (AHN, http://ahn.arcgisonline.nl/ahnviewer/).
- Geohydrologische opbouw, doorlatendheid watervoerende pakketten, weerstanden slecht-doorlatende lagen, zie hiervoor o.a.. ook het DINO-loket http://www.dinoloket.nl evenals http://geologievannederland.nl.
- Geochemische eigenschappen (bv. kalkhoudendheid, zoutgehalte) van verschillende geo(hydro) logische lagen en kalkdiepte in de ondergrond. Zie hiervoor o.a. ook het DINO-loket.

Voor de beschrijving van de veranderingen is topotijdreis een bruikbare bron. Hierin valt af te leiden:
- Gebruik en veranderingen door de mens van het landschap: ophogingen, afgravingen, wallen, dijken, ontginningen, bevloeiingssystemen, houtwallen, sloten, polders, toponiemen (veld-, water-, boerderij- en streeknamen), etc.

Beschrijving van de toestand en verandering op meso- en microniveau

Voor het beantwoorden van de meeste (gangbare) onderzoeksvragen is het voldoende om informatie uit de voorgaande bronnen te verkrijgen. Soms kan het echter noodzakelijk zijn om inzicht te krijgen in het microreliëf of storende lagen in de geologie, bijvoorbeeld omdat dit van invloed is vochttoestand en of vegetatiesamenstelling. Hiervoor zullen dan gedetailleerde (hoogte)metingen gedaan moeten worden. Dat kan met GPS-apparatuur waarmee de hoogte van het maaiveld ten opzichte van NAP precies ingemeten kan worden.

2.3.3 Hydrologie

Water is in Nederland een van de belangrijkste factoren die de patronen in het landschap bepalen. In Nederland kennen we globaal gezien het hoger gelegen zandlandschap en heuvellandschap (het 'Pleistocene' deel) en het lager gelegen (laag)veen en klei- en kustlandschap (het 'Holocene' deel), beide doorsneden door het rivierenlandschap. In zowel Pleistoceen als Holoceen Nederland hebben we te maken met inzijg- en kwelgebieden; in beekdalen en langs rivieren komen daar overstromingsgebieden bij en langs de kust duinen en kwelders en slikken. In het lage deel van Nederland hebben we daarnaast ook te maken met polders, met een lage ligging ten opzichte van het zeeniveau en ten gevolge daarvan met de invloed van zout. Op bepaalde plaatsen zijn er bijzondere grondwatersituaties zoals schijngrondwaterspiegels, stagnatie (o.a. door wijst) en opstuwing. Kortom – op een klein oppervlak kent Nederland een bijzonder grote verscheidenheid aan grondwatersystemen.

Bij de beschrijving van de actuele toestand van het hydrologisch systeem wordt vaak onderscheid gemaakt tussen het oppervlaktewater- en grondwatersysteem en, voor beide, tussen waterkwantiteit en waterkwaliteit. Vervolgens worden deze met elkaar geïntegreerd om te komen tot begrip van het hydrologisch functioneren van het systeem (zie ook Hoofdstuk 3).

Beschrijving van de toestand en veranderingen op macroniveau

De invloed van water uit zich door kwantiteit en kwaliteit. Op macroniveau ligt de nadruk op het bestuderen van de kwantiteit van het water. Kwantiteit heeft te maken met de waterhuishouding van een gebied en kan in beeld gebracht worden door analyses van het waterregime door bijvoorbeeld gebruik te maken van een net van peilbuizen in een groter gebied (gegevens te vinden in DINO-loket), beschrijving van hoe het grondwater stroomt met behulp van isohypsenpatronen en hydrologische modellering van grond- en oppervlaktewater. Hydrologische gegevens kun je bijvoorbeeld vinden op Grondwatertools.nl

Daarnaast is voor de meeste Natura-2000 gebieden een hydrologische systeemanalyse uitgevoerd; deze zijn voor ieder gebied te raadplegen via de Natura-2000 website (https://www.synbiosys. alterra.nl/natura2000/gebiedendatabase.aspx).

Beschrijving van de toestand en verandering op meso- en microniveau

Grondwaterstanden en de veranderingen hierin gedurende het jaar zijn zeer bepalend voor het voorkomen van levensgemeenschappen. Vaak is daarom een preciezer beeld noodzakelijk dan uit DINO-loket naar voren komt. Eigen peilbuizen slaan is dan een optie, of werken met keramische cubs (zie Paragraaf 2.8). Daarnaast is de waterkwaliteit belangrijk. We bedoelen hiermee niet in eerste plaats of er vervuiling heeft plaatsgevonden, maar veeleer wat de chemische samenstelling ervan is, door in het water opgeloste stoffen. Is het water zuur of juist kalkrijk, zoet of zout, regenwater of oud kwelwater. De combinatie van water kwantiteit en -kwaliteit is vaak doorslaggevend voor de natuurwaarden in een gebied. Veelal zijn in het veld al eenvoudige bepalingen te doen aan temperatuur, zuurgraad (pH), concentraties Calcium (Ca^{2+}), Chloride (Cl^-), SO_4^{2-}, PO_4^{3-}, NO_3^- en elektrisch geleidingsvermogen (EGV); resultaten kunnen worden weergegeven in zgn. Stiffdiagrammen (zie Figuur 2.10). Met behulp van een prikstok kunnen in veenbodems zelfs EGV-profielen worden opgenomen – die al veel informatie bieden voor het begrip van het landschapsecologisch systeem.

2.3.4 Bodem

Onder invloed van atmosfeer, water, vegetatie en het menselijk gebruik worden verschillende bodemtypen gevormd. Uit de ligging van deze bodemtypen blijkt hoe een gebied functioneert met betrekking tot waterhuishouding en bodemprocessen.

Beschrijving van de toestand en veranderingen op macroniveau

De bodemkaart van Nederland 1:50.000 geeft een globaal inzicht in de ligging van bodemtypen. Deze kaart en de boorpunten zijn online te raadplegen op de website https://bodemdata.nl/. Voor veel ruilverkavelingsgebieden zijn gedetailleerde bodemkaarten beschikbaar (1:10.000; zie hiervoor ook de website).

Beschrijving van de toestand en verandering op meso- en microniveau

Voor een nauwkeurige analyse moeten boringen worden verricht, omdat bodemkaarten vaak onvoldoende informatie geven over ecologisch relevante factoren zoals zuurgraad (pH), voedselrijkdom, vochttoestand en saliniteit. Met name in gradiëntrijke gebieden als beekdallandschappen en in het rivierengebied veranderen de standplaatsfactoren vaak op korte afstand van elkaar. Tevens stamt een aantal bladen van de bodemkaart nog uit de zestiger jaren uit de vorige eeuw en zijn deze soms verouderd. Veldwerk is daarom noodzakelijk om zicht te krijgen op het patroon in bodemtypen. Bij boringen in het studiegebied kunnen de textuur van het bodemmateriaal, verschillen in grondwaterstanden (GHG en GLG), pH op verschillende dieptes en bijvoorbeeld de aanwezigheid van veen- of kleilaagjes in het profiel in detail zichtbaar worden gemaakt. Er kunnen bodemmonsters genomen worden waarvan in het laboratorium concentraties van ecologisch relevante stoffen, zoals voedingsstoffen voor planten, metalen (o.a. aluminium en ijzer) organisch stofgehalte en dergelijke gemeten kunnen worden.

Bij het onderzoeken van de bodem is er tegenwoordig meer aandacht voor de humusvorm; deze wordt bepaald door het humusprofiel te beschrijven. Omdat de humusprofielontwikkeling, via het bodemleven en de organische stofkringloop, wordt gestuurd door de standplaatsfactoren is het humusprofiel een bruikbare indicator voor de standplaatscondities en is er veel af te leiden over het ecologisch functioneren van de standplaats. Meer informatie hierover vind je op https://www.wur.nl/nl/Onderzoek-Resultaten/Projecten/Humusvormen.htm. Het verband tussen waterhuishouding en bodem kan met metingen vastgesteld worden, bijvoorbeeld in hoeverre de waterhuishouding zorgt voor voldoende, constante buffering in de bodem (b.v. door kwel of tijdelijk grondwater in de wortelzone) of dat dit bepaald wordt door het bodemmateriaal zelf. En dit is dan weer noodzakelijk om verdroging en verzuring (is er voldoende buffercapaciteit aanwezig?) te kunnen vaststellen. Op voormalige agrarische gronden is een chemische bodemanalyse nodig om de belasting met meststoffen zoals fosfaat vast te stellen.

2.3.5 Vegetatie

De vegetatie is een respons op de combinatie van klimaat, water, bodemfactoren en beheer en daarmee als indicator voor standplaatscondities te gebruiken. Inzicht in de verdeling van vegetaties in een gebied gebeurt door middel van een vegetatiekartering. De soortensamenstelling en structuur van de aangetroffen vegetatietypen wordt beschreven in zogenaamde vegetatieopnamen. Deze worden opgeslagen en beheerd in een database met behulp van het programma Turboveg en kunnen vervolgens worden geclassificeerd in de landelijke indeling van vegetatietypen van Schaminée e.a. (Schaminée e.a., 1995a,b, 1996, 1998, 2017; Stortelder e.a., 1999). Zo kunnen de lokaal onderscheiden vegetatietypen in de kartering gekoppeld worden aan de landelijk beschreven vegetatietypen. De soortensamenstelling van deze vegetatietypen kan met het programma SynBioSys (https://www.synbiosys.alterra.nl/synbiosysnl/) bekeken worden, en worden vergeleken met historische gegevens van een gebied. Ook kan hiermee informatie worden verkregen over hun standplaatseisen, hun voor- of achteruitgang in de laatste decennia en over hoe ze onder invloed van successie of beheer overgaan in andere vegetaties. Daarnaast kan een kartering van plantensoorten worden gemaakt. Hierbij gaat het vaak om een selectie van soorten met specifieke eisen ten aanzien van hun standplaats, bijvoorbeeld bepaalde veenmossen die zure omstandigheden indiceren. Zie ook Hoofdstuk 5.

Beschrijving van de toestand en verandering op macroniveau

Om een idee te krijgen welke soorten en vegetatietypen er in een gebied zijn aangetroffen, kun je de Landelijke Vegetatie Databank raadplegen (via https://www.synbiosys.alterra.nl/lvd2/ of in SynBioSys). Hierin zijn inmiddels ruim zeshonderdduizend vegetatieopnamen (vanaf ongeveer 1920) opgenomen. Om een vlakdekkend beeld te krijgen van de vegetatie in een gebied kun je beter kijken of er vegetatiekarteringen beschikbaar zijn. Deze worden gemaakt in het kader van de monitoring van het Natuurnetwerk Nederland (SNL) en Natura 2000 en opgeslagen in de Nederlandse database Vegetatie en Habitats (BIJ12). Soms zijn er aanvullende gegevens beschikbaar bij heemkundeverenigingen. Van veel vegetatietypen zijn inmiddels de abiotische omstandigheden waaronder zij voorkomen bekend. Daardoor is het mogelijk om de standplaatscondities ter plekke af te leiden van de vegetatie en deze te beschrijven volgens Ellenberg-waarden of gemeten waarden. Het programma ITERATIO (Holtland e.a., 2010; https://www.synbiosys.alterra.nl/iteratio/) is speciaal ontwikkeld om vegetatiekaarten om te zetten naar vlakdekkende kaarten van de terreincondities (pH, GVG, voedselrijkdom, kwel e.d.), op basis van vegetatieopnamen en daarin voorkomende indicatorsoorten. Wanneer er vegetatiekaarten van verschillende jaren beschikbaar zijn kun je processen in de standplaatscondities zoals verdroging en verzuring zichtbaar maken in ITERATIO.

Beschrijving van de toestand en verandering op meso- en microniveau

Wanneer er geen (recente) gegevens over de vegetatie en planten in het gebied beschikbaar zijn, zul jezelf vegetatieonderzoek moeten doen. Richtlijnen hiervoor vind je in het digitale Handboek Vegetatiekunde (Janssen, Schaminee en Van Loon, 2019; https://wiki.groenkennisnet.nl/display/ HV/Handboek+Vegetatiekunde#). Wanneer er wel oudere opnames bekend zijn, kunnen deze vergeleken worden met zelf verkregen gegevens om zodoende veranderingen in beeld te krijgen.

2.3.6 Dieren

Het voorkomen van dieren staat sterk onder invloed van de vegetatie: zowel de soortensamenstelling (denk aan waardplanten voor insecten) als de structuur en de ruimtelijke afwisseling hierin. Omgekeerd is de vegetatie ook afhankelijk van de aanwezigheid van dieren, bijvoorbeeld vegetatiepatronen die tot stand komen onder invloed van begrazing. In de analyses van abiotische processen (zoals verzuring, vermesting e.d.) spelen dieren niet de hoofdrol. Wel wordt het voorkomen van soorten onderzocht en de eisen die zij stellen aan hun leefgebied. Juist in de laatste jaren is veel aandacht gegeven aan het belang van terreinheterogeniteit voor diersoorten. Veel soorten maken flexibel gebruik van het landschap voor verschillende levensfasen, of schakelen over van de ene voedselbron naar de andere, afhankelijk van het aanbod.

Beschrijving van toestand en verandering op macroniveau

Het weergeven van het voorkomen van diersoorten wordt gedaan door een beschrijving van de populatie. Dit betekent dat niet alleen de huidige en historische verspreiding van de individuen binnen het gebied wordt aangegeven, maar soms ook de omvang van de populatie, de samenhang van de (deel-)populaties binnen het gebied en de samenhang van populatie binnen gebied met andere (deel)populaties buiten het gebied. Met betrekking tot dit laatste is het relevant de dispersiemogelijkheden en -routes in kaart te brengen. Voor dieren is het relevant dit niet alleen voor de soort als geheel te doen, maar soms ook de verschillende levensfasen of gebruiksmogelijkheden te bekijken. Veel soorten maken gebruik van verschillende deelhabitats voor bijvoorbeeld foerageren en rust, en trekken voor voortplanting wellicht naar weer een ander deelhabitat.

Om de kwaliteit van de populatie in kaart te brengen kunnen de leeftijdsopbouw, reproductie, genetische variatie (bij kleine populaties) worden bekeken. Dit alles geeft inzicht in de populatiedynamiek van de populaties binnen een gebied: welke soorten doen het goed of minder goed, welke schommelingen treden op. Hieruit kan een conclusie worden getrokken met betrekking tot de toekomst van de populatie. Data omtrent de soortgegevens zijn verkrijgbaar bij de Nationale databank flora en fauna (www.ndff.nl). Daarnaast beschikken Particuliere Gegevensbeherende Organisaties (PGO's), zoals SOVON, RAVON, Zoogdierenvereniging, Vlinderstichting en dergelijke, beheerders, KNNV afdelingen, vaak over een schat van informatie.

Een voorbeeld waarbij de gegevens van diersoorten worden gebruikt om uitspraken te doen over (veranderingen in) terreinkenmerken is de indeling in ecologische vogelgroepen van Sierdsema (1995). Broedvogelgegevens zijn met name geschikt voor de kwaliteitsbepaling van vegetatie-en landschapsstructuren. En daarnaast geven broedvogels globale informatie over abiotische gegevens.

Beschrijving van de toestand en verandering op mesoniveau

Welke diergroepen je op studiegebiedsniveau onderzoekt is sterk afhankelijk van de onderzoeksvragen die je hebt. Het onderzoek naar diersoorten kan gebeuren omdat deze soorten doelsoorten zijn voor het studiegebied, maar ook omdat deze soorten indicatorsoorten kunnen zijn voor de kwaliteit van het landschap als geheel. Dieren reageren vaak sneller op verandering in het landschap dan planten (bijvoorbeeld door weg te trekken) en kunnen daardoor goed gebruikt worden voor het detecteren van verslechtering of verbetering in de landschappelijke omstandigheden.

2.4 Systeemanalyse: integratie van de informatie

Om het landschapsecologische systeem echt te gaan begrijpen, is het noodzakelijk om de informatie die uit onderzoek naar de afzonderlijke lagen van het rangordemodel komt te integreren. Zoals eerder gemeld, gebeurt dat waarschijnlijk al intuïtief, iteratief, werkenderwijs tijdens het veldwerk en bureaustudie, omdat het menselijk brein graag verbanden ziet, maar het is belangrijk om dit ook stapsgewijs en gedegen aan te pakken om de lezer mee te nemen in het proces dat je gevolgd hebt.

In de vorige paragrafen hebben we al beschreven dat je zoekt naar de verbanden tussen de patronen in de verschillende lagen van het rangordemodel. Dat doe je globaal op landschapsniveau en in meer detail op studiegebiedsniveau. De verbanden kunnen nog inzichtelijker gemaakt worden door bijvoorbeeld blokdiagrammen (Figuur 2.4) of doorsneden te maken en met pijlen de verbanden aan te geven. Dat kunnen verbanden door lucht (vervuiling, vogels, zaden), oppervlaktewater (vervuiling, vissen, zaden) en bodem(water) zijn. Daarna kijk je naar de verschuivingen van de patronen in de verschillende lagen van het rangordemodel door de tijd (ook wel trends of processen genoemd) op basis van oude gegevens. Hiermee laat je zien welke kant het systeem op beweegt.

De stap die hierna volgt is het zoeken naar de bepalende processen in de werking en de verandering van het systeem. De verandering in het ene patroon volgt de verandering in het andere patroon, waardoor je dus kunt stellen dat het ene patroon bepalend is voor het andere. Die kunnen zeer verschillend van aard zijn: bijvoorbeeld chemische processen in de bodem, waterstanddynamiek, trofische interacties, connectiviteit, of invloed van recreatie.

Een volgende stap is om te zien of het systeem zich ook in de gewenste richting ontwikkelt of dat er bijsturing noodzakelijk is. Dat wordt beschreven in de volgende paragrafen.

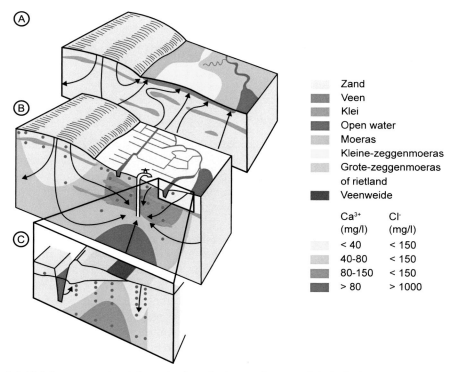

Figuur 2.4. Blokdiagram waarin relaties gelegd worden tussen de geomorfologie, bodem, historisch landgebruik en waterkwantiteit en -kwaliteit (Grootjans en Van Diggelen, 2009). A is de historische toestand landschap, B is de huidige toestand landschap, C is de huidige toestand studiegebied.

Kader 2.1. Technieken voor integratie van landschapsecologisch kennis.

Er is een grote hoeveelheid technieken om landschapsecologisch kennis te integreren:

In het veld door het maken van foto's of tekeningen waarop kenmerkende samenhangen tussen de lagen van het rangordemodel zichtbaar zijn. Door dit te herhalen gedurende het jaar, wordt ook de samenhang in de tijd (cyclische tijd) zichtbaar.

Ook kunnen door middel van het over elkaar leggen van (GIS) kaarten van de lagen van het rangordemodel (ook die van menselijke beïnvloeding, bijvoorbeeld recreatie) samenhangen ontdekt en beschreven worden. Vogelvluchten kunnen de ruimtelijke configuratie van die samenhangen illustreren (zie Figuur 2.5).

Zoals in de hoofdtekst al beschreven staat, kunnen doorsnedes en blokdiagrammen gebruikt worden, vooral om te laten zien wat er in welke lagen verandert in de overgangen in het landschap. Het blokdiagram voegt ten opzichte van de doorsnede, de tijdsdimensie toe. Een nog grotere nadruk op dit tijdsaspect wordt gelegd door de landschapsbiografie, die tevens in ogenschouw neemt welke maatschappelijke functies invloed hebben (gehad) op het landschap.

Een integratietechniek die vooral in de natuureducatie opgang heeft gemaakt is de beschrijving van landschapsidentiteit (Enright, 2017). Hierin wordt getracht om op basis van gedegen landschapsonderzoek de kortst mogelijke beschrijving van het karakter van een gebied te geven.

2.5 Omschrijving mogelijke kwaliteiten: referentiebeelden en maatlatten

2.5.1 Opstellen referentiebeelden

Bij het bepalen van een streefbeeld (dat waar je naartoe wilt, zie Paragraaf 2.6) kun je gebruik maken van drie typen referenties: historisch, geografisch en systeemtheoretisch (zie ook Paragraaf 2.1). Deze referenties geven informatie en inspiratie over mogelijke ontwikkelingen van het studiegebied. Een combinatie van de drie werkt vaak het beste, omdat ieder type zijn eigen mogelijkheden en onmogelijkheden voor inrichting en beheer meebrengt.

Om te beginnen de systeemtheoretische referenties: deze leveren kennis over hoe het betreffende ecosysteem optimaal kan functioneren en waar het mis kan gaan. Voor veel situaties in de (Nederlandse) natuur zijn typologieën gemaakt waarin vaak een landschappelijke beschrijving met de daarin overheersende processen beschreven staan. Dit gebeurt door het samenvatten en veralgemeniseren van heel veel veldstudies (zie bijvoorbeeld Jalink e.a., 2003). Voorbeelden hiervan zijn de modellen zoals die in Hoofdstuk 3 (hydrologie) zijn gegeven, of de vogelvluchttekeningen op natuurkennis.nl (Figuur 2.5). Door de huidige terreinkenmerken en processen van het studiegebied te leggen naast het meest gelijkende systeemtheoretische type valt af te leiden waar de tekortkomingen van het gebied zitten.

Het tweede type referentie is de geografische referentie. Bestaande gebieden met een vergelijkbaar landschapsecologisch systeem kunnen laten zien wat nu, op een andere plek, mogelijk is. Wanneer het onderzoek gaat over een Natura2000 gebied zoek je naar een andere referentie dan wanneer het gaat over een gebied met een sterke gebruiksfunctie of zelfs een stedelijk gebied. Waar je

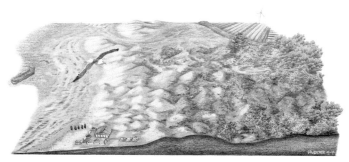

Figuur 2.5. Systeemtheoretisch type duin en kust (natuurkennis.nl).

binnen de (on)mogelijkheden die deze gebieden met zich meebrengen qua natuur en landschap uit kunt komen, kan in beeld worden gebracht door in andere gebieden met relatief dezelfde maar wel minder verstoorde landschappelijke uitgangspunten te gaan kijken. Je zou kunnen stellen dat geografische referenties de best ontwikkelde huidige ecosystemen zijn. Dat is vaak een referentie elders in Europa, waar de klimatologische en de andere abiotische omstandigheden vergelijkbaar zijn met die in Nederland, maar waar de invloed van de mens minder groot is. Voorbeelden van een geografische referentie zijn de Biebzra in Polen voor de ontwikkeling van beekdalen en delen van de Allier voor meanderende rivieren. Maar omdat in Nederland altijd rekening gehouden moet worden met maatschappelijke wensen, is een iets verstoorder systeem – zoals de Peene in Duitsland – wellicht een betere referentie (Bootsma e.a., 2002). De bestudering van het referentiegebied kan ook plaats vinden door het maken van een LESA, een landschapsecologische systeemanalyse (zie Paragraaf 2.2), waardoor de onderdelen van het referentiesysteem gemakkelijk vergeleken kunnen worden met die van het eigen studiegebied.

Als derde gaan we in op de historische referentie. Hierbij wordt gekeken naar de geschiedenis van het gebied of vergelijkbare gebieden die laten zien wat er eens (mogelijk) was. In Nederland hanteert men voor de historische referentie vaak de negentiende eeuw, de periode van voor de industrialisatie en de uitvinding van de kunstmest, waarin slechts ongeveer twee miljoen mensen ons land bevolkten. De cultuurhistorisch-landschappelijke geschiedenis kan helpen om te achterhalen hoe het oude landgebruik in elkaar zat. Daarmee kun je achterhalen welke beheermaatregelen – geënt op dat oude landgebruik – genomen kunnen worden, maar ook waar welke vegetatietypen het waarschijnlijkst te verwachten zijn (Ketelaar e.a., 2018). In grote lijnen heeft dit ook te maken met het type natuur dat wordt nagestreefd: halfnatuurlijk – begeleid natuurlijk – nagenoeg natuurlijk (zie ook Hoofdstuk 9). Nabootsing van oud landgebruik is vooral relevant voor halfnatuurlijke natuur. Oude topografische kaarten geven aan hoe het gebied gebruikt werd, vooral rond midden en eind 19e eeuw (heide, oud bouwland, hooiland – evt. met bevloeiing –, bos). Militair Topografische kaarten, en kadastrale kaarten van bv. 1832 zijn online bijvoorbeeld te vinden op de website http://topotijdreis.nl/. Op de Atlas Leefomgeving (http://www.atlasleefomgeving.nl/) is informatie te vinden over archeologische vindplaatsen en monumenten. Naast kaarten geven ook veldnamen (toponiemen) en gebiedsbeschrijvingen veel informatie over het vroegere landgebruik. (Historische) luchtfoto's geven vaak verrassende beelden van het menselijk gebruik en van de diepere ondergrond te zien. Deze foto's zijn verkrijgbaar bij de Topografische Dienst van het Kadaster (http://www.kadaster.nl), maar een blik op de luchtfoto's van veelgebruikte kaartenwebsites van Google (https://www.google.nl/maps) of Bing (https://www.bing.com/maps) biedt vaak sneller informatie.

2.5.2 Gebruik maken van bestaande maatlatten

Soms zijn referentiebeelden door wetenschappers en beleidsmakers al door vertaald naar maatlatten. Dit zijn kwaliteitssystemen voor bepaalde onderdelen van het ecosysteem waarin kwaliteitstrappen zijn opgenomen. Een beheerder kan hiermee bepalen op welke kwaliteitstrap het gebied zich bevindt. Zo is er de Kaderrichtlijn Water (KRW) waarin voor verschillende watersystemen in Europa is uitgeschreven hoe de verschillende kwaliteitstrappen eruitzien. Dat betekent onder andere dat de gewenste chemische en biologische samenstelling van het betreffende type water beschreven is. Binnen de kwaliteitssystemen is per ecosysteem (uitgedrukt in beheertype of in KRW-type) voor al deze aspecten aangeduid wat de ecologisch relevante parameters zijn. Zo zal in een beek de stroming van het water een cruciale factor zijn. Vervolgens is per ecosysteem een maatlat opgesteld, waarin wordt aangegeven wanneer we het systeem goed, matig of slecht ontwikkeld noemen.

Er zijn maatlatten ontwikkeld voor de verschillende niveaus in het landschap. Als voorbeeld tonen we hier de systematiek die ontwikkeld is voor de monitoring en beoordeling van beheertypen binnen Natuurnetwerk Nederland en Natura 2000 (Van Beek e.a., 2014), die toe te passen is op meso- en macroniveau. Deze specifieke maatlatten moeten overigens niet afzonderlijk worden gebruikt. Het gaat in dit geval om de bepaling van het geheel aan omstandigheden in een gebied omtrent natuurkwaliteit, dus worden alle niveaus in samenhang getoetst. De beschrijving van de maatlatten voor alle beheertypen in het kader van het Subsidiestelsel Natuur en Landschap (SNL) is te vinden op https://www.bij12.nl/onderwerpen/natuur-en-landschap/index-natuur-en-landschap/. Voor de beoordeling van de beheertypen worden een aantal indicatoren in beeld gebracht, zie Figuur 2.6. Per indicator is een maatlat aanwezig waarmee de kwaliteit per indicator kan worden vastgesteld. Voorbeeld van de kwaliteitsbepaling van het beheertype N06.04 met betrekking tot de standplaatsfactor voorjaarsgrondwaterstand (GVG, standplaatsniveau) en de ruimtelijke condities (landschapsniveau) vind je respectievelijk in Figuur 2.7 en Tabel 2.1.

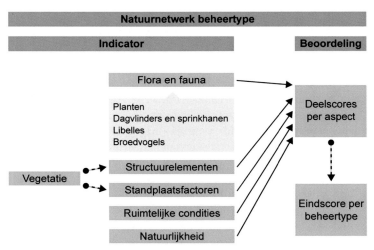

Figuur 2.6. Kwaliteitsbepaling beheertypen aan de hand van een aantal indicatoren (Van Beek e.a. 2014).

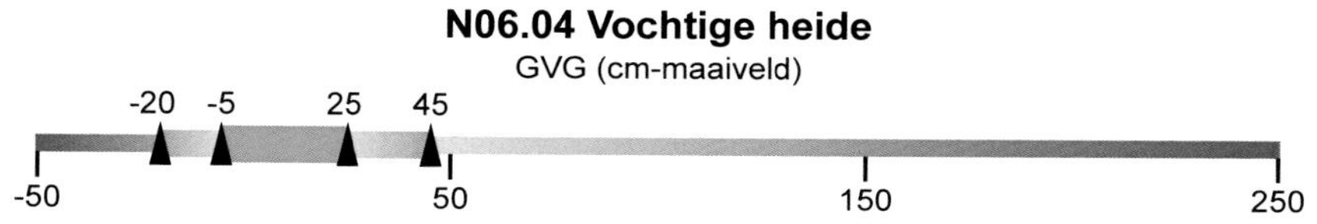

N06.04 Vochtige heide
GVG (cm-maaiveld)

Figuur 2.7. Ranges m.b.t. GVG waarbij Vochtige heide optimaal (groen), suboptimaal (geel/oranje) of niet voor kan komen (bron: BIJ12).

Tabel 2.1. Kwalificatie met betrekking tot ruimtelijke condities voor beheertype 'Vochtige heide' (N06.04); voor de beoordeling wordt zowel naar de aaneengesloten oppervlakte van het beheertype gekeken als de mate van verbinding met overeenkomstige of aansluitende beheertypen (bv 'Droge heide' of 'Hoogveen') (bron: BIJ12).

Oppervlakte beheertype	Ruimtelijke samenhang			
	>100 ha	50-100	10-50 ha	<10 ha
Verbonden met (afstand max. 30 meter) ondersteunende beheertypen	hoog	hoog	hoog	midden
In nabijheid (binnen 1 km) van andere heide- en hoogveengebieden	hoog	hoog	midden	laag
Geïsoleerd	hoog	midden	laag	laag

Een andere veelgebruikte maatlat gaat over de abiotische randvoorwaarden voor habitattypen (profiel documenten Natura 2000 habitattypen; https://www.natura2000.nl/profielen/habitattypen). Dit zijn maatlatten die op een gedetailleerder niveau werken dan de referenties op landschapsniveau. Deze is gebruikt bij de casusbeschrijving van Hoofdstuk 5 (zie Figuur 5.33).

2.6 Omschrijving gewenste kwaliteiten: opstellen streefbeeld en maatregelen

2.6.1 Opstellen streefbeeld

Door de stappen van de systeemanalyse te doorlopen is het mogelijk geworden de toestand van het systeem en de bepalende factoren daarin te beschrijven. Daarnaast is het doormiddel van referentiestudie duidelijk geworden wat in een bepaald gebied mogelijk is. Hiermee heb je echter nog niet beschreven wat de gewenste toestand is. Hiervoor is het noodzakelijk om ook onderzoek te doen naar beleid en de wensen van belanghebbenden.

Het voor ons relevante beleid is uiteraard het natuurbeleid, waarin specifiek voor natuur doelen vastgelegd zijn. Als het gebied valt onder een strikt natuurbeheerregime zoals Natura2000, dan zal er ecologisch waarschijnlijk het optimale nagestreefd kunnen worden. Daarnaast worden steeds vaker andere beleidsdoelen gecombineerd met natuurdoelen, zoals leefbaarheid, recreatie, waterveiligheid, energietransitie en klimaat (Baptist e.a., 2019; College van Rijksadviseurs, 2018; Martens en Ten Holt, 2020), dus beleid op deze terreinen moet dan ook meegenomen worden.

De wensen van mensen hebben te maken met gebruik, streekidentiteit/gebondenheid, kansen voor de lokale economie. Om deze in kaart te brengen is het soms mogelijk gebruik te maken van eerdere studies op dit terrein, maar in andere gevallen zal een stakeholderanalyse uitgevoerd moeten worden. Bendtsen e.a. (2021) geven een overzicht van de huidige stand van zaken van de stakeholderanalyse in ons vakgebied.

Nu landschapsecologisch, beleidsmatig en sociaal onderzoek gedaan is, is het mogelijk om een streefbeeld op te stellen. Afhankelijk van de situatie – gaat het om een gebied met veel of weinig belanghebbenden – kan dat meer of minder interactief. In sommige gevallen gaat het dan om bewoners, boeren, waterschappen enzovoort, in andere gevallen is het voldoende de eigenaar van de grond erbij te betrekken. Het streefbeeld geeft een realistisch, op die plek in het landschap en in die maatschappelijk-beleidsmatige context te realiseren, toekomstbeeld (Lenders e.a., 1998, zie ook Figuur 2.8).

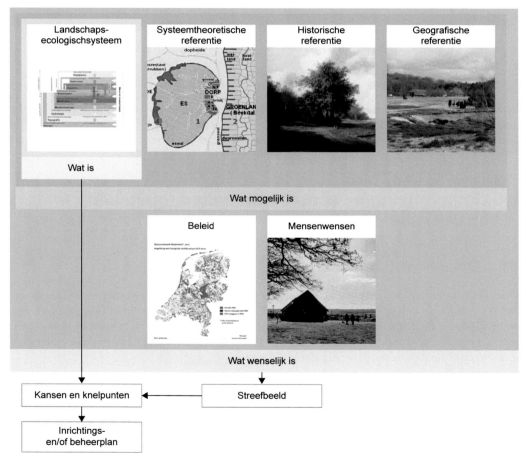

Figuur 2.8. Relatie tussen de behandelde begrippen. Het streefbeeld wordt gevormd op basis van wat is (het landschapsecologisch systeem), wat mogelijk is (referentiebeelden) en wat wenselijk is (beleid en mensenwensen). Het verschil tussen wat is en het streefbeeld zijn de kansen en de knelpunten die het gebied kent, die omgezet kunnen worden in een inrichtings- en/of beheerplan voor het gebied.

2.6.2 Knelpunten en maatregelen

Wanneer het streefbeeld (dat waar je naartoe wilt) helder is, is de volgende stap om een plan te maken waarin beschreven wordt hoe van de huidige situatie naar de gewenste situatie gekomen kan worden, door het nemen van inrichtings- en beheermaatregelen. De landschapsecologische systeemanalyse heeft daarvoor de belangrijkste knoppen om aan te draaien aangeleverd. Zoals we uit de lagenbenadering geleerd hebben, zijn aanpassingen in de lagere lagen zoals bodem en water, van invloed op de hogere lagen, van planten en dieren. Eerst moet de onderkant op orde zijn voordat de bovenkant goed kan functioneren. Ook kunnen maatregelen getroffen worden om de externe factoren te compenseren, die worden in het rangordemodel (Figuur 1.4) eufemistisch mens en maatschappij genoemd. Door inrichting en beheer kan (tijdelijk?) het effect van bijvoorbeeld verdroging, vermesting en verzuring tegengegaan worden. In Hoofdstuk 9 wordt hier verder op ingegaan. Overigens waarschuwen Clewell en Aronson (2013) ervoor om bij de ontwikkeling van gebieden niet te strikt aan het streefbeeld vast te houden; natuur laat zich immers niet in een mal gieten en verrast steeds weer.

2.7 Discussie: beperkingen aan systeemanalyses

Systeemanalyses worden uitgevoerd op basis van beschikbare informatie, aangevuld met metingen en (vaak ook) expert beoordeling tijdens veldbezoek. Omdat deze analyses veel stappen kennen is, ondanks aanvullende metingen, niet altijd alle informatie voorhanden op het gewenste detailniveau. Het is belangrijk deze kennislacunes in beeld te hebben en de onzekerheden die hierdoor ontstaan te benoemen.

Daarnaast berusten de systeemanalyses op een grote hoeveelheid kennis uit vele vakgebieden. Ben je ervan bewust dat de inzichten in al die vakgebieden in beweging zijn. Dat geldt ook voor milieufactoren als gevolg van menselijk handelen. Als gevolg van beleid zullen de effecten van bepaalde milieufactoren verminderen, terwijl nieuwe milieueffecten hun intrede zullen doen.

Tijd kan ook een belangrijke beperking zijn. Een LESA volledig uitvoeren kost veel tijd en expertise uit verschillende vakgebieden, waar je verschillende experts voor bij elkaar moet brengen. Dit doe je alleen als je nog weinig weet van het gebied of als er onbegrepen knelpunten zijn. Wanneer het probleem in grote lijnen al wel helder is, kunnen keuzes gemaakt worden welke lagen uit het rangordemodel onderzocht worden. Wanneer de LESA eenmaal gemaakt is, is het daarna mogelijk om te volstaan met deelonderzoeken, bijvoorbeeld naar de vegetatie of de hydrologie om de ontwikkelingen van het gebied te kunnen volgen. Van der Molen e.a. (2021) spreken in dit geval van een LELI, een LESA light en geven daar ook een uitwerking van.

2.8 Voorbeelduitwerking Gastels Laag

2.8.1 Algemene oriëntatie en vaststellen doelen gebied

Brabant Water wil mogelijk een nieuw waterwingebied beginnen in de buurt van natuurgebied het Gastels Laag. Het natuurgebied mag daardoor echter niet in kwaliteit achteruitgaan. Staatsbosbeheer is eigenaar van het Gastels Laag. Zij willen te weten komen wat er gedaan moet worden om te voldoen aan de beheertypen die de provincie Noord-Brabant heeft gekozen voor dit gebied en tevens

Kader 2.2. Samenvattend: de methodische stappen die je zet bij het beschrijven en waarderen van een landschapsecologisch systeem.

Deze stappen doorloop je niet lineair, af en toe zul je weer een stap terug moeten zetten (iteratief).

1. Zorg dat je zeer scherp krijgt wat het probleem is, want dat geeft richting aan je zoektocht, waardoor je sommige onderdelen van het systeem (lagen in het model of delen van het landschap) meer aandacht kunt geven.
2. Zoek naar en beschrijf de verbanden tussen de patronen in de verschillende lagen van het rangordemodel. Doe dat op landschapsniveau en in meer detail op studiegebiedsniveau. Bijvoorbeeld: onderaan het reliëf (laag topografie), is een kwelzone (laag hydrologie), waardoor bepaalde nutriënten en bodemleven in de bodem voorkomen (lagen wortelzone en bodemleven) waardoor kwel gebonden vegetatie voorkomt (vegetatielaag). Deze stap kan bij voorkeur in GIS gedaan worden, eventueel handmatig.
3. De verbanden kunnen nog inzichtelijker gemaakt worden door bijvoorbeeld blokdiagrammen te maken en met pijlen de verbanden aan te geven (Figuur 2.4). Dat kunnen verbanden door lucht (vervuiling, vogels, zaden), oppervlaktewater (vervuiling, vissen, zaden) en bodem(water) zijn.
4. Doe hetzelfde in de tijd: beschrijf de verschuiving van de patronen in de verschillende lagen van het rangordemodel (ook wel trends of processen genoemd) op basis van oude gegevens. Laat daarmee zien welke kant het systeem op beweegt.
5. Beschrijf de bepalende processen. De verandering in het ene patroon volgt de verandering in het andere patroon, waardoor je dus kunt stellen dat het ene patroon bepalend is voor het andere. Die kunnen zeer verschillend van aard zijn: bijvoorbeeld chemische processen in de bodem, waterstanddynamiek, trofische interacties, connectiviteit, invloed van recreatie.
6. Onderzoek systeemtheoretische-, historische- en geografische referenties, om te bepalen wat mogelijk is in studiegebied. Kijk of er bruikbare maatlatten zijn ontwikkeld.
7. Onderzoek beleid en mensenwensen, om te bepalen wat wenselijk is. Iedere situatie vraagt zijn eigen inschatting over welke typen beleid en welke belanghebbenden meegenomen moeten worden in dit onderzoek.
8. Stel een streefbeeld op van het te onderzoeken object/gebied dat ook past bij de gebiedsdoelstellingen die geformuleerd zijn.
9. Beschrijf, refererend aan punt 1 (algemene probleembeschrijving), waar in het systeem kansen en knelpunten zitten, dat wil zeggen waar de verschillen zitten tussen huidige situatie en streefbeeld. Beschrijf daarbij de knoppen in het systeem waaraan de beheerder kan draaien om de problemen op te lossen. Niet alle bepalende processen zijn door de beheerder te sturen, neem bijvoorbeeld het veranderende klimaat, dat is op lokaal niveau niet bij te sturen.
10. Dit alles kan resulteren in een inrichtings- en/of beheerplan waarin op detailniveau maatregelen staan om de doelen te behalen en problemen op te lossen.

te zorgen voor een robuust ecologisch systeem. Studenten van Van Hall Larenstein zijn daarom door Brabant Water en Staatsbosbeheer gevraagd een systeemanalyse uit te voeren (zie Boers e.a., 2021). Doel van de studie is daarom te bepalen welke factoren bepalend zijn voor realisatie van een voldoende robuust functionerend ecohydrologisch systeem, dat als basis kan dienen voor behoud en uitbreiding van de aanwezige natuurwaarden in de vorm van basenminnende vegetaties in het Gastels Laag.

2.8.2 Omschrijving huidige situatie

Globale analyse op landschapsniveau

De analyse op landschapsniveau is voornamelijk gedaan door gebruik te maken van bestaande gegevens.

Voor de beschrijving van het klimaat, vooral de neerslag, is gebruik gemaakt van de gegevens van meetstation Oudenbosch (via KNMI.nl).

De geologie is beschreven met behulp van het BRO REGIS II (v2.2) model, waarbij één 13 kilometer lange raai van noord naar zuid door het Gastels Laag en de Heinsberg naar de top van de Brabantse Wal is getrokken. Hierdoor is het belangrijkste deel van het regionale systeem in de dwarsdoorsnede meegenomen. Na aanwijzing van de raai heeft DINO-loket de lithostratigrafische opbouw van de raai berekent en uitgezet in een figuur. Ook is gebruik gemaakt van eerdere grondboringen door Brabant Water. Om de verschillen in bodemtypen binnen het hele Gastels Laag te interpreteren zijn deze boorprofielen in een dwarsprofiel geplaatst. Dit is gedaan door het AHN-hoogteprofiel van de raai waarbinnen de boorpunten (opzettelijk) zijn geplaatst van de AHN-viewer (Actueel Hoogtebestand Nederland, z.d.) binnen het fotomanipulatieprogramma GIMP (GIMP, versie 2.10.22) te plaatsen en de bodemprofielen hierop uit te tekenen.

De geomorfologie is beschreven aan de hand van de geomorfologische kaart van Nederland (Kadaster, 2020) en de geomorfologische kaart uit de kaartbank Noord-Brabant (Provincie Noord-Brabant, 2020A).

Met behulp van grondwatertools.nl (Geologische Dienst Nederland, 2020), de gegevens uit het BRO REGIS (v2.2) model van DINO-loket (2017) en de isohypsenkaarten van de watervoerende pakketten uit de Grondwatertools-viewer zijn zowel het horizontale patroon als het verticale patroon (ofwel de dwarsdoorsnede) van grondwater binnen de regio van het Gastels Laag bepaald.

Het resultaat van deze studie is de vaststelling dat het gebied sterk onder invloed staat van regionale en lokale grondwaterstromen die vanaf de Brabantse Wal en de Heinsberg het natuurgebied instromen (Figuur 2.9). Dit zorgt voor jaarrond hoge grondwaterstanden met vrij geringe peilfluctuaties (anders gezegd: een door de jaren en gedurende het jaar constant hydrologisch proces zorgt voor een constant hydrologisch patroon). In combinatie met het huidige beheer zijn hierdoor zeldzame kwelafhankelijke vegetaties ontstaan (het hydrologische patroon heeft een relatie met het vegetatiepatroon). Een constante toevoer van basen uit regionale kwelstromen houden de basenverzadiging in de bovengrond op peil. Deze basenverzadiging is essentieel voor de buffering van zuren die gevormd worden tijdens de oxidatie van pyriet. Sulfaten die vrijkomen tijdens de oxidatie van pyriet leiden tot veenrot in de bodem van het Gastels Laag. Hierdoor kunnen giftige waterstofsulfiden ophopen in bodem van het Gastels Laag en de vegetatie beïnvloeden.

Een verfijnde analyse op studiegebiedsniveau

Voor de analyse van het studiegebied, dus het Gastels Laag zelf, is naast literatuuronderzoek ook veldwerk gedaan. Er zijn onder andere aanvullende boringen gedaan om een nauwkeuriger beeld van de bovenste 1,20 meter te krijgen. De bodemchemie is bepaald door het bestuderen van beschikbare boorstaten (Brabant Water) en aangevuld door middel van het nemen van vier bodemmonsters.

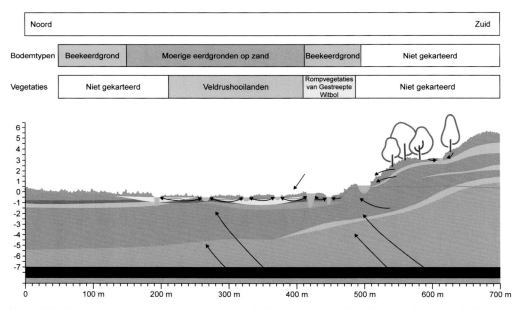

Figuur 2.9. Regionaal watersysteem rondom het Gastels Laag (vereenvoudigde figuur uit: Boers *et al.*, 2021). De diepe watermonsters (>-2 m) hebben een trechtervorm; dit wijst op lithotroof water, net als het ondiepe watermonster (-30 cm) op plaats 1. Lithotroof is ook het ondiepe watermonster op plaats 3, maar deze heeft een uitschieter in SO_4^{2-} wat kan duiden op oxidatieve processen (zoals veenrot). Uit de analyse is oxidatie van pyriet gebleken. Het ondiepe watermonster op plaats 2 heeft een atmotroof karakter door het smalle stiff-diagram. Uit de analyse is gebleken dat er mogelijk een regenwaterlens in het midden van het gebied ligt.

Watermonsters zijn genomen via de al aanwezige peilbuizen in het gebied en uit zelf geplaatste keramische cups (mini-peilbuizen, hier geplaatst op 30 en 60 cm -mv) en in oppervlaktewater (15 stuks).

Oppervlaktewaterstroming werd bepaald door een combinatie te maken van de Waterlegger (Waterschap Brabantse Delta, 2020), die aangeeft waar de waterlopen liggen en het Actueel Hoogtebestand Nederland, z.d.), om te bepalen in welke richting het water stroomt. Duikers en stuwen zijn tijdens veldwaarnemingen opgemerkt en ingetekend op een veldkaart. De onderdelen werden ingetekend en middels logisch redeneren werd de stroming op de kaart ingetekend.

Voor de beschrijving van de vegetatie is met name gebruik gemaakt van het rapport Vegetatie- en plantensoortenkartering West-Brabant (Courbois e.a., 2016) waarvoor de vegetatie van het Gastels Laag is gekarteerd in 2015. Dit is aangevuld met de door de beheerder aangeleverde losse vegetatieopnamen en eigen veldwaarnemingen. Tijdens de veldwaarnemingen is de vegetatiekaart uit 2015 vergeleken met de huidige situatie in het veld. Er zijn geen vegetatieopnamen gedaan, maar er is vergeleken of de aanwezige plantensoorten overeenkomen met het vegetatietype uit 2015. De veranderingen zijn genoteerd.

De integratie van kennis is tot stand gekomen door een doorsnede van het gebied te maken waarin de relatie tussen bodemopbouw, grondwaterstroming, oppervlaktewater (ontwatering) en vegetatietypen te zien is (Figuur 2.9).

Het resultaat van deze studie is dat gesteld kan worden dat de kwaliteit en kwantiteit van het uittredende kwelwater de belangrijkste factoren in het ecohydrologisch systeem van het Gastels Laag zijn (bepalende processen). De kwel komt vooral uit de bovenste watervoerende pakketten. Ondanks de hoge kweldruk ligt er, vanwege een slecht doorlatende laag beneden de wortelzone, een regenwaterlens in het centrale deel van het Gastels Laag. De zuurdere regenwaterlens kan de ontwikkeling naar basenminnende vegetaties belemmeren.

2.8.3 Omschrijving van mogelijke kwaliteiten

Er zijn geen referentiestudies gedaan, wel is gebruik gemaakt van de maatlat van de beheertypenkaart van de Provincie Noord-Brabant (2020b). Het verschil tussen de huidige beheertypen en de gewenste beheertypen is met behulp van deze maatlat beschreven.

2.8.4 Omschrijving van gewenste kwaliteiten

Omdat het beheerplan voor het gebied niet geheel actueel is, is er een interview gehouden met de beheerder, waarbij de natuurdoelen voor het gebied geformuleerd zijn. Er zijn geen andere belanghebbenden geïnterviewd, wel is vanuit de opdracht duidelijk geworden dat Brabant Water graag meer water zou willen winnen in de buurt van Gastels Laag zonder de ecologische kwaliteit daarvan te schaden.

2.8.5 Advies (de knoppen waaraan de beheerder kan draaien)

Kwel is heel belangrijk voor de ecologische kwaliteit van hele gebied. Om de gewenste kwel aan het maaiveld te krijgen kan men 'gaten' creëren in de slecht doorlatende laag waarop de regenwaterlens ligt. Door daarnaast oppervlakkige begreppeling toe te passen, zal het stagnerende regenwater sneller afwateren en aangevuld kunnen worden met basenrijke kwel. Door de kwaliteit van de lokale kwel te verbeteren kan de ophoping van sulfaat en nitraat in het Gastels Laag gestopt worden. Mogelijkheden daartoe zijn het stoppen van bemesting in de infiltratiegebieden of het inmengen van zeoliet bij deze mest. Om de gunstige kwantiteit van het kwelwater in stand te houden mag er in ieder geval geen extra waterwinning plaatsvinden in de bovenste drie watervoerende pakketten. De studenten bevelen aan om aanvullend onderzoek te doen naar de samenhang tussen het derde en vierde watervoerende pakket. Het is onbekend hoe dik de scheidende laag is tussen deze twee pakketten. Als de scheiding dun is kan wateronttrekking tussen de vierde en zesde laag de bovenste lagen beïnvloeden, waardoor mogelijk de waterhuishouding van het Gastels Laag nadelig beïnvloed wordt. Wateronttrekkingen ten noorden en westen van het Gastels Laag hebben naar verwachting minder invloed op de hydrologische werking van het natuurgebied dan wateronttrekking aan de oostkant (waar het grondwater vandaan komt). Desondanks wordt afgeraden om water te onttrekken uit de directe omgeving van het Gastels Laag. Het aanwijzen van het Gastels Laag als Natte Natuurparel faciliteert de uitvoering van bovengenoemde maatregelen en geeft het Gastels Laag een hogere beschermingsstatus.

Literatuur

Baptist, M., Van Hattum, T., Reinhard, S., Van Buuren, M., De Rooij, B., Hu, X., Van Rooij, S., Polman, N., Van den Burg, S., Piet, G.J., Ysebaert, T., Walles, B., Veraart, J., Wamelink, W., Bregman, B., Bos, B. en Selnes, T., 2019. Een natuurlijkere toekomst voor Nederland in 2120. Wageningen University & Research, Wageningen. 19 pag.

Bell, J.S., Van 't Hullenaar, J.W., Jansen, A.J.M., Van der Linden, M. en Sevink, J., 2018. Ecohydrologische systeemanalyse Aamsveen. Bell Hullenaar Ecohydrologisch Adviesbureau, Zwolle.

Bendtsen, E.B., Westergaard Clausen, L.P. en Hansen, S.F., 2021. A review of the state-of-the-art for stakeholder analysis with regard to environmental management and regulation. Journal of Environmental Management 279: 111773.

Besselink, D., Logemann, D., Van der Werfhorst, H., Jansen, A. en Reeze, B., 2017. Handboek ecohydrologische systeemanalyse beekdallandschappen. Stichting Toegepast Onderzoek Waterbeheer (Stowa), Amersfoort.

Bockemühl, J., 1993. Kann ein holistischer Ansatz im Umgang mit Landschaft formuliert werden? Elemente der Naturwissenshaft 58: 28-36.

BIJ12 (z.d.). Index Natuur en Landschap. Geraadpleegd op: https://www.bij12.nl/onderwerpen/natuur-en-landschap/index-natuur-en-landschap/

Bloc, 2020. Gebiedsplan De Ginkel. Gemeente Ede, Ede.

Boers, E., Egberts, J., Boerboom, E., Waaly, D. en Van den Assem, P., 2021. Landschapsecologische systeemanalyse Gastels Laag. Hogeschool Van Hall Larenstein, Velp.

Bootsma, M., Coops, C.H. en Drost, H., 2002. Referenties voor nat Nederland. Landschap 19 (1): 63-69.

Clewell, A.F. en Aronson, J., 2013. Ecological references. In: Clewell, A.F. en Aronson, J. (red.) Ecological Restoration. The Science and Practice of Ecological Restoration. Island Press, Washington, DC, USA, pag. 137-153. https://doi-org.hvhl.idm.oclc.org/10.5822/978-1-59726-323-8_7.

College van Rijksadviseurs, 2018. Panorama Nederland: rijker, hechter, schoner. College van Rijksadviseurs, Den Haag. 134 p.

Courbois, M., Inberg, J., Simons, E., Omon, B. en De Jong, J., 2016. Vegetatie- en plantensoortenkartering West Brabant 2015. Objecten: Het Laag, Westelijke Beemden, Terheijden. Bureau Waardenburg, Culemborg.

DINO-loket, 2017. DINO-loket-ondergrondgegevens. Geraadpleegd op: https://www.dinoloket.nl/ondergrondgegevens

Enright, D., 2017. Essence of place and sustainable tourism. Geraadpleegd op: https://www.donenright.com/essence-place-sustainable-tourism/

GIMP, 2022. GIMP versie 2.10.22 [Fotomanipulatieprogramma]. Spencer Kimball, Peter Mattis en het ontwikkelteam van de GIMP.

Grootjans, A.P. en Van Diggelen, R., 2009. Hydrological dynamics III: hydro-ecology. In: Barker, T. en Maltby, E. (red.) The wetlands handbook. Wiley-Blackwell, Chichester, UK, pag. 194-212.

Hendriks, K. en Stobbelaar, D.J., 2003. Landbouw in een leesbaar landschap. Hoe gangbare en biologische landbouwbedrijven bijdragen aan landschapskwaliteit. Uitgeverij Blauwdruk, Wageningen.

Holtland W.J., Ter Braak C.J.F. en Schouten M.G.C., 2010. Iteratio: calculating environmental indicator values for species and relevés. Applied Vegetation Science 13: 369-37, https://doi.org/10.1111/j.1654-109X.2009.01069.x

Jalink, M.H., Grijpstra, J. Zuidhoff, A.C., 2003. Hydro-ecologische systeemtypen met natte schraallanden in pleistoceen Nederland. Expertisecentrum LNV, Ede.

Janssen, J.A.M., Schaminée, J.H.J. en Van Loon, H., 2019. Handleiding vegetatiekunde. Geraadpleegd op: https://wiki.groenkennisnet.nl/display/HV/Handboek+Vegetatiekunde#.

Ketelaar, R., Brouwer, E., Eichhorn, K., Prins, U. en Verbeek, P., 2018. Bijzondere natuurakkers verdienen een landschapsgerichte aanpak. Handreiking voor een beter beheer. Vakblad Natuur Bos Landschap 6: 14-17.

Kemmers, R.H., De Waal, R.W. en Van Delft, S.P.J., 2001. Ecologische typering van bodems. Deel 3 Van typering naar kartering. Alterra-rapport 352. Alterra, Wageningen.

Lenders, H.J.R., Aarts, B.G.W, Strijbosch H. en Van der Velde, G., 1998. The role of reference and target images in ecological recovery of river systems: lines of thought in the Netherlands In: Nienhuis, P.H., Leuven, R.S.E.W. en Ragas, A.M.J. (red.). New concepts for sustainable management of river basins. Backhuys Publishers, Leiden, pag. 35-52.

Martens, S. en Ten Holt, H., 2020. Ecologisch assessment van de landschappen van Nederland. Analyse door het Kennisnetwerk OBN. VBNE, Driebergen.

Pedroli, B., 1989. Die Sprache der Landschaft. Uber die Landschaftsökologische Charakteristik der Strijper-Aa-Landschaft (Sudost-Brabant, Niederlande). Elemente der Naturwissenshaft 51: 25-49.

Provincie Noord-Brabant, 2020a. Kaartbank. Geraadpleegd op: https://kaartbank.brabant.nl/viewer/app/Kaartbank

Provincie Noord-Brabant, 2020b. Ontwerp Natuurbeheerplan 2021, provincie Noord-Brabant. Provinciaal blad, April, 34-35.

Schaminee, J.H.J., Haveman, R., Hommel, P.W.F.M., Janssen, J.A.M., De Ronde, I., Schipper, P.C., Weeda, E.J., Van Dort, K.W. en Bal, D., 2017. Revisie Vegetatie van Nederland. Westerlaan, Lichtenvoorde.

Schaminée, J.H.J., Stortelder, A.H.F. en Weeda, E.J., 1996. De vegetatie van Nederland. Deel 3. Plantengemeenschappen van graslanden, zomen en droge heiden. Opulus Press, Leiden.

Schaminée, J.H.J., Stortelder, A.H.F. en Westhoff, V., 1995a. De vegetatie van Nederland. Deel 1. Inleiding tot de plantensociologie – grondslagen, methoden en toepassingen. Opulus Press, Leiden.

Schaminée, J.H.J., Weeda, E.J. en Westhoff, V., 1995b. De vegetatie van Nederland. Deel 2. Plantengemeenschappen van wateren, moerassen en natte heiden. Opulus Press, Leiden.

Schaminée, J.H.J., Weeda, E.J. en Westhoff, V., 1998. De vegetatie van Nederland. Deel 4. Plantengemeenschappen van de kust en van de binnenlandse pioniersgemeenschappen. Opulus Press, Leiden.

Sierdsema, H., 1995. Broedvogels en beheer. Het gebruik van broedvogelgegevens in het beheer van bos- en natuurterreinen. SBB-rapport 1995-1, SOVON-onderzoeksrapport 1995/04. SBB/SOVON, Driebergen/Beek-Ubbergen.

Spek, T., 2004. Het Drentse Esdorpenlandschap; een historisch-geografische studie. Proefschrift Wageningen Universiteit. Matrijs, Utrecht.

Stobbelaar, D.J. en Hendriks, K., 2014. Het leesbare landschap – analyse en waardering. In: Simons, W. en Van Dorp, D. (red.) Praktijkgericht onderzoek in de ruimtelijke planvorming. Methoden voor analyse en visievorming. Uitgeverij Landwerk, Wageningen, pag. 81-102.

Stobbelaar, D.J., Hendriks, K. en Stortelder, A., 2004. Phenology of the landscape: the role of organic agriculture. Landscape Research 29 (2): 153-179.

Stortelder, A.F.H., Schaminée, J.H.J. en Hommel, P.W.F.M., 1999. De vegetatie van Nederland. Deel 5. Plantengemeenschappen van ruigten, struwelen en bossen. Opulus Press, Leiden.

Van Beek, J.G, Van Rosmalen, R.F., Van Tooren, B.F. en Van der Molen, P.C. (red.), 2014. Werkwijze natuurmonitoring en -beoordeling Natuurnetwerk en Natura 2000/PAS. BIJ12, Utrecht.

Van der Molen, P.C., Baaijens, G.J., Everts, H. en Brinckman, E., 2021. LESA/LELI. Stappenplan voor een landschapsecologische gebiedsdiagnostiek op maat. Geraadpleegd op: https://www.lesa.info.

Van der Molen, P.C., Baaijens, G.J., Grootjans, A. en Jansen, A., 2010. LESA: Landschapsecologische systeemanalyse. DLG, RUG, Baaijens Advies, Unie van Bosgroepen.

Van Leeuwen, C.G., 1965. Het verband tussen natuurlijke en antropogene landschapsvormen, bezien vanuit de betrekkingen in grensmilieu's, Gorteria 2 (8): 93-105.

Van Wirdum, G., 1979. Dynamic aspects of trophic gradients in a mire complex. Verslagen en mededelingen Centrale Organisatie voor Toegepast Natuurwetenschappelijk Onderzoek CHO-TNO 25: 66-82.

Wassen, M.J., Bootsma, M.C. en Bleuten, W., 2002. Geografische referenties; de Biebrza-vallei als voorbeeld. Landschap 19 (1): 17-32.

Waterschap Brabantse Delta, 2020. Vastgestelde Legger Waterschap Brabantse Delta. Geraadpleegd op: https://brabantsedelta.nl/legger.

3. Grondwater in het landschap

Jan-Philip Witte

3.1 Inleiding

In dit hoofdstuk staat water centraal. Figuur 3.1 roept even in herinnering de positie van water in de landschapsecologie. Water manifesteert zich binnen dat landschap soms zichtbaar, oppervlaktewater, en dan weer onzichtbaar, als grondwater of opgelost als waterdamp in de atmosfeer. Met een duidelijke betekenisvolle invloed voor zowel de biotiek als ook de abiotiek. In dit hoofdstuk ligt de nadruk op het grondwater.

Meer dan in enig ander Europees land is in Nederland de natuur gebonden aan hoge grondwaterstanden en aan grondwater met een specifieke chemische samenstelling. Dit hoofdstuk geeft overzicht van de belangrijke relaties in het Nederlandse landschap tussen grondwater en vegetatie. In Figuur 3.2 zijn enkele van deze ecohydrologische processen en relaties schematische weergegeven op de schaal van het Nederlandse landschap.

In dit hoofdstuk gaan we eerst in op de stroming van water. We bespreken het water in de bodem, de bovenste laag van het aardoppervlak waarin planten wortelen (Paragraaf 3.2). Water dat de bodem van onderen weet te verlaten komt uiteindelijk bij het grondwater terecht, waarna het vooral horizontaal wordt afgevoerd naar lager gelegen sloten, beken en kanalen. Dat proces beschrijven we in Paragraaf 3.3, waarna we in Paragraaf 3.4 ingaan op de fysische achtergrond daarvan.

Vervolgens leggen we de relatie met de vegetatie. De hoogte van de grondwaterspiegel en de kwaliteit van het grondwater en de bodem bepalen samen waar plantensoorten en vegetatietypen een geschikte standplaats vinden. Deze samenhang tussen grondwater en vegetatie stippen we in

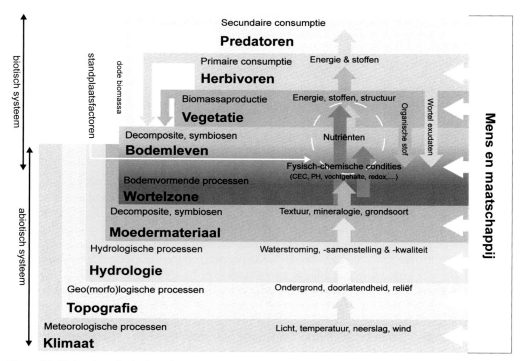

Figuur 3.1. Water als onderdeel van het rangordemodel.

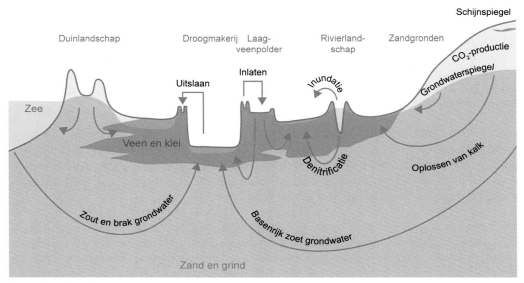

Figuur 3.2. Stroming van water en enkele daaraan verbonden ecohydrologische processen in het Nederlandse landschap.

Paragraaf 3.5 aan. Daarna (Paragraaf 3.6) beschrijven we de relaties tussen de stroming van water en het voorkomen van soorten en vegetatietypen in enkele Nederlandse landschapstypen. Veel van deze relaties staan onder druk ten gevolge van de opwarming van de aarde. Het is voor een landschapsecoloog van belang dit te erkennen en te beseffen dat we niet meer blindelings kunnen vertrouwen op bestaande kennis. Dat besef proberen we bij te brengen in de afsluitende paragraaf (Paragraaf 3.7).

Tenzij anders vermeld, zijn de figuren en de tekst in Paragraaf 3.2 t/m 3.6 in aangepast vorm overgenomen van Witte e.a. (2007).

3.2 Stroming van water in de bodem

Water in de grond komt voor in de ruimten, de poriën, tussen vaste deeltjes als zand, veen en klei (Figuur 3.3). Wanneer we een kuil maar diep genoeg graven komt er water in te staan. Het scheidingsvlak van dit water met de atmosfeer noemt men de 'grondwaterspiegel' of het 'freatisch vlak'. De 'grondwaterstand' is de hoogte van de grondwaterspiegel. Die kan worden uitgedrukt ten opzichte van maaiveld of ten opzichte van een vaste referentie, vaak het N.A.P. Uit het zinsverband blijkt doorgaans meteen welke referentiehoogte wordt bedoeld, maar om misverstanden te voorkomen wordt ook de term grondwaterstanddiepte gebruikt voor de hoogte van de grondwaterstand ten opzichte van maaiveld. Onder 'grondwater' verstaan we het water dat in de grond beneden de grondwaterspiegel aanwezig is. Het bevindt zich in poriën die volledig gevuld zijn met water. Het water in de grond boven de grondwaterspiegel wordt 'bodemwater' of 'bodemvocht' genoemd. Dit water wordt door capillaire krachten in de poriën vastgehouden, tegen de zwaartekracht in. Naast water kunnen de poriën boven de grondwaterspiegel ook gevuld zijn met lucht.

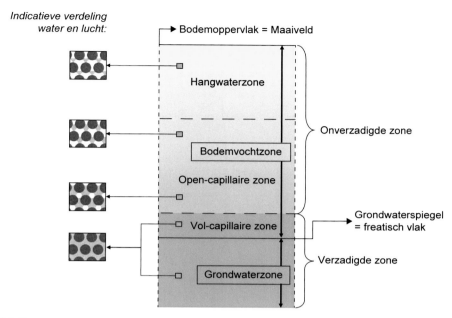

Figuur 3.3. De zones van water in de grond, met een indicatieve verdeling van water en lucht.

In de grond zijn aldus twee zones te onderscheiden: beneden de grondwaterspiegel de 'grondwaterzone', waar de poriën geheel gevuld zijn met water, en daarboven de 'bodemvochtzone' (of 'bodemwaterzone') waarin zowel water als lucht de poriën vullen. Ten opzichte van de atmosferische druk heerst er in de grondwaterzone een overdruk. Net als in het zwembad: op 2 meter diepte is er een overdruk van 2 meter water. In de bodemvochtzone wordt het water capillair vastgehouden, tegen de atmosferische druk in. Net als een spons, die water tegen de atmosferische druk in kan opzuigen. In de bodemvochtzone heerst dus een onderdruk. Binnen de bodemvochtzone komt vlak boven de grondwaterspiegel een 'volcapillaire zone' voor: een relatief smalle zone waar weliswaar een onderdruk heerst, maar waar de poriën toch geheel gevuld zijn met water. Volcapillaire zone en grondwaterzone vormen tezamen de 'verzadigde zone'; daarboven ligt de 'onverzadigde zone', waar lucht in de poriën zit.

Als water aan het grondoppervlak de bodem indringt, heet dit 'infiltratie' (Figuur 3.4). Ook de voeding van het grondwater door middel van bijvoorbeeld infiltratiekanalen in de waterleidingduinen wordt infiltratie genoemd. Als het watergehalte in de onverzadigde zone toeneemt tot een bepaalde waarde (de 'veldcapaciteit', zie Hoofdstuk 4 Bodem) stroomt het water naar beneden en voegt het zich ten slotte bij het grondwater. Deze neerwaartse stroming in de onverzadigde zone staat bekend onder de term 'percolatie'. Als de onverzadigde zone uitdroogt, ontstaat daar een grotere onderdruk in het water. Daardoor stroomt water omhoog van de verzadigde zone naar de onverzadigde zone. Dit stromingsproces heet 'capillaire nalevering' of 'capillaire opstijging'. In natte tijden (winterseizoen) overtreft de neerslag de verdamping en is er dus sprake van percolatie, terwijl in droge tijden de capillaire nalevering overheerst. Bij een grote grondwaterstanddiepte kan capillaire opstijging niet meer zorgdragen voor de aanvulling van het bovenste deel van de onverzadigde zone. Dit bovenste deel heet dan de 'hangwaterzone', naar het gegeven dat plantenwortels in deze zone geheel zijn aangewezen op dat deel van het neerslagwater

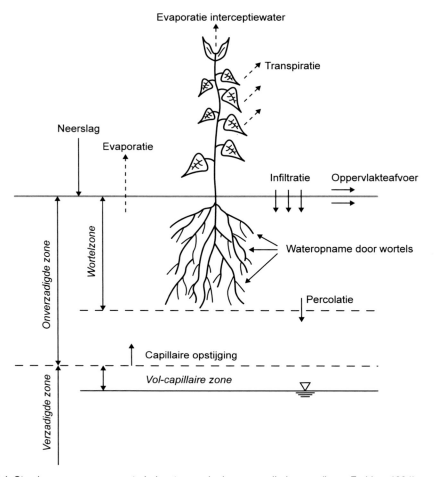

Figuur 3.4. Stomingsprocessen en waterbalanstermen in de onverzadigde zone (bron: Feddes, 1994).

dat na een natte periode niet is gepercoleerd, maar juist in deze zone is achtergebleven (blijven 'hangen'). Bodems waarvan de vegetatie volledig is aangewezen op hangwater, hebben we als de grondwaterstand altijd dieper ligt dan één tot twee meter beneden de wortelzone (diepte hangt af van de bodemtextuur) (Vervoort en Van der Zee, 2008).

Gemiddeld is de percolatie naar het grondwater groter dan de capillaire nalevering, en wordt het grondwater dus van boven gevoed met water. De voedingterm heet 'grondwateraanvulling'. Wanneer er geen aan- of afvoer over het maaiveld plaatsvindt, is de gemiddelde natuurlijke grondwateraanvulling gelijk aan het gemiddelde neerslagoverschot. Het 'neerslagoverschot' definiëren we hier als de neerslag minus 'werkelijke verdamping' (ook wel 'actuele verdamping' genoemd). Dat is een andere definitie dan die van het KNMI, dat voor het neerslagoverschot uitgaat van de verdamping van een korte grasmat die altijd voldoende zoet water tot zijn beschikking heeft (de referentieverdamping volgens Makkink). Verdamping gebeurt door de huidmondjes van planten ('transpiratie', qua hoeveelheid gelijk aan de wortelopname), van de bodem, en van door bladeren en takken onderschept (interceptie) regenwater ('evaporatie'). Bomen als Douglas en

Fijnspar verdampen jaarlijks relatief veel water omdat ze met hun altijd groene en dichte naalddek veel interceptiewater opvangen.

In het vlakke Nederland infiltreert het neerslagoverschot op de meeste plaatsen geheel in de bodem. Het gemiddelde neerslagoverschot bedraagt in Nederland ca. 250-300 mm/jr en dit bedrag is dus tevens de gemiddelde grondwateraanvulling van Nederland. Er bestaan echter aanzienlijke ruimtelijke verschillen die vooral samenhangen met verdampingsverschillen tussen gewassen. Het neerslagoverschot (de grondwateraanvulling) van een dicht en donker naaldbos is klein, in Nederland qua orde grootte zo'n 100-200 mm/jr. Een kale zandgrond, daarentegen, heeft een groot neerslagoverschot (ca. 500-600 mm/jr).

In verharde gebieden (kassen, wegen, steden) en in zeer natte gebieden (moerassen, beekdalen) kan 'maaiveldafvoer' (ook 'oppervlakteafvoer' of 'surface runoff' genoemd) naar respectievelijk het riool en het oppervlaktewater optreden, zodat de grondwateraanvulling kleiner is dan het neerslagoverschot. Maaiveldafvoer speelt bovendien een rol in hellende gebieden.

3.3 Stroming van grondwater in het landschap

Gemiddeld bezien wordt grondwater dus van boven aangevuld. Dezelfde hoeveelheid wordt ook weer afgevoerd naar het oppervlaktewater, zoals naar greppels, sloten, beken en rivieren. Ten gevolge van de grondwateraanvulling en de weerstand van de ondergrond tegen stroming ontstaan er verschillen in de hoogte van de grondwaterspiegel. Water stroomt nu van plaatsen met een hoge grondwaterstand naar plaatsen met een lage grondwaterstand. In Figuur 3.5 is dit met een voorbeeld aangegeven. De lijnen in de figuur geven de weg weer waar langs een waterdeeltje zich gemiddeld gesproken verplaatst, de 'stroombaan'. Dat de stroombanen in de figuur gekromd verlopen van de grondwaterspiegel, waar het water infiltreert, tot de beek of de rivier, waar het water uittreedt, is fysisch-mathematisch te bewijzen. Voor nu volstaan we met de intuïtieve verklaring dat het voor de talloze waterdeeltjes tijdens de stroming steeds drukker wordt op hun weg naar de beek en dat een bochtje om dan vaak de makkelijkste weg is. Vergelijk het met een kerk die uitgaat (voor niet christelijke jongeren: een discotheek), de massa mensen loopt niet in een rechte lijn naar de uitgang, er zijn zelfs snode individuen die de snelste weg willen nemen door vlak bij de uitgang de zijkant van de massa te infiltreren.

'Wegzijging' is de neerwaartse verplaatsing van grondwater, terwijl 'kwel' optreedt wanneer grondwater naar boven toe stroomt. In gebieden zonder oppervlaktewater, zoals de Veluwe, kan alleen wegzijging optreden. Deze wegzijging is in zulke gebieden gelijk aan het neerslagoverschot. In Figuur 3.5 treedt wegzijging op tussen de beekdalen, terwijl er in de beekdalen sprake is van kwel. Een hogere wegzijging dan het neerslagoverschot kan alleen dan optreden, wanneer er oppervlaktewater van elders wordt aangevoerd. Dit gebeurt bijvoorbeeld in relatief hoog liggende polders in Laag-Nederland, die kunstmatig op peil worden gehouden (Figuur 3.6). Voor het overige overheerst er kwel in Laag-Nederland. Een gebied met wegzijging wordt ook wel een 'infiltratiegebied' genoemd.

De begrippen wegzijging en kwel zijn meestal verbonden met een bepaald schaalniveau: in de oostelijke en zuidelijke hogere delen van Nederland treedt als geheel wegzijging op naar de grote rivieren en naar de klei- en veengebieden in West- en Noord-Nederland, hoewel er lokaal, in de beekdalen, kwelwater uittreedt (Figuur 3.5). Grondwatersystemen van een fijne ruimtelijke schaal kunnen bovenop een systeem van een grotere schaal liggen. Een classificatie van hiërarchisch

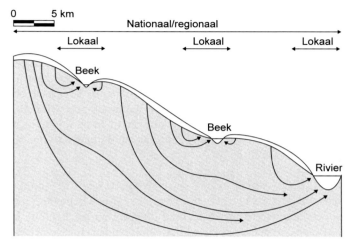

Figuur 3.5. Grondwaterstromingspatroon, karakteristiek voor de hogere zandgronden van Nederland (bron: Klijn en Witte, 1999). N.B: verticale en horizontale schaal zijn niet gelijk.

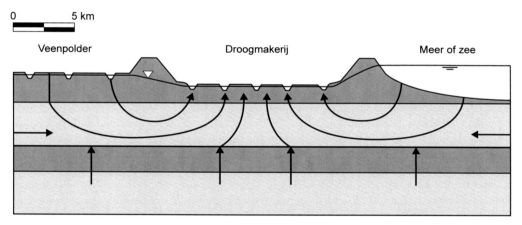

Figuur 3.6. Grondwaterstromingspatroon, karakteristiek voor laag Nederland (bron: Klijn en Witte, 1999). N.B: verticale en horizontale schaal zijn niet gelijk.

gerangschikte gesuperponeerde lokale, intermediaire en regionale stromingsstelsels stamt af van Toth (1963). Door hem zijn de geneste drie systemen in een vaak aangehaald plaatje weergegeven (Figuur 3.7). Met de verschillende ruimtelijke schalen corresponderen verschillende tijdsschalen. Regionale systemen zijn de weerslag van de meteorologische condities van vele jaren en veranderen dus nauwelijks in de tijd, terwijl lokale systemen de reactie zijn op het weer van een veel kortere periode, bijvoorbeeld enkele maanden. De classificatie van verschillende grondwaterstromingsstelsels is vooral van belang voor vraagstukken op het gebied van de waterkwaliteit (Hoofdstuk 7 Milieu). Ecologen hechten vaak grote waarde aan de aanwezigheid van verschillende systemen, omdat daarmee verschillen in de kwaliteit van het kwelwater corresponderen, en dus ook verschillen in vegetatie. Kwelwater uit een regionaal systeem is vaak rijk aan basen zoals calcium en magnesium, die zijn opgelost uit sedimenten tijdens het langdurige verblijf in de ondergrond. Kwelwater uit een lokaal systeem, daarentegen, is vaak basenarm.

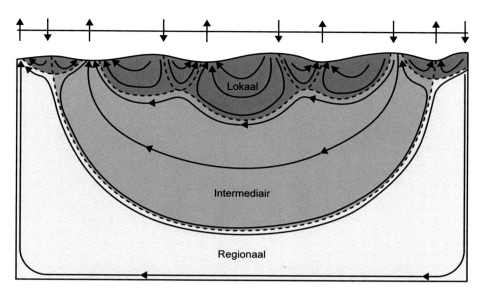

Figuur 3.7. Concept van hiërarchisch gerangschikte gesuperponeerde systemen volgens Toth (1963) voor een homogene aquifer met in alle richtingen dezelfde doorlatendheid. De bovenste verticale pijlen geven infiltratie en kwel aan.

Stromingspatronen op een fijnere ruimtelijke schaal, kennen dus meestal een grote dynamiek ten gevolge korte-termijninvloeden van het weer: ze zijn 'dynamisch'. Zo geeft Figuur 3.8 twee uiterste toestanden voor een perceel weer, dat aan beide zijden wordt begrensd door sloten waarvan het waterpeil kunstmatig op een vast niveau wordt gehouden. In de winter ontstaat na een regenrijke periode een bolle grondwaterspiegel, terwijl die in de loop van zomer, wanneer er meer water verdampt dan er aan regen valt, uitzakt tot een holle vorm. In de winter draineren de sloten het percelen, in de zomer infiltreert er juist water uit de sloten naar het perceel.

In beekdalen en laagvenen kunnen op een wel heel fijn schaalniveau stromingspatronen ontstaan: kleine hoogtes in het maaiveld staan daar meer onder invloed van regenwater dan de slenken daarnaast, die meer kwelwater ontvangen (Figuur 3.9). Deze grote afwisseling in waterkwaliteit op korte afstand kan zorgen voor een grote rijkdom aan plantensoorten, ook doordat soorten op verschillende diepte wortelen en dus verschillende standplaatsen ervaren (Cirkel e.a., 2014).

We hebben tot nu toe grondwater gedefinieerd als het water dat zich beneden de grondwaterspiegel bevindt. Dat is een bovengrens. De benedengrens van grondwater ligt daar waar het water niet meer betrokken is bij de grondwaterstroming. In de praktijk ligt deze dieptebegrenzing bij de 'hydrologische basis', ook vaak aangeduid als 'slecht doorlatende basis'. In grote delen van Nederland bestaat de hydrologische basis uit vroeg-pleistocene kleiige afzettingen, die van oost naar west wegduiken tot diepten van meer dan 200 m.

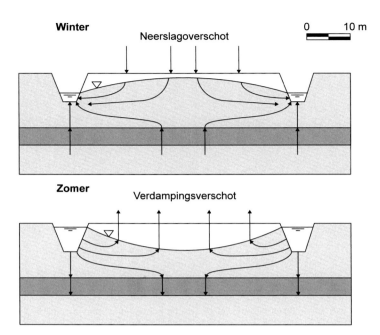

Figuur 3.8. Twee stromingspatronen, karakteristiek voor polders, in een perceel met een gecontroleerd slootpeil (bron: Klijn en Witte, 1999). N.B: verticale en horizontale schaal zijn niet gelijk.

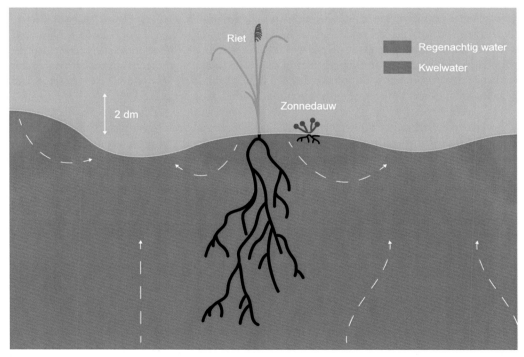

Figuur 3.9. Ten gevolge van kleine variaties in maaiveldhoogte en de toestroom van basenrijk kwelwater en basenarm regenwater kunnen horizontale en verticale gradiënten in waterkwaliteit onstaan, met als gevolg een grote rijkdom aan plantensoorten.

In hydrologische studies wordt de ondergrond vaak sterk vereenvoudigd weergegeven, als een opvolging 'watervoerende pakketten' ('aquifers') en slecht doorlatende 'scheidende lagen' ('aquitards') (Figuur 3.10). Zeker in een deltagebied als Nederland, waar lagen van grind, zand, klei en veen elkaar in de diepte afwisselen, is een dergelijke schematisering gangbaar. Een schematisering van de ondergrond is stilzwijgend al aan de orde geweest bij de hiervoor gegeven stromingbeelden. Uit de in die plaatjes getekende stroombanen kan worden opgemaakt dat het water in de watervoerende pakketten (zand en grind) vooral horizontaal stroomt, terwijl de stromingsrichting in de scheidende lagen (klei en veen) vooral verticaal is. Het verschil in stromingsrichting komt doordat het water de weg van de minste weerstand zoekt: een korte verticale weg door de scheidende lagen en dus worden horizontale afstanden vooral door de aquifers afgelegd. De dominantie van de horizontale verplaatsing wordt bovendien aannemelijk als we beseffen dat de assen in Figuur 3.5 t/m 3.10 niet gelijk zijn. Zo beslaat de verticale as in Figuur 3.10 ca. 200 m en de horizontale 15 km, een verhouding 1:75. Houden we de assen gelijk, dan toont het stromingsbeeld van Figuur 3.10 zich als een horizontale streep (Figuur 3.11).

Het is gebruikelijk de watervoerende pakketten en scheidende lagen van boven naar onder, tot de hydrologische basis, te nummeren (Figuur 3.10). Wanneer de grondwaterspiegel zich in een (het eerste) watervoerend pakket bevindt (en niet in een aquitard), dan staat het grondwater in dat pakket per definitie direct onder invloed van de atmosferische druk. Men spreekt dan van een 'freatisch pakket'.

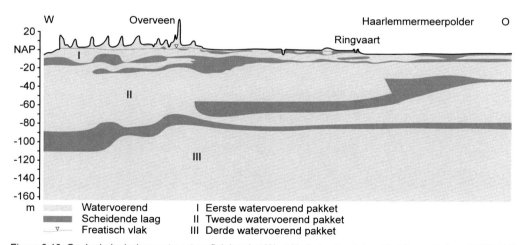

Figuur 3.10. Geohydrologische west-oost profiel door het West-Nederlandse duingebied (bron: Dufour, 1998). N.B: verticale en horizontale schaal zijn niet gelijk.

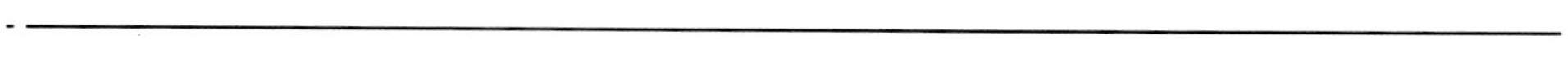

Figuur 3.11. Als Figuur 3.10, maar nu met gelijke verticale en horizontale schaal.

3.4 Fysische aspecten van grondwaterstroming

3.4.1 Stroomsnelheid en verblijftijd

De stroomsnelheid van grondwater is over het algemeen zeer gering (10 cm per dag is al uitzonderlijk snel), en het duurt daarom erg lang voordat een waterdeeltje de weg afgelegd heeft van infiltratiegebied naar kwelgebied. Die 'verblijftijd' hangt nauw samen met de afstand tot de grens tussen beide gebieden (Figuur 3.12). Naarmate een regendruppel verder van de grens neerkomt, duurt het langer voordat hij als grondwaterdruppel weer uittreedt in het kwelgebied. Tijdens het langdurige verblijf in de ondergrond nemen concentraties van bepaalde stoffen, zoals calcium en bicarbonaat, toe, wat van belang is voor de vegetatie in het kwelgebied waarin het grondwater terechtkomt. Bovendien wordt het water tijdens het verblijf in de ondergrond gezuiverd van bacteriologische en chemische verontreinigingen. Zo wordt nitraat in het grondwater afgebroken onder invloed van organische stof en pyriet, dat in de grond vaak aanwezig is.

3.4.2 De energietoestand en de stromingsrichting van grondwater

Hydrologen gebruiken metingen van de 'stijghoogte' in peilbuizen om te onderzoeken in welke richting het grondwater stroomt (Figuur 3.13). De stijghoogte is het niveau ten opzichte van een vaste referentie (meestal N.A.P.) tot waar het grondwater in een peilbuis stijgt. Het is een maat voor de energietoestand van het water ter hoogte van het peilbuisfilter, waar het water de buis is binnengedrongen. Grondwater stroomt van plekken met een hoge, naar plekken met een lage

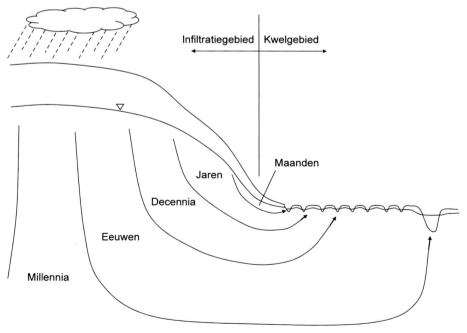

Figuur 3.12. Schematische weergave van de verblijftijd van grondwater.

stijghoogte (Figuur 3.14). In een zeer ondiepe peilbuis is de stijghoogte altijd gelijk of vrijwel gelijk aan de hoogte van de grondwaterspiegel: 'freatische stijghoogte' is dan synoniem met 'de grondwaterstand ten opzichte van een vaste referentie'. Grondwater stroomt dus niet van hoge druk naar lage druk, zoals je soms leest; was dat wel het geval, dan zou een waterdruppel op de bodem van een zwembad (een waterkolom van 3 m overdruk ten opzichte van de atmosfeer) zich spontaan naar boven bewegen om daarna zijn weg naar het heelal (geen atmosferische druk) te vervolgen.

In Figuur 3.12 en 3.14 zien we dat de helling van de freatische stijghoogte (de grondwaterstand) steeds groter wordt in de richting van het kwelgebied: de 'stijghoogtegradiënt' neemt in die richting toe. Dat komt doordat er steeds meer neerslagoverschot uit het achterliggende gebied, tot aan de waterscheiding, moet worden afgevoerd. De stijghoogtegradiënt is in feite een maat voor het energieverschil waarmee grondwaterstroming wordt aangedreven. De gradiënt wordt groter als er meer water door de grond moet. De stijghoogtegradiënt neemt weer af in het kwelgebied: het freatisch pakket verliest daar namelijk grondwater aan sloten en greppels, zodat er van de heuvel af steeds minder water doorheen stroomt.

Op de stroming van grondwater is de wet van Darcy uit 1956 van toepassing. Die komt erop neer dat de hoeveelheid grondwater die per dag stroomt door één vierkante meter grond loodrecht op de stromingsrichting, gelijk is aan een 'doorlaatfactor' maal de stijghoogtegradiënt. De evenredigheid met de stijghoogtegradiënt hebben we in de vorige alinea besproken. De doorlaatfactor (ook wel 'doorlatendheid' genoemd) is een maat voor hoe makkelijk de grond het water doorlaat. Een bodem

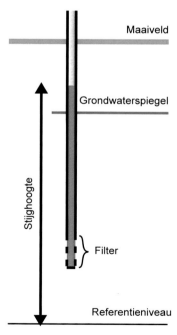

Figuur 3.13. Stijghoogte is de hoogte ten opzichte van een referentieniveau tot waar het grondwater stijgt in een peilbuis. Het is een maat voor de energietoestand van het grondwater ter hoogte van het peilbuisfilter. N.B.: deze omschrijving van het begrip stijghoogte gaat alleen op in zoete gebieden. In het voorbeeld is er sprake van een opwaartse stromingsrichting (kwel), omdat de stijghoogte in de peilbuis hoger staat dan de grondwaterspiegel.

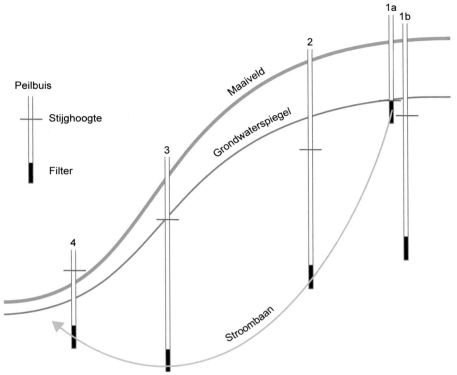

Figuur 3.14. Het verloop van de stijghoogte, gemeten in 4 peilbuizen over een stroombaan van wegzijg- naar kwelgebied. Buis 1a heeft een zeer ondiep filter waardoor de stijghoogte ongeveer gelijk is aan de grondwaterspiegel; buis 2 heeft een diep filter en diens stijghoogte is lager dan de grondwaterspiegel, wat correspondeert met een neerwaartse beweging van het water (wegzijging); in buis 4 is de situatie juist andersom (kwel); in buis 3 is de stijghoogte gelijk aan de grondwaterspiegel en het grondwater ter hoogte van het filter stroomt dan ook horizontaal. Dat water bij buis 1a wegzijgt blijkt ook uit de lage stijghoogte dieper in de ondergrond, gemeten in buis 1b.

met overwegend grote poriën, zoals grind en grof zand, doet dat veel makkelijker en heeft dus een grotere doorlatendheid dan een bodem met zeer kleine poriën en dus een kleine doorlatendheid, zoals zware klei. Tabel 3.1 geeft enkele indicatieve cijfers voor verschillende grondsoorten. De eenheid is meter per dag. Om een bepaalde hoeveelheid grondwater door te laten, is voor een matig-zware kleigrond met een doorlatendheid van 0,01 m/dag dertig keer meer energie nodig dan voor een zandige leemgrond met een doorlatendheid van 0,30 m/dag. Dat betekent dat de stijghoogtegradiënt dertig keer zo groot moet zijn om dezelfde hoeveelheid water door te laten. De verschillen in doorlatendheid verklaren waardoor de grondwaterspiegel in bijvoorbeeld een kleigrond sterker opbolt dan die in een zandgrond. Om wateroverlast te voorkomen is de afstand tussen evenwijdige sloten, greppels en drainbuizen in kleigrond daarom dichter dan in zandgrond: boeren hebben het afwateringsstelsel aangepast aan de doorlatendheid van de grond.

Tabel 3.1. Doorlatendheid van enige grondsoorten (Bot, 2011).

Grondsoort	Doorlatendheid (m/dag)
Zware klei	0,0001
Potklei	0,001
Matig zware klei	0,01
Zandige klei	0,05
Keileem	0,05
Veen	0,001-0,1
Kleiig veen	0,005
Sterk zandig veen	0,05
Leem/löss	0,05
Zandige leem	0,3
Lichte zavel	0,5
Teelaarde	5
Schelpen	30
Fijn zand	1-10
Duinzand	7
Grof zand	30
Zeer grof zand	80
Uiterst grof zand	200
Fijn grind	1000-10.000
Grof grind	10.000-100.000

De gemeten of berekende stijghoogte in een bepaald watervoerend pakket kan worden weergegeven in zogenaamde isohypsenkaarten. Een 'isohypse' is een lijn van gelijke stijghoogte. Figuur 3.15 geeft bijvoorbeeld een hoogtelijnenkaart van het freatisch vlak in de omgeving van Doetinchem. Dergelijke isohypsenkaarten zijn bruikbaar bij het bepalen van de stromingsrichting (en stromingshoeveelheden). Grondwater stroomt immers van een hoge naar een lage stijghoogte. Het stroomt zelfs loodrecht op de isohypsen als de grond in alle horizontale richtingen even goed doorlatend is: de grond is dan 'isotroop'. Bij de aanwezigheid van gestuwde kleilagen is dat meestal niet het geval, men spreekt dan van een 'anisotrope' ondergrond.

Isohypsenkaarten zijn nuttige hulpmiddelen bij de interpretatie van het landschap. Om hun praktische bruikbaarheid toont Figuur 3.16 er een van het freatisch grondwater in de buurt van het fictieve beekje de Huppel. Dit beekje ligt op een stuwwal en hij mondt uit in de rivier de Waas. Waarden zijn bij de isohypsen vermeld in meter ten opzichte van een plaatselijk referentieniveau. Een dergelijk isohypsenpatroon is typisch voor randen van langgerekte heuvels, zoals veel stuwwallen. Je vindt het bijvoorbeeld op de overgang van de Veluwezoom naar de Betuwe.

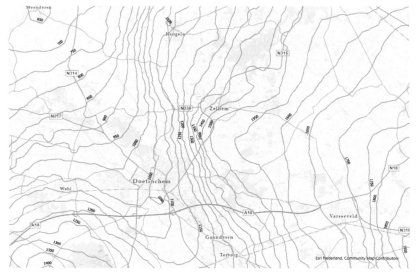

Figuur 3.15. Isohypsenkaart (m +NAP) van het freatisch vlak rondom Doetinchem.

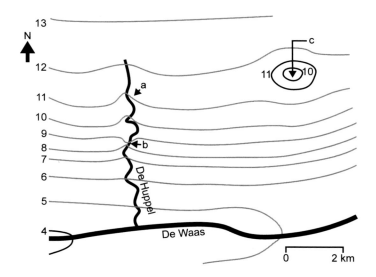

Figuur 3.16. Freatische Isohypsen (in m t.o.v. referentie) in de buurt van het fictieve beekje De Huppel.

Bij isohypsenkaarten worden gewoonlijk geen stroomlijnen getekend terwijl ook een schriftelijke interpretatie meestal ontbreekt. Die interpretatie moeten we dus zelf uitvoeren. Uit de kaart blijkt dat het grondwater, regionaal gezien, in zuidelijke richting stroomt. Naar het zuiden toe tot aan de 7 m isohypse neemt helling van de grondwaterspiegel toe, daarna vlakt deze gradiënt weer af. De verklaring gaven we al eerder: naar de randen van een infiltratiegebied moet steeds meer grondwater worden afgevoerd (bolle grondwaterspiegel), terwijl als je verder van de heuvel het kwelgebied intrekt, er steeds meer grondwater is ontsnapt naar sloten en greppels (holle grondwaterspiegel). Ergens tussen de 6 en 7 m begint dus blijkbaar het gebied met zichtbare afwatering in de vorm van greppels en sloten. Wanneer we in gedachte enkele stroomlijnen tekenen komen we verder tot de volgende conclusies:

- De rivier de Waas stroomt naar het westen.
- Bovenstrooms (bijv. bij punt (a)) stroomt er grondwater naar de Huppel toe. De beek wordt hier dus door het grondwater gevoed.
- Bij punt (b) is iets merkwaardigs aan de hand. De 9 m isohypse wijst op voeding van het grondwater door de Huppel, er zijgt dus water uit de beek naar de omgeving toe. Vlak daarna echter, bij de 8 m isohypse, voedt het grondwater de Huppel weer. De verklaring is dat tussen de 8 en 9 m waarschijnlijk een stuwtje ligt: die zorgt voor een relatief hoog bovenstrooms oppervlaktewaterpeil van een infiltrerende beekloop en een relatief laag benedenstrooms peil van een drainerende beekloop.
- In de buurt van punt (c) liggen de isohypsen concentrisch. Er stroomt radiaalgewijs grondwater naar (c) toe. De verklaring is de aanwezigheid van een grondwaterwinput.

Figuur 3.17A en B tonen de isohypsenkaarten (gemiddelden van vele jaren) van het freatische en het daaronder liggende eerste watervoerende pakket in een fictief bekengebied. Van het grillige freatische patroon is in Figuur 3.17B niets meer terug te vinden. Dat komt doordat tussen beide pakketten een scheidende laag ligt met een hoge hydraulische weerstand, zodat ruimtelijke verschillen in stijghoogte worden afgevlakt. Uit Figuur 3.17A blijkt dat de regionale stroming in noordwestelijke richting is. Duidelijk is ook een stromingscomponent naar de beken te herkennen. We zullen dit de intermediaire stromingscomponent noemen omdat tussen de beken ondiepe sloten en greppels liggen, waar lokaal water naar toe kan stromen. Uit de figuur kan worden opgemaakt dat er ten minste drie beken in het gebied voorkomen. Waarschijnlijk ligt er links in de figuur nog een vierde.

Isohypsenkaarten van verschillende pakketten kunnen worden gecombineerd om op die manier de verticale flux tussen de pakketten te berekenen. In Figuur 3.17C zijn de kaarten van beide pakketten samengevoegd. Waar twee gelijkwaardige isohypsen van aangrenzende pakketten elkaar snijden is het stijghoogteverschil en dus de verticale flux tussen de pakketten gelijk aan nul. Dit gegeven kan gebruikt worden om de grenzen op te sporen tussen gebieden met kwel en gebieden met wegzijging, zie Figuur 3.17D. Alleen de genoemde snijpunten liggen redelijk hard vast; de getrokken lijnen daartussen berusten op een aanzienlijke interpretatie.

3.5 Empirische relaties tussen grondwaterstand en vegetatie

De grondwaterstand ten opzichte van maaiveld heeft grote invloed op de soortensamenstelling van de vegetatie. Allereerst reguleert de grondwaterstand de hoeveelheid zuurstof en vocht die beschikbaar is voor planten. Soorten zijn hierop fysiologisch aangepast, zoals in Kader 3.1 wordt uitgelegd. Maar minstens zo belangrijk is dat de grondwaterstand chemische en biologische processen in de bodem reguleert, zoals de afbraak van organische stof en de buffering van de zuurgraad. Op deze indirecte wijze is de grondwaterstand ook van invloed op de vegetatie.

Verder is de kwaliteit van het grondwater van groot belang voor de vegetatie. Een vegetatie die alleen wordt gevoed door neerslagwater, groeit op een bodem die doorgaans zuur is en arm aan voedingsstoffen, terwijl een natte vegetatie die wordt gevoed wordt door basenrijk kwelwater een standplaats aantreft met een wat hogere pH en die doorgaans ook voedselrijker is.

In de volgende paragraaf illustreren we de ecohydrologische relaties in enkele Nederlandse landschaps-typen.

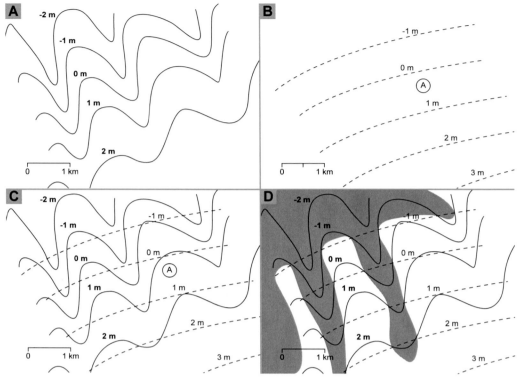

Figuur 3.17. Isohypsenpatronen in een beekdalgebied: (A) freatisch pakket; (B) eerste watervoerende pakket; (C) A en B in één kaart gecombineerd; (D) van C afgeleide kaart met kwel (gearceerd) vanuit het eerste watervoerende pakket.

3.6 Ecohydrologische typering van enkele Nederlandse landschappen

3.6.1 Kustduinen

De meeste van onze kustduinen zijn vanaf de Middeleeuwen gevormd. Ze zijn door de wind afgezet op mariene lagen van zand en klei (afzettingen van strand, strandwallen en wad). In het duinmassief en de onderliggende afzettingen bevindt zich zoet grondwater dat door percolatie van neerslagwater wordt aangevuld. Door de lagere dichtheid drijft het als een zoetwaterbel op zout grondwater, waarbij de bovenkant van de bel enkele meters boven het zeeniveau uitsteekt (Figuur 3.18). Vanuit het centrum stroomt het grondwater naar de randen van de bel. Hoe breder het duinmassief, des te hoger de weerstand tegen grondwaterstroming naar de omgeving en dus des te hoger de opbolling van de zoetwaterbel. Ook de weerstand van de ondergrond, bijvoorbeeld ten gevolge van slecht doorlatende lagen in mariene afzettingen, draagt bij aan een verhoging van de opbolling.

Kader 3.1. Indeling van plantensoorten in vochtcategorieën.

Op bodems die permanent of vrijwel het gehele jaar onder water staan komen waterplanten (*hydrofyten*) voor die zijn aangepast aan het leven in water door het ontbreken van steunweefsels, door de aanwezigheid van drijvende bladeren, en die vaak in staat zijn nutriënten anders dan via de wortels direct uit het water op te nemen. Vooral de duur van onder water staan is bepalend voor het voorkomen van waterplanten.

Op plaatsen die 's winters en in het voorjaar plasdras staan, komen vooral soorten voor die door de aanwezigheid van luchtweefsels in staat zijn te groeien op anaerobe standplaatsen (bijv. riet- en biezenvegetaties), of die anaerobe omstandigheden vermijden door pas laat uit te groeien en alleen oppervlakkig (Zonnedauw; *Drosera* spec.) of zelfs geheel niet (Veenmos; *Sphagnum* spec.) te wortelen. Diep wortelende soorten kunnen vaak zuurstof in het wortelmilieu brengen, zodat in gereduceerde vorm giftige stoffen (Fe^{++}, Mn^{++}, H_2S) worden geoxideerd, waarna ze onschadelijk zijn. Soorten die aangepast zijn aan het leven op natte, anaerobe bodems worden aangeduid als *hygrofyten*.

Op zandgronden met een lage grondwaterstand vormt niet de zuurstofvoorziening, maar de vochtvoorziening voor veel soorten een beperkende factor. Soorten die hier voorkomen zijn aangepast aan droogte doordat ze hun verdamping kunnen beperken of doordat ze de droge zomerperiode overleven in de vorm van zaad. Deze soorten worden aangeduid als *xerofyten*. Xeromorfe kenmerken zijn onder meer een kleine verhouding tussen bladoppervlakte en bladvolume (succulente bouw) (Muurpeper), de aanwezigheid van haren op de bladeren (Muizenoortje), en het verzonken zijn van huidmondjes in bladgroeven (Helm).

Een laatste groep soorten wordt ten slotte gevormd door de *mesofyten*, soorten die aanpassingen aan anaerobe omstandigheden en aan vochttekorten missen. De meeste van onze landbouwgewassen behoren tot deze categorie.

Voorbeelden van soorten uit verschillende vochtcategorieën, v.l.n.r.: Teer vederkruid (*Myriophyllum alterniflorum*; een hydrofyt), Kleine lisdodde (*Typha angustifolia*; een hygrofyt), Zwaluwtong (*Fallopia convolvulus*; een mesofyt) en Muurpeper (*Sedem acre*; xerofyt).

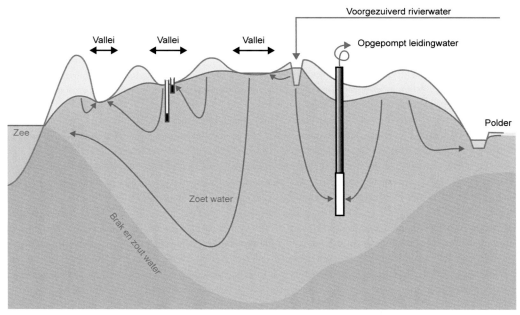

Figuur 3.18. Ecohydrologische dwarsdoorsnede van een Nederlands kustduin.

In het duinmassief komen valleien voor die ontstaan zijn door afsnoering van strandvlaktes (primaire duinvalleien) en valleien die door verstuiving van een duin ontstaan (secundaire valleien). In de beginfase van hun ontwikkeling onderscheiden primaire valleien zich van secundaire valleien door de aanwezigheid van brakke milieuomstandigheden (Figuur 3.19). Duinvalleien zijn samen met de binnenduinrand de plekken waar zich grondwaterafhankelijke vegetaties bevinden. Via de aangroei van zandplaten kan een duinmassief in de breedte aangroeien zodat de grondwaterstand stijgt. Deze vernatting kan zo sterk zijn dat er duinmeren in de valleien ontstaan. Bij kustafslag treedt juist verlaging van de grondwaterstand op.

Door de zeer beperkte aanwezigheid van ontwateringsmiddelen als sloten en beken kan de grondwaterstand in een duinmassief aan grote fluctuaties onderhevig zijn. Deze fluctuaties worden veroorzaakt door variaties in het neerslagoverschot en hebben samen met verschillen in maaiveldhoogte grote invloed op de zonering van vegetaties in duinvalleien.

Aan de randen van een duinmassief liggen duinvalleien met sterke kwel van dieper grondwater, waardoor de dynamiek in grondwaterstand er relatief gering is. Vóór de sterke ontwatering van de aangrenzende polders stond de binnenduinrand vaak ook onder invloed van deze grondwaterstroming. Dit diepere grondwater is altijd basenrijk. Duinvalleien die hoger en meer centraal in het duinmassief liggen, kunnen onder invloed van kwel van ondiep grondwater ontstaan, met meer dynamiek in grondwaterstand. Zulke valleien kunnen ook aan de ene zijde kwelwater ontvangen, terwijl de andere zijde onder invloed staat van wegzijging. Kwel- en infiltratiepatronen beïnvloeden de basenrijkdom en voedselrijkdom in de bodem en bepalen aldus de ruimtelijke rangschikking van verschillende vegetatietypen (Grootjans e.a., 1995; Bakker, 2005). De basenrijkdom van het toestromende ondiepe grondwater is laag als het door kalkarm duinzand heeft gestroomd en hoog bij stroming door kalkrijk duinzand.

Figuur 3.19. Primaire duinvallei met onder andere Zeebies (*Bolboschoenus maritimus*), een plantensoort die duidt op de (voormalige) invloed van brak water. Foto C.J.S. Aggenbach.

Een belangrijk criterium voor typering van duinvalleien is de wijze waarop de zuurgraad wordt gebufferd. Een hoge pH is aanwezig in valleien met:
1. Periodieke toestroming van zeewater (strandvlaktes en nog niet geheel afgesnoerde primaire valleien).
2. Kalk in de bodem. Bij een kalkgehalte van meer dan 0,25% treedt kalkbuffering op door oplossing van calciumcarbonaat.
3. Toestroming van basenrijk grondwater.

Basenrijke, voedselarme tot matig voedselrijke duinvalleien bevatten soortenrijke vegetaties met veel zeldzame en bedreigde grondwaterafhankelijke plantensoorten (Figuur 3.20). Duinvalleien die constant worden beïnvloed door kwel van basenrijk grondwater verzuren niet en kunnen ook langdurig een laag organische-stofgehalte in de bodem behouden, want organische stof breekt makkelijker af bij een hogere pH. Wanneer een sterk buffermechanisme ontbreekt (duinvallei met kalkarme bodem en geen aanvoer van basenrijk grondwater) ontstaan basenarme valleien met meer organische stof en een zuurminnende vegetatie.

Tot zover zijn de relaties beschreven in een duingebied waarvan de waterhuishouding niet is aangetast. De waterhuishouding van veel Hollandse en Zeeuwse duingebieden is echter sterk beïnvloed door drinkwaterwinning. Bij de meeste winningen wordt het duin als biogeochemisch filter gebruikt: via kanalen en grondwaterputten wordt voorgezuiverd rivierwater geïnfiltreerd waarna het even verder, in een verder gezuiverde vorm, wordt opgepompt (Figuur 3.18). Dit gebruik heeft grote invloed op de hoogte en de dynamiek van de grondwaterstand en tevens op de kwaliteit van het grond- en oppervlaktewater in duinvalleien.

Figuur 3.20. Natte, basenminnende duinvalleivegetatie met Parnassia (*Parnassia palustris*). Foto C.J.S. Aggenbach.

In gebieden met grondwaterwinning zonder kunstmatige infiltratie, zijn valleien sterk verdroogd. Daar waar wel het grondwater wel wordt aangevuld met oppervlaktewater, zijn in de omgeving van infiltratiesystemen vaak kwelvalleien ontstaan met een sterke toestroming van nutriëntenrijk infiltratiewater. Voedselarme duinvalleibegroeiingen waren vroeger in de omgeving van infiltratiesystemen alleen te vinden op plekken met een neerslaglens. Tot de jaren '80 en '90 van de vorige eeuw werd het water namelijk niet voorgezuiverd waardoor een sterke eutrofiëring en accumulatie van fosfaat in het duinzand optrad. Tegenwoordig wordt het infiltratiewater echter gedefosfateerd zodat het destijds geaccumuleerde fosfaat nu weer uitspoelt. Op het moment dat het zandpakket voldoende is uitgespoeld kunnen in de kwelzones van het kunstmatige infiltratiesysteem voedselarme duinvalleivegetaties tot ontwikkeling komen, mits de stroomsnelheden van het grondwater niet te groot zijn. Herinrichting van waterwinning gaat nu samen met herstel van duinvalleien. Daarbij worden zelfs infiltratiesystemen dusdanig ingericht en beheerd dat ze duinvalleibegroeiingen herbergen.

3.6.2 Laagveenmoerassen

Laagveen ontstaat in natte laagten in het landschap die worden gevoed door grond- of oppervlaktewater. De meeste laagveennatuurgebieden in Nederland zijn verlaten dagmijnbouwgebieden, waar nog tot in de 20^e eeuw turf werd gewonnen (Figuur 3.21). Na het staken van de turfwinning konden ze zich ontwikkelen tot zeer soortenrijke gebieden, zowel in floristisch als in faunistisch opzicht. De belangrijkste vorm van verlanding is die door middel van 'kraggen'. Dit zijn drijvende matten van planten (en plantenresten), die zich lateraal uitbreiden met soorten die het oppervlaktewater via worteluitlopers koloniseren.

Figuur 3.21. Na eeuwenlange vervening konden mensen niet meer boven de grondwaterspiegel veen afgegraven en ging men over tot de 'natte vervening': met een veenbeugel werd de veendrab uit 'petgaten' gehaald, waarna het te drogen werd gelegd op smalle strepen land, de 'legakkers'. Na drogen werd het in turven verstoken waarna het ten slotte kon worden vervoerd naar dorpen en steden. Na het staken van de vervening bleef er een verlaten dagmijnbouwgebied over waarin zich prachtige natuur zou ontwikkelen. Schoolplaat *In de Veenderij*. Scheepstra, H. en Walstra, W. (1895). Overgenomen van Collectie Gelderland.

Het onderscheid tussen grondwater en oppervlaktewater in laagveenreservaten is soms moeilijk te maken, daar het water onder en door de kraggen en smalle legakkers (de onverveende strepen land waarop de turf te drogen werd gelegd) kan heen stromen.

Laagveennatuurgebieden zijn kletsnat en voor planten is er dus voldoende water aanwezig om potentieel te kunnen verdampen. Verschillen in de soortensamenstelling tussen en binnen reservaten zijn daarom voor een belangrijk deel toe te schrijven aan verschillen in waterkwaliteit. Die waterkwaliteit wordt bepaald door de herkomst van het grond- of oppervlaktewater dat het laagveengebied voedt. Wat dit betreft kan onderscheid worden gemaakt in twee soorten reservaten (Figuur 3.22):
1. reservaten, gevoed door basenrijk en zoet kwelwater vanuit een stuwwal;
2. reservaten die als 'hoogwatereilanden' liggen in verveende en diep ontwaterde omgeving, onder invloed van wegzijging en gevoed door oppervlaktewater.

Tussenvormen zijn uiteraard ook mogelijk: kwelafhankelijke reservaten waar in droge tijden oppervlaktewater moet worden ingelaten, of reservaten die aan de ene zijde worden gevoed door kwelwater en aan de andere door oppervlaktewater.

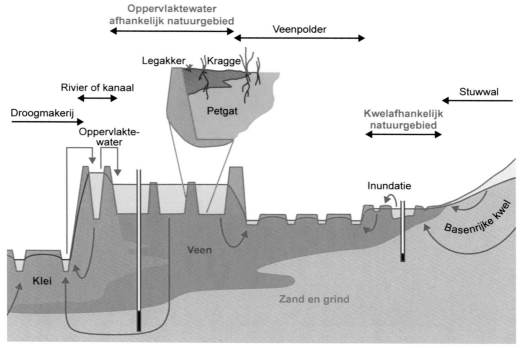

Figuur 3.22. Hydrologische positie van laagveennatuurgebieden. Inzet: kraggeverlanding vanuit een legakker, met binnen de kragge een gradiënt in waterkwaliteit variërend van regenwaterachtig (rood) tot oppervlaktewaterachtig (blauw).

Aan de hand van het zoutgehalte van het aangevoerde water kunnen verschillen tussen reservaten worden verklaard. Zo kan een rangschikking in reservaten worden gemaakt van zoet naar licht brak, ieder met een kenmerkende flora en fauna (tussen haakjes indicatieve cijfers over het chloridegehalte van het oppervlaktewater): 't Hol (50 mg Cl⁻/l); Nieuwkoopse Plassen (200 mg Cl⁻/l), Botshol (400 mg Cl⁻/l), Waterland (800 mg Cl⁻/l). 't Hol wordt (indirect) gevoed door basenrijk kwelwater (type 1), Botshol en Nieuwkoopse Plassen door oppervlaktewater dat afkomstig is uit diep ontwaterde polders met in het centrum brakke kwel (type 2), Waterland (type 2) ontleent zijn hoge zoutgehalte nog steeds aan de invloed van de voormalige Zuiderzee; het tegenwoordig aangevoerde oppervlaktewater is deels afkomstig van het IJsselmeer.

Met het chloridegehalte hangen nog meer verschillen tussen laagveenmoerassen samen. De vorming van drijftillen bijvoorbeeld, is beperkt tot de zoete gebieden; in Nieuwkoop bereikt dit verschijnsel zijn 'zoutgrens' (Westhoff e.a., 1971). Ten noorden van het Noordzeekanaal komen laagveenmoerassen voor (o.a. Waterland, Ilperveld) die door het hoge zoutgehalte weinig boomgroei hebben, en die weinig zijn verveend omdat het zout in de turf de brandstofkwaliteit vermindert (Leerdam en Vermeer, 1992). Sinds de afsluiting van de Zuiderzee verzoeten deze gebieden.

Binnen een reservaat komen horizontale en verticale gradiënten in waterkwaliteit voor tussen enerzijds het oppervlaktewater of grondwater, en anderzijds het basenarme neerslagwater (Van Wirdum, 1991). Soorten vinden binnen die gradiënten hun geschikte habitat (inzet Figuur 3.22): zo kunnen gedeelten van een kragge in de loop van de successie zodanig geïsoleerd raken van het grond- of oppervlaktewater, dat planten als Veenpluis (*Eriophorum angustifolium*) en zelfs Dopheide (*Erica tetralix*) er geheel zijn aangewezen op regenwater, terwijl aan het andere einde van de gradiënt, dicht bij de sloten, hoogproductieve soorten als Riet (*Phragmites australis*) en Kleine lisdodde (*Typha angustifolia*) groeien (Figuur 3.23), onder invloed van het basenrijke en relatief voedselrijke oppervlaktewater. Tussen beide uitersten komt in een kragge vaak een nauw mozaïek van beide categorieën voor, bijvoorbeeld Zonnedauw (*Drosera* spec.) groeiend vlak naast Riet (*P. australis*), waarbij de eerste met zijn ondiepe wortels is aangewezen op het bovenste regenachtige water, terwijl de tweede profiteert van het voedselrijke en basenrijkere water onder de kragge (inzet Figuur 3.22). Bij aanvoer van zoet en basenrijk kwelwater (eerste reservaattype) maar ook zoet en basenrijk oppervlaktewater (tweede type) kunnen trilvenen ontstaan, vegetaties met een grote rijkdom aan zeldzame en bedreigde plantensoorten zoals Moeraskartelblad (*Pedicularis palustris*), Kleine valeriaan (*Valeriana dioica*), Draadzegge (*Carex lasiocarpa*) en Schopioenmos (*Hamatocaulis vernicosus*).

Uiteraard is de kwaliteit van het aangevoerde water van directe invloed op aquatische levensgemeenschappen. Kenmerkend voor heldere licht-brakke wateren zijn onderwatervegetaties met Groot nimfkruid (*Najas marina*) en diverse kranswieren, terwijl het ontstaan van drijftillen en een uitgebreide verlanding met Krabbescheer (*Stratiotes aloides*) (Figuur 3.24) gebonden is aan zeer zoet water.

Figuur 3.23. Laagveenplas met Gele plomp (*Nuphar lutea*) en Waterlelie (*Nymphaea alba*), omzoomd door kraggen met rietland. De bomen op de achtergrond staan op een voormalige legakker; het riet aan de rand van de kraggen staat hoog omdat het profiteert van het relatief voedselrijke oppervlaktewater. Foto J.P.M. Witte.

Figuur 3.24. Verlanding van een veensloot met Krabbescheer (*Stratiotes aloides*) en Drijvend fonteinkruid (*Potamogeton natans*). Foto J.P.M. Witte.

3.6.3 Hogere zandgronden en beekdalen

In het landschap van de hogere zandgronden en beekdalen is de waterhuishouding de belangrijkste sturende factor voor het ontstaan van gradiënten in vochttoestand, zuurgraad en voedselrijkdom en daarmee voor de ruimtelijke verschillen in de vegetatie. Omdat het substraat van nature arm is aan kalk en mineralen, overheersen op de hogere zandgronden, waar regenwater infiltreert, voedselarme en zure omstandigheden. In de lagergelegen beekdalen, treedt grondwater uit (kwel), wat, door de aanvoer van mineralen via het grondwater, zorgt voor een zekere mate van zuurbuffering. Hier overheersen zwak zure tot neutrale, matig voedselarme omstandigheden. Langs de middenlopen en benedenlopen van beken en riviertjes neemt de invloed van oppervlaktewater toe en kunnen, ten gevolge van overstroming en de afzetting van slib, neutrale tot basische en voedselrijke omstandigheden ontstaan.

De hier geschetste ruimtelijke patronen in bodem en vegetatie weerspiegelen grotendeels de hydrologische positie van vegetaties in het landschap (Figuur 3.25). In de infiltratiegebieden komen voornamelijk arme podzolgronden voor met daarop diverse typen heidevegetaties. Het type heide is sterk afhankelijk van de diepte van de grondwaterstand. Op stuwwallen, zoals de Veluwe, is de grondwaterstand zo diep dat alleen een droge heidevegetatie kan ontstaan, gedomineerd door Struikheide (*Calluna vulgaris*). Uitzonderingen vormen plekken waar zich in de podzolgronden humus- en ijzerlagen hebben gevormd die slecht doorlatend zijn. Hier kan een 'schijnwaterspiegel' ontstaan, met vennen en een natte heidevegetatie.

Op dekzandruggen is de grondwaterstand over het algemeen minder diep en kunnen, althans in een niet verdroogde situatie, grote delen van het gebied 's winters onder invloed staan van grondwater. Op deze plekken is een vochtige tot natte heidevegetatie aanwezig, waarin Dopheide (*Erica tetralix*) overheerst. De vegetatie is vaak soortenarm als gevolg van de grote wisselingen in grondwaterstand die kenmerkend zijn voor infiltratiegebieden op zand; het verschil tussen winter

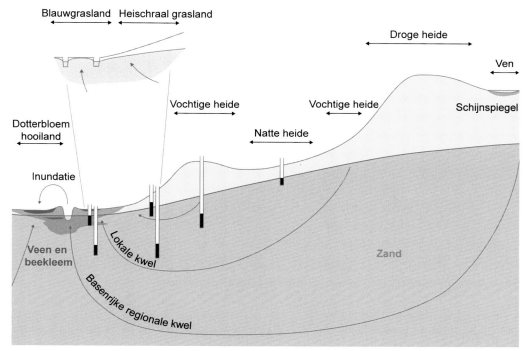

Figuur 3.25. Ecohydrologische dwarsdoorsnede van hogere zandgrond naar beekdal. Inzet: een blauwgrasland is afhankelijk van basenrijke kwel, en zuur regenwater wordt 's winters via ondiepe greppels afgevoerd; ook vochtige heischrale graslanden kennen enige aanrijking van basen. Dotterbloemhooilanden komen onder voedselrijkere omstandigheden voor, bijvoorbeeld ten gevolge van inundatie door beekwater.

en zomergrondwaterstanden kan oplopen tot anderhalve meter of meer. Soortenrijke natte heide komt vooral voor op plekken waar de grondwaterstandschommelingen gering zijn, bijvoorbeeld als gevolg van een slecht doorlatende ondergrond (keileem of tertiaire klei) of door de lokale waterhuishouding (regenwaterlenzen binnen een gebied met overwegend kwel).

Naast regenwater gevoede vennen met een schijnwaterspiegel zijn er in dekzandgebieden ook vennen die onder invloed staan van toestromend lokaal grondwater (Figuur 3.26). Onder natuurlijke omstandigheden, dus bij een lage depositie van verzurende stoffen, is dit grondwater zeer zwak gebufferd. Kenmerkend voor deze vennen zijn vegetaties die vegetatiekundig worden gerekend tot het Oeverkruidverbond, met daarin naast Oeverkruid (*Littorella uniflora*) soorten als Waterlobelia (*Lobelia dortmanna*) en Kleine biesvaren (*Isoetes echinospora*)

In natte laagtes en in de boven- en middenlopen van de beekdalen kunnen onder de invloed van toestromend grondwater zeer soortenrijke natte schraalgraslanden ontstaan. Het type schraalgrasland is mede afhankelijk van de samenstelling van het grondwater. Veldrushooilanden, bijvoorbeeld, komen vooral voor op plekken waar aeroob grondwater van lokale herkomst uittreedt, terwijl orchideeënrijke blauwgraslanden juist te vinden zijn op plekken waar basenrijk grondwater naar boven komt. De grote soortenrijkdom in situaties met basenrijke kwel hangt samen met kleinschalige horizontale en verticale gradiënten in de chemische samenstelling van het grondwater: op een horizontale afstand van enkele meters en een verticale van enkele decimeters kan de zuurgraad

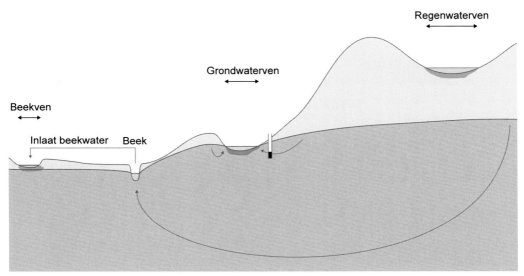

Figuur 3.26. Schematische indeling van ventypen naar de herkomst van het water.

variëren van zuur tot basisch Figuur 3.27), zodat basenminnende soorten als Parnassia (*Parnassia palustris*) en Moeraswespenorchis (*Epipactus palustris*) kunnen voorkomen in het gezelschap van zuurminnende soorten als Beenbreek (*Narthecium ossifragum*) en Dopheide (*E. tetralix*). In een dergelijke gradiëntsituatie, die overigens vergelijkbaar is als die in de in Paragraaf 3.6.2 beschreven trilvenen, komt ook een aantal zeer kritische soorten voor, zoals Vetblad (*Pinguicula vulgaris*) en Veenmosorchis (*Hammarbya paludosa*). Voorbeelden van dergelijke botanische juweeltjes zijn het Dal van de Mosbeek en het Stelkampsveld (en vroeger ook Groot Zandbrink, zie Hoofdstuk 8 Natuurbeheer). Door hun geringe omvang zijn dergelijke plekken zeer gevoelig voor ingrepen in de waterhuishouding.

Op de overgangen tussen dekzandruggen en beekdalen vindt men vennen die vroeger bij hoog water in contact stonden met beekwater. Daarnaast werd, vooral in het zuiden, in veel vennen ook bewust beekwater ingelaten om ze te kunnen gebruiken als visvijver (Figuur 3.26). Via een gegraven stelsel van sloten, dat de vennen onderling met elkaar verbond, werd dit beekwater aangevoerd. Zo lang het water relatief schoon was, waren juist deze vennen rijk aan planten en dieren. Wegens de verontreiniging van het beekwater is in de jaren '50 en '60 van de vorige eeuw de inlaat van water overal gestaakt, wat, in combinatie met de toegenomen atmosferische depositie, heeft geleid tot verzuring en een afname van de soortenrijkdom. In het Beuven op de Strabrechtse heide is de aanvoer van water weer in ere hersteld, zij het onder strikt gecontroleerde omstandigheden zodat het niet leidt tot eutrofiëring.

In de midden- en benedenlopen van beekdalen neemt niet alleen de invloed van kwel toe, maar treden ook meer overstromingen op. Als gevolg van de aanvoer van vruchtbaar slib ontstaan meer productieve vegetaties als Dotterbloemhooilanden (Figuur 3.28) en Grote Zeggenvegetaties.

Op de hier beschreven gradiënten bestaan vele variaties. Vooral in kleinschalige dekzandlandschappen met een gering reliëf is het soms moeilijk om bovenstaande patronen terug te vinden en ook kan de aanwezigheid van keileem of van tertiaire klei zorgen voor afwijkingen.

Figuur 3.27. Spaanse Ruiter (*Cirsium dissectum*), een soort die zeer kenmerkend is voor blauwgraslanden (natte hooilanden die worden gevoed door basenrijk kwelwater). Foto J. Runhaar.

Van grote natuurwaarde zijn ten slotte de beken die ontspringen aan de voet van stuwwallen. Het merendeel van deze beken is grotendeels kunstmatig aangelegd: het zijn zogenaamde sprengbeken die in vroeger tijden in de stuwwal zijn ingegraven teneinde grondwater aan te boren. Het water werd gebruikt voor het aandrijven van watermolens (graanmolens, oliemolens, papiermolens), voor het gebruik in wasserijen en voor de fabricage van papier. Veel planten groeien er doorgaans niet in deze door koel grondwater gevoede beken. Ze ontlenen hun natuurwaarde dan ook meestal aan de bijzondere macrofauna, hoewel ook andere organismen zoals beekjuffers (*Calopteryx* spec.), Beekprik (*Lampetra planeri*), Bronkruid (*Mondia fontana*) en IJsvogel (*Alcedo atthis*) van grote waarde zijn.

3.6.4 Hoogvenen

Hoogvenen zijn landschappen die alleen door neerslagwater worden gevoed. De huidige hoogvenen zijn in vele duizenden jaren ontstaan; in Nederland begon de hoogveengroei tijdens het Atlanticum (6000-3000 B.C.).

In een onaangetast hoogveen bestaat de vegetatie grotendeels uit veenmossen (*Sphagnum* spec.) en heideachtigen. Veenmos voorziet in zijn stikstofbehoefte door het met de neerslag aangevoerde ammonium af te breken. De protonen die hierbij vrij komen zorgen voor een verzuring van het milieu tot een pH van ten laagste ca. 3.0. Een zuur milieu bevordert de veengroei doordat het de afbraak van organische stof remt.

De veenmossen vormen in een hoogveen een microreliëf van bulten en slenken (Figuur 3.29). De bulten steken gemiddeld 0,1 à 0,3 m boven de slenken uit en hebben een doorsnede van 0,5 à 6 m (Streefkerk en Casparie, 1987). Van de weinige hogere planten die in het arme en zure milieu kunnen groeien, domineert vooral een aantal dwergheesters, van slenk naar bult: Kleine veenbes (*Vaccinium oxycoccos*), Lavendelhei (*Andromeda polifolia*), Gewone dophei (*E. tetralix*), Struikhei (*Calluna vulgaris*) en Kraaihei (*Empetrum nigrum*)

Figuur 3.28. Dotterbloemhooiland in de middenloop van een beekdal, met onder andere Waterkruiskruid (*Jacobaea aquaticus*) en Echte koekoeksbloem (*Silene flos-cuculi*). Foto J.P.M. Witte.

Figuur 3.29. Een door Veenmos (*Sphagnum* spec.) gedomineerde slenkvegetatie met verder Zonnedauw (*Drosera spec.*) en Kleine veenbes (*Vaccinium oxycoccos*).

Via de bovenste decimeters veen, slenken en veenbeekjes voert een hoogveen lateraal zuur water af en schept het aldus aan zijn randen goede condities voor nieuwe veengroei. Op deze wijze kan een hoogveen zich langzaam uitbreiden, zelfs over een minerale ondergrond. Met het systeem van bulten en slenken en met het transport van water van het centrum naar de hoogveenrand hangen verschillen samen in vochtvoorziening, zuurgraad en voedselrijkdom.

Voor de instandhouding en de groei van veen zijn permanent natte omstandigheden nodig. Er is in zo'n hoogveen een aantal mechanismen aanwezig die dat bewerkstelligen. Allereerst zorgen het veenlichaam, dat vele meters dik kan zijn, en de schoensmeerachtige laag van ingespoelde humusdeeltjes op de overgang naar de zandondergrond (de gliedelaag) beide voor een zeer hoge hydraulische weerstand. Dit beperkt het waterverlies via wegzijging naar de zandondergrond drastisch en het meeste neerslagoverschot wordt dus oppervlakkig afgevoerd (Figuur 3.30). Maar minstens zo belangrijk is dat schommelingen en het uitzakken van de grondwaterspiegel worden beperkt door de beschermende toplaag van het veenpakket, door Romanov (1968) de 'acrotelm' genoemd (rechter inzet Figuur 3.30).

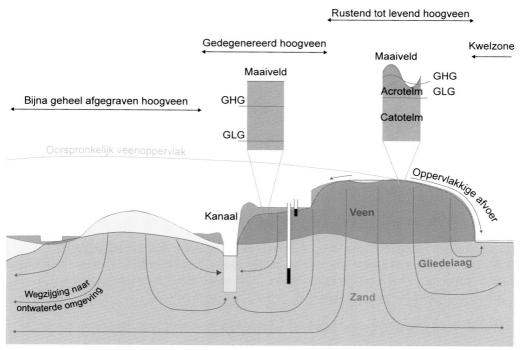

Figuur 3.30. Hydrologische stromingen in een hoogveenreservaat. Inzet: diepte en fluctuatie van de grondwaterstand in een onaangetaste (rechts) en in een gedegenereerd (links) hoogveen. 'Oppervlakkige afvoer' is afvoer via de acrotelm, de slenken een veenbeekjes.

Deze acrotelm, in de praktijk een laag van één tot enkele decimeters, bestaat uit een pakket van levende veenmossen en de daaronder liggende licht gemummificeerde plantenresten. Het heeft een aantal bufferende eigenschappen voor de grondwaterstand:

- Door de poreuze structuur van het veenmos kan de acrotelm veel water bergen (het heeft een hoge bergingscoëfficiënt), zodat de grondwaterstand niet zo sterk reageert op neerslag en verdamping.
- Het maaiveld kan gedeeltelijk de waterstandsschommeling volgen door het inkrimpen en opzwellen van de acrotelm ('Mooratmung').
- Een geheel met water gevulde acrotelm heeft een zeer hoog vermogen om water lateraal af te voeren (in hydrologische termen: doorlaatvermogen) maar wanneer de waterspiegel daalt, neemt dit vermogen sterk af zodat het waterverlies via horizontale afstroming wordt 'afgeknepen'.
- De capillaire opstijging in het veenmos is heel gering, zodat de verdamping sterk wordt gereduceerd zodra de grondwaterstand meer dan 10 à 15 cm beneden het maaiveld daalt.

In Nederland zijn de grote hoogveencomplexen grotendeels afgegraven voor de turfwinning en ontgonnen voor de landbouw. De restanten zijn alle ernstig aangetast. Binnen slechts enkele reservaten komt lokaal nog hoogveengroei voor en is er dus sprake van een 'levend' hoogveen.

Aantasting leidt tot een verlaging van de hydraulische weerstand van het veen, waardoor het hoogveen kwetsbaarder wordt voor ingrepen in de omgeving. Door vernietiging van de acrotelm neemt de bergingscoëfficiënt van de toplaag af waardoor grotere grondwaterstandsschommelingen optreden (linker inzet Figuur 3.30). Bij lage grondwaterstanden is de bodem beter doorlucht en komt de mineralisatie op een hoger niveau te liggen. Hoogveenplanten verdwijnen om plaats te maken voor soorten van een voedselrijker milieu die dieper kunnen wortelen en daardoor ook in de zomer maximaal blijven verdampen (bijv. Pijpestrootje (*Molinia caerulea*), Geoorde wilg (*Salix aurita*) en braam (*Rubus* spec.)). Belangrijk is dat het verdrogingsproces zichzelf versterkt: het leidt via mineralisatie en inklinking tot een steeds dichtere bodem met een lagere bergingscoëfficiënt waardoor de waterstand zomers nog verder wegzakt.

3.6.5 Heuvelland

Het Heuvelland bestaat uit door Maas en diverse beken ingesleten plateau's van een grote keur aan geologische afzettingen. De grote hoogteverschillen zorgen, in combinatie met slecht doorlatende lagen, voor een groot verval van het grondwater. Daar waar het grondwater aan het maaiveld reikt, treedt op een kleine plek geconcentreerd grondwater uit (sterke kwel).

In hydrologisch opzicht zijn een kalksteenpakket (Krijt) en zandige pakketten met vele slecht doorlatende klei- en leemlenzen (Vaalsergroenzanden, diverse tertiaire afzettingen) van belang (Figuur 3.31). Deze pakketten zijn bijna overal aan de bovenkant bedekt door löss. De kalksteen vormt een uitgestrekt watervoerend pakket dat wordt gedraineerd door de Maas en de diepe dalen van de beken Geul en Gulp. In de kalksteen komen ook de grootste kwelbronnen voor. De hoogteligging van het kalksteenpakket bepaalt sterk het patroon van bronnen, kwelplekken en de aanwezigheid van beekjes in de hogere zijdalen. Waar het kalksteenpakket een hoge ligging heeft ten opzichte van de dalen (Plateau van Margraten) heeft het plateau droge dalen. De bronnen en kwelplekken liggen daar alleen in de diepe dalen die het watervoerende pakket in de kalksteen aansnijden.

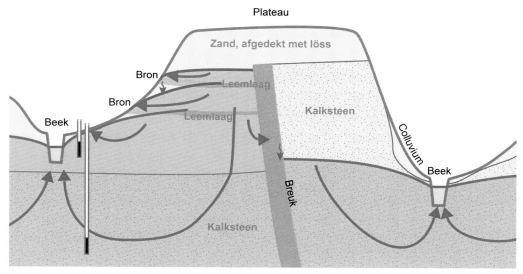

Figuur 3.31. Geohydrologische dwarsdoorsnede van het landschaptype Heuvelland.

Waar het plateau vooral is opgebouwd uit een meerlagig watervoerend pakket van zand met leem- en kleilenzen (Plateau van Vaals, Centraal Plateau) vindt men hoog op de hellingen bronnen en kwelplekken. De hogere zijdalen hebben hier ook beken. Omdat op een helling vaak meerdere slecht-doorlatende lagen worden aangesneden, komen hier in een kleinschalig patroon op meerdere hoogtes bronnen en kwelplekken voor, afgewisseld door droge plekken. De waterhuishouding van zulke systemen is complex.

Naast de geologische stratigrafie zijn de vele breuken (o.a. de Feldbiss-breuk) van grote invloed op de grondwaterhuishouding. De breukvlakken zijn vaak versmeerd en daardoor slecht doorlatend, zodat over korte afstand de grondwaterspiegel kan verspringen. Breuken bepalen in dalen de positie van bronnen en kwelplekken (bijvoorbeeld de Noorbeemden wordt door de St. Maartensvoerenbreuk beïnvloed en het bronnenbos Bovenste Hof door de Feldbiss breuk).

Naast beschreven geohydrologische kenmerken is de veelal hoge basenrijkdom typerend voor het heuvelland. Dat heeft te maken met de aanwezigheid van kalksteen en andere kalkhoudende afzettingen, waar het grondwater doorheen stroomt. Omdat echter niet alle afzettingen kalk bevatten, kan de basenrijkdom ruimtelijk nog aanmerkelijk variëren (zoals in het Bunderbos). Van oude beschrijvingen zijn ook heideachtige begroeiingen met Gagel (*Myrica gale*) bekend, die gevoed werden door basenarm grondwater. Belangrijk is om te beseffen dat het diepere grondwater niet altijd het basenrijkst is. Diep grondwater dat vanuit Miocene zanden toestroomt is betrekkelijk basenarm. In natte gebieden met dagzomende kalk of kalkrijk verspoeld materiaal van de hellingen (colluvuim) bepaalt de kalk in de bodem zelf de hoge basenrijkdom.

Momenteel is het grondwater vaak vervuild met nitraat, vooral de hogere bronnen van de meerlagige watervoerende pakketten (De Mars e.a., 2019). Deze bronnen liggen het dichtst bij het bemeste plateau. Daar waar het plateau grotendeels uit bos bestaat (plateau van Vijlen) zijn de hogere bron- en kwelplekken nog vrij schoon. In het kalksteenpakket treden ook hoge nitraatgehalten op, mede doordat nitraat nauwelijks denitrificeert bij gebrek aan pyriet en organisch materiaal.

Bij de vele bronnen horen kenmerkende brongemeenschappen (van bos, open vegetatie en ruigte). De bronbossen vertonen een grote variatie die nauw samenhangt met het waterregime en de waterkwaliteit. In bronweiden komt een speciaal type Dotterbloemhooiland voor dat gebonden is aan een zeer hoge basenrijkdom. Omdat bron- en kwelplekken vaak in een kleinschalig patroon voorkomen, zijn er ook veel nat-droog gradiënten aanwezig in de bossen en graslanden. Daarnaast komen er op enkele locaties nog voedselarme kalkmoerassen voor.

3.7 Ecohydrologische gevolgen van klimaatverandering

Veel van onze kennis over de samenhang in het landschap tussen bodemwater en vegetatie, berust op waarnemingen en metingen in het huidige klimaat of, bij wat ouder onderzoek, het klimaat van de tweede helft van de vorige eeuw. Het is zeer de vraag of die kennis toereikend is voor het voorspellen van vegetatiepatronen in een landschap dat onderhevig is aan klimaatverandering. Hoe de vegetatie in ons landschap er straks uitgaat zien is daarom onderwerp van diep wetenschappelijk onderzoek, aannamen en veel onzekerheden.

Klimaatverandering grijpt op een complexe wijze in op het systeem van bodem, water en vegetatie (Figuur 3.32). Dat geldt bijvoorbeeld voor de in de literatuur vermelde empirische verbanden tussen karakteristieke grondwaterstanden, zoals de gemiddelde voorjaarsgrondwaterstand (GVG) en vegetatietypen, plantensoorten of daarvan afgeleide indicatiewaarden. Figuur 3.33 geeft daar een voorbeeld van. De grondwaterstand is namelijk een indirecte maat voor datgene waar het de planten werkelijk om gaat: water om te transpireren en zuurstof om te respireren (ademhalen) (Bartholomeus e.a., 2012). Samen met de bodem conditioneert de grondwaterstand deze twee factoren die van direct belang zijn voor de plant. Daarnaast conditioneert de grondwaterstand de beschikbaarheid van nutriënten en de pH. Omdat de grondwaterstand zo'n indirecte maat is, is hij waarschijnlijk niet geschikt voor klimaatprojecties. Onder bijvoorbeeld het warme en droge KNMI-scenario W_H neemt de temperatuur toe, waardoor planten zowel meer moeten transpireren als respireren. Het groeiseizoen zal eerder beginnen en daarmee verschuift ook het voorjaar (terwijl de GVG een vaste definitie heeft: de gemiddelde grondstand op 1 april). De winters zullen natter worden, de zomers droger, en het voorjaar ligt nu net op de overgang, wat betekent dat de GVG nauwelijks verandert. Al met al: als je de toekomstige vegetatie voorspelt op basis van de GVG, dan zou je er helemaal naast kunnen komen te zitten. Anders gezegd: de relatie tussen GVG en vegetatie is in hoge mate correlatief, terwijl we voor klimaatprojecties oorzakelijke (causale) relaties nodig hebben, gebaseerd op proceskennis.

Wat klimaatverandering doet met de vegetatie, kan je nu al zien in droge duinen, waar de vegetatie zich heeft aangepast aan het microklimaat: begroeid op de noordhelling, vaak kaal of mosrijk op de zuidhelling (Figuur 3.34). De verwachting is dat de duinen een nog schrale begroeiing krijgt als de zomers droger worden (Witte e.a., 2008; Voortman e.a., 2017).

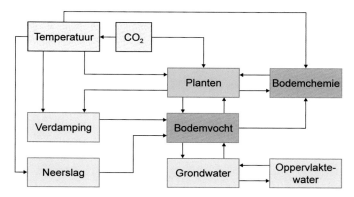

Figuur 3.32. Effecten van klimaatverandering op de vegetatie (Witte e.a., 2018). Toename van de hoeveelheid broeikasgassen (in de figuur weergegeven als CO_2) leidt via stijging van de temperatuur tot veranderingen in neerslag en verdamping, wat gevolgen heeft voor respectievelijk bodemvocht, grondwater en oppervlaktewater. De hoeveelheid bodemvocht (en daarmee de zuurstofvoorziening naar de plantenwortels) wordt via wortelopname ook beïnvloed door de planten zelf. De hoeveelheid kan via het beheer van het grondwater, maar vooral van het oppervlaktewater, deels gestuurd worden teneinde gunstige condities voor natuurlijke vegetaties te creëren. De hoeveelheid bodemvocht en de temperatuur zijn van invloed op bodemchemische processen, zoals de verwering van minerale bestanddelen en de afbraak van organische stof. Daarbij komen voedingsstoffen vrij en kan de bodemzuurgraad veranderen. Via deze indirecte processen hebben veranderingen in de vochthuishouding gevolgen voor de bodemcondities waarin planten groeien, en dus voor de haalbaarheid van natuurdoelen.

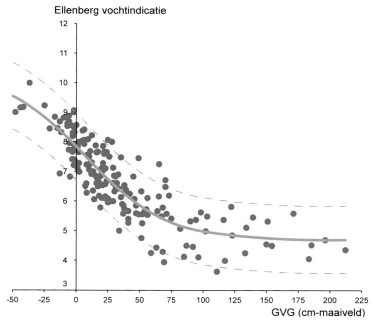

Figuur 3.33. Empirisch verband tussen gemiddelde voorjaarsgrondwaterstand (hoe groter, des te dieper beneden maaiveld) en plotgemiddelde indicatiewaarde van Ellenberg (1992) voor vocht (hoe groter, des te natter). Iedere stip is een vegetatieopname waarvan de gemiddelde indicatiewaarde der soorten is berekend, en waarvan de GVG is berekend uit waargenomen grondwaterstanden in een nabij liggende peilbuis. Bron gegevens: Runhaar (1989).

Figuur 3.34. Aanpassing van de vegetatie aan droogte in Meijendel: links een grazige en bedekte noordhelling, rechts een mosrijke en kale zuidhelling. Wordt de noordhelling in de toekomst net zo kaal als nu de zuidhelling en wat kan dat dan betekenen voor de winderosie? Foto J.P.M. Witte.

Op basis van modelresultaten, literatuuronderzoek en ecologische inzichten als hierboven, zijn de mogelijke ecohydrologische gevolgen van klimaatverandering op een kaart weergegeven (Figuur 3.35). Deze kaart is zeker niet het finale antwoord op de vraag wat de vegetatie van Nederland te wachten staat; hij staat open voor kritiek en bijstelling op basis van nieuwverworven kennis. De toekomst is onzeker. Enkele onderzoeksinstituten werken aan een praktisch model waarmee de effecten van klimaatverandering kunnen worden ingeschat (Witte e.a., 2018). Dit model, de Waterwijzer Natuur, is makkelijk te vinden op internet waar het gratis kan worden gedownload. De interpretatie en toepassing van de resultaten vergen de nodige ecohydrologische kennis en het besef dat de uitkomsten zeer onzeker zijn.

Literatuur

Bakker, C., 2005. Key processes in restoration of wet dune slacks. PhD, VU, Amsterdam.

Bartholomeus, R.P., Witte, J.P.M., Bodegom, P.M., Van Dam, J.C., Becker, P. en Aerts, R., 2012. Process-based proxy of oxygen stress surpasses indirect ones in predicting vegetation characteristics. Ecohydrology 5: 746-758.

Bot, B., 2011. Grondwaterzakboekje. Bot Raadgevend Ingenieur, Rotterdam.

Cirkel, D.G., Witte, J.P.M., Nijp, J.N., Van Bodegom, P.M. en Van der Zee, S.E.A.T.M., 2014. The influence of spatiotemporal variability and adaptations to hypoxia on empirical relationships between soil acidity and vegetation. Ecohydrology 7: 21-23.

De Mars, H., Van Dijk, G., Van der Weijden, B., Grootjans, A. en Smolders, F., 2019. Nederlandse kalktufbronnen, de meest vervuilde bronnen van Europa. De Levende Natuur 120: 193-199.

Dufour, F.C., 1998. Grondwater in Nederland: Onzichtbaar water waarop wij lopen. TNO, Den Haag.

Ellenberg, H., 1992. Zeigerwerte der Gefäßpflanzen (ohne *Rubus*). In: Ellenberg, H., Weber, H. E., Düll, R., Wirth, V., Werner, W. en Paulißen, D. (red.) Zeigerwerte von Pflanzen in Mitteleuropa, vol.3. Verlag Erich Goltze KG, Göttingen, Duitsland, pp. 9-166.

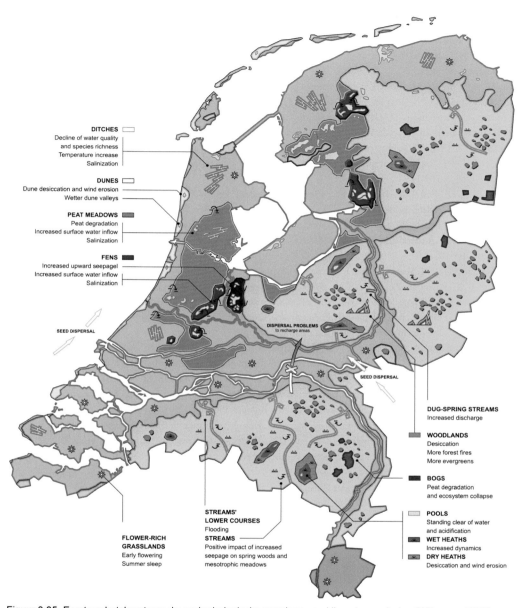

DITCHES
Decline of water quality
and species richness
Temperature increase
Salinization

DUNES
Dune desiccation and wind erosion
Wetter dune valleys

PEAT MEADOWS
Peat degradation
Increased surface water inflow
Salinization

FENS
Increased upward seepagel
Increased surface water inflow
Salinization

SEED DISPERSAL

DISPERSAL PROBLEMS
to recharge areas

SEED DISPERSAL

DUG-SPRING STREAMS
Increased discharge

WOODLANDS
Desiccation
More forest fires
More evergreens

BOGS
Peat degradation
and ecosystem collapse

POOLS
Standing clear of water
and acidification

WET HEATHS
Increased dynamics

DRY HEATHS
Desiccation and wind erosion

FLOWER-RICH
GRASSLANDS
Early flowering
Summer sleep

STREAMS'
LOWER COURSES
Flooding

STREAMS
Positive impact of increased
seepage on spring woods and
mesotrophic meadows

Figuur 3.35. Eerste schetskaart van de ecohydrologische gevolgen van klimaatverandering (Witte e.a., 2012).

Feddes, R.A., 1994. Inleiding Bodemnatuurkunde ten behoeve van Inleiding bodemkunde A en Inleiding Bodemkunde B. Landbouwuniversiteit, Wageningen.

Grootjans, A.P., Lammerts, E.J. en Van Beusekom, F., 1995. Kalkrijke duinvalleien op de waddeneilanden. KNNV Uitgeverij, Utrecht.

Klijn, F. en Witte, J.P.M., 1999. Eco-hydrology: Groundwater flow and site factors in plant ecology. Hydrogeology Journal 7: 65-77.

Leerdam, A. en Vermeer, J.G., 1992. Natuur uit het moeras! Naar een duurzame ecologische ontwikkeling in laagveenmoerassen. Interfakultaire Vakgroep Milieukunde, Rijksuniversiteit te Utrecht.

Romanov, V.V., 1968. Hydrophysics of bogs. Israel Program of Scientific Translations. Jerusalem, 299.

Runhaar, J., 1989. Toetsing ecotopensysteem: relatie tussen de vochtindicatie van de vegetatie en grondwaterstanden. Landschap 6: 129-146.

Scheepstra, H. en Walstra, W., 1895. In de Veenderij [Schoolplaat, 2e serie no 3]. J.B. Wolters, Groningen. Beschikbaar op: https://www.collectiegelderland.nl/nederlandsopenluchtmuseum/object/50099161-7b57-51d0-8b5f-98a4ff0c5f9e

Streefkerk, J. en Casparie, W., 1987. De hydrologie van hoogveen systemen. Staatsbosbeheer, Utrecht.

Toth, J., 1963. A theoretical analysis of groundwater flow in small drainage basins. Journal of Geophysical Research 68 (16): 4795-4812.

Van Wirdum, G., 1991. Vegetation and hydrology of floating rich fens. University of Amsterdam, Amsterdam.

Vervoort, R.W. en Van der Zee, S.E.A.T.M., 2008. Simulating the effect of capillary flux on the soil water balance in a stochastic ecohydrological framework. Water Resources Research 44 (8): W08425.

Voortman, B.R., Fujita, Y., Bartholomeus, R.P., Aggenbach, C.S. en Witte, J.P.M., 2017. How the evaporation of dry dune grasslands evolves during the concerted succession of soil and vegetation. Ecohydrology 10 (4): e1848.

Westhoff, V., Bakker, P.A., Van Leeuwen, C.G., Van der Voo, E.E. en Westra, R., 1971. Wilde planten: flora en vegetatie in onze natuurgebieden. Deel 2: het lage land. Vereniging tot behoud van natuurmonumenten in Nederland, Deventer.

Witte, J.P.M., Aggenbach, C.J.S. en Runhaar, J., 2007. Deel II. Grondwater voor Natuur. Beoordeling van de grondwatertoestand op basis van de Kaderrichtlijn Water. RIVM rapport 607300003. RIVM, Bilthoven, pp. 47-102.

Witte, J.P.M., Bartholomeus, R.P., Cirkel, D.G. en Kamps, P.W.T.J., 2008. Ecohydrologische gevolgen van klimaatverandering voor de kustduinen van Nederland. Kiwa Water Research, Nieuwegein.

Witte, J.P.M., Runhaar, J., Bartholomeus, R.P., Fujita, Y., Hoefsloot, P., Kros, J., Mol, J. en De Vries, W., 2018. De Waterwijzer Natuur. Instrumentarium voor kwantificeren van effecten van waterbeheer en klimaat op terrestrische natuur. STOWA, Amersfoort.

Witte, J.P.M., Runhaar, J., Van Ek, R., an der Hoek, D.C.J., Bartholomeus, R.P., Batelaan, O., Van Bodegom, P.M., Wassen, M.J. en Van der Zee, S.E.A.T.M., 2012. An ecohydrological sketch of climate change impacts on water and natural ecosystems for the Netherlands: bridging the gap between science and society. Hydrology and Earth System Sciences 16 (11): 3945-3957.

4. Bodem: een ecologisch knooppunt

Richard Kraaijvanger en Emiel Elferink

4.1 Inleiding

Rol bodem in ecosystemen

De bodem is de buitenste laag van de aardkorst waarin en waarop zich een groot deel van het terrestrische leven afspeelt. De bodem en de erin optredende processen zijn gesitueerd op het grensvlak van het biotische en abiotische systeem, meer precies tussen vegetatie en hydrologie. Bodem speelt een centrale rol in relatie tot de nutriënten welke vanuit moedermateriaal en bodemleven het ecosysteem binnenstromen (Figuur 4.1).

Het belang van de bodem voor het leven op aarde is op verschillende schaalniveaus evident: op lokale schaal voor wat betreft de voorziening van vegetatie met nutriënten en haar functie als habitat voor organismen; op regionale schaal als bijvoorbeeld de spons waarin water wordt opgeslagen; op wereldschaal met betrekking tot de opslag van grote hoeveelheden koolstof; of op een geologische tijdschaal met haar rol binnen de landschapsvormende machinerie van verwering en gesteentevorming (Figuur 4.2).

Processen in de bodem leiden tot zowel tot opslag van koolstof als uitstoot van broeikasgassen en spelen daarom naast de verbranding van fossiele brandstoffen een doorslaggevende rol in relatie tot klimaatverandering. De soortenrijkdom van de bodemlaag onderstreept nog eens het belang binnen de ecologie: deze bedraagt een kwart van het totale aantal soorten. Onder een vierkante meter bodemoppervlak komen verder ongeveer even veel organismen voor als dat er mensen zijn op aarde. Voor het overleven van al deze organismen is zowel de fysieke ruimte in de bodem, alsmede de aanwezigheid van voedsel, water en zuurstof van cruciaal belang.

Mensen zijn afhankelijk van de bodem om gewassen te produceren: ongeveer 40% van de bodem is in gebruik voor het produceren van voedsel. Daarnaast hebben bodems een belangrijke functie als

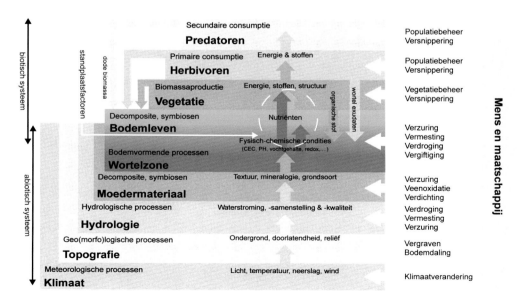

Figuur 4.1. Rangordemodel: centrale rol bodem bij nutriëntenstromen in ecosystemen.

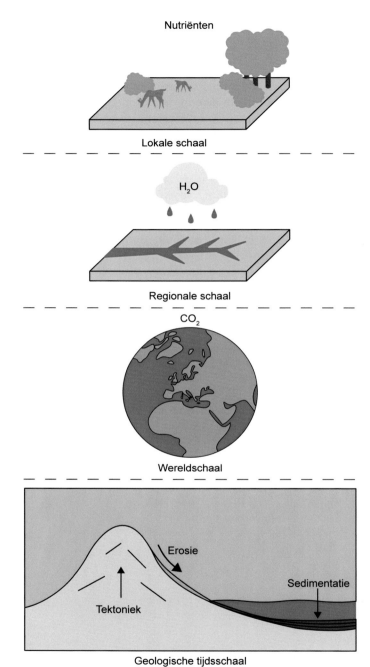

Nutriënten

Lokale schaal

H_2O

Regionale schaal

CO_2

Wereldschaal

Erosie

Sedimentatie

Tektoniek

Geologische tijdsschaal

Figuur 4.2. Functies bodem hangen samen met ruimtelijke en tijdsschaal.

ondergrond voor gebouwen en infrastructuur. De eigenschappen (en kwaliteit) van bodems hebben een grote invloed op het landgebruik (Figuur 4.3). Bodems welke voor velerlei doeleinden geschikt zijn, zijn voor de mens altijd erg in trek. Marginale arme, droge of zure bodems kregen in Nederland vaak de functie natuurgebied. Het gevolg hiervan is bijvoorbeeld dat er van het type van 'bos op arme zandgrond', zoals we dat bijvoorbeeld op de Veluwe vinden, geen gebrek is, aan de andere kant resten er van het type 'bos op rijke kleigrond' slechts een paar hectare-grote postzegels in de Betuwe en langs de Gelderse IJssel.

4.1.1 Bodem in het landschap

Bodem wordt gedefinieerd als de buitenste schil van de aarde waar biosfeer, atmosfeer, hydrosfeer en lithosfeer in elkaar grijpen. Deze invloeden zijn plaatsgebonden en veranderlijk in de tijd, waardoor bodems (gaan) verschillen qua materiaal en opbouw. Het is daarom onmogelijk bodems te beschouwen zonder naar hun plaats in het landschap te kijken; bodems verschillen van plaats tot plaats, zijn dynamisch in de tijd en gaan vaak geleidelijk in elkaar over: in feite is iedere bodem uniek (Figuur 4.4).

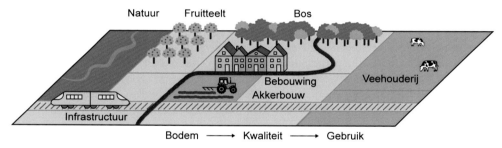

Figuur 4.3. Bodemkwaliteit bepaalt in sterke mate het landgebruik: fruitteelt op de beste gronden; wateropslag en natuur op marginale gronden.

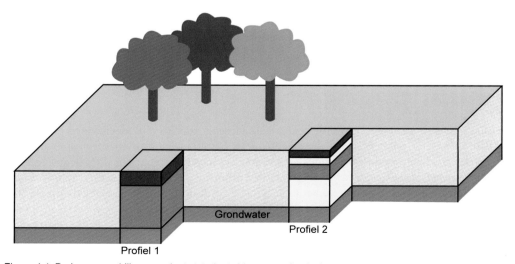

Figuur 4.4. Bodems verschillen van plaats tot plaats binnen een landschap.

95

4.1.2 Grond en bodemprofiel

Wanneer men over grond spreekt wordt meestal het materiaal waaruit een bodem is opgebouwd bedoeld, bij het begrip bodem gaat het veel meer om de opbouw in de verticale dimensie (het zogenaamde bodemprofiel) waarbij lagen met verschillende materialen elkaar kunnen opvolgen. Bodems kunnen zijn opgebouwd uit verschillende materialen: er zijn veenbodems, welke overwegend uit organisch materiaal bestaan, zandbodems, kleibodems en leembodems. Het oorspronkelijke materiaal of gesteente waaruit de bodem is opgebouwd wordt moedermateriaal of moedergesteente genoemd.

In het bodemprofiel weerspiegelen verschillen in opbouw zich met name in de verdeling van verschillende bestanddelen over de ruimte en in de verhouding tussen biotische en abiotische bestanddelen (m.a.w. het bodemleven, het dode organische materiaal en het anorganische materiaal).

Bodems zijn onder normale omstandigheden ongeveer 1 à 2 m diep, echter op vast gesteente kunnen bodems zeer ondiep zijn, in geval van langdurige ongestoorde ontwikkeling ook zeer diep, zo'n 30 tot 40 meter. Zeer diepe rode bodems zijn kenmerkend voor oude stabiele landoppervlakken, zoals bijvoorbeeld in Zuid Amerika, Australië en Afrika, waar bodems door langere tijd van bodemvorming veel dieper ontwikkeld zijn (Figuur 4.5).

Gelaagdheid is meestal zichtbaar in de vorm van een aantal verschillende opeenvolgende lagen, ongeveer evenwijdig aan het oppervlak. Deze lagen onderscheiden zich in morfologische kenmerken zoals bijvoorbeeld kleur, textuur, structuur en het voorkomen van roestvlekken. Gelaagdheid in de bodem kan zichtbaar gemaakt worden door een profielkuil met recht afgestoken wanden te graven of door een precieze grondboring uit te voeren. Gelaagdheid in de bodem kan een gevolg zijn van de afzetting van verschillende soorten sedimenten (klei, zand, veenvorming), maar ook ontstaan zijn onder invloed van factoren zoals klimaat en vegetatie.

Bodems verschillen van elkaar in de verticale dimensie (bodemprofiel), maar ook in de horizontale dimensie (landschap). Deze verschillen volgen een beetje een kip-en-ei logica: door de inwerking van lokale verschillen in landschappelijke factoren ontstaan verschillende verticale gelaagdheden en dus ook bodems. Lokaal verschillende bodems leiden weer tot verschillen in de horizontale (landschaps) dimensie. Processen in de bodem zijn gelukkig wel tot op zekere hoogte duidbaar; hierdoor zijn bodems binnen het landschap niet volledig willekeurig, maar volgen ze vaak een patroon.

4.1.3 Ruimte in de bodem

De ruimte in de bodem wordt over de bekende drie fasen verdeeld: vast, vloeibaar en gasvormig. De vaste fase in de bodem bestaat voornamelijk uit de bestanddelen klei, silt, zand en organische stof. Bij de verdeling over deze bestanddelen is er sprake van een grote variatie door de invloed van allerlei processen, zoals bijvoorbeeld sedimentatie, uitspoeling door regen of omzettingsprocessen door het bodemleven. De overige ruimte in de bodem wordt door de vloeibare of gasvormige fase ingenomen: de al dan niet met water gevulde poriën, scheuren en holtes.

Figuur 4.5. Rode tropische bodem (Ferralsol); de rode kleur is een gevolg van langdurige verwering en uitspoeling (foto ISRIC World Soil Information).

Het totaal aan ruimte welke lucht en water in de bodem kunnen innemen wordt ook wel porositeit genoemd, hierbij zijn lucht en bodemvocht complementair (Figuur 4.6). De verdeling van lucht en water in de bodem is voor vegetatie en fauna uitermate belangrijk omdat de zuurstof in de lucht essentieel is voor de ademhaling van zowel plantenwortels als bodem(micro)organismen, terwijl de vloeibare fase planten en bodemorganismen verzorgt met vocht en de hierin opgeloste nutriënten. Poriën, scheuren en holtes bieden verder simpelweg de fysieke ruimte voor in de bodem aanwezige organismen.

De poriënruimte is niet alleen belangrijk voor de afvoer (drainage) van water naar diepere lagen (en het grondwater), maar ook voor het proces van capillaire opstijging waarbij water in de poriën juist naar boven beweegt. Daarnaast zijn de poriën ook belangrijk voor de aanvoer van zuurstof en de afvoer van CO_2 door diffusie. De verzadigde waterdoorlatendheid, de capillaire opstijging en de doorlatendheid voor lucht zijn belangrijke criteria waarop bodems worden beoordeeld ten aanzien van gebruik en geschiktheid.

  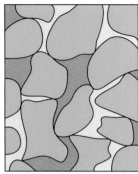

Alle poriën gevuld met water   Alle poriën gevuld met lucht   Poriën deels gevuld met water
                                                                   en deels met lucht

Figuur 4.6. De gasvormige en vloeibare fase zijn veranderlijk en complementair; de vaste fase neemt daarentegen een constant volume in.

De verdeling van lucht en water over de poriënruimte is dynamisch en afhankelijk van de tijd van het jaar: in de winter is er sprake van een neerslagoverschot en een verzadigde bodem; in de zomer is er een neerslagtekort en de bodem sterker uitgedroogd. De lucht- en vochttoestand is in sterke mate bepalend voor het functioneren van de bodem en heeft hierbij ook invloed op andere componenten van een ecosysteem. Plantensoorten verschillen bijvoorbeeld in hun tolerantie ten aanzien van vochttoestand van de bodem en zijn daardoor vaak sterk aan specifieke standplaatsen gebonden.

Naast het totaal aan poriën is ook de diameter van de bodemporiën is van belang: kleine poriën leiden tot een sterke capillaire opstijging; grove poriën juist tot een geringe. Grove poriën zijn daarentegen juist heel effectief in het transport van water en lucht, terwijl kleine poriën juist minder effectief zijn in het doorlaten van water en gas (er is immers meer weerstand). Biologische activiteit en landgebruik hebben een sterke invloed op de poriënruimte: bodems met veel biologische activiteit zijn vaak open en los van structuur; intensief landgebruik door de mens leidt daarentegen vaak tot verdichting en een geringe porositeit.

4.2 Bodemsamenstelling

4.2.1 Bodemcomponenten

Het vaste bodemmateriaal wordt onderverdeeld op basis van de herkomst en de grootte klasse van de afzonderlijke deeltjes. Meestal wordt hierbij als eerste indeling het onderscheid in mineraal materiaal en materiaal met een organische herkomst gebruikt. Het niet-organische materiaal is afkomstig uit sedimenten of ontstaan door verwering uit gesteenten. Het organisch materiaal heeft een biologische herkomst en bestaat grotendeels uit koolstofverbindingen; het aandeel elementaire koolstof in organisch materiaal ligt zo rond de 60%.

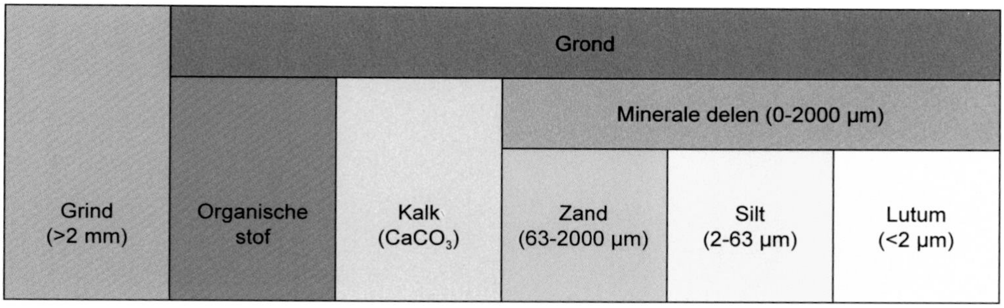

Grond					
			Minerale delen (0-2000 μm)		
Grind (>2 mm)	Organische stof	Kalk (CaCO₃)	Zand (63-2000 μm)	Silt (2-63 μm)	Lutum (<2 μm)

Figuur 4.7. Overzicht naamgeving verschillende korrelgroottefracties.

In Nederland wordt het niet-organische materiaal onderverdeeld in grind, minerale delen en kalk (Figuur 4.7). Minerale delen zijn deeltjes in de grootte klasse 0-2000 μm en worden onderverdeeld in lutum (<2 μm); silt (2-63 μm) en zand (63-2000 μm). Grind (deeltjes >2000 μm oftewel 2 mm) en kalk vallen buiten de minerale delen.

Kalk wordt in de naamgeving van de bodem niet direct meegenomen omdat het relatief snel verdwijnt door oplossing. Ook grind wordt alleen indirect meegenomen, omdat het in Nederland niet veel voorkomt en, wanneer het wel aanwezig is, erg variabel is en daardoor moeilijk zinvol in te delen is. Organische bestanddelen worden wel meegenomen in de naamgeving: hiervoor wordt een aparte indeling in gronden met moerig en niet-moerig (mineraal) materiaal gebruikt.

Qua samenstelling bestaan grote verschillen tussen bodems: veenbodems (Figuur 4.8) bestaan voornamelijk uit organisch materiaal, in klei-, leem- en zandbodems overheersen minerale bestanddelen. Namen voor grondsoorten zijn vaak lokaal en vaak weinig eenduidig. Om toch een gemeenschappelijke taal te hebben is er precies vastgelegde indeling op basis van textuurdriehoeken, waarin de verdeling van lutum, silt en zand in een specifieke grond wordt weergegeven.

Gronden met ruwweg een gelijke samenstelling en herkomst krijgen hierbij dezelfde naam; er bestaan een aantal verschillende textuurdriehoeken: voor de Bodemkaart van Nederland gebruikte Stiboka indelingen voor wind- en waterafzettingen, voor technische toepassingen is een NEN-indeling beschikbaar, terwijl internationaal vaak de USDA of FAO indeling wordt toegepast.

4.2.2 Minerale bestanddelen

De drie minerale hoofdbestanddelen, zand, silt en lutum, verschillen zeer sterk in hun eigenschappen (Figuur 4.9). Zand en silt bestaan voornamelijk uit siliciumoxide (kwarts) en zijn overwegend korrelvormig, lutum daarentegen bestaat voornamelijk uit aluminiumsilicaten en heeft een meer plaatvormige opbouw. Lutumdeeltjes hebben om deze reden een relatief groot oppervlak met vaak ook een elektrische lading. Beide eigenschappen zijn belangrijk voor het vasthouden van water en het binden van voedingsstoffen. Om deze reden is het lutumgehalte in hoge mate bepalend voor de naamgeving; een lichte zavel kan voor 70% uit zand bestaan, maar wordt toch naar lutumgehalte benoemd (Locher en De Bakker, 1990).

Figuur 4.8. Veenbodem volledig opgebouwd uit organisch materiaal (Bargerveen; foto ISRIC World Soil Information).

Klasse	Vorm en grootte		Samenstelling	Belang
Zand		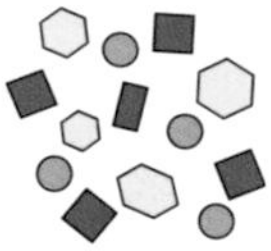 Korrels (63-2000 µm)	Kwarts	-
Silt		 Korrels (stof; 2-63 µm)	Kwarts en verweerbare mineralen	Verwering
Klei		Plaatjes (<2 µm)	Aluminiumsilicaten	Adsorptie

Figuur 4.9. Zand, silt en lutum: niet alleen verschillend qua grootte maar ook in morfologie en eigenschappen.

4.2.3 Organische stof

Organisch materiaal in de bodem bestaat uit levend en dood materiaal. Het dode organische materiaal kan meer of minder omgezet zijn; het relatief stabiele dode organische materiaal wordt meestal humus genoemd. In de meeste moerige en veengronden is, doordat de bodem permanent verzadigd is met water, door de anaerobe omstandigheden de omzetting van organisch materiaal vaak nog maar gering. In aerobe bodems daarentegen is het organisch materiaal al na één jaar grotendeels in humus omgezet.

Humus kan, afhankelijk van het soort bodem en de betrokken bodemorganismen in verschillende vormen voorkomen (Figuur 4.10). In arme, zure zandgronden komt vooral morhumus voor, welke het gevolg is van omzetting door schimmels en bacteriën, hierdoor zal er weinig menging optreden. In het geval van morhumus is het organisch materiaal vooral in disperse en amorfe toestand aanwezig, dit type humus vervloeit makkelijk en heeft de eigenschap sterk te kitten aan zanddeeltjes of het ruwe strooisel. Morhumus verplaatst zich voornamelijk passief (met de waterstroom) vanuit de strooisellaag naar diepere bodemlagen en is bijvoorbeeld goed zichtbaar (als zogenaamde schoensmeerhumus) in verkitte podzol-B horizonten (Figuur 4.11).

Moderhumus is het resultaat van de activiteit van insecten (zoals mijten) in de wat rijkere enigszins leemhoudende zandbodems. Omdat insecten zich in de bodem verplaatsen, treedt er wat meer menging op over de verschillende lagen in de bodem. Moderhumus bestaat uit kleine relatief stabiele samenhangende bolletjes organische stof.

In het geval van de overwegend in klei- en kalkhoudende bodems voorkomende mullhumus zijn de betrokken organismen vooral wormen. De vermenging van organische stof met minerale bestanddelen is in het geval van mullhumus zo goed als volledig. Door deze hoge biologische activiteit is een strooisellaag vaak niet meer waarneembaar (Van Delft, 2004). Het aanwezig zijn van mullhumus duidt op snelle omzettingen en optimaal functionerende ecosystemen.

Humustype	Morfologie		Voorkomen	Organismen	Opbouw bodemprofiel	
Mor		 disperse humus	Zand Strooisel	Schimmels Bacteriën	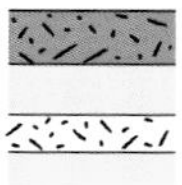 O E Bh C	Ecto-organisch passief (waterstroom)
Moder		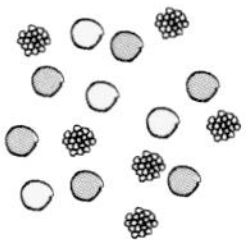 aparte moder-bolletjes	Zand Leem Strooisel	Insecten	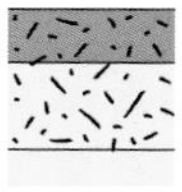 O A h C	Ecto-endo organisch actieve menging
Mull		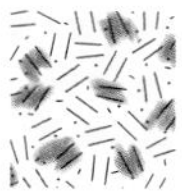 volledige menging	Leem Klei	Wormen	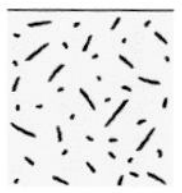 A h	Endo organisch actieve menging

Figuur 4.10. Humustype hangt samen met grondsoort en bodemfauna.

Figuur 4.11. Amorfe humus in sterk ontwikkelde en verkitte inspoelingslaag van een podzolgrond (foto ISRIC World Soil Information).

Het organische stofgehalte van bodemmateriaal wordt, samen met het lutumgehalte, meegenomen in de naamgeving. Hierbij is met name de eerder genoemde tweedeling in moerige en niet-moerige gronden belangrijk. Voor bodems met overwegend minerale bestanddelen leidt de aanwezigheid van organische stof over het algemeen tot gunstige eigenschappen; voor moerige en veengronden leidt de aanwezigheid van veel organische stof daarentegen vaak tot grote problemen, o.a. met betrekking tot draagkracht.

4.3 Bodemvorming

4.3.1 Bodemvormende factoren

Met bodemvorming wordt het (lange termijn) proces bedoeld waarbij zich in de bodem een verticale gelaagdheid ontwikkeld. Bodemvorming is de uitkomst van een samenspel van verschillende processen in de loop van de tijd (Figuur 4.12). Belangrijke factoren en bijbehorende processen hierbij zijn:
- klimaat: omzettingsprocessen hangen sterk samen met de temperatuur; de verhouding tussen neerslag en verdamping is bepalend voor de mate van uitspoeling;
- samenstelling van het moedermateriaal: veen-, klei- of zandgronden resulteren uiteindelijk in verschillende bodemtypen; ook gesteenten verweren afhankelijk van hun samenstelling tot verschillende materialen;

- tijd: bodemvorming heeft tijd nodig waardoor jonge grond en oude bodems gaan verschillen;
- reliëf/drainage: infiltratie van regenwater, hoge grondwaterstanden of juist oppervlakkige afstroming leiden tot verschillende bodemtypen;
- vegetatie: planten zorgen voor de aanvoer van organische stof in de bodem en de opname van voedingsstofffen uit diepere lagen; strooisellagen beïnvloeden ook de infiltratie;
- biologische activiteit, zoals graafgangen van wormen, muizen of mollen, maken de bodem poreus en beter doorlatend;
- antropogene (menselijke) invloeden: bijvoorbeeld jarenlange bemesting van landbouwgronden of diepe menging van bodems door grondbewerking.

4.3.2 Bodemgelaagdheid

Meestal worden de bovenstaande factoren samengevoegd tot het bekende rijtje van vijf factoren van bodemvorming: klimaat; tijd; moedermateriaal, landschap en biologische factoren. Deze factoren werken niet persé afzonderlijk, meestal treedt er interactie op en beïnvloeden deze factoren elkaar. De biologische factoren hangen bijvoorbeeld sterk samen met het klimaat; vegetatie is op lokaal niveau afhankelijk van het klimaat; omgekeerd beïnvloedt het Amazone-oerwoud echter op regionale en globale schaal zelf ook het klimaat.

Op wereldschaal zijn bodems op de lange termijn vooral aan het klimaat gekoppeld (zonale bodems), op lagere schaalniveaus echter is het precieze verloop van bodemvormende processen ook sterk afhankelijk van de samenstelling van de bodem (intrazonale bodems).

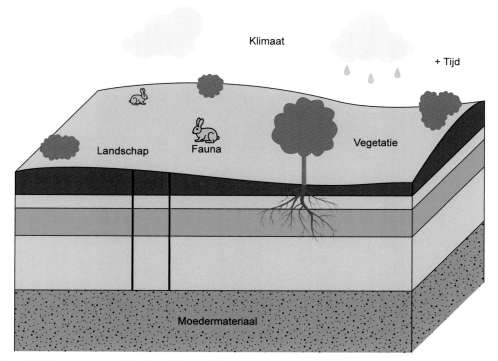

Figuur 4.12. Bodemvormende factoren: klimaat, tijd, moedermateriaal, landschap, flora en fauna.

Bodemvormende factoren zijn werkzaam in lange series van deels overlappende en deels opeenvolgende processen: hierbij verandert de opbouw en samenstelling van de bodem en treedt er gelaagdheid op. Bodemvormende processen leiden dus tot meer of minder goed herkenbare gelaagdheden, bijvoorbeeld:

- Ophoping van voedingsstoffen en organische stoffen, zoals plantenresten, leidt tot de vorming van een goed herkenbare organische toplaag in het bodemprofiel; onder zeer natte en zuurstofarme condities kan dit uiteindelijk resulteren in de nieuwvorming van een veenpakket.
- Verwering leidt tot verbruining door het vrijkomen van ijzer; biologische activiteit leidt tot gehomogeniseerde lagen.
- Uit- en inspoeling van de voedingstoffen, humus en metalen leiden tot duidelijke kleurveranderingen.
- Uit- en inspoeling van kleideeltjes leidt tot (vaak moeilijk herkenbare) dichtere en zwaarder getextureerde lagen in de ondergrond (Figuur 4.13).
- Oxidatie (roest) of reductie (grijskleuring) van de bodem is het goed herkenbare gevolg van slechte drainage en ontwatering (Figuur 4.14).

Figuur 4.13. Bodems met klei inspoeling worden in Nederland brikgronden genoemd, maar zijn mondiaal gezien een soort van standaardbodem (foto ISRIC World Soil Information).

Figuur 4.14. Grondwaterinvloed uit zich in het voorkomen van roest en reductieverschijnselen (foto ISRIC World Soil Information).

Het bodemprofiel is dus het resultaat van bodemvormende processen en deze processen zijn daarnaast ook nog veranderlijk in de tijd. Dit veranderingsproces start feitelijk gelijk nadat materiaal is afgezet of nadat gesteente aan de atmosfeer is blootgesteld. Deze gelaagdheid wordt beschreven met behulp van bodemhorizonten: een indeling in typische gelaagdheden op basis van specifieke processen (Figuur 4.15).

De A-horizont is bijvoorbeeld een bovengrond met extra organische stof; een E-horizont is door uitspoeling verarmd aan lutumdeeltjes of ijzer. Naast gelaagdheid als gevolg van bodemvorming kan gelaagdheid ook een gevolg zijn van afzetting van verschillende soorten sedimenten; het onderscheid tussen beide soorten gelaagdheid is echter vaak lastig.

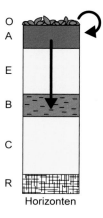

Figuur 4.15. Bodemhorizonten.

4.3.3 Verweringsprocessen

In eerste instantie zijn vooral fysische en chemische verweringsprocessen belangrijk: instabiele mineralen vallen uiteen en vormen nieuwe mineralen (bijvoorbeeld kleivorming uit primaire mineralen) of lossen op in het bodemvocht (hydrolyse). Dit verweren is onvermijdelijk: de omstandigheden aan het aardoppervlak verschillen sterk van die bij het moment van vorming van het gesteente (bij relatief hoge temperatuur en druk); hierdoor zijn deze mineralen niet stabiel en vallen ze uiteen tot meer stabiele mineralen of lossen zelfs volledig op.

Volledig opgeloste bestanddelen (in de vorm van ionen zoals kalium of fosfaat) kunnen vervolgens als voedingsstoffen aan de vegetatie beschikbaar komen. In eerste instantie is met name de abiotische fysische en chemische verwering van het uitgangsmateriaal belangrijk, in een latere fase wordt de invloed van vegetatie op dit proces sterker omdat er verzuring (CO_2) optreedt door ademhaling van wortels en bodemorganismen; hierdoor lossen mineralen beter op.

Verwering van bodembestanddelen is het overkoepelende proces; hierbij worden bijvoorbeeld plaatvormige mineralen (zoals bijvoorbeeld biotiet en muscoviet) omgezet in kleimineralen; ook kan er uit bijvoorbeeld veldspaten nieuwvorming van kleimineralen plaatsvinden.

4.3.4 Bodemvormende processen in Nederland

Onder Nederlandse omstandigheden start de ontwikkeling van bodems bescheiden met de ophoping van organisch materiaal op en in de bodem: een eerste gelaagdheid ontstaat in de vorm van een strooisellaag en een humushoudende bovengrond. Door deze ophoping en verdere omzetting van organische stof vindt er verzuring plaats waarbij meer en meer mineralen langzaam maar zeker gaan oplossen (Figuur 4.16).

Het eerste mineraal in de reeks dat oplost is calciet ($CaCO_3$). Het oplosproces is feitelijk een vorm van (zuur)buffering: de pH daalt pas verder wanneer alle calciet opgelost is. Vervolgens gaat het volgende mineraal (bijvoorbeeld microklien, een kaliumaluminiumsilicaat) oplossen en wederom daalt hierbij de pH weer een stukje. Afhankelijk van de aanwezige mineralen herhaalt dit proces zich een aantal malen wat uiteindelijk in een trapsgewijze pH-daling resulteert.

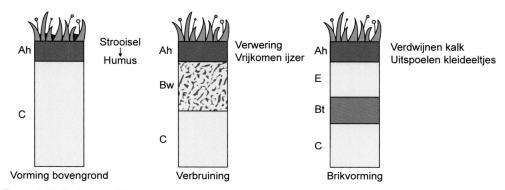

Figuur 4.16. Bodemontwikkeling in Nederland start met ophoping van organisch materiaal in de bovengrond; vervolgprocessen zijn verbruining en klei inspoeling.

Verzuring betekent dus dat steeds meer specifieke mineralen oplossen. Dit heeft tot direct gevolg dat er voedingstoffen beschikbaar komen voor de vegetatie en bodemfauna; gelijktijdig wordt echter de bodem steeds armer. Zure bodems worden daarom als voedselarm beschouwd.

Het (zuur)bufferend vermogen van een bodem als gevolg van mineraal verwering is op een gegeven moment uitgeput en vanaf dat moment gaan zure H^+-deeltjes, specifieke metaalkationen (Ca^{2+}, Mg^{2+}, Na^+ en K^+; de zogenaamde basische kationen) welke aan kleideeltjes en organische stof geadsorbeerd zijn (het zogenaamde uitwisselcomplex) vervangen (Figuur 4.17). Door dit proces daalt het aandeel van deze metaalkationen aan het uitwisselcomplex (ofwel de basenverzadiging), wanneer deze vervolgens grotendeels uitspoelen zal de bodem steeds verder verarmen.

Het verdere verloop van de bodemvorming blijkt sterk afhankelijk te zijn van het voldoende voorkomen van ijzer in de bodem. Indien er voldoende ijzer aanwezig is, bijvoorbeeld vrijgekomen door verwering, dan binden klei- en humusdeeltjes zich met behulp van ijzer tot stabiele humusvormen, welke niet snel uitspoelen. Dit proces noemt men verbruining (Duchaufour, 1982) en treedt met name op in gronden met voldoende ijzer (en kleideeltjes) en is vooral goed zichtbaar in lichtere gronden zoals leemhoudend zand en zavelgronden (Figuur 4.18).

Door het voortdurend uitspoelen en verdwijnen van Ca-ionen wordt de samenhang tussen afzonderlijke kleideeltjes minder: ze worden instabiel (dispers) en kunnen met de (neergaande) waterstroom in de bodem verplaatst worden. Op een bepaalde diepte bezinken deze kleideeltjes weer doordat aan de klei-watersuspensie steeds meer vocht onttrokken wordt en deze 'dikker' wordt, verder kunnen kleideeltjes in diepere lagen door opname van Ca-ionen weer stabiel worden.

De aanwezigheid van laagsgewijs afgezette kleideeltjes (kleihuidjes of *clay cutans*) in poriën en holtes duidt op het actief zijn (geweest) van processen van kleiverplaatsing in de bodem. Klei-inspoeling is op wereldschaal het belangrijkste bodemvormende proces, in Nederland is het proces echter relatief zeldzaam omdat de meeste kleibodems nog te jong zijn en de meeste oudere bodems overwegend uit zandig materiaal bestaan.

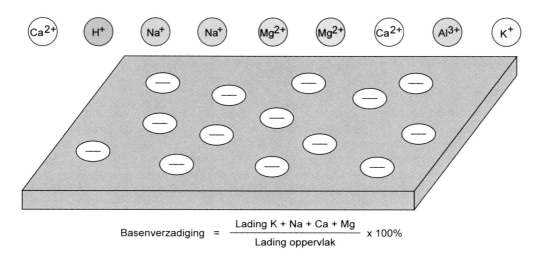

Figuur 4.17. Basenverzadiging adsorptiecomplex.

Figuur 4.18. Bruine bodem met bovenin de eerste tekenen van (ijzer)uitspoeling.

Het proces van bodemvorming stopt echter niet met het uitspoelen van kleideeltjes: op het moment dat er veel klei uit de bovengrond uitgespoeld is, wordt deze deze zandiger. Gaandeweg gaat hierbij ook de samenhang tussen organische stof en zanddeeltjes meer en meer verloren. Organische stof wordt hierdoor minder stabiel en kan vervolgens in de vorm van humuszuren uit spoelen. Ook voor humuszuren afkomstig uit de strooisellaag is vastlegging niet meer mogelijk zodat ook deze verder uitspoelen (Figuur 4.19). Humuszuren hebben een sterke affiniteit voor metaalionen en zijn in staat met normaal relatief slecht oplosbare ijzer- en aluminiumionen te binden; dit proces leidt tot uitspoeling van deze ionen en wordt ook wel chelaatvorming genoemd (Figuur 4.20).

Samen met de humuszuren verdwijnen dus ook ijzer en aluminium uit de bovengrond; uiteindelijk levert dit een gebleekte en uitgeloogde bovengrond op (loodzand). De humuszuren (met de daaraan gebonden metaalionen) verplaatsen zich vervolgens naar diepere lagen, maar slaan neer op het moment dat ze volledig met metaalionen verzadigd zijn (Van Breemen en Buurman, 1992); er ontstaat een (inspoelings)laag met een groot aandeel organische stof en daaraan gebonden ijzer en aluminium (Figuur 4.21).

De aanvoer van humuszuren vanuit de bovengrond blijft echter doorgaan; deze nog onverzadigde humuszuren nemen nu ook metaalionen uit de inspoelzone op. Door dit proces verplaatst het ijzer naar steeds diepere lagen en wordt ook de bovenkant van de inspoelzone steeds armer aan ijzer.

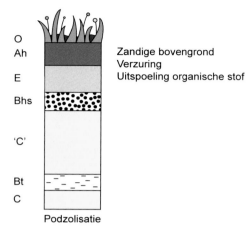

Figuur 4.19. Verdere ontwikkeling van bodems in Nederland: podzolisatie.

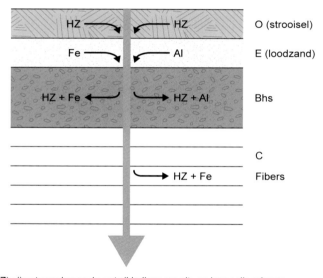

Figuur 4.20. Humuszuren (HZ) zijn sturend voor de ontwikkeling van uit- en inspoelingslagen.

Uiteindelijk wordt een relatief dikke uitspoelingslaag van organische stof gevormd met daaronder een uitwaaierende laag met wisselende hoeveelheden organische stof en ijzer. Dichte horizonten (zoals een podzol-B horizont) beperken de mogelijkheden voor diepere beworteling en kunnen ook leiden tot slechte infiltratie; het gevolg is dat op de ene plaats bomen vochttekort kunnen krijgen, terwijl op andere plekken vennetjes zouden kunnen ontstaan.

Figuur 4.21. Podzolbodem met uit- en inspoelingslaag (foto ISRIC World Soil Information).

Beide mogelijkheden markeren ook een hypothetische volgende stap in de ontwikkeling van bodems met een neergaande waterstroom: de combinatie van een spaarzame vegetatie en een dikke humusarme uitspoelingslaag zou tot stuifzanden kunnen leiden (Figuur 4.22) terwijl in samenhang met waterstagnatie veengronden zouden kunnen ontstaan (Figuur 4.23). Op de Veluwe kunnen beide situaties naast elkaar aangetroffen worden: vennetjes te midden van stuifzanden. Ook stuifzanden in Brabant en Drenthe zijn voor een belangrijk deel het gevolg van de combinatie van droog zand en weinig begroeiing, daarnaast speelde ook minder duurzaam landgebruik in het verleden een belangrijke rol.

In situaties met een opgaande waterstroom (kwel) ontwikkelen bodems zich in Nederland anders: vaak krijgen deze bodems uiteindelijk een moerige bovengrond omdat de afbraak van organische stof door de natheid stagneert. Daarnaast is ijzer vaak prominent aanwezig in de vorm van roest en kan er in zandgebieden zelfs sprake zijn van aanrijking met ijzer door aanvoer via het grondwater. Dit zogenaamde ijzeroer werd in het verleden zelfs gebruikt als grondstof voor ijzergieterijen.

110

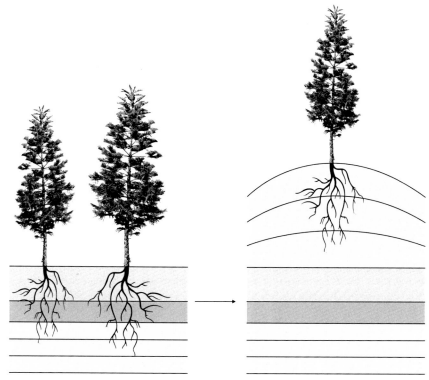

Figuur 4.22. Bodemvorming stopt nooit: verstuiving als nieuwe start.

Figuur 4.23. Bodemvorming stopt nooit: veenvorming als nieuwe start.

4.4 Factoren in de bodem

4.4.1 Verweven processen

Bodembestanddelen beïnvloeden, zoals hiervoor al is aangegeven, processen in de bodem en daarmee ook de vegetatie erboven en zijn daardoor belangrijk zijn voor het functioneren van het ecosysteem. Deze beïnvloeding loopt niet via een simpel oorzaak-gevolg mechanisme maar is ook afhankelijk van andere factoren (zoals topografie, vegetatie of klimaat). Tussen de betrokken factoren treden bovendien ook interacties en feedback op; om deze complexiteit te kunnen duiden is een holistisch perspectief feitelijk onvermijdbaar (Figuur 4.24).

4.4.2 Bodem en klimaat als sturende factoren

Essentiële sturende factoren binnen een ecosysteem zijn vaak moeilijk om aan te geven; in eerste instantie zijn de lange termijn factoren klimaat en bodemmateriaal sturend en redelijk onafhankelijk. De facto fungeren ze als de kaders waarbinnen ecosystemen zich ontwikkelen. Het concept potentieel natuurlijke vegetatie maakt hier gebruik van door uit te gaan van een min of meer constant zijn van deze factoren voor een tijdsbestek van minimaal zo'n 150 jaar.

Zoals al in Hoofdstuk 1 is aangeven zijn naast bodem ook factoren zoals topografie, hydrologie, vegetatie en fauna belangrijke en onderling verweven ecologische factoren. Bodemmateriaal is binnen het ecosysteem hoofdverantwoordelijk voor de aanvoer van voedingstoffen; het klimaat bepaalt via temperatuur, verdamping en neerslag de groei van de vegetatie maar ook de afbraaksnelheid van organisch materiaal.

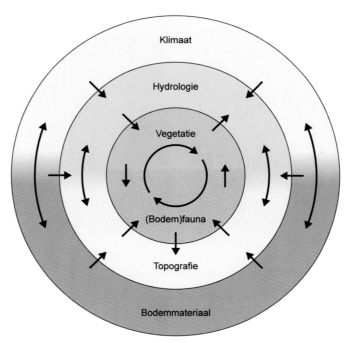

Figuur 4.24. Verwevenheid van bodem en bodemprocessen met vegetatie en fauna.

De factoren topografie en hydrologie hangen sterk met elkaar, maar ook weer met de factoren klimaat en bodemsamenstelling samen. Vegetatie en fauna zijn onlosmakelijk met elkaar verbonden. Opbouw en afbraak bepalen primair de contouren van een ecosysteem; snelle kringlopen, een dynamisch evenwicht tussen opbouw (door de vegetatie) en afbraak (door (bodem)fauna), een hoge biodiversiteit en een maximale hoeveelheid bezette niches zijn kenmerkend voor stabiele ecosystemen.

Voorbeelden van interacties zijn er legio: het klimaat bepaalt de samenstelling en groei van de vegetatie; de vegetatie bepaalt de kwaliteit van het strooisel; de kwaliteit van het strooisel bepaalt wederom de snelheid van afbraak en de beschikbaarheid van voedingsstoffen voor de vegetatie; bewortelingsdiepte is bepalend voor de hoeveelheid voedingsstoffen welke opgenomen kunnen worden; erosie bepaalt of bodems zich verjongen en of er überhaupt nog wel bodem over blijft; de aanwezigheid van vegetatie beperkt daarentegen weer erosie; de afbraak van veenbodems beïnvloedt het klimaat (uitstoot CO_2).

Om goed te kunnen inschatten van de gevolgen zijn van specifieke veranderingen in vegetatie, standplaats en milieu is ook nu weer een holistisch perspectief zinvol waarbij samenhang, en niet afzonderlijkheid centraal staat.

4.4.3 Vegetatie en strooiselkwaliteit

Het effect van Linde (*Tilia* spec.) op de bosbodem is een schoolvoorbeeld van verwevenheid binnen een ecosysteem. Op voldoende rijke standplaatsen kan Linde zich goed ontwikkelen en is ook in staat om op grotere diepte nutriënten (met name calcium) naar boven te halen en waardoor het ecosysteem zich als geheel kan verrijken door de goede kwaliteit strooisel en snelle omzetting ervan (Figuur 4.25). Calcium is onder andere belangrijk voor de opbouw van skeletjes van geleedpotigen. Deze spelen op hun beurt binnen het ecosysteem niet alleen een rol als voedselbron voor bijvoorbeeld vogels, maar kunnen ook in de vorm van specifieke gravende insecten organisch materiaal tot grotere diepte door de bodem mengen. De opname van calcium door insecten beïnvloedt dus niet alleen indirect de kwaliteit van eischalen maar ook het sluiten van de kringloop zelf. Boven een bepaald drempelniveau qua nutriënten lijkt er een soort van opwaartse spiraal te ontstaan (uitgaande van de mogelijkheid tot voldoende diepe beworteling), waarbij het ecosysteem in elk geval robuuster wordt (Hommel e.a., 2007).

Tot op zekere hoogte beïnvloedt vegetatie in dit geval dus bodem en bodemprocessen en is er sprake van een soort kantelpunt (qua voedingsstoffen): boven dit punt blijft het voedingstoffenniveau redelijk en kan ook de vegetatie zich handhaven; beneden dit punt verarmt door uitspoeling de bodem steeds verder waarbij ook de vegetatie meer en meer zal degraderen.

Uit het bovenstaande voorbeeld blijkt al wel dat strooiselkwaliteit een sleutelfactor is met betrekking tot opbouw en afbraak; het zogenaamde C-N quotiënt wordt vaak als graadmeter voor de kwaliteit van organisch materiaal in relatie tot afbraak gezien. Materiaal met een hoog C-N quotiënt (dus veel koolstof t.o.v. stikstof; ratio >30) breekt slecht langzaam af: energie is er genoeg in de vorm van verbrandbaar C, echter om de populatie (micro)organismen te laten groeien is er ook stikstof nodig (Figuur 4.26).

113

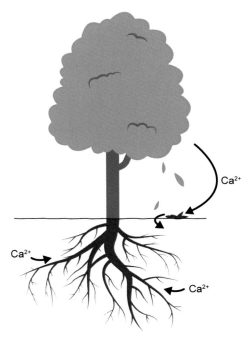

Figuur 4.25. Aanwezigheid en opname kalk door Linde (*Tilia* spec.) jaagt omzettingsprocessen aan.

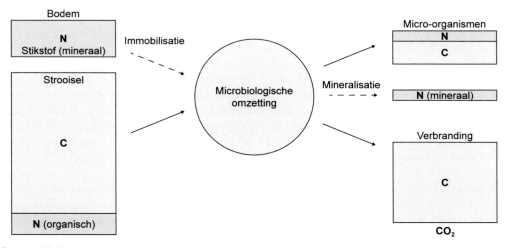

Figuur 4.26. Koolstof- en stikstofgehalten (strooiselkwaliteit) beïnvloeden afbraak organische stof.

Voor materiaal met een laag C-N quotiënt (ratio <30) kan de aanwezige koolstof wel worden omgezet omdat nu ook de populatie micro-organismen kan groeien: er is sprake van een snelle omzetting (Locher en de Bakker, 1990). In het eerste geval moet er eerst stikstof uit de omgeving worden opgenomen om afbraak mogelijk te maken (immobilisatie); in het tweede geval komt er juist stikstof (en andere nutriënten zoal P en K) vrij bij de omzetting (mineralisatie).

114

Ruwweg gebruiken micro-organismen ongeveer 1/3 van de aangeboden koolstof om celmateriaal op te bouwen; hiervoor is dan zo'n 10% stikstof nodig. Wanneer alle koolstof is omgezet komt het C-N quotiënt op het niveau van dat van de (micro)organismen (8-10). Een bijzondere situatie is de ophoping van slecht verteerbare wortelresten welke voorkomt bij grasachtige vegetaties onder natte opstandigheden; blijkbaar is er door de specifieke samenstelling van de wortels een zekere resistentie tegen afbraak: er ontstaat een wortelmat (Van Delft, 2004).

Samenvattend kan men stellen dat op lange termijn de factoren welke bodemprocessen aansturen met de bodemvormende factoren bodemmateriaal, klimaat, hydrologie, landschap, vegetatie en fauna overeenkomen. Op de korte termijn echter spelen allerlei wat subtieler werkende factoren een hoofdrol als het gaat om de balans tussen opbouw en afbraak en de kwaliteit van het strooisel. Juist deze complexiteit qua proces en tijdschaal maakt sturen in ecosystemen in de context van natuurbeheer een zaak van minimale ingrepen en nauwgezet monitoren.

4.5 Kringlopen

4.5.1 Verbonden kringlopen

In duurzame ecosystemen gaat het niet om het verbruiken van stoffen, maar om kringlopen waarin stoffen verplaatsen over de verschillende delen van het geheel (met name biosfeer, bodem en atmosfeer; daarnaast zijn ook hydrosfeer en lithosfeer belangrijk). In ecologische systemen zijn drie, met elkaar verbonden kringlopen doorslaggevend: de koolstofkringloop, de stikstofkringloop en de kringloop van voedingsstoffen.

De verbondenheid van de kringlopen manifesteert zich op vele manieren: organisch materiaal in de bodem is de belangrijkste bron van stikstof voor planten en bodemorganismen. Planten zijn voor de meeste overige voedingsstoffen echter voornamelijk aangewezen op verweringsprocesen in de bodem. Een voorbeeld van een dergelijk verweringsproces is bijvoorbeeld het oplossen van kalk en apatiet, waardoor planten calcium en fosfaat kunnen opnemen.

4.5.2 Koolstofkringloop

De koolstofkringloop is de basis: terrestrische, atmosferische en aquatische processen maken er deel van uit (Figuur 4.27). Centraal in de koolstofkringloop staat de fotosynthetische vastlegging van koolstof door vegetatie; deze koolstof wordt vervolgens samen met stikstof en andere voedingsstoffen in celmateriaal en weefsels ingebouwd. Uiteindelijk sterft de vegetatie af of wordt gegeten, waardoor de geassimileerde koolstof weer naar de atmosfeer terugkeert of voor een onbepaalde tijd in de bodem wordt opgeslagen (samen met andere voedingsstoffen). Kort door de bocht kan men stellen dat de primaire productie voornamelijk in het bovengrondse deel van de koolstofkringloop plaatsvindt; de afbraak door reducenten daarentegen met name in het ondergrondse deel ervan.

Het afbraakproces in de bodem doorloopt verschillende stadia; hierbij zijn telkens andere groepen organismen betrokken, variërend van kleine zoogdieren en insecten tot bacteriën en schimmels. Al deze organismen hebben gemeen dat ze organisch materiaal verbranden, waarbij een deel van de koolstof wordt omgezet en als CO_2 in de atmosfeer terecht komt; gelijktijdig wordt echter een ander deel in de organismen zelf ingebouwd.

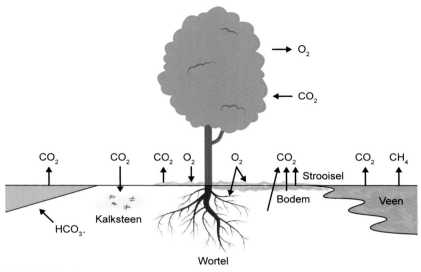

Figuur 4.27. Koolstofkringloop.

Organisch materiaal is per definitie divers en bestaat uit polymeren en andere complexe koolstofverbindingen met daaraan gebonden allerlei functionele groepen (zoals hydroxyl-, fenol-, zuur- en aminegroepen), welke meer of minder resistent tegen afbraak zijn. Nadat alle makkelijk afbreekbare delen zijn omgezet, blijft er een relatief resistente structuur over, welke als humus gedefinieerd wordt.

Toch heeft ook humus niet het eeuwige leven en wordt ook dit na verloop van tijd stap voor stap verder afgebroken, waarbij telkens andere specifieke micro-organismen betrokken zijn. Onder aerobe omstandigheden en in een gematigd klimaat is na zo'n 1000 jaar veruit alle organische materiaal gemineraliseerd en omgezet tot CO_2. Onder minder standaard omstandigheden, zoals bijvoorbeeld bij zeer lage temperaturen of onder zuurstofloze omstandigheden (anaeroob) duurt de omzetting echter veel langer.

Onder natte omstandigheden treedt bijvoorbeeld vaak veenvorming op, de aanvoer van organisch materiaal overtreft de afbraak en er vindt accumulatie plaats. Onder strikt anaerobe omstandigheden kan bovendien ook een deel van de organische stof in methaan omgezet worden (een notoir broeikasgas).

4.5.3 Stikstofkringloop

De stikstofkringloop loopt ten dele parallel met de koolstofkringloop, omdat stikstof aan organische stof gebonden is (Figuur 4.28). Stikstof is kwantitatief de belangrijkste voedingstof voor planten omdat het enerzijds essentieel is voor het fotosynthese proces (primaire productie), maar anderzijds ook een belangrijke bouwstof is voor aminozuren en eiwitten en daarmee de aanmaak van nieuwe cellen (en dus groei) ondersteunt.

De stikstofkringloop start met de opname van lucht stikstof (N_2) door specifieke, vaak in symbiose met planten levende micro-organismen. Plantensoorten welke deze symbiose aangaan zijn onder andere vlinderbloemigen zoals Rode klaver (*Trifolium pratense*) en Robinia (*Robinia pseudoacacia*) met *Rhizobium* of specifieke soorten zoals bomen van het geslacht els (*Alnus* spec.) met *Frankia*. Door deze micro-organismen wordt in een energievretend proces luchtstikstof (N_2) in ammonium (NH_4^+) omgezet, welke beschikbaar is voor de symbiosepartner en door deze vervolgens weer in aminozuren en eiwitten (voor eigen gebruik) wordt ingebouwd (Figuur 4.29). Als tegenprestatie sponsort de gastheer met assimilatieproducten de energiebehoefte van de stikstofbinders.

Naast de gastheer profiteert ook de rest van het ecosysteem indirect van de vastgelegde stikstof: op het moment dat deze planten afsterven of bij bladval komen door mineralisatie weer stikstof-verbindingen vrij, welke vervolgens weer door andere planten opgenomen kunnen worden in de vorm van ammonium. Van dit ammonium kan een deel onder aerobe omstandigheden in nitraat omgezet worden (nitrificatie) en ook in deze vorm weer opgenomen worden door planten. Bij nitrificatie komt zuur vrij, dit is in principe een natuurlijk proces. In de context van natuurbeheer echter leidt nitrificatie in combinatie met depositie van ammoniak vanuit externe bronnen (landbouw, verkeer en industrie) tot een ecologisch fatale combinatie van verzuring (door nitrificatie) en verrijking (door ammoniak).

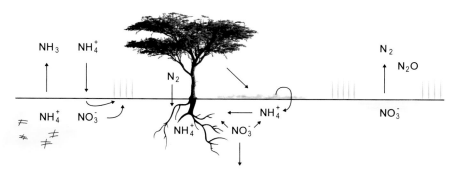

Figuur 4.28. Stikstofkringloop.

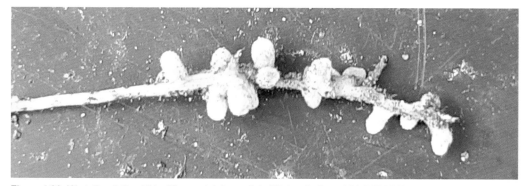

Figuur 4.29. Wortelknolletjes *Rhizobium* op tuinboon (foto Wietse de Boer, NIOO-KNAW).

In een ander, anaeroob, deel van de stikstofkringloop wordt omgekeerd nitraat weer omgezet in luchtstikstof en lachgas (denitrificatie) en keert het dus terug in het atmosferische deel van de kringloop. Vanuit het perspectief van de kringloop is dit uiteraard een wenselijk proces, helaas is lachgas (N_2O) ook een broeikasgas en medeverantwoordelijk voor de opwarming van de aarde. Denitrificatie is in de bodem altijd gebonden aan de omzetting van organisch materiaal onder natte (relatief anaerobe) omstandigheden en treedt bijvoorbeeld op in een nat voorjaar. Nitraat (NO_3^-) spoelt in de bodem meestal snel uit; ammonium (NH_4^+) wordt, als positief geladen ion, daarentegen relatief sterk aan kleimineralen gebonden en is daardoor veel minder gevoelig voor uitspoeling.

Een ander effect waarbij bodembestanddelen de stikstofkringloop beïnvloeden is het vervluchtigen van ammonium onder basische omstandigheden. Om deze reden worden in de landbouw onder basische omstandigheden bij voorkeur geen ammoniummeststoffen toegepast.

4.5.4 Voedingsstoffenkringloop

De meeste andere voedingsstoffen komen primair door verwering vanuit het bodemmateriaal in de voedingsstoffenkringloop terecht (Figuur 4.30). Het gaat hierbij bijvoorbeeld om een heel scala aan nutriënten, zoals bijvoorbeeld fosfor, magnesium, calcium, ijzer, mangaan en borium.

Zwavel neemt een soort tussenpositie in omdat het ook een belangrijke atmosferische oorsprong kent door vulkanisme en de industrie. Na opname door planten volgt de nutriëntenkringloop de koolstofkringloop via inbouw in organisch materiaal en mineralisatie.

Een bijzonder onderdeel van de voedingsstoffenkringloop is de verwering van kalk met een mariene oorsprong zoals schelpen en koraal, waarbij $CaCO_3$ oplost en CO_2 terugvloeit naar de atmosfeer. In kalkhoudende sedimentsgesteenten is naar schatting meer dan 25,000 keer de atmosferische hoeveelheid koolstof opgeslagen, terwijl het oceaanwater zelf bijna 60 keer de atmosferische hoeveelheid koolstof bevat als CO_2 en opgelost organisch materiaal (Blume, 1995). Op dat moment raken het mariene deel van de koolstofkringloop (opname van CO_2 en carbonaten uit water door koraalalgen en schelpdieren) en het terrestrische deel elkaar even.

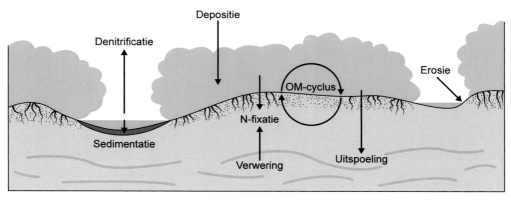

Figuur 4.30. Voedingsstoffenkringloop: verwering uit moedermateriaal is essentieel. OM = organisch materiaal.

4.6 Bodemorganismen

4.6.1 Bodemvoedselweb

Dierlijke organismen spelen bij de omzetting van plantaardig en dierlijk organisch materiaal (en de resten ervan) verschillende rollen: detrivoren, zoals mestkevers en wormen, concentreren zich op de directe omzetting van dode organische resten; herbivoren richten zich met name op levend plantaardig materiaal; predatoren, voeden zich vooral met andere dierlijke organismen.

Reducenten, zoals schimmels en bacteriën, breken organische resten uiteindelijk af tot mineralen. Een aantal specifieke organismen haalt energie uit omzetting van chemische stoffen of uit fotosynthese of hebben symbiotische relaties met bovengronds levende organismen. Naast een bron van (organisch) voedsel is het bodemcompartiment voor een andere organismen ook belangrijk als habitat, nest- of schuilplaats.

Organismen in de bodem zijn in een voedselweb met elkaar verbonden (Figuur 4.31). Dit voedselweb heeft een aantal verschillende trofische niveaus met een zekere hiërarchie, deze is echter niet zo prominent als bovengronds. Verschillende organismen maken vaak gelijktijdig gebruik maken van het beschikbare organische materiaal waardoor niches minder strak gedefinieerd zijn; verder zijn interacties en feedbackmechanismen tussen bodemorganismen belangrijk, een sterk ontwikkelde verwevenheid leidt tot een min of meer gestabiliseerd systeem (homoestatis).

Vanwege de complexiteit van het ondergrondse ecosysteem is het aanwijzen van klassieke toppredatoren niet aan de orde en draait het bij de omzettingen veel meer om functionele biodiversiteit, waarbij met name de feitelijke rol bij omzettingsprocessen binnen het ecosysteem van belang is. Meestal worden in de bodem op hoofdlijnen vier verschillende trofische niveau's onderscheiden.

Bacteriën, schimmels en nematoden zijn op het laagste trofische niveau (I) vooral met decompositie bezig, daarnaast is ook 'grazing' van worteluitscheidingen (exudaten) belangrijk; protozoa, nematoden, wormen en kleinere geleedpotigen (zoals mijten en springstaarten) vormen het volgende trofische niveau (II) waarbij naast afbraak van organisch materiaal ook predatie belangrijk is. In het volgende hogere niveau (III) gaat het vooral om predatie en ook hier zijn nematoden belangrijk, nu echter in combinatie met grotere geleedpotigen (o.a. kevers). Meso- en megafauna (zoogdieren en vogels vormen het hoogste trofische niveau (IV), waarbij het vooral om predatie gaat.

Om vast te kunnen stellen welke en hoeveel organismen in de bodem aanwezig zijn moeten deze van het bodemmateriaal worden gescheiden, vaak is dat niet eenvoudig. Meestal worden specifieke soortgroepen als indicatie gebruikt; met name wormen, nematoden en springstaarten worden als belangrijk gezien (Blume, 1995; De Deyn e.a., 2004). Technieken om bodemorganismen kwantitatief of kwalitatief te kunnen bepalen, variëren van kweken van schimmels en bacteriën uit bodemmateriaal; het opstellen van 'pitfall traps' voor kruipende insecten; het gebruik maken van licht waardoor insecten migreren (Tullgren funnel); het gebruik maken van water waardoor nematoden zich verplaatsen (Baermann funnel) tot het fysiek ontwormen van grotere brokstukken grond (Orgiazzi e.a., 2016).

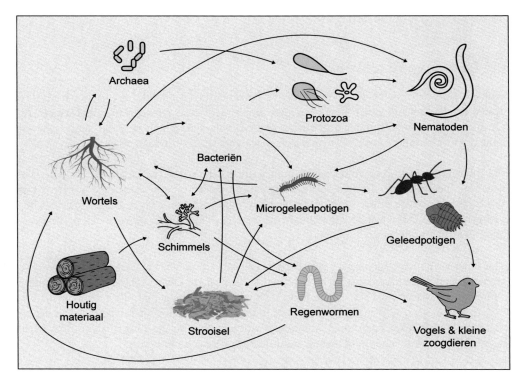

Figuur 4.31. Bodemvoedselweb.

Organisch materiaal kan door (dierlijke) organismen dissimilair (als energiebron) of assimilair, (als bouwstof) gebruikt worden. Tussen organismen verschilt de mate waarin assimilatie om biomassa op te bouwen plaatsvindt sterk: voor schimmels ligt deze tussen 30-50%; voor aerobe bacteriën tussen 20-40%, maar voor anaerobe bacteriën bedraagt deze slechts 2-5% (Orgiazzi *et al.*, 2016).

De verhouding tussen assimilatie en dissimilatie bepaalt of er bij de omzetting van organisch materiaal door de bodemfauna mineralisatie (het beschikbaar komen van nutriënten) plaatsvindt of juist niet (Locher en de Bakker, 1990). Mineralisatie is essentieel voor het draaiende houden van de kringlopen.

Bepalend voor het functioneren van bodemorganismen in verband met de afbraak van organisch materiaal zijn voor wat betreft bodemcondities met name licht, temperatuur, vochtigheid en zuurgraad belangrijk. Bij het vergelijken van boreale en gematigde bostypen zijn bijvoorbeeld verschillen in activiteit van organismen en de opbouw van het bos terug te voeren op verschillen in omstandigheden (met name temperatuur en zuurgraad).

In boreale bostypen (met overwegend naaldbomen) domineren schimmels en zijn bomen ook voor de opname van voedingsstoffen sterk afhankelijk van symbiose met mycorrhiza. Dit belang is voor de betrokken bomen dermate groot dat tussen de 10 en 50% van de fotosynthese opbrengst effectief naar de symbiose partner vloeit.

In gematigde bostypen (met overwegend loofbomen) daarentegen is dood hout (rond de 20%) een belangrijke component van het bos en zijn insecten (met name kevers, pissebedden en duizendpoten) uitermate actief en spelen deze een grote rol bij het toegankelijk maken van organisch materiaal voor verdere afbraak door bijvoorbeeld schimmels (Lesschen e.a., 2012).

De verschillende dierlijke organismen beïnvloeden de bodem niet alleen chemisch, maar ook voor wat betreft fysische eigenschappen. Een voorbeeld van chemische beïnvloeding is mineralisatie, humusvorming en verzuring, voorbeelden van fysische beïnvloeding relateren aan structuurvorming, verkitting en porositeit. Bodemfauna heeft een belangrijke invloed op de bodemstructuur door het graven van gangen en het uitscheiden van stoffen (bijvoorbeeld polysachariden door wormen), welke bodemdeeltjes aan elkaar kitten en zo de structuur verbeteren.

4.6.2 Functionele rol van organismen in het afbraak proces

Op het laagste trofische niveau (I) zijn schimmels en bacteriën verantwoordelijk voor de eerste stappen bij de afbraak van organisch materiaal. Bodemorganismen zoals insecten en wormen zorgen daarnaast voor fragmentatie en de vermenging van organisch materiaal met bodemdeeltjes. Schimmels zijn met name belangrijk bij de start van de omzetting van bovengronds organische materiaal; het gaat dan in eerste instantie vooral om makkelijk afbreekbare stoffen.

Bacteriën kunnen ook complexere stoffen aan en nemen het (vermolmde) stokje over; ook schimmels zelf vormen een voedselbron voor bacteriën. Protozoa en nematoden welke in de waterlaagjes om bodemdeeltjes en organisch materiaal leven prederen bacteriën, maar vallen vervolgens zelf weer aan mijten ten prooi. Deze omzettingen gaan relatief snel en leiden meestal binnen het tijdsbestek van 1 jaar tot de vorming van min of meer stabiele humus.

Dit omzettingsproces wordt versterkt wanneer tevens organismen betrokken zijn die het organisch materiaal fragmenteren en vermengen minerale bodembestanddelen. Belangrijk in dit verband zijn strooiselwormen, potwormen en mijten. Uiteindelijk zal dit materiaal vroeger of later weer verder in de bodem worden afgebroken door allerlei andere organismen en dienen de betrokken organismen ook weer als voedselbron voor andere.

Impact van specifieke groepen organismen op omzettingsprocessen in de bodem kan zowel aan het omgezette volume organisch materiaal als aan het aantal betrokken organismen gerelateerd worden. Met betrekking tot deze twee kwantitatieve indicatoren springen, naast micro-organismen, met name wormen en springstaarten er uit. Kwalitatieve dimensies om de kwaliteit van een ecosysteem in relatie tot omzetting te evalueren zijn het functioneren van de kringlopen van koolstof (energie) en nutriënten, de (functionele) biodiversiteit in de vorm van het aantal betrokken soorten organismen (onder de aanname dat een grotere diversiteit een stabieler ecosysteem aanduidt).

De belangrijkste bodemorganismen zijn hieronder van groot (megafauna) naar zeer klein (microfauna) aangegeven. De rol van deze diergroepen binnen het ecosysteem wordt in principe op basis van taxonomische orde besproken. Hierbij is de indeling van met name 'The Atlas of Global Soil Biodiversity' (Orgaiazzi e.a., 2016) en de 'Veldgids Humusvormen' (Van Delft, 2004) gevolgd.

4.6.3 Megafauna

Onder de megafauna vallen organismen tot ongeveer 10 cm lengte en 1 kg gewicht (zowel zoogdieren, reptielen als amfibieën). De meeste soorten zijn extreme gravers en voeden zich met allerlei ongewervelden in de bodem: rupsen, slakken, (insecten)larven, wormen, pissebedden, termieten en mieren. Omgekeerd zijn de resten van deze gewervelde dieren een belangrijke lokale voedingsbron voor ongewervelden en micro-organismen. Grotere dieren zoals vos en konijn worden niet tot de megafauna gerekend; deze dieren gebruiken de bodem voornamelijk als schuil- en nestplaats.

4.6.4 Macrofauna

Organismen met een grootte tot ongeveer 1 cm vallen onder de macrofauna: spinnen, slakken, kevers, bijen, duizend- en miljoenpoten, en schorpioenen. Macrofauna is zowel ondergronds als bovengronds, in de strooisellaag, actief. Spinnen zijn hierbij een belangrijke groep (>40.000 soorten), deze bejagen vooral insecten. Schorpioenen gebruiken de bodem als langdurige schuilplaats en zijn in staat om hier lange perioden van voedseltekort te overbruggen. Slakken zijn een andere belangrijke groep (>30.000 soorten); huisjesslakken zijn meest herbivoren; naaktslakken daarentegen leven overwegend van dood organisch materiaal.

Insecten brengen vaak als larven een deel van hun leven in de bodem door; ze ondergaan hier hun metamorfose en leven van predatie, levend plantaardig materiaal of als omzetter van dood organisch materiaal. Belangrijke groepen insecten zijn cicaden, vliegen en muggen, vlinders en kevers. Kevers vertegenwoordigen met meer dan 37.000 verschillende soorten een van de belangrijkste soortgroepen; ze voeden zich overwegend met schimmels, wormen en nematoden, maar veel soorten zijn ook actief bij de omzetting van (houtig) boven- ondergronds dood organisch materiaal; in een enkele staand-dood-hout boom kunnen hierbij honderden soorten betrokken zijn (Figuur 4.32).

Wormen (Lumbricidae)

Wormen leven in het strooisel, in de ondiepe bovengrond en op grotere diepte. Het gaat hierbij om verschillende soorten welke zich aangepast hebben aan de specifieke omstandigheden in strooisellaag, bovengrond en ondergrond. Deze drie compartimenten verschillen zeer sterk in dynamiek: de strooisellaag kent een hoge dynamiek; de dieper liggende lagen worden steeds stabieler qua omstandigheden. Met name op grotere diepte zijn de omstandigheden relatief stabiel en ten dele (rood) gepigmenteerde wormen pendelen tussen bovengrond en diepere lagen om strooisel via verticale gangen naar beneden te brengen (tot wel 60 cm diepte). Strooiselbewonende wormen (Figuur 4.33) zijn sterk gepigmenteerd en kunnen daardoor beter tegen licht; bovengrond bewonende (grijsgekleurde) wormen graven vooral horizontale gangen en kunnen door het ontbreken van pigment slecht tegen licht (Figuur 4.34).

Figuur 4.32. De Schallebijter (*Carabus nemoralis*), een loopkeversoort (foto Theodoor Heijerman).

Regenwormen zetten per dag 20-30 keer hun eigen gewicht aan grond om; per m^2 zijn er tot 100 individuen met een totale massa van ongeveer 100 gram. Wormen zijn niet alleen verantwoordelijk voor de menging van organisch materiaal met bodemdeeltjes maar beïnvloeden door hun (graaf) activiteit ook fysische bodemeigenschappen zoals doorlatendheid en structuur. Het belang van wormen voor de bodem is kan eigenlijk niet overschat worden en is ook niet iets van de laatste tijd: ook Darwin bestudeerde al wormen en schreef hierover ('The Formation of Vegetable Moulds Through the Action of Worms').

Figuur 4.33. De Gewone regenworm (*Lumbricus terrestris*), strooiselbewoner (foto Ron de Goede, WUR).

Figuur 4.34. De Gewone regenworm (*Lumbricus terrestris*), ook grondbewoner (foto Ron de Goede, WUR).

Duizend- en miljoenpoten (Myriapoda)

Duizend- en miljoenpoten zijn volledig afhankelijk van de bodem omdat ze lage UV-tolerantie bezitten en een voorkeur hebben voor een stabiele temperatuur en een hoge luchtvochtigheid. De duizendpoten zijn veelal predatoren; de miljoenpoten zijn omzetters en verantwoordelijk voor de afbraak van 10-15% van de bladval (Figuur 4.35). Om predatie tegen te gaan gebruiken ze een defensief gif op waterstofcyanide basis.

Pissebedden (Isopoda)

Pissebedden zijn kreeftachtige detrivoren welke vaak in symbiose met bacteriën leven; op deze wijze kunnen ze ook slecht verteerbaar materiaal omzetten (Figuur 4.36). Sommige soorten gaan zo efficiënt met nutriënten om dat ze kun eigen uitwerpselen opeten voor een laatste extractie van bijvoorbeeld koper. Isopoda hebben een voorkeur voor kalkhoudende milieus om aan voldoende kalk voor hun skeletopbouw te komen. Isopoda komen in praktisch elke terrestrische habitat voor, van het alpiene hooggebergte tot stranden en woestijnen. Met name in gematigde bosbodems komen ze in grote aantallen voor: 100-600 individuen per m².

Figuur 4.35. Duizendpoot (*Stimatogaster subterraneus*; foto Theodoor Heijerman).

Figuur 4.36. Pissebed (*Porcellio* spec.; foto Theodoor Heijerman).

Termieten en mieren (Hymenoptera)

Mieren en termieten vallen met wespen en bijen onder de Hymenoptera en zijn vaak sociaal levende bodembewoners. Mieren leven zowel van predatie als plantaardig materiaal (Figuur 4.37); de met name in de tropen voorkomende termieten daarentegen leven veelal van dood organisch materiaal. Sommige soorten termieten maken gebruik van schimmels welke organisch dood materiaal omzetten en vervolgens door de termieten gegeten worden. Zowel mieren als termieten gebruiken de bodem als nest- en schuilplaats (mierenhopen en termietenheuvels; Figuur 4.38). De Gele weidemier (*Lasius flavus*) is bodemgebonden omdat deze soort door het ontbreken van pigment gevoelig is voor licht; om deze reden worden ondergronds uitgebreide stelsels van gangen en kamers gegraven (waarin ze wortelluizen, hun belangrijkste voedselbron, kweken).

Figuur 4.37. Mieren (*Lasius niger*, foto Theodoor Heijerman).

Figuur 4.38. Termietenheuvel (foto ISRIC World Soil Information, Wageningen).

4.6.5 Mesofauna

Bastaardschorpioenen (Pseudoscorpionida)

Bastaardschorpioenen zijn relatief kleine (5 mm), op schorpioenen lijkende, spinachtigen welke in het strooisel en in de bodem leven (Figuur 4.39). Bastaardschorpioenen voeden zich met andere organismen zoals luizen, mijten, mieren en keverlarven.

Dipluren (Diplura)

Dipluren zijn kleine (tot 1 cm) wat op oorwormen lijkende geleedpotigen (Hexapodia), welke zich vooral voeden met plantaardig en dood organisch materiaal. Een aantal soorten voeden zich verder met nematoden, kleine geleedpotigen en potwormpjes. De vaak kleurloze dipluren leven in het strooisel, onder stenen of in de bodem en spelen een zeer belangrijke rol bij de omzetting van strooisel.

Proturen (Protura)

Proturen zijn kleine (2,5 mm) en relatief primitieve hexapodia zonder antennes en ogen. Het zijn typische bewoners van vochtige bodems en strooisellagen, maar mijden zure bodems zoals die vaak onder dennenbossen voorkomen. Ook proturen zijn belangrijke strooisel afbrekers in zowel de strooisellaag als in de bodem, maar voeden zich ook met de hyfen van schimmels.

Springstaarten (Collembola)

Springstaarten vormen een zeer belangrijke groep voor de afbraak van dood organisch materiaal, maar ook van bacteriën en schimmels (Figuur 4.40). Tot zo'n 30% van de respiratie in de bodem is terug te voeren op springstaarten. Per m^2 kunnen er 40.000 springstaarten aanwezig zijn. Springstaarten worden samen met wormen vaak gebruikt om het biologisch functioneren van bodems in te schatten en te vergelijken.

Figuur 4.39. Bastaardschorpioen (*Chernes hahni*; foto Theodoor Heijerman).

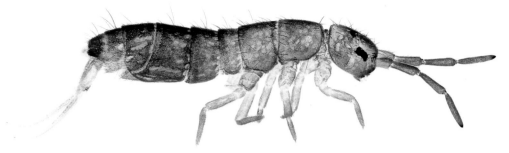

Figuur 4.40. Springstaart (soortsnaam onbekend: foto Theodoor Heijerman).

Mijten (Acari)

Mijten zijn betrokken bij afbraak maar ook bij predatie; het zijn vaak de eerste kolonisators en ze zijn behoorlijk resistent (Figuur 4.41). Ze voeden zich met dood organisch materiaal en produceren bij de omzetting de zogenaamde droppings (de al eerder genoemde moderhumus).

Potwormen (Enchytraeidae)

De lengte van potwormen is tot ongeveer 5 cm (Figuur 4.42). Hun belangrijkste voedselbron zijn schimmels en bacteriën, maar bestaat deels ook uit dood organisch materiaal.

Figuur 4.41. Mijt (*Trombidium* spec.; foto Theodoor Heijerman).

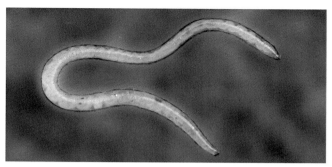

Figuur 4.42. Potworm (soortsnaam onbekend; foto Ron de Goede, WUR).

4.6.6 Microfauna

Nematoden (Nematoda)

Voor nematoden is vocht noodzakelijk en ze bevinden zich daarom onder andere in de waterfilm rond bodemdeeltjes en organisch materiaal (Figuur 4.43). Deze groep organismen voedt zich met schimmels, bacteriën maar soms ook direct met plantaardig materiaal. Zij zijn belangrijk als kolonisatoren, maar niet erg beweeglijk. Omdat ze op bacteriën forageren versnellen ze de afbraakprocessen behoorlijk.

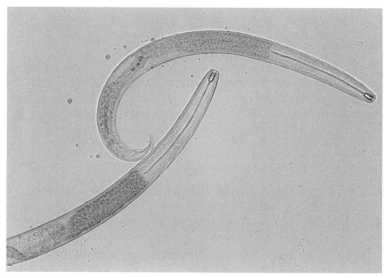

Figuur 4.43. Nematoden (soortsnaam onbekend; foto Hanny van Megen/Hans Helder, WUR).

Raderdieren (Rotifera)

Raderdiertjes leven in de vochtige capillaire ruimte in de bodem. Ze leven o.a. van bacteriën, algen en soms ook eencellige dieren zoals ciliaten of andere raderdiertjes. Andere soorten filtreren bodemvocht om voedsel op te kunnen nemen.

Beerdiertjes (Tardigrada)

Beerdiertjes leven voornamelijk van de celinhoud van andere plantaardige of dierlijke organismen; bepaalde soorten prederen echter ook op nematoden en raderdiertjes. Ze zijn extreem resistent tegen extreme omstandigheden en kunnen hun metabolisme daarbij tot 0,01% van normaal omlaag brengen.

4.6.7 Schimmels, bacteriën en protisten

Oerbacteriën (Archaea)

De Archaea hebben net zoals bacteriën geen celkern (het zijn eveneens prokaryoten). Hun celmembraan is enkelvoudig en hun voortplanting ongeslachtelijk. Ze zijn goed bestand tegen extreme omstandigheden (zout, warmte, zuur, alkalisch, recente vulkanische bodems) en zijn in de bodem bij de omzetting van organisch materiaal bijvoorbeeld verantwoordelijk voor nitrificatieprocessen en de productie van methaan. Archaea zijn in veel opzichten meer met de Eukaryota, dan met de Bacteria verwant.

Groen- en blauwwieren (Cyanobacteria)

Cyanobacteriën bezitten chlorofyl en kunnen zo door fotosynthese energie vastleggen. Het is de oudste groep organismen welke bekend is (oudste fossielen zijn meer dan 3,5 miljard jaar oud). Naast het vastleggen van koolstof zijn cyanobacteriën ook in staat om atmosferische stikstof vast te leggen en ze dragen hierdoor bij aan de beschikbaarheid van stikstof in de bodem. Cyanobacteriën kunnen, net als de eukaryotische algen, in symbiose met schimmels korstmossen vormen.

Paddenstoelen (Fungi: Asco- en Basidiomycota)

Paddenstoelen zijn overwegend saprofytisch en leven van dood organisch materiaal. Ondergronds bestaan paddenstoelen uit mycelium (schimmeldraden of hyfen; Figuur 4.44); bovengronds ontstaan er onder gunstige (voldoende vochtige) omstandigheden vruchtlichamen van waar uit sporen worden gevormd (Figuur 4.45). Hyfen zijn fijn vertakt en in staat om nutriënten uit de bodem op te nemen (Figuur 4.46). De meeste schimmels zijn meercellig; gisten daarentegen zijn ééncellige schimmels, welke geen hyfen vormen.

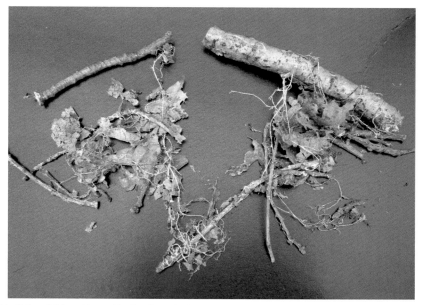

Figuur 4.44. Gebundelde schimmeldraden (koorden) in strooisel (foto Wietse de Boer, NIOO-KNAW).

Figuur 4.45. Vruchtlichaam paddenstoel (*Hypholoma sublateritium*; foto Jan Dijksterhuis, Westerdijk Institute).

131

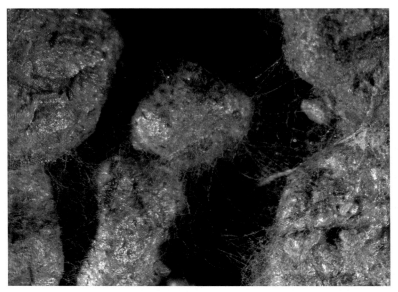

Figuur 4.46. Fijn vertakte schimmeldraden rond bodemdeeltjes (foto Tijmen Bijker, NIOO-KNAW).

Myccorrhiza (Fungi: diverse groepen)

Mycorrhiza (Figuur 4.47) omvatten een groep organismen welke binnen de ecologie zeer tot de verbeelding spreken vanwege hun vermogen om symbiotische relaties aan te gaan met verschillende soorten bomen en struiken en deze zo te helpen om moeilijke omstandigheden te overleven. Mycorrhiza vallen onder verschillende groepen Fungi, vaak wordt echter een functionele indeling gebruikt: endo- en ectomycorrhiza (Atlas en Bartha, 1987). Beide typen verschillen in de wijze van koppeling met de symbiosepartner (Figuur 4.48): de hyfen van endomycorrhiza vergroeien met het celmembraan van de wortelcellen van de partner (intracellulair), terwijl de hyfen van ectomycorrhiza een soort van net om en tussen de wortelcellen van de partnerplant vormen (extracellulair).

De Endomycorrhiza zijn onderverdeeld in arbosculaire mycorrhiza (Glomeromycota) en mycorrhiza met partners uit de Erica- en Orchideeënfamilie. Met name de mycorrhiza welke met *Erica*-soorten samenleven zijn ook betrokken bij de omzetting van dood organisch materiaal. Ectomycorrhiza (bestaande uit Basidio- en Ascomycota) hebben vooral bomen als partners (o.a. *Pinus*-soorten) en zijn daarnaast betrokken bij de omzetting van dood organisch materiaal. Partners kunnen specifiek of generalisten (promiscueus) zijn. De totale biomassa van ectomycorrhiza kan tot 900 kg/ha bedragen en hierbij tot 40% van de wortelbiomassa vormen. Wierzwammen of lagere schimmels (Zygomycota) vormen geen echte vruchtlichamen maar gebruiken hyfen om sporen te verspreiden. Zygomycota zijn zeer effectieve omzetters van organisch materiaal in bodem, strooisel en mest.

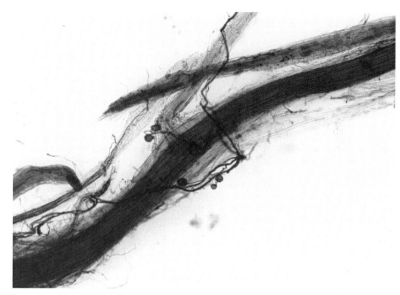

Figuur 4.47. Mycorrhiza (foto Cristina Rotoni, NIOO-KNAW).

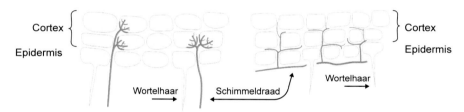

Figuur 4.48. Endomycorrhiza (links) en ectomycorrhiza (rechts) verschillen in de mate van vergroeiing met het wortelcelmembraan..

Protisten (Protozoa en Kiezelwieren)

Protisten zijn een zeer diverse groep ééncellige organismen met een celkern (eukaryoot) welke niet onder andere groepen vallen; voorbeelden zijn kiezelwieren, amoeben en ciliaten, Protisten zijn overwegend heterotroof, kiezelwieren echter zijn echter tot fotosynthese in staat. Andere soorten protisten, zoals sommige amoeben, kunnen dood organisch materiaal omzetten, weer andere voeden zich vooral met bacteriën.

Bacteriën (Proteobacteria)

Bacteriën hebben geen celkern maar wel een celmembraan en een celwand. Ze zijn in staat om aeroob en anaeroob complexe organische stoffen om te zetten, en spelen daardoor in de bodem een essentiële rol in de koolstof-, zwavel- en stikstofkringlopen. Voorbeelden hiervan zijn er te over: *Rhizobium* (symbiotische stikstofbinding); *Azotobacter*, *Anabaena* en *Nostoc* (niet-symbiotische stikstofbinding); *Thiobacillus* (omzetting van pyriet katteklei); *Ferrobacillus* (gley-vorming); en *Pseudomonas* (denitrificatie).

Omzettingen van organisch materiaal door bacteriën maken dit toegankelijk voor verdere omzetting door allerlei andere organismen en feitelijk zijn veel soortgroepen afhankelijk van omzettingen van door bacteriën. Alhoewel de meeste bacteriën kortlevend zijn, kunnen specifieke soorten door sporen te vormen perioden van voedselschaarste overleven.

Straalzwammen of Actinomyceten (Actinobacteria)

Actinomyceten zijn bacteriën welke schimmelachtige structuren (hyphen) vormen; ze zijn in staat om enzymen uit te scheiden welke in staat zijn om in de bodem bijvoorbeeld cellulose, chitine en lignine af te breken. Daarnaast zijn sommige soorten in staat om antibiotica te produceren (*Streptomyces*) of om in symbiose stikstof te binden (*Frankia*).

4.7 Synthese: impact van bodemprocessen op het milieu en ecosystemen

4.7.1 Sleutelprocessen

Processen in de bodem spelen een sleutelrol bij milieuaspecten rond bijvoorbeeld klimaatverandering, natuurontwikkeling, bodemvervuiling en kwaliteit van ecosystemen. Zoals hiervoor al is aangegeven is het over het algemeen niet mogelijk daar simpelweg enkelvoudige factoren voor aan te geven; de betrokken systemen zijn immers holistisch van karakter waarbij verschillende interactie- en feedbackmechanismen actief zijn. In de onderstaande voorbeelden wordt op de complexiteit van deze impact ingegaan.

4.7.2 Klimaatverandering

Bodemprocessen zijn betrokken bij zowel het uitstoten als het afvangen van broeikasgassen. CO_2 kan in de vorm van organische stof langjarig in de bodem opgeslagen worden; bij de afbraak van organische stof komt er anderzijds ook weer CO_2 vrij. In de bodem is ongeveer drie keer de atmosferische hoeveelheid koolstof opgeslagen; bij afbraakprocessen in de bodem komt jaarlijks 60 GT koolstof vrij, dat is ongeveer de helft van wat er jaarlijks door fotosynthese wordt vastgelegd (123 GT) en ongeveer 6,5 keer de antropogene emissie (9 GT; met name fossiele brandstoffen).

Of er omzetting of juist accumulatie plaatsvindt hangt samen het de omstandigheden voor het bodemleven; indien deze gunstig zijn kan er veel omgezet worden; indien deze ongunstig zijn zullen bodemorganismen weinig actief zijn en is er weinig uitstoot. Dit wordt bijvoorbeeld (pijnlijk) duidelijk bij het verdrogen van veenbodems of het opwarmen van permafrost bodems. In eerste instantie waren door de milieucondities de afbraak van organische stof en dus ook de uitstoot van CO_2 geremd; door de veranderde omstandigheden kunnen bodemorganismen actiever worden, met een verhoogde omzetting en dus ook meer uitstoot van CO_2 als gevolg.

Dit besef heeft in landbouwkundige zin tot een grote belangstelling voor 'conservation agriculture' geleid, waarbij de bodem niet langer diep bewerkt wordt en dus afbraak van organische stof zou (moeten) verminderen (Giller *et al.*, 2009). Binnen het klimaatbeleid wordt opslag van CO_2 in de bodem als een kans gezien om klimaatverandering tegen te gaan. Ook andere broeikasgassen, zoals

134

CH_4 en N_2O, zijn deels aan bodemprocessen, de omzetting van organisch materiaal onder anaerobe omstandigheden, gekoppeld.

In verband met de opslag van CO_2 in de bodem kunnen we misschien leren van de zogenaamde *'terra preta'* bodems uit het Amazone gebied: de organische stof in dit soort bodems (*'biochar'*) is blijkbaar erg resistent tegen afbraak en staat momenteel, vanwege de vermeende mogelijkheden tot CO_2-opslag, sterk in de belangstelling. Ook in Nederland is in enkeerdgronden organische stof opgeslagen welke honderden jaren geleden was gevormd (Figuur 4.49).

Het gaat overigens niet uitsluitend om afbraak van organisch materiaal waarbij CO_2 vrijkomt; ook het 'verbruiken' van kalk onder semi-terrestrische omstandigheden om als gevolg van de zuurproduktie in kattekleien en het bufferen van zure depositie door de in de bodem aanwezige kalk leidt tot CO_2 uitstoot.

4.7.3 Koolstofopslag in relatie tot landgebruik

Het belang van opslag van koolstof is in de context van klimaatverandering groot en er wordt dan ook naarstig gezocht naar mogelijkheden om CO_2 op te slaan in vegetatie en bodem. Vastlegging van atmosferische koolstof door aanleg van nieuwe bossen in plaats van landbouwgebruik is een mogelijke strategie om klimaatverandering tegen te gaan.

Gemiddeld genomen is in de Nederlandse situatie de koolstofvoorraad het hoogst in graslandbodems (122 ton C/ha), terwijl bodems onder akkerbouw en bos ongeveer gelijk uitkomen (met respectievelijk 94 en 96 ton C/ha). Deze gemiddelden zijn echter moeilijk te vergelijken omdat de bodemvoorraad koolstof sterk samenhangt met het bodemtype. Binnen Nederland blijkt bosbouw op de meeste grondsoorten het hoogst te scoren qua opgeslagen bodemkoolstof (Arets, 2019).

Figuur 4.49. Enkeerdgrond (foto ISRIC World Soil Information, Wageningen).

De kalkloze zandgronden vormen hierop echter een uitzondering omdat juist bij deze categorie gronden in het verleden (en nog steeds) veel organische mest gebruikt werd. De verschillende vormen van landgebruik verschillen verder sterk in de verdeling van koolstof over de verschillende compartimenten (biomassa bovengronds en ondergronds; strooisel; dood hout; bodemopslag).

In schraal grasland is als gemiddelde 2 ton koolstof bovengrondse biomassa aanwezig, terwijl in de bodem 114 ton is opgeslagen (Figuur 4.50). In de bodem van een droog loofbos is daarentegen gemiddeld 47 ton koolstof opgeslagen, in de bovengrondse biomassa 81 ton; in het strooisel 45 ton en in dood hout 12 ton. In een droog naaldbos is de opslag van koolstof van bovengrondse biomassa (gemiddeld 44 ton koolstof) verschoven naar opslag in de bodem (zo'n 75 ton) en zijn ook de hoeveelheden in strooisel en dood hout wat minder (respectievelijk 35 en 12 ton).

In bestaande bossen is de hoeveelheid koolstof in de bodem relatief constant en opslag van koolstof in bossen onder Nederlandse omstandigheden vindt dan ook vooral bovengronds plaats. Op jaarbasis is de toevoeging op korte termijn zo'n 3 ton per ha; op de lange termijn, wanneer ook houtoogst en sterfte mee worden genomen zakt dit echter naar ongeveer 1 ton koolstof per ha (Arets, 2019).

Ook bij de aanleg van nieuwe bossen zal in eerste instantie vooral koolstof vastgelegd in de (staande) vegetatie; 'definitieve' opslag zal echter uiteindelijk in de bodem moeten plaatsvinden en zal per grondsoort verschillen. Het impact van de aanleg van nieuwe bossen op de opslag van CO_2 zal het sterkst zijn in de tijd direct na aanleg; na verloop van tijd zullen vastlegging en afbraak van het organische materiaal in evenwicht komen en wordt ook de netto opslag van koolstof verwaarloosbaar.

4.7.4 Natuurontwikkeling

Het bodemleven is van groot belang voor goed functionerende ecosystemen. Vaak staat het bodemleven binnen de context van veel natuurontwikkelingsprojecten (letterlijk) onder grote druk door het bij de uitvoering ervan betrokken grootschalig grondverzet. In verband daarmee is het belangrijk dat, in analogie met het behouden van de zaadbank, ook het oorspronkelijk aanwezige

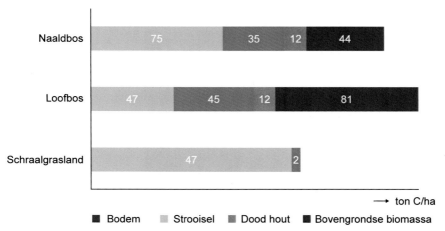

Figuur 4.50. Verdeling koolstof over verschillende compartimenten in een aantal typen natuurterreinen (vrij naar Lesschen e.a., 2012).

bodemleven zoveel mogelijk beschermd wordt. In vergelijking met de zaadbank is dat echter vele malen lastiger, omdat het om levende en met elkaar verbonden organismen gaat (De Deyn e.a., 2004; Kardol e.a., 2009).

Natuurontwikkeling kan ongewild stagneren indien door het ontbreken van bodemleven de bodem relatief lang verdicht blijft en ecologische niches maar langzaam worden opgevuld. Verder is er bij de omzetting van landbouwgronden naar natuur vaak een erfenis in de vorm van residuen van pesticiden en geneesmiddelen; in het verleden bleken bijvoorbeeld regenwormen vaak last te hebben van koper dat in veevoer werd gebruikt om de groei van varkens te bevorderen.

4.7.5 Bodemvervuiling

Voor veel bodemorganismen zijn, zoals hierboven al is aangegeven, hoge concentraties van specifieke stoffen schadelijk. Omdat er direct contact is met bodemdeeltjes is de kans groot dat er opname van schadelijke stoffen plaats vindt met desastreuze effecten op het functioneren van organismen. Het gaat hierbij vooral om zware metalen en persistente (gechloreerde) organische stoffen. Anderzijds is het (microbiële) bodemleven in staat is om de beschikbaarheid van allerlei stoffen te verlagen door deze af te breken of juist specifiek op te nemen (bioremediatie). Oesterzwammen (*Pleurotus ostreatus*) zijn een voorbeeld van schimmels welke zware organische verontreinigingen in de bodem af kunnen breken; sommige micro-organismen kunnen de oplosbaarheid van zware metalen verhogen waardoor deze door planten kunnen worden opgenomen (phytoextraction); andere microrganismen kunnen zware metalen inactiveren waardoor planten deze niet langer (ongewenst) kunnen opnemen (phytostabilisation).

4.7.6 Kwaliteit ecosystemen

Het is uit het voorgaande evident dat de rol van het bodemleven binnen ecosystemen niet onderschat kan worden en dat kwaliteit en functionaliteit van ecosystemen samenhangt met de diversiteit aan soorten en de compleetheid van het soortenspectrum. Anderzijds is het bodemleven natuurlijk ook een afgeleide van de standplaats en het bovengrondse deel van het ecosysteem.

De bruine bosgronden welke zich op arme en zure zandgronden ontwikkeld hebben zijn hiervan een sprekend voorbeeld: de biologische activiteit van met name specifieke organismen (mijten) heeft er in deze bodems voor gezorgd dat de ontwikkeling tot podzol (voorlopig) nog buiten beeld bleef. Door de wat hogere beschikbaarheid aan nutriënten is in deze bodems de organische stof van net iets betere kwaliteit, met ook een wat grotere biologische activiteit tot gevolg. De hiermee verbonden homogenisatie ging de normale ontwikkeling tot een podzolgrond effectief tegen en stelde tevens de vegetatie in staat om dieper te wortelen waardoor nutriënten uit diepere lagen weer makkelijker opgenomen kunnen worden.

Boomsoorten, zoals Linde (*Tilia* spec.) en Vogelkers (*Prunus* spec.), met goed afbreekbaar blad stimuleren de biologische activiteit en profiteren van de hierdoor ontstane gehomogeniseerde bodems en zetten in feite dus hun standplaats naar hun hand. In Lariks en Fijnsparbossen op bruine bosgronden stagneert de biologische activiteit door de toevoer van slecht afbreekbaar naaldstrooisel en zijn al snel de eerste tekenen van podzolisatie in de vorm van een grijsgebleekte bovengrond waar te nemen (Figuur 4.51).

Figuur 4.51. Strooisellaag onder larix (dikte ongeveer 10 cm) met beginnende uitspoelingslaag (Rozendaalse Bos).

4.8 Kalkgraslanden

4.8.1 Kenmerkende diversiteit

Botanici zien vaak de kalkgraslanden van Zuid Limburg als het summum qua diversiteit aan soorten: verschillende soorten orchideeën zoals Purperorchis (*Orchis purpurea*), Gevlekte orchis (*Dactylorhiza maculata*) en Bergnachtorchis (*Platanthera chlorantha*), maar ook soorten als Kalkwalstro (*Galium pumilum*), Driedistel (*Carlina vulgaris*) en Kleine ratelaar (*Rhinanthus minor*) komen in deze relatief droge en voedselarme ecotoop voor (Figuur 4.52). Naast de hoge botanische waarden is er ook een grote rijkdom aan insecten (met name dagvlinders) en reptielen zoals Gladde slang (*Coronella austriaca*), Hazelworm (*Anguis fragilis*) en Levendbarende hagedis (*Lacerta vivipara*). Het voorkomen van de zeldzame Grauwe klauwier (*Lanius collurio*) fungeert als een belangrijke indicatie voor de compleetheid van het ecosysteem: ze predeert onder andere op hagedissen.

4.8.2 Historie van verschraling

Kalkgraslanden zijn het gevolg van een lange geschiedenis van verschraling: in eerste instantie was het bos dat in de romeinse tijd gerooid werd; vervolgens een korte tijd van akkerbouw maar na teruglopende opbrengsten werd het vooral begraasd met schapen. Om de mest welke deze schapen produceerden te kunnen gebruiken voor de 'betere' akkers werden deze 's nachts opgestald (Bobbink en Wilems, 2001). Het gevolg van deze praktijk was een steeds opener vegetatie en een steeds verder verschralende bodem. De openheid stelde allerlei soorten in staat zich middels kieming van hun zaden te verspreiden, verder konden soorten welke aan een lage voedingstoestand waren aangepast nu ook beter concurreren.

Figuur 4.52. Kalkgrasland Kunderberg met o.a. Muggenorchis (*Gymnadenia*) en Ratelaar (*Rhinanthus*) (foto Mathijs van der Sanden).

Door het gebruik van de kunstmest verdwenen de specifieke schrale soorten en kregen grassen (met name Gevinde kortsteel (*Brachypodium pinnatum*)) meer en meer de overhand; hierdoor wordt met name kieming problematisch. Het was al snel duidelijk dat om kalkgraslanden in stand te houden bescherming en een aangepast, op verschraling gericht, beheer noodzakelijk waren (Kreutz, 1992). Het meest effectief blijkt het bij het oude beheerpraktijk aansluitende begrazing (en opstallen) met schapen te zijn (Nijssen e.a., 2016).

4.8.3 Kalkverweringsbodem

Kalkgraslanden worden gekenmerkt door een relatief zware kleihoudende bodem welke door verwering ter plekke uit kalksteen (mergel met 90 tot 99% kalk) gevormd is. Deze gronden worden in Nederland als krijtvaaggrond geclassificeerd. Over het algemeen zit de kalksteen ondiep en komt er in het bodemmateriaal 10 tot 35% losse kalksteenbrokjes voor (De Bakker en Edelman-Vlam, 1976). Hierdoor is de pH-waarde van de bodem relatief hoog (pH 7 à 8) en is in verband hiermee ook de biologische activiteit van de bodem hoog. Dit leidt in combinatie met het voorkomen van klei tot de vorming van een donkere bovengrond (met een hoog organische stof gehalte) welke voornamelijk bestaat uit door wormen gevormde mullhumus (Figuur 4.53).

De combinatie van klei (natuurlijke vruchtbaarheid) en mullhumus (snelle mineralisatie) leidt normaal gesproken tot voedselrijke bodems; dit strookt echter niet met de schrale vegetatie. De crux zit hem in het feit dat de aanwezigheid van kalk ook leidt tot een lage beschikbaarheid van fosfaat in de bodem. Dit betekent dat, ondanks voldoende hoge stikstof en kaliumniveaus, de vegetatie toch het lage fosfaatniveau als beperkende factor ervaart (de Wet van het Minimum); dit is mogelijk één van de redenen dat deze gronden in het verre verleden al snel opgegeven werden. Ook de geringe diepte van de bodems, waarschijnlijk al een gevolg van het rooien van het bos in de Romeinse tijd, maakte een intensief gebruik moeizaam en de keuze voor graslanden en begrazing een logische.

Figuur 4.53. Bodem ontwikkeld op kalksteen (Slenaken).

4.8.4 Noodzakelijke symbiose

Voorkomende soorten zijn over het algemeen sterk aangepast aan voedselarmoede: orchideeën maken gebruik van een symbiose met endomycorrhiza en soorten zoals Kleine ratelaar (*Rhinanthus minor*) en Klein warkruid (*Cuscuta epithymum*) zijn parasieten. Mycorrhiza (*Rhizoctonia*-soorten) zijn voor orchideeën in eerste instantie belangrijk voor de vestiging omdat ze de minuscule zaadjes helpen te laten kiemen, daarnaast ondersteunen ze ook de opname van de schaars aanwezige voedingsstoffen (Landwehr, 1977).

Mycorrhiza doen dit enerzijds door met hun schimmeldraden het exploiteerbare bodemvolume te vergroten, daarnaast kunnen ze door het wortelmilieu (rhizosfeer) te verzuren de beschikbaarheid van fosfaat en ijzer verhogen omdat zowel het vastgelegde ijzer (in de vorm van ijzercarbonaat) als het fosfaat (in de vorm van calciumfosfaat) bij een wat lagere pH-waarde (rond pH 5) vele malen beter oplosbaar en dus ook beter beschikbaar zijn.

4.8.5 Complexiteit en beheer

Landschappelijk nemen de kalkgraslanden een bijzonder positie in: tussen de heischrale graslanden bovenaan de helling en de wat rijkere Glanshaverhooilanden onder aan de helling. Heischrale graslanden zijn in Zuid Limburg meestal gekoppeld aan het voorkomen van grindhoudende Maasterrassen, terwijl Glanshaver-graslanden duiden voedselrijke colluviale afzettingen (een gevolg van erosie).

Het bijzondere van kalkgrasland ecotopen hangt dus enerzijds samen met het (historisch) beheer (beweiding en hooien), het landschap (heuvels) en het voorkomen van kalk (bodemmateriaal), maar ook met het functioneren van het bodemleven welke de organische stof vaak over het gehele profiel tot aan het kalkgesteente heeft gemengd (wormen) en door symbiose (mycorrhiza) de vegetatie in staat stelt de verschraling en de vastlegging van fosfaat door kalk te ondervangen. Effectief en duurzaam natuurbeheer is door deze samenhang een enorme uitdaging en zeker niet alleen een zaak van op het juiste beheerknopje drukken maar juist ook een heel bodem-ecologisch raderwerk in beweging zien te houden.

Literatuur

Arets, E., 2018. Klimaatcijfers voor natuur. Cijfers voor koolstofopslag en -vastlegging in Nederlandse natuur. Wageningen Environmental Research, Wageningen.

Atlas, R.M. en Bartha, R., 1987. Microbial ecology, 2nd edition. Benjamin/Cummings Publishing Company, Menlo Park, USA.

Blume, H.P., 1995. Handbuch der Bodenkunde. Wiley, VCH Weinheim/Bergstraße, Duitsland.

Bobbink, R. en Willems, J.H., 2001. OBN preadvies kalkgraslanden. Expertisecentrum LNV, Ede.

De Bakker, H. en Edelman-Vlam, A.W., 1976. De Nederlandse bodem in kleur. Stiboka/Pudoc, Wageningen.

De Deyn, G.B., Raaijmakers, C.E. en Van der Putten, W.H., 2004. Bodemfauna bevordert herstel van soortenrijke graslanden. De Levende Natuur 105 (1), 10-12.

Duchaufour, P., 1982. Pedology. Pedogenesis and classification. George Allen and Unwin, London, UK.

Giller, K.E., Witter, E., Corbeels, M. en Tittonell, P., 2009. Conservation agriculture and smallholder farming in Africa: the heretics' view. Field Crops Research 114 (1), 23-34.

Hommel, P., De Waal, R., Muys, B., Den Ouden, J. en Spek, T., 2007. Terug naar het Lindewoud. KNNV Uitgeverij, Zeist.

Kardol, P., Van der Wal, A., Bezemer, T.M., De Boer, W. en Van der Putten, W.H., 2009. Ontgronden en bodembeestjes: geen gelukkige combinatie. De Levende Natuur 110 (1), 57-61.

Kreutz, C.A.J., 1992. Orchideeën in Zuid Limburg. KNNV Uitgeverij, Utrecht.

Landwehr, J., 1977. Wilde orchideeën van Europa deel I. Vereniging tot behoud van Natuurmonumenten, 's Graveland.

Lesschen, J.P., Heesmans, H., Mol-Dijkstra, J., Van Doorn, A., Verkaik, E., Van den Wyngaert, I. en Kuikman, P., 2012. Mogelijkheden voor koolstofvastlegging in de Nederlandse landbouw en natuur. Alterra-rapport 2396. Alterra Wageningen UR, Wageningen.

Locher, W.P. en De Bakker, H., 1992. Bodemkunde van Nederland deel 1. Malmberg, Den Bosch.

Nijssen, M., Bobbink, R., Geertsma, M., Scherpenisse, M., Huiskes, R., Kuper, J., Smits, N., Bohnen-Verbaarschot, E., Verbeek, P., Versluijs, R., Wallis de Vries, M., Weijters, M. en Wouters, B., 2016. Beheeroptimalisatie Zuid-Limburgse hellingschraallanden. VBNE, Driebergen.

Orgiazzi, A., Bardgett, R.D., Barrios, E., Behan-Pelletier, V., Briones, M.J.I., Chotte, J-L., De Deyn, G.B., Eggleton, P., Fierer, N., Fraser, T., Hedlund, K., Jeffery, S., Johnson, N.C., Jones, A., Kandeler, E., Kaneko, N., Lavelle, P., Lemanceau, P., Miko, L., Montanarella, L., Moreira, F.M.S., Ramirez, K.S., Scheu, S., Singh, B.K., Six, J., Van der Putten, W.H. en Wall, D.H. (red.), 2016. Global soil biodiversity atlas. European Commission, Publications Office of the European Union, Luxembourg, Luxemburg. 176 pp.

Van Breemen, N. en Buurman, P., 1998. Soil formation. Kluwer Academic Publishers, Dordrecht.

Van Delft, B., 2004. Veldgids humusvormen. Alterra, Wageningen.

5. Planten in het landschap

Hedwig van Loon

5.1 Inleiding

Met het hoofdstuk Planten in het landschap zijn we in het rangordemodel aangekomen op het niveau van de standplaats (Figuur 5.1). De aanwezigheid van planten in bepaalde patronen geeft het meest zichtbaar uitdrukking aan het milieu op die plek en de variatie daarin. Planten vormen samen de vegetatie; deze bepaalt sterk het landschapsbeeld door verschillen in lage en hoog opgaande begroeiingen met een of meerdere vegetatielagen, groeivormen en kleuren. De vegetatiestructuren en de ruimtelijke verdeling hiervan in het landschap bepalen voor de fauna of een gebied geschikt is als leefgebied.

Planten nemen binnen ecosystemen een sleutelpositie in doordat zij energie kunnen vastleggen en de basis vormen van voedselketens. Als producenten zijn zij in staat om vanuit anorganische stoffen, water en zonne-energie biomassa in de vorm van organische stoffen te produceren (fotosynthese). Deze stoffen vormen het voedsel voor de primaire consumenten, de herbivoren. Planten zijn daarmee een belangrijke bron van voedsel en energie voor de hogere trofische niveaus in het ecosysteem. In aquatische systemen kunnen algen veelal deze rol van producenten vervullen.

Via wortels in de bodem beïnvloeden planten de bodemstructuur, de hoeveelheid biomassa maar ook chemische processen door het afgeven van stoffen aan het bodemmilieu (wortelexudaten, Figuur 5.1). Ze leven in symbiose met micro-organismen die ze via hun wortels voorzien van organische stoffen; in ruil daarvoor helpen micro-organismen de planten bij de opname van essentiële nutriënten. In Hoofdstuk 4 Bodem is duidelijk geworden hoe bepalend de interactie tussen planten en het bodemleven is voor de geschiktheid van de standplaats voor planten.

In dit hoofdstuk wordt beschreven wat planten nodig hebben om te overleven, hun aanpassingen en relaties met de standplaats en hun rol in levensgemeenschappen. Naast de standplaats van planten en patronen in de vegetatie komt het tijdsaspect in de vorm van processen in de vegetatie aan de orde. Als laatste wordt behandeld hoe plantensoorten en vegetatietypen in de landschapsecologie kunnen worden gebruikt als indicatoren voor milieu-condities.

5.2 Planten en relaties met hun omgeving

Planten, zeker die op land groeien, zijn sedentaire organismen, dat wil zeggen dat ze aan een plek zijn gebonden, meestal door wortels in de bodem (rhizoïden bij mossen). Voor een duurzame instandhouding moet een plant zijn hele levenscyclus van kieming tot generatieve fase kunnen doorlopen. Daarvoor hebben planten licht, vocht, voedingsstoffen, beschutting en/of bescherming nodig (overleven van het individu) en de mogelijkheid om zich voort te planten en hun nakomelingen te verspreiden (overleven van de populatie). Omdat ze zich niet kunnen verplaatsen moet de standplaats van de plant in alle levensfasen voldoen aan de noodzakelijke behoeften. Deze hoeven tijdens de hele levenscyclus niet hetzelfde te zijn. Kiemplanten kunnen andere eisen stellen aan de standplaats dan volwassen individuen van dezelfde soort; bijvoorbeeld kiemplanten van Helm en Zandzegge zijn gevoelig voor overstuiving en droogte, terwijl volwassen planten een matige overstuiving nodig hebben om te kunnen overleven (Ernst en Andel, 1985). Dieren en mensen kunnen een rol spelen bij verjonging en verspreiding van een plantenpopulatie en/of bij de instandhouding van bepaalde milieucondities.

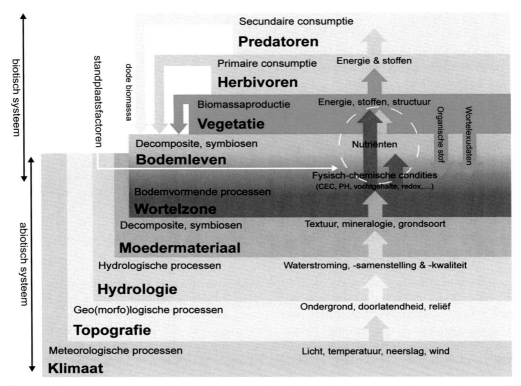

Figuur 5.1. Planten vormen samen de vegetatie waaraan het milieu op die plek in het landschap is af te lezen. Zij zijn de schakel tussen het abiotisch systeem en de dieren in het rangordemodel.

Door variatie van standplaatsen in ruimte en tijd zijn planten door evolutie aangepast aan de verschillende omstandigheden. Deze aanpassingen of adaptaties van planten zijn meestal fysiologisch en/of morfologisch van aard en komen tot uiting in bepaalde eigenschappen van een plant, ook wel levensvormen genoemd. Een bekende indeling van levensvormen is die van Raunkiaer, die te koppelen is aan de verschillende klimaatzones in de wereld (zie Kader 5.1). De aanpassingen maken het mogelijk om te overleven wanneer de waarde van een standplaatsfactor ligt tussen een minimum, waaronder deficiëntie optreedt en een maximum, waarboven overmaat/toxiciteit optreedt. Dit noemen we het tolerantiegebied van een soort voor die factor; de optimumwaarde is de waarde waarbij de overlevingskans van een organisme of populatie het grootst is. Sommigen soorten hebben zich gespecialiseerd in het overleven van extreme omstandigheden waar weinig soorten kunnen overleven; andere steken hun energie juist in een groot competitievermogen op plekken waar veel soorten kunnen groeien. Aanpassingen kunnen zich ook voordoen in de levenscyclus van planten door het vermijden van ongunstige omstandigheden, bijvoorbeeld door een snelle levenscyclus zodat alleen de sporen of zaden de koude periodes hoeven te overleven (Figuur 5.2).

Figuur 5.2. Draadgentiaan (*Cicendia filiformis*): een voorbeeld van een eenjarige soort die binnen een paar maanden in de zomer zijn levenscyclus doorloopt. Het plantje is maar heel klein, heeft nauwelijks bladmassa, de energie wordt gestoken in de bloei en zaadzetting (foto G. Bongers).

Iedere klimaatzone heeft zo zijn eigen spectrum aan levensvormen (Figuur 5.3). In jaarrond warme en vochtige omstandigheden (waar het klimaat constant gunstig is voor plantengroei) vormen vooral de concurrentiekrachtige phanerofyten zoals bomen en lianen de vegetatie; in berggebieden met een sneeuwdek in de winter overleven juist de soorten die hun groeipunten lager bij de grond hebben zoals de hemicryptofyten (rozetplanten en polvormers) en chamaefyten (dwergstruiken). Het sneeuwdek vormt een beschermende laag rondom de groeipunten. In gebieden met extreme droogte zoals in woestijnen kunnen veel planten alleen maar overleven als zaad, dus vinden we daar veel therofyten.

5.2.1 Standplaats: abiotische factoren

De standplaats van een plantensoort wordt bepaald door de abiotische factoren licht, vocht, nutriënten, zuurgraad en saliniteit (zoutgehalte). Daarnaast spelen ook andere factoren een rol zoals temperatuur, toxische stoffen zoals zware metalen, mechanische belasting, etc. Het voorkomen van planten wordt niet alleen bepaald door de tolerantie ten aanzien van de grootte van een factor (stressbestendigheid), bijvoorbeeld veel of weinig water, maar ook de veranderingen hierin, de dynamiek (zie Hoofdstuk 1 Inleiding). Deze veranderingen kunnen regelmatig zijn, zoals bij eb en vloed, maar ook onregelmatig. In de uiterwaarden van rivieren kan de begroeiing bij hoge rivierstanden lange tijd onder water staan, terwijl in droge zomers bij lage rivierwaterstanden de bodem sterk kan uitdrogen (Londo, 1999). Dit vraagt een groot aanpassingsvermogen van planten aan de onregelmatig en sterk wisselende standplaats (Figuur 5.4).

Kader 5.1. Levensvormen van Raunkiaer.

Een bekend systeem van levensvormen is dat van Raunkiaer (1934). Dit systeem is gebaseerd op de plaats van het groeipunt ten opzichte van het maaiveld gedurende het ongunstige seizoen. In ons klimaat is dat over het algemeen de winter; in warme streken vaak de droge tijd.

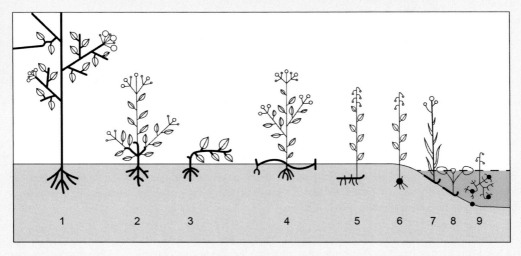

1	Phanerofyten	Groeipunten meer dan 50 cm boven de grond (bomen, struiken en lianen)
2 en 3	Chamaefyten	Groeipunten tot 50 cm boven de grond (o.a. dwergstruiken)
4	Hemicryptofyten	Groeipunten op of net onder maaiveld (rozetplanten, pollen)
5 en 6	Geofyten	Groeipunten onder grond (bollen, knollen en wortelstokken)
7	Helofyten	Moerasplanten, groeipunt onder water, bloeiende delen boven water
8 en 9	Hydrofyten	Waterplanten, groeipunt onder water

Diagram van de belangrijkste levensvormen gebaseerd op de indeling van Raunkiaer (1934). De organen of delen die het ongunstig seizoen overleven zijn met dikke lijnen aangeduid. De therofyten zijn in deze figuur niet opgenomen. Deze doorlopen hun levenscyclus in minder dan 1 jaar en overleven als zaad. Dit is dus geen levensvorm maar een aanpassing in de levenscyclus om ongunstige omstandigheden te vermijden.

Planten zijn tijdens de evolutie niet alleen aangepast aan de afzonderlijke factoren; om te kunnen overleven moeten ze geadapteerd zijn aan het complex van die factoren en de wisselwerking hiertussen: dat geheel vormt de standplaats voor de plant.

Op basis van hun aanpassingen aan de standplaatsfactoren zijn er verschillende indelingen van planten gemaakt, onder andere met betrekking tot:
1. de hoeveelheid licht: zonne-, halfschaduw- en schaduwplanten;
2. de vochttoestand: hydro-, hygro-, meso- en xerofyten;
3. de trofiegraad (voedselrijkdom): oligotrafente, mesotrafente en eutrafente soorten;
4. de zuurgraad: zuurminnende, basenminnende en indifferente soorten.

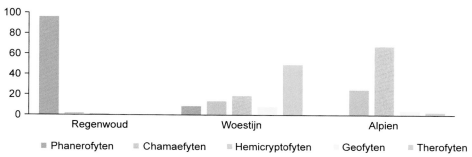

Phanerofyten   Chamaefyten   Hemicryptofyten   Geofyten   Therofyten

Figuur 5.3. Verdeling levensvormen van Raunkiaer in relatie tot klimaat. Therofyten zijn eigenlijk geen levensvorm, maar worden wel vaak opgenomen in de spectra per vegetatiezone.

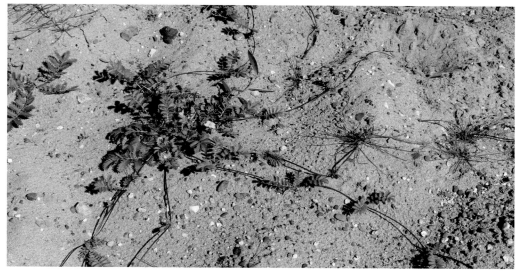

Figuur 5.4. Zilverschoon (*Potentilla anserina*) is zo'n soort die is aangepast aan sterk wisselende waterstanden. Als de omstandigheden gunstig zijn, kan de soort zich via stengeluitlopers vegetatief snel verbreiden en de standplaats koloniseren (foto H. van Loon).

Licht

Als producenten hebben planten licht nodig voor de fotosynthese in de bladeren. De hoeveelheid licht die op het blad valt is afhankelijk van het macroklimaat (aantal uren zonlicht) maar ook de situatie ter plaatse, het microklimaat. Schaduwplanten groeien op plaatsen waar maar weinig licht doordringt, zoals in de kruidlaag in dichte bossen of op een noordhelling van een smal dal. Aanpassing aan de weinige hoeveelheid licht uit zich bij deze planten door dunne bladeren met een groot oppervlak te vormen en een horizontale bladstand, om zo voldoende licht op te kunnen vangen (Townsend e.a., 2008). Wanneer lichtplanten grote, horizontale bladeren hebben, verliezen ze veel vocht door verdamping. Dat moet gecompenseerd worden door een vochtige bodem en/of een groot wortelstelsel om het vochttekort snel te kunnen aanvullen. Soms maakt een plant bladeren met verschillende bladvormen; zo heeft Klimop (*Hedera helix*) waar voldoende licht beschikbaar is, bijvoorbeeld boven in een boom, eirond bladeren en waar meer schaduw is, handvormig ingesneden bladeren.

Een andere vorm van adaptatie is het vermijden van schaduw door planten in de ondergroei van een bos, de zogenaamde voorjaarsbloeiers (Figuur 5.5). Zij doorlopen hun levenscyclus vóórdat de bladeren van bomen en struiken uitlopen. Deze strategie is alleen mogelijk als de bladeren en reproductieve organen in de beginfase van de groei beschikken over een grote voorraad koolhydraten en nutriënten, bijvoorbeeld in wortelstokken, knollen of bollen. Onder de voorjaarsbloeiers vinden we daarom veel geofyten (zie Kader 5.1), zoals Bosanemoon (*Anemone nemorosa*), Speenkruid (*Ficaria verna*), Daslook (*Allium ursinum*) en Wilde hyacint (*Hyacinthoides non-scripta*).

Naast de behoefte aan licht voor fotosynthese is licht een stuurmechanisme in de stofwisseling en groei van planten. Voor veel soorten bepaalt de daglengte de bloeitijd en winterrust; licht speelt ook een rol in de zaadkieming van planten, vooral bij eenjarigen en ruderale soorten. Zo kan Vingerhoedskruid (*Digitalis purpurea*), bekend als een echte kapvlaktesoort, massaal kiemen door de lichtval op de bodem na het kappen van bos.

Vocht

Allereerst: waarom hebben planten water nodig? Water is, naast kooldioxide, een essentieel element voor de fotosynthese door planten. Daarnaast is het een belangrijk transportmiddel van voedingsstoffen uit de bodem en door de plant. Bovendien zorgt het voor stevigheid van de plantencellen (turgor). In warme gebieden kan verdamping van water oververhitting van planten voorkomen.

Figuur 5.5. Holwortel en Speenkruid groeien en bloeien vroeg in het jaar, voordat de bomen een gesloten bladerdek hebben ontwikkeld waardoor het licht op de bosbodem sterk wordt beperkt (foto H. van Loon).

Standplaatsen kunnen sterk verschillen in watergehalte. Op plaatsen die permanent onder water staan komen waterplanten voor, de hydrofyten. Deze zijn aangepast aan het leven in water door vaak dunne, langgerekte bladeren te vormen om zo een groot oppervlak voor gasuitwisseling en lichtabsorptie te bevorderen (Bloemendaal en Roelofs, 1988). Voor waterplanten zonder drijfbladeren is kooldioxide vaak een limiterende factor, want water bevat veel minder kooldioxide dan lucht (zie Kader 5.3 Isoëtiden als systeembouwers). Het voordeel is dat hydrofyten minder energie hoeven te steken in het aanmaken van steunweefsel en mechanismen tegen uitdroging.

Planten die voorkomen op plekken die gedurende het groeiseizoen waterverzadigd, en daarmee (tenminste periodiek) zuurstofloos zijn, worden aangeduid als hygrofyten (Witte en Runhaar, 2000). Meest kenmerkende aanpassing van deze soorten is het bezit van luchtweefsel in stengel en wortels zoals bij Riet (*Phragmites australis*), zeggen (*Carex* spec.) en russen *(Juncus* spec.). In zuurstofloze bodems treden reductieprocessen op waarbij voor planten toxische stoffen zoals ammonium, sulfide en tweewaardig ijzer (Fe^{2+}) en mangaan (Mn^{2+}) worden gevormd. Diep wortelende soorten kunnen via de luchtkanalen zuurstof in het wortelmilieu brengen zodat deze stoffen worden geoxideerd en daarmee onschadelijk worden voor de plant (Witte, 2007). Sommige soorten vermijden anaerobe omstandigheden door ondiep of helemaal niet te wortelen. Uit diverse onderzoeken komt naar voren dat de hoogste grondwaterstanden in de groeiperiode – bij een normaal seizoensmatig grondwaterverloop is dat in het voorjaar – bepalender zijn voor het voorkomen van aan natte standplaatsen aangepaste soorten dan de laagste grondwaterstanden (Runhaar e.a., 2011; Figuur 5.6).

Op droge standplaatsen met een heel beperkte vochtbeschikbaarheid komen vooral xerofyten voor. Deze planten zijn aangepast aan droogte doordat ze hun verdamping kunnen beperken. Typische kenmerken van xerofyten zijn onder meer een kleine verhouding tussen bladoppervlakte en bladvolume (succulente bouw, zoals Muurpeper (*Sedum acre*), ingerolde bladeren en verzonken huidmondjes (Helm (*Calamagrostis arenaria*) en beharing (Gewone ossentong (*Anchusa officinalis*). Overigens mag je het niet zomaar omdraaien: niet alle beharde planten zijn xerofyten; beharing kan ook een aanpassing zijn aan overstroming (vasthouden van zuurstof) of begrazing. Op plaatsen met meer dan 50 dagen droogtestress vormen xerofyten het grootste deel van de vegetatie (Figuur 5.7). Tot slot zijn er soorten die zowel aanpassingen aan anaërobe omstandigheden als aan vochttekorten

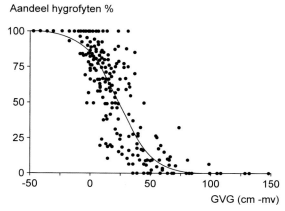

Figuur 5.6. Relatie tussen aandeel hygrofyten in de vegetatie en de gemiddelde voorjaargrondwaterstand (GVG) op basis van gegevens uit Staatsbosbeheergebieden (bron: Runhaar, 2010).

missen en daardoor alleen voorkomen op vochtige standplaatsen. Deze heten mesofyten, bv. Rode klaver (*Trifolium pratense*). De meeste van onze landbouwgewassen behoren tot deze categorie (Runhaar e.a., 2011).

Nutriënten

Om biomassa te kunnen produceren hebben planten, naast licht en water, ook nutriënten nodig. De belangrijkste voedingstoffen voor planten zijn koolstof (C), stikstof (N), fosfor (P) en kalium (K). C wordt door landplanten uit de lucht opgenomen in de vorm van kooldioxide (CO_2); waterplanten nemen kooldioxide of bicarbonaat (HCO_3^-) op uit water of bodem. N en P kunnen in de vorm van respectievelijk nitraat (NO_3^-) en ammonium (NH_4^+) dan wel fosfaat (PO_4^{3+}) worden opgenomen uit bodem of water. In welke vorm nutriënten in het milieu aanwezig zijn wordt bepaald door de hydrologie, (grond)waterkwaliteit en mineralogische samenstelling van de bodem (zie Hoofdstuk 3 en 4). Omdat plantensoorten verschillen in hun wijze van opname van voedingstoffen wordt de samenstelling van een vegetatie sterk bepaald door de beschikbaarheid van nutriënten. De productiviteit van elke vegetatie wordt gestuurd door één (of meer) beperkende factoren; in (half)natuurlijke terrestrische systemen wordt de groei van planten vrijwel uitsluitend beperkt door N, P of K. Planten hebben een vrij grote behoefte aan stikstof; voor fosfor is de behoefte kleiner. Wanneer de ratio N:P in de plant kleiner is dan 14, dan is er vrijwel altijd sprake van stikstof limitatie; bij een N:P ratio groter dan 16 treedt er fosfor beperking op en tussen 14-16 is er sprake van co-limitatie (Koerselman en Meuleman, 1996).

Op oligotrofe en mesotrofe standplaatsen komen planten met een relatief langzame groei voor. Landplanten die zijn aangepast aan extreme voedselarmoede hebben vaak kleine, leerachtige bladeren en moeilijk afbreekbaar strooisel. Dit strooisel is arm aan stikstof en heeft een hoge C/N ratio (Aggenbach e.a., 2017). Er treedt hier vooral concurrentie op om nutriënten, waardoor in een heterogene bodem – dat wil zeggen op korte afstand veel variatie in de bodem- en grondwatercondities zowel horizontaal als verticaal – veel soorten samen kunnen voorkomen. Verschillen tussen soorten in bewortelingsdiepte en -intensiteit (en het vermogen om te 'zoeken naar nutriënten') spelen hierbij een rol.

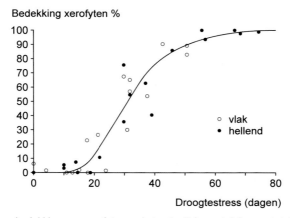

Figuur 5.7. Relatie tussen bedekking van xerofyten en het potentiele aantal dagen met droogtestress op basis van gegevens Jansen e.a. (2000) (vlakke gebieden) en Jansen en Runhaar (2005) (hellende gebieden).

Op eutrofe en hypertrofe standplaatsen – én bij voldoende vocht – treedt er vooral concurrentie op om licht. Eutrafente soorten hebben vaak een groot bladoppervlak ten opzichte van het bladvolume; hun makkelijk afbreekbaar strooisel – met een lage C/N ratio – zorgt voor een blijvend hoog voedselaanbod van de standplaats. De snelst groeiende soorten profiteren het meest van het licht en gaan domineren. Hoe meer nutriënten hoe meer biomassa er wordt geproduceerd; echter het soortenaantal in zo'n vegetatie is laag; zie Figuur 5.8. Dit speelt vooral in graslanden en ruigtes; zodra er bosopslag plaatsvindt, gaan er andere processen spelen.

Sommige plantensoorten (zoals vlinderbloemigen (*Fabaceae*), Zwarte els (*Alnus glutinosa*) en Duindoorn (*Hippophae rhamnoides*) zijn in staat om, naast de opname van nitraat en ammonium uit de bodem, stikstofgas uit de lucht te binden met behulp van bacteriën in wortelknolletjes. Deze soorten hebben, vooral bij de vestiging, een voordeel in situaties waar nog voldoende fosfor in de bodem aanwezig is, maar stikstof de beperkende factor; bijvoorbeeld na het afgraven van de bovengrond in het kader van natuurontwikkeling (zie Figuur 5.9). Deze stikstoffixatie kost veel energie; wanneer de stikstofvoorraad in de bodem steeds groter wordt (natuurlijk proces tijdens de successie) hebben deze stikstof fixerende soorten geen voordeel meer en worden meestal weggeconcurreerd (Aggenbach e.a., 2017).

Voor waterplanten speelt niet alleen de voedselrijkdom van de bodem, maar ook de voedselrijkdom van de waterlaag een belangrijke rol. Op voedselrijke bodems met een voedselarme waterlaag hebben waterplanten veelal een verticale groeistrategie waarbij ze de hele waterkolom optimaal benutten (Figuur 5.10). Licht is in dit geval geen beperkende factor. Bij een toename aan voedingsstoffen in het water gaan waterplanten met een horizontale groeistrategie domineren, waarbij vooral het wateroppervlak optimaal wordt benut (Bloemendaal en Roelofs, 1988). Voorbeeld hiervan zijn kroosdekken in beschutte wateren (Figuur 5.11). Opvallend is dat in zulke hypertrofe wateren, waarin algen en kroos gaan domineren, de netto biomassa lager is dan in meso- tot eutrofe wateren. Bij dominantie van algen en kroos wordt licht wel een beperkende factor voor de ondergedoken waterplanten.

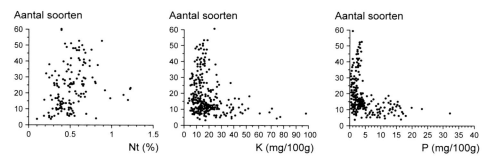

Figuur 5.8. Soortenrijkdom in graslandvegetaties in relatie tot de nutriëntenvoorraad: N, P en K; de gegevens zijn afkomstig van 11 onderzoeklocaties verspreid over west- en centraal Europa, waar meerdere proefvlakken zijn bemonsterd (variërend van 4 tot 129 vlakken per locatie). De proefvlakken variëren in bodem en vochttoestand (Janssens e.a., 1998).

Figuur 5.9. Massale groei van rolklaver (*Lotus* spec.; gele bloemen op de foto) op een afgeplagd perceel, waar nog voldoende P aanwezig is en N kan worden aangevuld via symbiose met bacteriën in wortelknolletjes (foto H. van Loon).

Figuur 5.10 en 5.11. Voorbeelden van waterplanten met verticale (links) en horizontale (rechts) groeistrategie. Bij eutrofiëring gaan planten met een horizontale groeistrategie overheersen. (Foto links A. de Bruin www.blikonderwater.nl; foto rechts J. van Zuidam).

Zuurgraad, zout en zware metalen

Zuurgraad is voor planten een conditionele standplaatsfactor. Deze is van invloed op het oplossen of neerslaan van mineralen. Bijvoorbeeld in kalkrijke duinen met een hoge pH wordt fosfaat gebonden aan calcium; daardoor wordt fosfaat de beperkende factor voor de plantengroei (Kooijman en Besse, 2002). De zuurgraad bepaalt ook de oplosbaarheid van metaalionen: wanneer de pH laag is gaat aluminium in de bodem in oplossing. Voor veel planten is dit een giftige stof. Bij lage pH's in de bodem is stikstof veelal aanwezig in de vorm van ammonium (NH_4^+). Bij opname hiervan kunnen planten intern verzuren. Dat is de reden waarom ammonium-gevoelige planten zoals Blauwe Knoop

(*Succisa pratensis*) en Spaanse Ruiter (*Cirsium dissectum*) niet op zure, ammoniumrijke bodems kunnen groeien (De Graaf e.a., 1998). Soorten als Struikhei (*Calluna vulgaris*), Gewone Dophei (*Erica tetralix*) en Pijpestrootje (*Molinia caerulea*) zijn wel in staat om op deze bodems te overleven.

Zout en zware metalen zijn geen noodzakelijke behoefte van planten. Door zeer specifieke aanpassingen kunnen planten hiervoor tolerant zijn en daarmee overleven op plaatsen waar andere soorten zonder die aanpassingen niet kunnen groeien. Voorbeelden van aanpassingen zijn succulentie bij Zeekraal (*Salicornia* spec.; opgeblazen uiterlijk door vasthouden van water, beperken van verdamping; Figuur 5.12) of actieve uitscheiding van zout door kliercellen op de bladeren, zoals bij Lamsoor (*Limonium vulgare*).

De meeste plantensoorten kunnen niet groeien bij hogere concentraties zware metalen. Echter sommige soorten zijn hieraan aangepast, zoals de zinkplanten, die ofwel zinktolerant zijn of zelfs een verhoogde zinkbehoefte hebben, waardoor deze soorten op 'normale bodems' ontbreken (geen concurrentiekracht). Omdat veel energie wordt gestoken in metaal-tolerantie zijn zinkplanten klein van formaat.

5.2.2 Standplaats: biotische factoren

Behalve abiotische factoren spelen biotische factoren en processen een rol in het voorkomen van planten zoals vraat, tred, concurrentie, bestuiving, zaadverspreiding, e.d.

Vraat en betreding

Om vraat te voorkomen hebben planten morfologische aanpassingen, zoals ruwe haren, stekels en dorens of produceren stoffen die een onaangename smaak hebben of giftig zijn. Zo wordt Scherpe Boterbloem door zijn bittere smaak gemeden door vee. Bij vraat door insecten kunnen planten

Figuur 5.12. Zeekraal (foto G. Bongers).

stoffen verspreiden waarmee de natuurlijk vijanden van die insecten worden aangetrokken. Ook planten in de buurt vangen deze signalen op en kunnen preventief afwerende stoffen aanmaken. Ofwel, planten waarschuwen elkaar tegen vraat (Dicke e.a., 2009).

Veelal is er een vorm van co-evolutie opgetreden: diersoorten zijn aangepast aan de verdedigings-mechanismen van planten. Bekend voorbeeld hiervan is de Sint-Jacobsvlinder (*Tyria jacobaea*), met als waardplant Jacobkruiskruid (*Jacobea vulgaris*). Deze plantensoort maakt giftige alkaloïden aan die de rupsen van de Sint-Jacobsvlinder onveranderd (en daarmee voor hen onschadelijk) opslaan in hun lichaam (Figuur 5.13). Voor grote grazers zoals paarden en runderen zijn deze stoffen wel dodelijk. Omdat de vlinder maar één generatie per jaar heeft, kan het Jacobskruiskruid na de periode van kaalvraat door de rupsen, opnieuw bloeien en zaden produceren voor een nieuwe generatie.

Daarvoor heeft de plant reservestoffen opgeslagen in de wortel, een deel van de plant dat onbereikbaar is voor de rupsen. De Sint-Jacobsvlinder heeft zich zelfs zo zeer aan de waardplant aangepast, dat hoe meer alkaloïden in de plant hoe meer eipakketten door de vlinder worden afgezet (Vrieling, 2017). De opgeslagen alkaloïden uit het Jacobskruiskruid zorgen ervoor dat zowel de rups als later ook de pop en vlinder oneetbaar zijn voor predatoren.

Bij begrazing hebben grasachtigen voordeel bij hun specifieke bouw: de groeipunten van niet-bloeiende scheuten van de meeste, overblijvende grassen bevinden zich laag bij de grond, worden daardoor niet snel afgebeten en kunnen na vraat snel opnieuw uitlopen. De meeste grassen zijn door hun lijnvormige bladschijf met steunvezels ook nog eens goed bestand tegen betreding. De aanwezigheid van silicaten (kiezelzuren) maakt het bladmateriaal van grassoorten (van vooral nutriëntarme bodems) hard en ruw en minder verteerbaar (Van Hulsel en Kuiters, 2011). Dat maakt grasachtigen minder aantrekkelijk voor grazers dan kruiden. Hemicryptofyten, waartoe onze grassen behoren hebben dan ook een groot aandeel in onze graslanden waarin vraat en tred systeemvormende processen zijn.

Figuur 5.13. De geel met zwart gestreepte rupsen van de Sint-Jacobsvlinder (foto K. Veling).

Als gevolg van vraat kunnen bepaalde delen van een plant verdwijnen of afsterven, maar dat wil nog niet zeggen dat de hele plant sterft. Zo kan wel de concurrentiepositie van een plant veranderen en daarmee het aandeel in de vegetatie. Voor het voorkomen van populaties van plantensoorten in een bepaald gebied is het noodzakelijk dat planten hun hele levenscyclus op die plek kunnen afronden. Zo zullen bloeiende planten die te vroeg en/of teveel worden afgemaaid of te sterk begraasd verdwijnen uit het systeem (zie Kader 5.2).

Kader 5.2. Afname groeiplaatsen van plantensoorten als gevolg van zeer intensieve begrazing van damherten in de Amsterdamse Waterleidingduinen (AWD; bron: Mourik, 2015).

Nederlandse naam	Latijnse naam	Km hok%		Ecologische hoofdgroep
Soortengroep 1: gemeden		**2000**	**2013-14**	
Speerdistel	Cirsium vulgare	98	95	Bloemrijke ruigten
Veldhondstong	Cynoglossum officinale	93	100	Bloemrijke ruigten
Sint-Janskruid	Hypericum perforatum	88	90	Duingraslanden
Jakobskruiskruid	Jacobaea vulgare	88	95	Duingraslanden
Watermunt	Mentha aquatica	86	90	Graslanden en oevers
Bitterzoet	Solanum dulcamara	98	81	Graslanden en oevers
Akkerdistel	Cirsium avenae	91	95	Struwelen en zomen
Boskruiskruid	Senecio sylvaticus	93	95	Struwelen en zomen
Valse sari	Teucrium scorodonia	84	90	Struwelen en zomen
Grote brandnetel	Urtica dioica	98	95	Struwelen en zomen
Soortengroep 2: begraasd en zeer algemeen 2000				
Gewone ossentong	Anchusa officinalis	91	57	Bloemrijke ruigten
Grote zandkool	Diplotaxis tenuifolia	79	10	Bloemrijke ruigten
Slangenkruid	Echium vulgare	91	71	Bloemrijke ruigten
Middelste teunisbloem	Oenothera biennis	79	14	Bloemrijke ruigten
Akkermelkdistel s.l.	Sanchus arvensis	81	33	Bloemrijke ruigten
Peen	Daucus carota	72	10	Duingraslanden
Schermhavikskruid	Hieracium umbellatum	79	33	Duingraslanden
Echt bitterkruid	Picris hieracioides	98	81	Duingraslanden
Zeepkruid	Saponaria officinalis	91	19	Duingraslanden
Grote wederik	Lysimachia vulgaris	79	19	Graslanden en oevers
Veldzuring	Rumex acetosa	84	52	Graslanden en oevers
Echte valeriaan	Valeriana officinalis	81	48	Graslanden en oevers
Fijne kervel	Anthriscus caucalis	77	29	Struwelen en zomen
Tuinasperge	Asparagus officinalis	98	43	Struwelen en zomen
Kruldistel	Carduus crispus	74	33	Struwelen en zomen
Gewone berenklauw	Heracleum sphondylium	86	43	Struwelen en zomen
Look-zonder-look	Alliaria petiolata	72	38	Bossen
Witte dovenetel	Lamium album	74	29	Bossen
Knopig helmkruid	Scrophularia nodosa	86	67	Bossen
Dagkoekoeksbloem	Silene dioica	88	52	Bossen

Kader 5.2. Vervolgd.

Soortengroep 3: begraasd en algemeen 2000				
Wilde reseda	Reseda lutea	56	14	Bloemrijke ruigten
Avondkoekoeksbloem	Silene latifolia ssp. Alba	70	0	Bloemrijke ruigten
Zwarte toorts	Verbascum nigrum	60	10	Bloemrijke ruigten
Kraailook	Allium vineale	72	0	Duingraslanden
Bortelkrans	Clinopodium vulgare	67	24	Duingraslanden
Rietorchis	Dactylorhiza majalis subsp. praetermissa	60	19	Graslanden en oevers
Gewone smeerwortel	Symphytum officinale	63	14	Graslanden en oevers
Vogelwikke	Vicia cracca	72	38	Graslanden en oevers
Hop	Humulus lupulus	56	10	Struwelen en zomen
Fluitenkruid	Anthriscus sylvestris	51	19	Bossen

In bovenstaande tabel staat het areaal van 40 hoge kruiden (>15 cm) in de AWD, als het percentage van het aantal onderzochte kilometerhokken in de referentieperiode 1995-2005 (2000) en 2013-2014, met ecologische hoofdgroepen (Mourik, 2002) waarin de soorten meestal worden waargenomen. Soortengroep 1: rond 2000 zeer algemeen (70-98%), door Damhert gemeden; Soortengroep 2: rond 2000 zeer algemeen (70-98%) en begraasd; Soortengroep 3: rond 2000 algemeen (40-65%) en begraasd.

Reproductie- en dispersiekenmerken

Of een plantensoort voorkomt op een bepaalde plek wordt niet alleen maar bepaald door de standplaatscondities. Veel plantensoorten laten habitatplekken die qua milieu geschikt lijken onbezet. Factoren zoals bestuiving, levensduur van zaden en de dispersiecapaciteit van de plant spelen een rol. Bestuiving is noodzakelijk voor de bevruchting en zaadzetting en zorgt voor uitwisseling van genen (althans bij kruisbestuiving). Hierdoor blijft de genetische variatie, die aanpassingen aan veranderende omstandigheden mogelijk maakt, gewaarborgd. Voor een- of tweejarige soorten is jaarlijkse bestuiving noodzakelijk; voor langlevende soorten geldt dat niet, maar om te kunnen overleven op de lange termijn – met voldoende genetische variatie – is ook hier een goede zaadproductie van belang. In onze streken is ongeveer 80% van de plantensoorten afhankelijk van insectenbestuiving en 25% van windbestuiving (Kwak en Bekker, 1999). De dramatische achteruitgang van insecten, 75% verlies aan totale hoeveelheid in enkele tientallen jaren zoals aangetoond in Duits-Nederlands onderzoek (Hallman e.a., 2017) kan dan ook zeker van betekenis zijn van voor het voortbestaan van plantenpopulaties, met name wanneer het gaat om specialistische relaties tussen specifieke insecten en planten.

Na de bestuiving en bevruchting worden er zaden gevormd. Deze kunnen nogal sterk verschillen in levensduur (Tabel 5.1). Er kan een onderscheid worden gemaakt in (Thompson e.a., 1997):
- transiënte zaden die maximaal een jaar in de bodem overleven;
- kortlevende zaden die een tot vijf jaar in de bodem overleven;
- langlevende zaden die langer dan vijf jaar in de bodem overleven.

Tabel 5.1. Levensduur zaden (schaal 0 = zeer kortlevend tot 1 = zeer langlevend zaad), de dispersie-afstand van zaden (in meters) en het zaadverspreidingsmechanisme (vectoren) van soorten uit heischrale graslanden (bron: Kleyer e.a., 2008). De soorten in rood zijn Rode lijstsoorten (bron: Sparrius e.a., 2014).

Soort		Levensduur zaad (0-1)	Dispersie-afstand (in meters)	Vector
Struikhei	*Calluna vulgaris*	0,81		wind
Pilzegge	*Carex pilulifera*	0,83		
Gewone dophei	*Erica tetralix*	0,48		
Pijpestrootje	*Molinea caerulea*	0,29		
Tandjesgras	*Danthonia decumbens*	0,29		
Liggende vleugeltjesbloem	*Polygala serpyllifolia*	0,25	10-100	mieren
Zwarte zegge	*Carex nigra*	0,22		
Borstelgras	*Nardus stricta*	0,18	100-1000	zoogdieren
Blauwe knoop	*Succisa pratensis*	0,13	100-1000	zoogdieren
Rozenkransje	*Antennaria dioica*	0	100-1000	wind
Klokjesgentiaan	*Gentiana pneumonanthe*	0	1-10	wind
Valkruid	*Arnica montana*	0	100-1000	wind
Heidekartelblad	*Pedicularis sylvatica*	0	10-100	mieren

De levensduur van zaden is een aanpassing van planten aan de dynamiek van het milieu waar ze in leven. Veel soorten van dynamische milieus, zoals pionierssituaties, hebben vooral langlevende zaden.

Soorten met (zeer) kortlevende zaden en beperkte dispersie zijn kwetsbaar en worden vaak bedreigd (Tabel 5.1); wanneer milieuomstandigheden verslechteren door verdroging, verzuring en vermesting zullen planten van die soorten verdwijnen. Door hun kortlevende zaden kan de populatie zich op die plek, na verbetering van het milieu, niet herstellen. Zonder bronpopulatie of vector in de buurt kan het gebied niet opnieuw worden gekoloniseerd. Dit leidt tot steeds minder groeiplaatsen en, in combinatie met steeds minder genetische uitwisseling, worden plantenpopulaties steeds kwetsbaarder en zeldzamer.

Voor de dispersiecapaciteit van een plant speelt het transport van zaden (geldt ook voor sporen en/ of vegetatieve delen, samen de diasporen genoemd) een grote rol. Planten zijn voor dit transport afhankelijk van externe vectoren zoals wind, water, vogels en de vacht of mest van zoogdieren (Tabel 5.1). Het blijkt dat zelfs bij soorten die speciale aanpassingen hebben voor zaadtransport via de wind de kans op dispersie over afstanden van meer dan 100 meter zeer klein zijn. Er zijn maar heel weinig soorten zoals Wilgenroosje (*Epilobium* spec.), Riet en Grote lisdodde (*Typha latifolia*) die meer dan 1% kans hebben dat hun zaden meer dan een kilometer afleggen (Ozinga, 2008). Voor veel soorten geldt dat de zaden dicht bij de ouderplant vallen.

Door habitatversnippering en het wegvallen van verbindingen van leefgebieden van dieren in het landschap (connectiviteit), zijn met name soorten die afhankelijk zijn van de verspreiding door water en vacht van zoogdieren sterk achteruitgegaan. Daarentegen doen soorten die zich verspreiden door wind of vogels het juist goed (Ozinga, 2008); sommige soorten profiteren van nieuwe transportvectoren in de vorm van menselijk gesleep (o.a. met grond,) en verkeer, bijvoorbeeld de 'camping-adventieven', veelal mediterrane soorten waarvan het zaad via toeristen wordt verspreid.

157

5.3 Levensgemeenschappen van planten: de vegetatie

In voorgaande paragraaf hebben we vooral bekeken wat planten nodig hebben om te overleven en hun aanpassingen aan abiotische en biotische factoren. Voor overleving van de soort zijn een geschikte standplaats en een gezonde populatie waarin de hele levenscyclus kan worden doorlopen cruciaal. Planten staan niet op zichzelf; samen vormen ze levensgemeenschappen met karakteristieke structuren en processen. We spreken van vegetatie wanneer plantenindividuen van een of verschillende soorten zich spontaan hebben gevestigd in een zelfgekozen rangschikking op en in samenhang met een bepaalde plaats in het landschap (Westhoff, 1965). De soortensamenstelling van de vegetatie wordt bepaald door verschillende factoren: de geschiktheid van de standplaats voor de soorten in de vegetatie, de beschikbaarheid van zaden (zaadbank en transport) en de onderlinge interactie tussen plantenindividuen in de vegetatie. In Paragraaf 5.2 is uitgelegd hoe de standplaats bepaalt welke soorten er door hun functionele kenmerken kunnen groeien. De plantensoorten in een vegetatie kunnen een min of meer eenzelfde standplaats prefereren, maar dat hoeft niet. Vooral op standplaatsen met een verticale heterogeniteit kun je vegetaties aantreffen met soorten met zelfs tegenstelde standplaatseisen, bijvoorbeeld in een laagveenvegetatie (Figuur 5.14).

5.3.1 Interacties tussen soorten

Planten gaan onderling relaties aan met elkaar ofwel er treedt interactie op tussen plantenindividuen. Deze interacties kunnen positief of negatief zijn. Een voorbeeld van een positieve interactie is bescherming: dit houdt in dat planten andere planten beschutten tegen straling, uitdroging, vraat, etc. Zo beschermen mossen in dichte pollen op open stuifzand elkaar tegen uitdroging. Tussen stekelige planten of dicht vertakte struiken kunnen andere planten beschutting vinden tegen diervraat.

Een vorm van een negatieve interactie tussen planten is concurrentie; daarmee wordt bedoeld de gelijktijdige aanspraak van plantenindividuen op de aanwezige hoeveelheid licht, ruimte, water en voedsel, waarbij ze elkaar beperken in hun groei of overlevingskans (Schaminee e.a., 1995). In dynamisch milieus overleven steeds die soorten, die het best zijn aangepast aan de veranderde omstandigheden, waardoor de vegetatie steeds van soortensamenstelling verandert. In stabiele milieus ontstaan er gedifferentieerde structuren waarin de plantenindividuen elkaar in ruimte en tijd uit de weg gaan en zo onderlinge concurrentie beperken.

Ook parasiterende plantensoorten kunnen de soortensamenstelling in een vegetatie beïnvloeden. Een voorbeeld hiervan is de halfparasiet Moeraskartelblad (*Pedicularis palustris*) die onder andere parasiteert op grote zeggensoorten; bij een onderzoek in een Belgische riviervallei bleek dat na een aantal jaren na het verschijnen van Moeraskartelblad het aandeel Scherpe zegge (*Carex acuta*) in het voorheen soortenarme zeggenmoeras sterk was teruggedrongen en het soortenaantal en het aandeel karakteristieke soorten was toegenomen (Decleer e.a., 2013).

Inmiddels komt er steeds meer kennis beschikbaar over de ingewikkelde relaties tussen planten en bodemleven, zoals schimmels die mycorrhiza vormen met plantenwortels. Deze symbiose is bepalend voor processen in ecosystemen, zoals de productiviteit in graslanden en bossen (zie Hoofdstuk 4 Bodem).

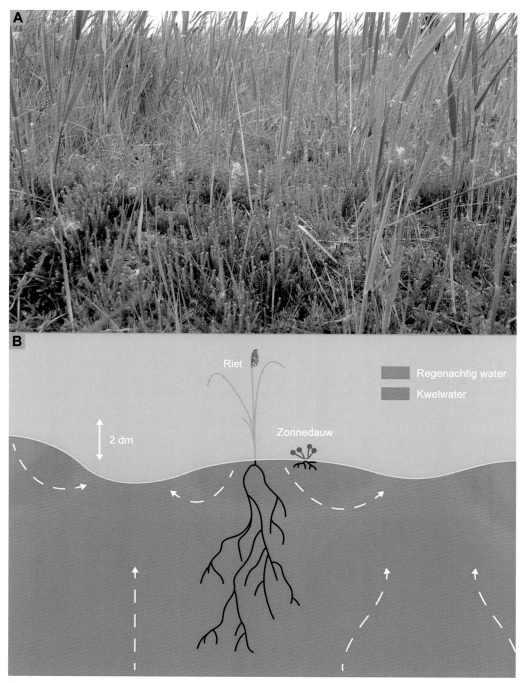

Figuur 5.14. (A) Een laagveenmoerasvegetatie met Gewone dophei, Ronde zonnedauw (*Drosera rotundifolia*), veenmossen (*Sphagnum* spec.) en Veenpluis (*Eriophorum angustifolium*), alle soorten van een zuur en voedselarm milieu, met daartussen Riet (*Phragmites australis*), een soort die juist wijst op een voedselrijk, basisch milieu (foto H. van Loon). (B) Schematische doorsnede waarin de verticale gradiënt in waterkwaliteit en het verschil in worteldiepte zichtbaar is (bron: F. Witte, 2015). Zie ook Hoofdstuk 3 Hydrologie.

In de vegetatie hebben bepaalde planten een sleutelrol, dat wil zeggen dat met name zij de voorwaarden scheppen voor de aanwezigheid van andere soorten. Zij oefenen een aanwijsbare invloed uit op het algemeen functioneren en/of de ontwikkelingsrichting van het ecosysteem op een bepaalde plek (inclusief de abiotiek) de zogenaamde systeembouwers of 'system engineers' (Weeda e.a., 2006). Bekende systeembouwers zijn planten die het verlandingsproces op gang kunnen brengen, zoals Riet, Krabbenscheer (*Stratiotes aloides*), Moerasvaren (*Thelypteris palustris*) en nog vele andere soorten. In laagveenmoerassen vormen zij drijvende matten van planten (of plantendelen zoals wortelstokken, dode bladeren, stengels, e.d.), kraggen genaamd. Hierop kunnen andere planten gaan groeien en zo wordt verlanding van het open water in gang gezet (Figuur 5.15).

Ook veenmossen kunnen worden beschouwd als systeembouwers. Zij scheiden actief waterstofionen (H^+) uit aan de omgeving, waardoor deze verzuurt en basenminnende soorten verdwijnen. Het milieu wordt steeds geschikter voor zuurminnende soorten zoals veenmossoorten, Kleine veenbes (*Vaccinium oxycoccos*) en Gewone dophei.

Een voorbeeld van een groep soorten die in staat zijn om de omgeving juist heel lang in dezelfde toestand te houden zijn de isoëtiden, zoals bijvoorbeeld Oeverkruid (*Littorella uniflora*; zie Kader 5.3). Zo blijft het milieu heel lang geschikt voor henzelf en voor andere soorten die zijn aangepast aan deze omstandigheden; deze vegetaties kunnen zich daardoor heel lang handhaven op die plek.

Naast op te treden als systeembouwers zijn bepaalde soorten belangrijk als verblijfplaats of voedselbron voor anderen ('herbergiers'; Weeda e.a., 2006). Dichte vegetaties van half ondergedoken Krabbenscheerplanten met haar scherp gekartelde bladeren, beschermen de larven van de Groene glazenmaker (*Aeshna viridis*), een libellesoort die alleen wordt aangetroffen in deze vegetaties. De Zwarte stern (*Chlidonias niger*) nestelt van oorsprong in deze Krabbenscheervelden. Blaasjeskruid (*Utricularia spec.*) dient als substraat voor algen, die worden gegeten door zoöplankton zoals

Figuur 5.15. Verlandingsproces ingezet door soorten als Krabbenscheer, Moerasvaren, Riet, Galigaan (*Cladium mariscus*), etc. (foto H. van Loon).

Kader 5.3. Isoëtiden als systeembouwers.

Een voorbeeld van een groep waterplanten die is aangepast aan voedselarme wateren met weinig koolstof zijn de isoëtiden; zij zijn in staat om het milieu heel lang in een voor henzelf geschikte toestand te houden. Lijnvormige, holle bladeren en een relatief groot wortelstelsel zijn daarin belangrijke functionele kenmerken.

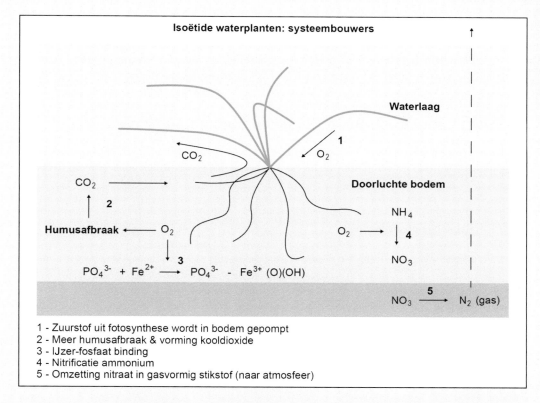

Isoëtide waterplanten: systeembouwers

1 - Zuurstof uit fotosynthese wordt in bodem gepompt
2 - Meer humusafbraak & vorming kooldioxide
3 - IJzer-fosfaat binding
4 - Nitrificatie ammonium
5 - Omzetting nitraat in gasvormig stikstof (naar atmosfeer)

"Isoëtide waterplanten groeien op de waterbodem in voedselarm, helder, zacht water met een geringe hoeveelheid opgelost kooldioxide. Deze soorten zijn op verschillende wijzen aangepast aan een leven met weinig koolstof. Ze groeien langzaam en zijn overblijvend, zodat ze effectief omgaan met een geringe hoeveelheid voedingsstoffen. De planten hebben een speciale stofwisseling: CAM. Dit is een afkorting van 'crassulacean acid metabolism'. Daarbij wordt koolstof dat 's nachts bij de stofwisseling vrijkomt opgeslagen, zodat het overdag beschikbaar is voor de fotosynthese. Verder hebben ze holle bladeren en wortels en een relatief groot wortelstelsel. Zuurstof dat in de bladeren wordt geproduceerd, wordt naar de wortels getransporteerd en in de bodem gepompt. Hierdoor wordt de ondergrondse afbraak van organisch materiaal gestimuleerd en het kooldioxide dat daarbij vrijkomt weer opgenomen. Ook wordt in de beluchte bodem gereduceerd ijzer geoxideerd. Geoxideerd ijzer bindt zich aan fosfaat waardoor het wordt vastgelegd in de bodem en niet meer voor planten beschikbaar is. Tevens zorgt de bodembeluchting ervoor dat stikstof uit de bodem verdwijnt. Stikstof wordt namelijk omgezet in gasvormig stikstof op het grensmilieu van de zuurstofloze en de met zuurstof doorluchte bodem. Begroeiingen met isoëtide waterplanten dragen dus bij aan de instandhouding van voedselarme omstandigheden. Zelf kunnen zij wel voedingsstoffen uit de bodem halen met de hulp van mycorrhiza-schimmels."

Bron figuur + tekst: Kennisnetwerk OBN (z.d.)

kleine kreeftachtigen; deze laatste vormen het voedsel voor blaasjeskruid. Deze relaties kunnen heel soortspecifiek zijn: zo verzamelt de Knautiabij (*Andrena hattorfiana*) (vrijwel) uitsluitend stuifmeel van Beemdkroon (*Knautia arvensis*) als voedsel voor haar larven, die in zelf gegraven, dichtbijgelegen holen zijn ondergebracht. Het voorkomen van voldoende exemplaren Beemdkroon in vegetaties op open schrale bodems (zodat deze niet direct dichtgroeien met verruigers) is dus een voorwaarde voor het overleven van de Knautiabij.

De soortensamenstelling van een vegetatie is niet zomaar toevallig: bepaalde soortencombinaties worden steeds in bepaalde milieus aangetroffen (Schaminee e.a. 1995). Dit betekent dat er eenheden zijn te onderscheiden met min of meer vaste combinaties van plantensoorten; deze worden aangeduid als plantengemeenschappen. Zie Kader 5.4 Plantengemeenschappen.

5.3.2 Vegetatiestructuur: verticale en horizontale variatie

Vegetatie is sterk bepalend voor het landschapsbeeld door de verschillende structuren en kleuren. De structuren worden gevormd door de hierin overheersende groeivormen zoals bomen, struiken,

---

Kader 5.4. Plantengemeenschappen.

De indeling van plantengemeenschappen is gebaseerd op het gegeven dat bepaalde plantensoorten vaker of in grotere hoeveelheden worden aangetroffen in een bepaald vegetatietype (de trouwgraad van soorten aan een plantengemeen-schap). Dit worden resp. de kensoorten en differentieerde soorten van de plantengemeenschap genoemd.

Vegetatietypen in de vorm plantengemeenschappen maken deel uit van een hiërarchisch systeem. De basiseenheid van het systeem is de associatie; deze geeft op lokale schaal de meest nauwkeurige informatie over de standplaats en het beheer en de veranderingen hierin. Associaties die aan elkaar verwant zijn worden samengenomen in verbonden, verbonden in ordes en ordes in klassen (hiërarchische indeling). Hoe hoger in het systeem hoe minder nauwkeurig de standplaatsindicatie.

Hierarchisch niveau	Uitgang	Voorbeeld	Code	Nederlandse naam
Klasse	*etea*	Querco-Fag**etea**	*r46*	Klasse der Eiken- en beukenbossen op voedselrijke grond
Orde	*alia*	Fag**etalia** sylvaticae	*r46A*	Orde van de Eiken- en beukenbossen op voedselrijke grond
Verbond	*ion*	Alno-Pad**ion**	*r46Aa*	Verbond van Els en Gewone Vogelkers
(Onderverbond)	*(en)ion*	(Ulm**enion** carpinifoliae)	*(r46Aal)*	(Onderverbond van Gladde Iep)
Associatie	*etum*	Violo odoratae-Ulm**etum**	*r46Aa1*	Abelen-Iepenbos
Subassociatie	*etosum*	Violo odoratae-Ulmetum alli**etosum**	*r46Aa1a*	Abelen-Iepenbos; subass met Slangelook

Hiërarchisch systeem van plantengemeenschappen (Schaminee e.a., 2017)

Als gevolg van intensief landgebruik en daarmee samenhangend verdroging, vermesting, verzuring en versnippering zijn veel plantengemeenschappen tegenwoordig fragmentair ontwikkeld of floristisch verarmd. Deze plantengemeenschappen worden Romp- of derivaatgemeenschappen (resp. RG en DG) genoemd (beschreven in de Veldgids Rompgemeenschappen, Schaminee e.a, 2015).

grassen, kruiden, mossen, etc., de aard van de bladeren en de overheersende levensvormen (zie Kader 5.1). Op wereldschaal wordt de vegetatiestructuur met name bepaald door het klimaat, zich uitend in vegetatiezones van tropische regenwouden, loofbossen, taiga's, toendra's, woestijnen, e.d. (zonale vegetaties). Daarbinnen treden afwijkende vegetaties op wanneer azonale factoren, zoals edafische (bodem) en antropogene factoren een dominante rol spelen ten opzichte van het klimaat. Zo zijn broek- en vloedbossen in Nederland azonale vegetaties, omdat hun voorkomen vooral wordt gestuurd door de extreme waterhuishouding. De standplaatsen zijn namelijk permanent nat en daardoor te nat voor de zonale eiken- en beukenbossen in onze streken.

Een eenvoudige indeling van de vegetatie in ons landschap waarbij alleen gelet wordt op de structuur en niet op de soortensamenstelling is die van bossen, (dwerg)struwelen, ruigten, graslanden, moerassen, pioniersvegetaties, grofweg overeenkomend met de formaties, waarin onze plantengemeenschappen worden samengevat. De structuur hiervan kan worden gescheiden in een verticale en een horizontale component (Schaminee e.a. 1995).

Verticale variatie: gelaagdheid van de vegetatie

Vegetaties zijn opgebouwd uit een of meerdere vegetatielagen: boom-, struik-, kruid- en/of moslaag, die de hoogte van de vegetatie behalen. In vegetaties met complexe structuren worden deze lagen soms nog verder naar hoogte ingedeeld. Hoeveel en welke lagen aanwezig zijn wordt bepaald door klimaat en standplaatsfactoren (Figuur 5.16 en 5.17). Wanneer stress en/of verstoring groot zijn (zie Paragraaf 5.3.4 Vegetatiestrategieën) is de ruimtelijke structuur in het algemeen eenvoudig, dat wil zeggen weinig vegetatielagen of alleen een kruid- en/of moslaag.

Horizontale variatie: patronen in de vegetatie

Patronen in de vegetatie zijn het resultaat van de verdeling van de individuen van de plantensoorten. Deze verdeling kan heel regelmatig zijn, willekeurig of juist in groepen of clusters. De laatste ontstaan wanneer planten zich met wortelstokken of uitlopers vegetatief uitbreiden of wanneer zaad zich maar beperkt verspreid of op een plek verzamelt (vloedmerken, zaadvoorraden aangelegd door dieren). Deze clustering van planten leidt tot grenzen in de vegetatie.

Figuur 5.16. Een korstmosrijk berken-eikenbos op een zeer voedselarme bodem in de duinen. Alleen de boom- en moslaag zijn goed ontwikkeld (Foto P.J. Keizer; bron: SynBioSys).

Figuur 5.17. Een elzenbroekbos (voldoende vocht en voedingsstoffen), waarin alle vegetatielagen aanwezig zijn (Foto H.M. van Steenwijk; bron SynBioSys).

Grenzen in de vegetatie kunnen scherp of vaag zijn (Van Leeuwen, 1965). Dit hangt samen met dynamiek en het voorkomen van gradiënten in het milieu; met het laatste worden geleidelijke overgangen van droog naar nat, zuur naar basisch, voedselarm naar voedselrijk, zoet naar zout, etc. bedoeld. Met dynamiek bedoelen we de schommelingen en de (on)regelmatigheid hiervan in milieufactoren. Scherpe grenzen (limes convergens) worden gevormd tussen vegetaties die door één of enkele soorten worden gedomineerd. Dit soort grofkorrelige vegetatiepatronen treedt op in sterk dynamische landschappen, bijvoorbeeld kweldervegetaties onder invloed van eb en vloed of uiterwaarden die nu en dan overstroomd worden (Figuur 5.18 en 5.19). De sterke dynamiek in het systeem ('de onrust') voorkomt dat zich stabiele milieus vormen, die juist gebaat zijn bij constantheid in de tijd. De scherp begrensde vegetaties in deze dynamische milieus zijn soortenarm; de geleidelijke overgangen tussen de uiterste in milieuomstandigheden ontbreken. Ze bestaan meestal uit algemene soorten, soms heel specifiek aangepaste soorten. De combinatie van deze soortenarme vegetaties op landschapsschaal kan wel veel soorten herbergen, vooral wanneer gelet wordt op de fauna.

In weinig dynamische milieus zorgen geleidelijk verlopende gradiënten voor diffuse grenzen in de vegetatie (limes divergens). De stabiliteit in het milieu in de tijd zorgt ervoor dat interne processen, zoals de rijping van de bodem, opbouw van organische stof, wisselwerking tussen bodemorganismen en vegetatie, etc. de overhand krijgen. De (subtiele) variatie in bodem en waterhuishouding resulteert in geleidelijk in elkaar overgaande gemeenschappen, tot uiting komend in een fijnkorrelig vegetatiepatroon. Ieder plekje op de gradiënt is qua standplaatscondities net even iets anders; hierdoor kunnen op korte afstand veel soorten een geschikte standplaats vinden wat deze vegetaties zo soortenrijk maakt. Een voorbeeld hiervan is het Steltkampsveld met de overgang van droge heischrale vegetaties via blauwgrasland naar zwakgebufferde vennenvegetaties (zie Paragraaf 5.5).

Gradiënten hoeven niet altijd stabiel te zijn; bijvoorbeeld langs een helling kan de geleidelijke gradiënt van droog naar nat in de tijd verschuiven door wisselende waterstanden als gevolg van natte en droge jaren of meer of minder kwel (Figuur 5.20). In zulke milieus kunnen planten pendelen (= op en neer bewegen) langs die geleidelijke gradiënt, afhankelijk van de omstandigheden (Van Leeuwen, 1965). Bij scherpe grenzen in het milieu is dit pendelen vaak niet mogelijk waardoor soorten verdwijnen. Pendelen vereist wel dat de planten jaarlijks nieuw zaad maken of langlevende zaden hebben of een goede vegetatieve verspreiding, om ieder jaar weer op een dan geschikte plek te kunnen kiemen en groeien. Belangrijk is om hier in het beheer rekening mee te houden door de maatregelen over de hele gradiënt uit te voeren (zonder dat deze verdwijnt!) zodat planten naar deze plekken kunnen uitwijken.

Figuur 5.19. Vegetatie met grofkorrelig patroon: uiterwaarden langs de IJssel waarin vegetatiegordels rond een plas van naar laag naar hoog te herkennen zijn (foto H. van Loon).

Figuur 5.18. Vegetatie met grofkorrelig patroon: De Boschplaat op Terschelling, een kweldervegetatie met vlakken, waarin steeds één soort domineert (foto H. van Loon).

Figuur 5.20. Afgesloten duinvallei waarin als gevolg van verschillen in neerslag tussen jaren de vocht gradiënt langs de helling pendelt en soorten zoals Parnassia (*Parnassia palustris*), Geelhartje (*Linum catharticum*), Moeraswespenorchis (*Epipactis palustris*), etc. daarin meebewegen (foto H. van Loon).

In het huidige cultuurlandschap zijn juist veel van deze diffuse gradiëntsituaties verdwenen en daarmee ook de soorten die zijn aangepast aan deze omstandigheden. Veelal zijn er harde grenzen ontstaan tussen bos en akker, sloot en grasland, berm en pad, leidend tot eenvormige, soortenarme vegetaties waar ook maar weinig mogelijkheden zijn voor de fauna om te overleven. Hetzelfde geldt overigens voor heidelandschappen waarin oorspronkelijk allerlei microgradiënten aanwezig waren, die veelal door grootschalig beheer (zoals plaggen) zijn verdwenen (zie Hoofdstuk 9 Natuurbeheer).

5.3.3 Processen in de vegetatie

De samenstelling en structuur van een vegetatie is geen vast gegeven maar onderhevig aan allerlei veranderingen. De jaarlijks terugkerende veranderingen in de vegetatie waarbij de soorten-samenstelling zelf niet verandert maar wel de uiterlijke verschijningsvorm, noemen we seizoens-periodiciteit. Vooral door de veranderingen in de weersgesteldheid (temperatuur, neerslag, licht) maakt de vegetatie een bepaalde ontwikkeling door, die zich jaarlijks herhaalt (Schaminee e.a., 1995). Het verloop van deze ontwikkeling is karakteristiek voor een vegetatietype. Zo hebben bepaalde plantengemeenschappen een uitgesproken voorjaarsaspect (bijvoorbeeld het eiken-haag-beukenbos); de ontwikkeling van veel watervegetaties komt daarentegen pas laat op gang, als gevolg van het trage opwarmen van het watermilieu.

Fluctuaties zijn onregelmatige veranderingen in de vegetatie die zich over langere tijd, los van het seizoensritme kunnen voordoen. Hierbij treden tijdelijke veranderingen in de soortensamenstelling en structuur op maar het vegetatietype verandert niet wezenlijk (in tegenstelling tot bij successie). Het zijn schommelingen rond een evenwicht, de veranderingen zijn omkeerbaar. Oorzaken van deze fluctuaties kunnen extremen in het weer zijn, bijvoorbeeld extra lange droogteperiodes die ervoor zorgen dat de grassen op droge standplaatsen afsterven en hun plekken worden ingenomen door eenjarigen (Figuur 5.21). Ook plagen van bijvoorbeeld rupsen of kevers kunnen de dominantie van een soort tijdelijk doorbreken.

Wanneer de veranderingen in de soortensamenstelling en structuur leiden tot andere gemeenschappen, dan wordt over successie gesproken. Achter successie lijkt een voorgeschreven ontwikkelingspatroon te liggen. Zie Figuur 5.22 voor een eenvoudige voorstelling van successie (in de ruimte weergegeven). Toch blijken er vaak complexe mechanismen achter schuil te gaan, die de voorspelbaarheid van het ontwikkelingstraject behoorlijk beperken (Van der Maarel en Franklin, 2013). Dit hangt deels samen met het schaalniveau, zowel in ruimte als tijd, waarop hiernaar wordt gekeken. Veelal wordt aangenomen dat tijdens een progressieve successie de vegetatiestructuur steeds complexer wordt, weerstand tegen storingen toeneemt en de veerkracht van het systeem afneemt. Dat laatste heeft er mee te maken dat het herstel van de standplaats en de vestiging en ontwikkeling van soorten heel lang kan duren of zelfs niet meer mogelijk is (Grime, 2002).

Figuur 5.21. Massale kieming van Zachte ooievaarsbek (eenjarige) in de bermen op zandgrond na een extreem droog en warm 2018 (foto P. Meiniger).

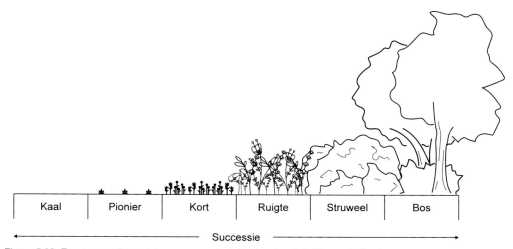

Figuur 5.22. Een eenvoudig model van successie dat zich ook ruimtelijk manifesteert.

Tijdens successie neemt het soortenaantal toe, al hoeft dat proces niet lineair te verlopen: het pioniersstadium kan aanzienlijk soortenrijker zijn dan de direct daaropvolgende stadia.

Hoe de successie verloopt heeft te maken met de mate van dynamiek in het milieu en daarmee de verstoring van de vegetatie, de bereikbaarheid – afhankelijk van vectoren en verbindingen in het landschap en de overlevingsstrategieën van planten. Aan het verloop worden ook de mechanismen facilitatie en inhibitie gekoppeld. Met het eerste wordt bedoeld dat soorten de standplaats veranderen waardoor deze geschikt wordt voor andere soorten (bijvoorbeeld opbouw organische stof). Met inhibitie wordt bedoeld dat sommige soorten andere soorten kunnen dwarsbomen door het milieu zo sterk te beïnvloeden, dat zij geen kans krijgen. Zo vormt Adelaarsvaren hele velden met daaronder dikke pakketten strooisel waarin andere soorten zich niet kunnen vestigen; deze velden kunnen zich tientallen jaren in standhouden (Schaminee e.a., 1995).

Volgens de theorie begint een successiereeks op land met een pioniersvegetatie op een onbegroeide bodem en volgt er, via een aantal successiestadia, een ontwikkeling naar een stabiel stadium. Voor Nederland zou dat bij het huidige klimaat en op plaatsen met beperkte dynamiek een zomergroen loofbos zijn, variërend in soortensamenstelling en structuur afhankelijk van de standplaats. Een successiereeks op een nieuwe bodem waar voorheen geen vegetatie aanwezig was, wordt een primaire successie genoemd (nieuw opgedoken eiland, lavarotsen, nieuw ontstane zandvlakte). Maar meestal gaat het om plaatsen waar eerdere begroeiingen en soms ook een deel van het substraat is verdwenen. Dan wordt er gesproken van een herstel- of secundaire successie. Door de aanwezigheid van diasporen (zoals zaadreserves of door de nabijheid van bronpopulaties) en een reeds ontwikkeld bodemcomplex (zoals organische stof en bodemorganismen) kan de ontwikkeling dan via verschillende wegen verlopen.

Het proces in de omgekeerde richting heet regressieve successie. Dit treedt op wanneer er verstoring is en dynamiek aan het systeem wordt toegevoegd. Verstoring kan een natuurlijk proces zijn, bijvoorbeeld door overstroming, brand, verstuiving of graverij door dieren. Voor de verjonging van ecosystemen is dit essentieel. Ook door menselijk handelen treedt verstoring op. Feitelijk zijn beheermaatregelen in natuurgebieden een vorm van verstoring om bepaalde successiestadia te behouden.

Voor de verschillende Nederlandse landschappen en de daarbinnen onderscheiden fysiotopen zijn ontwikkelingsreeksen van plantengemeenschappen opgesteld, die laten zien hoe de ontwikkeling van pionier naar (meestal) bos kan verlopen in combinatie met menselijk handelen (vervangings-gemeenschappen; zie Figuur 5.23). Deze kunnen een handig hulpmiddel zijn bij het maken van keuzes in natuurbeheer.

5.3.4 Vegetatiestrategieën

Analoog aan de indeling van plantensoorten door Grime (2001), zijn er overlevingsstrategieën te herkennen in hoe plantengemeenschappen omgaan met omstandigheden van stress en storing. Grime onderscheidt bij soorten 3 strategieën: de *opportunisten* die veel zaad produceren, weinig competitief zijn en weinig stress, maar veel storing kunnen verdragen; de *specialisten* die juist zeer veel stress kunnen verdragen in milieus met weinig storing en de *competitieven* die het best kunnen concurreren maar alleen in situaties met weinig stress en storing. Met stress wordt hier bedoeld de resultante van alle factoren die plantengroei beperken zoals lichtgebrek, water- en voedseltekort,

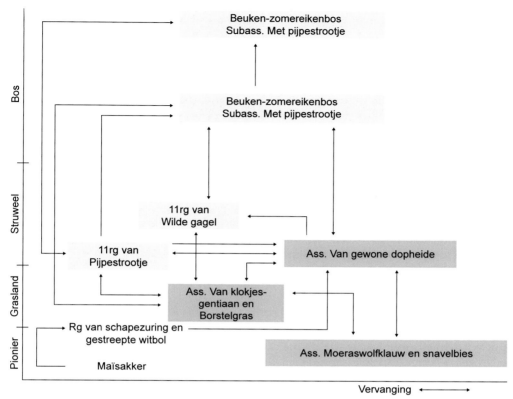

Figuur 5.23. Ontwikkelingsreeks in het landschap 'hogere zandgronden', fysiotoop 'vochtige dekzandlaagten'. De donkerblauwe kleur geeft de sleutelgemeenschappen aan: de typerende vegetatietypen gemeenschappen voor dit landschap (bron: SynBioSys).

te lage of hoge temperaturen, etc. Met storing wordt de hele of gedeeltelijke vernietiging van de vegetatie bedoeld zowel door menselijk handelen als natuurlijke oorzaken als overstroming, erosie, vuur, begrazing e.d. Het model van Stortelder (1992) kent 3 hoofdtypen vegetatiestrategieën om milieuomstandigheden te overleven door: uitwijken, trotseren of omvormen. Deze 3 vormen de uiterste, de hoekpunten, van een gelijkzijdige driehoek (zie Kader 5.5).

1. Uitwijkers zijn plantengemeenschappen met een eenvoudige (sociale) structuur die weinig tijd nodig hebben om zich te vestigen. Dit betreft meestal plaatsen waar het substraat steeds opnieuw (binnen enkele weken of jaren) wordt verstoord door natuurlijke oorzaken zoals overstroming langs rivieroevers of overstuiving in duinen maar vaak door menselijke activiteiten zoals op akkers, bouwterreinen, wegbermen, kapvlakten (veel storing, weinig stress). Het uitwijken kan zowel in tijd als ruimte, door het vormen van diasporen met een goede verspreiding – relatief veel therofyten in de vegetatie – of ook wel in de vorm van ondergrondse delen zoals wortelstokken of bollen (geofyten). De vegetaties kunnen soortenrijk zijn, maar ze zijn niet duurzaam (onbestendig). De herstelbaarheid van deze plantengemeenschap is, mits er voldoende goede zaadbronnen aanwezig zijn, in het algemeen groot.

2. Trotseerders zijn gemeenschappen die in staat zijn te overleven op plaatsen met permanent extreme milieucondities (vooral veel stress). De gemeenschappen bestaan uit soorten met bijzondere morfologische aanpassingen zoals speciale beschermende weefsels, opslag of

uitscheiden van toxische stoffen en dergelijke. De organisatiegraad is laag (eenvoudige structuur) maar de ontwikkeling duurt langer dan bij de uitwijkers (enkele jaren). De vegetaties zijn meestal niet rijk aan soorten en veelal moeilijk te herstellen. Voorbeelden van deze gemeenschappen zijn rotsvegetaties en zeegrasvelden.
3. Omvormers komen voor op plaatsen met minder stress en minder storing dan die van de uitwijkers en trotseerders. Deze gemeenschappen zijn in staat om hun milieu te veranderen (zie systeembouwers). Zij hebben veel tijd nodig om zich te ontwikkelen en hebben een hoge organisatiegraad, die zich uit in complexe ruimtelijke en sociale structuren. In de vegetatie komen veelal overblijvende planten voor; er wordt veel biomassa opgebouwd die bijdraagt aan het dempen van milieufluctuaties. Beste voorbeelden van deze strategie zijn hoogvenen en oude bossen. Deze gemeenschappen kunnen zowel vrij soortenarm als zeer soortenrijk zijn. Zij kunnen niet zomaar opnieuw ontstaan, ook al is het uitgangsmilieu hiervoor geschikt.

Volgens Stortelder (1992) kan er gesproken worden over de strategie van de vegetatie omdat de planten hierin elkaar ondersteunen om samen te overleven (zie ook interacties tussen planten). Door elkaar te beschermen bij toenemende stress zoals het vormen van lage pollen of dichte matten (trotseren); uitbundige bloemenrijkdom van een- en tweejarige soorten in ruderale vegetaties, trekt extra veel insecten aan, zodat de kans op zaadvorming – belangrijk om te kunnen uitwijken – voor alle soorten wordt vergroot.

Het model van de vegetatiestrategieën geeft inzicht in het functioneren van plantengemeenschappen en de relatie met natuurbeheer. De dynamiek – de natuurlijke of als het gevolg van intensief landgebruik – neemt af, gaande van de uitwijk-hoek naar de andere twee hoekpunten. Het klassieke natuurbeheer – het patroonbeheer – speelt vooral een rol in het intermediaire gebied van de driehoek waar zich voornamelijk de half-natuurlijke gemeenschappen bevinden, die bijvoorbeeld jaarlijks gemaaid of beweid worden. De uitwijkgemeenschappen zijn afhankelijk van voortdurende natuurlijke en/of antropogene dynamiek; de gemeenschappen in de trotseer- en omvormingshoek zijn vooral gebaat bij het op orde houden van stabiele, gewenste milieucondities (veelal extern natuurbeheer) (Stortelder, 1992; Weeda e.a., 2000).

5.4 Indicatiewaarden van plantensoorten en vegetatietypen

In voorgaande paragrafen is beschreven welke factoren en processen het voorkomen van soorten in de vegetatie bepalen en welke mechanismen hieraan ten grondslag liggen. De soortensamenstelling en structuur van de vegetatie zijn de resultante van het complex van, op elkaar inwerkende factoren; zij geven daarmee een beeld van de standplaatscondities. Abiotische parameters, zoals grondwaterstanden, water- en bodemkwaliteit, worden afzonderlijk gemeten: zo zijn met peilbuizen de grondwaterstanden te volgen; door chemische analyses kan de voedselrijkdom en de hoeveelheid organische stof in de bodem worden bepaald. Deze metingen worden op bepaalde plaatsen uitgevoerd en geven dus informatie over die plaatsen in een gebied. Met het in beeld brengen van de verspreiding van plantensoorten en vegetatietypen ontstaat een vlakdekkend en fijnmazig meetnet, waarmee patronen in standplaatscondities zichtbaar kunnen worden gemaakt. Door het herhalen van deze inventarisaties kan ook inzicht worden gekregen in de veranderingen hierin en de achterliggende processen. Vanwege hun zeggingskracht vormen soorten en vegetaties daarom waardevolle instrumenten binnen de landschapsecologie.

Kader 5.5. Driehoeksmodel met vegetatiestrategieën (Stortelder, 1992).

De plaats die een plantengemeenschap in de driehoek inneemt is bepaald op grond van de morfologische aanpassingen van de soorten in de vegetatie, de vegetatiestructuur (als maat voor de complexiteit), de levensvormen en de ontwikkeltijd.

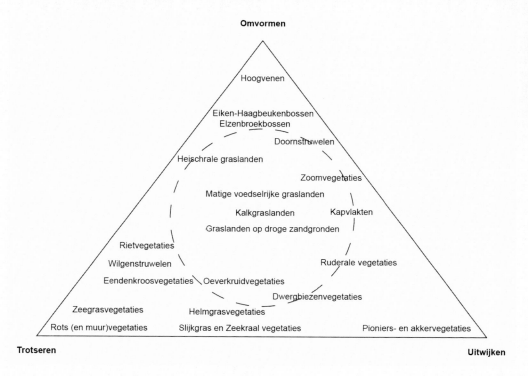

5.4.1 Plantensoorten en vegetatietypen als indicatoren

Wanneer de standplaatseisen van een soort of plantengemeenschap bekend zijn, kunnen deze worden gebruikt als milieu-indicator. Soorten met een duidelijke standplaatsindicatie, die niet te algemeen of zeldzaam zijn en snel reageren op veranderingen (maar ook weer niet te snel; zie 'geheugen van soorten') zijn de meest geschikte milieu-indicatoren. Kritische soorten hebben een geringe tolerantie voor een of meerder milieufactoren (smalle ecologische amplitudo) en hebben daarom een hoge indicatiewaarde. Dit zijn echter vaak zeldzame soorten; zij kunnen alleen lokaal worden gebruikt als indicatorsoort. Voorbeelden van zulke kritische soorten zijn Valkruid (*Arnica montana*) en Franjegentiaan (*Gentianopsis ciliata*). Algemene soorten daarentegen worden vaak aangetroffen, maar geven weinig informatie omdat de relatie met de groeiplaats niet erg sterk is. Rood zwenkgras bijvoorbeeld komt voor in graslanden op bodems die variëren van zeer droog tot nat en van zuur tot kalkhoudend (brede ecologische amplitudo); in een intensief gebruikt agrarisch landschap kan zo'n soort als laatste overlevende wijzen op net iets minder intensief gebruik (Schipper e.a., 2007).

Naast de aanwezigheid kan 'het gedrag' of de vitaliteit van een soort een indicatie geven over het milieu. Bijvoorbeeld Spaanse Ruiter groeit in een goed ontwikkeld blauwgrasland min of meer alleenstaand; wanneer er verdroging optreedt (verstoring) kan deze soort zich sterk uitbreiden door aaneengesloten groepen te vormen (clustervorming als uitdrukking van toegenomen dynamiek; zie patronen in de vegetatie). In laagveenmoerassen is Riet vlak langs de waterkant hoog opgeschoten (grote vitaliteit) door het voedselrijke oppervlaktewater, maar enkele meters verderop in de kragge veel lager doordat het milieu daar voedselarmer is (Schaminee e.a. 1995). Soorten die klonale netwerken vormen kunnen soms een 'verkeerde' indicatie over de standplaats geven; zo kan Riet door zijn uitlopers op voedselarmere bodems groeien dan de soort indiceert.

Omdat plantengemeenschappen meestal uit meerdere soorten bestaan is de standplaatsindicatie hiervan sterker dan van de afzonderlijke soorten (Figuur 5.24). Dit geldt echter alleen in homogene milieus. In heterogene milieus daarentegen wordt de indicatie juist globaler en kunnen soorten in de vegetatie zelfs strijdige indicaties geven (Figuur 5.14A).

Reactie op standplaatsfactoren

Belangrijk is om te beseffen dat indicatoren informatie geven over de operationele standplaatscondities en dat de relatie met de conditionele en positionele factoren niet altijd eenduidig is. Met de operationele factoren worden de factoren bedoeld die direct inwerken op de plant, bijvoorbeeld licht, vocht, zuurstof en beschikbare voedingsstoffen (Figuur 5.25). De conditionele factoren werken direct of indirect sturend op de operationele factoren. Zo is het zuurstofgehalte in de bodem van invloed op het vrijkomen van voedingsstoffen door mineralisatie en bepaalt het de vorm waarin elementen voorkomen, bijvoorbeeld stikstof in de vorm van nitraat of ammonium. Het grondwaterregime beïnvloedt de zuurstofvoorziening in de bodem en de basenverzadiging van het absorptiecomplex. De zuurgraad bepaalt mede de oplosbaarheid van fosfaat. De scheiding tussen

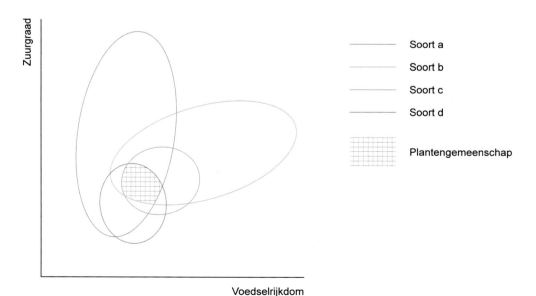

Figuur 5.24. Indicatiewaarden van afzonderlijke plantensoorten versus die van een plantengemeenschap in een homogeen milieu (naar: Van Wirdum, 1991).

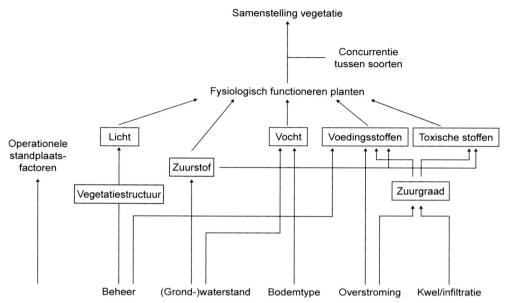

Figuur 5.25. Invloed van omgevingsfactoren op de soortensamenstelling van de vegetatie (bron: Cools e.a., 2006).

conditionele en operationele factoren is dus niet altijd even duidelijk. Dit komt door de onderlinge interacties, maar ook doordat de verschillende plantensoorten soms op verschillende factoren reageren (Jalink e.a., 2003). De factoren die vanuit de omgeving op de standplaats inwerken worden positionele factoren genoemd. Zo is het kalkgehalte van kwelwater afhankelijk van de bodemlagen waar het water doorheen stroomt en de afstand tussen de plaats van inzijging en uittreding. De ingewikkelde verbanden tussen de verschillende factoren maken het bepalen van eenvoudige, causale relaties tussen grondwaterstanden, kwel, zuurgraad enzovoort en het voorkomen van plantensoorten heel lastig. En omdat factoren in de loop van de tijd kunnen fluctueren is het bij het zicht krijgen op deze relaties van belang om gegevens over langere tijd te verzamelen (Bartholomeus e.a., 2008).

De indicatiewaarde van soorten en vegetatietypen wordt daarom sterker wanneer deze in de context – hun relatie tot het landschap of in de tijd – wordt bekeken. Zo kan Gewone Dotterbloem in beekdalen in het dekzandlandschap worden beschouwd als een indicator voor basenrijke kwel; in het laagveenlandschap hoeft deze soort daar niet perse op te wijzen. Voor beide landschappen geldt dat de soort gebonden is aan (zeer)natte, basisch tot neutrale en (matig) voedselrijke standplaatsen (operationele standplaats). Blauwgrasland kan in verschillende landschappen voorkomen, bijvoorbeeld in afvoerloze laagten in hogere zandgronden of in veenweidegebieden. Ontstaanswijze en conditionele en positionele factoren zijn sterk verschillend. In het veenweidegebied wordt de noodzakelijke basenverzadiging op peil gehouden door incidentele overstroming met basenrijk, matig voedselarm oppervlaktewater; in de afvoerloze laagte wordt hierin voorzien door periodiek optredende basenrijke kwel.

De betrouwbaarheid en duidelijkheid van indicatiewaarden wordt daarom aanzienlijk bevorderd door deze te beperken tot een bepaald landschapstype dat geomorfologisch homogeen is. Wanneer de indicaties verder worden beperkt tot een vegetatietype – of enkele sterk op elkaar lijkende typen – wordt de betrouwbaarheid en duidelijkheid nog sterker (Jalink en Jansen, 1995). Zie Kader 5.6.

Kader 5.6. Indicatiewaarde van een soort in relatie tot het vegetatietype.

Moerasviooltje (*Viola palustris*) duidt in vegetaties van kleine zeggen op stagnatie van regenwater. De soort verdwijnt uit deze vegetatietypen bij lage en grote schommelingen in de grondwaterstanden. In matig ontwikkelde blauwgraslanden verdraagt het Moerasviooltje juist wat droger omstandigheden; dit zijn namelijk in deze vorm van het blauwgrasland de wat zuurdere plaatsen. Moerasviooltje kan zo een aanwijzing zijn van de ontwikkeling van het blauwgrasland richting vochtige heide (bron: Jalink en Jansen, 1995; foto H. van Loon).

Het geheugen van soorten

Verandering in het voorkomen van een soort kan belangrijke informatie over processen geven, zoals bijvoorbeeld verzuring of eutrofiering. Dan moet er wel informatie hierover van verschillende momenten aanwezig zijn (monitoring); door tijdreeksen op te stellen worden deze processen zichtbaar gemaakt. Een veel gehanteerde methode van monitoring is het maken van vegetatieopnamen[5] van vaste proefvlakken, zogenaamde Permanente kwadraten (PQ's). Het Landelijk Meetnet Flora (LMF) is een voorbeeld van een monitoringsnetwerk dat gebruik maakt van PQ's.

Er is een verschil in de snelheid waarmee soorten reageren op veranderingen in het milieu. In dit verband wordt wel gesproken over 'hard' en 'soft memory' soorten (Piek en Van Slogteren, 1986). Hard memory soorten zijn soorten met het vermogen om informatie over de standplaats vast te houden. Bomen en struiken zijn daar goede voorbeelden van. Op veel plaatsen in Nederland staan langs slootkanten elzen (*Alnus* spec.) en wilgen (*Salix* spec.), die verwijzen naar voedselrijke, natte standplaatsen. De huidige situatie is vaak heel anders. Door cultuurtechnische ingrepen is de grondwaterstand in de loop van de tijd gedaald en eigenlijk meer geschikt voor drogere soorten. De elzen en wilgen verwijzen dus naar een vroegere situatie en kunnen inzicht geven in de oorspronkelijke waterhuishouding in een gebied (Hoofdstuk 3). Andere voorbeelden van hard memory soorten zijn Galigaan, Gagel (*Myrica gale*), Kruipwilg (*Salix repens*), Pijpestrootje, Pluimzegge (*Carex paniculata*) en Lelietje-van-dalen (*Convallaria majalis*). Het gaat in het algemeen om soorten met een lange levensduur en een groot formaat, zoals bomen en struiken, maar ook zodevormende hemicryptofyten en geofyten. In de terminologie van Grime (2002; Paragraaf 5.3.4) kunnen ze vaak tot de competitieven worden gerekend. Tegenover de hard memory-soorten staan de soft memory-soorten. Deze reageren zeer snel op gewijzigde standplaatscondities en geven daarmee geen informatie over de vroegere situatie, alleen over de actuele situatie van de standplaats. Het

---

[5] Vegetatieopname: van een afgebakend proefvlak in de vegetatie worden alle plantensoorten en hun mate van voorkomen genoteerd evenals de gegevens over, datum, grootte proefvlak, bedekking en hoogten vegetatielagen.

betreft vaak therofyten en (rozet)hemicryptofyten, zoals Vroegeling (*Draba verna*), Moerasandijvie (*Tephroseris palustris*) en Sierlijk vetmuur (*Sagina nodosa*), ofwel de opportunisten volgens Grime (2002). Een tussenvorm zijn de firm memory-soorten. Deze soorten geven vrij nauwkeurig de actuele situatie van de standplaats aan en zijn niet zo gevoelig voor incidentele veranderingen zoals storingen in het milieu. Het zijn vaak kruiden die middelgroot tot klein blijven. Volgens Grime (2001) kunnen ze worden ingedeeld bij de specialisten en competitieven.

5.4.2 Indicatiesystemen

Er zijn verschillende systemen ontwikkeld waarmee plantensoorten en vegetatietypen als milieu-indicatoren kunnen worden gebruiken. Hieronder worden enkele van dit soort indicatiesystemen kort besproken.

Indicatiewaarden van Ellenberg

In 1974 publiceerde Ellenberg een lijst met indicatiegetallen per plantensoort voor standplaats-factoren, waaronder licht, vocht, zuurgraad en stikstof (als maat voor de voedingstoestand; nu aangeduid met trofiegetal). Deze lijst geldt voor het westen van Midden-Europa, maar wordt in Nederland (met enige aanpassingen) vaak toegepast.

De lijst van Ellenberg is gebaseerd op expertkennis en bestaat uit indicatiegetallen op een negen- of twaalfdelige, ordinale schaal. Dit is een schaal waarop alleen de rangorde van belang is, dat wil zeggen dat indicatiegetal 4 een hogere waarden aangeeft dan indicatiegetal 2, maar niet een twee keer zo grote waarde. Hoewel dat daarom eigenlijk niet correct is worden vaak (ongewogen) gemiddelde indicatiewaarden voor vegetatieopnamen berekend aan de hand van de indicatiewaarden van de individuele soorten in de opname. Dit is een eenvoudige en snelle manier om een idee te krijgen van de standplaatscondities en de verschillen hierin (analyse van patroon en proces) aan de hand van de vegetatie. Later is in verschillende onderzoeken geprobeerd om de indicatiewaarden van Ellenberg te ijken tegen in het veld gemeten fysische en chemische variabelen. Daaruit blijkt dat er een min of meer duidelijke (niet altijd lineaire) relatie is tussen pH, GVG en biomassa-opbrengst (indirecte maat voor de voedselrijkdom) en de indicatiewaarden van Ellenberg. Nutriënt-gehalten (nitraat, fosfaat e.d.) zijn niet goed te koppelen aan de indicatiewaarden van Ellenberg voor trofie (Alkemade e.a., 1996).

Ecotopen en ecologische groepen

Runhaar e.a. (2004) hebben een indeling gemaakt naar standplaatstypen, de zogenaamde ecotopen. Deze indeling gebruikt vrijwel dezelfde standplaatsfactoren als Ellenberg. Voor iedere factor zijn klassen onderscheiden die met een code worden aangeduid. Standplaatsen zijn gedefinieerd als combinaties van deze kenmerkklassen met daaraan toegevoegd het kenmerk vegetatiestructuur, zie Tabel 5.2. Bijvoorbeeld G22 is een grasland op een natte, voedselarme, zwak zure bodem.

Alle soorten van de Nederlandse flora zijn ingedeeld bij ecotopen, de zogenaamde ecologische groepen. Rekening houdend met de ecologische amplitudo van soorten zijn deze in één of meerdere ecologische groepen ingedeeld. Dit in tegenstelling tot de indeling van Ellenberg, waar een soort maar één indicatiewaarde krijgt. De indeling in ecotopen en ecologische groepen wordt vooral gebruikt bij analyses op een minder gedetailleerd schaalniveau (landelijk of regionaal). Daarnaast

Tabel 5.2. Voorbeeld van de graslandecotopen volgens Runhaar e.a. (2004); indeling op basis van de kenmerklassen en vegetatiestructuur.

Graslanden								
Saliniteit	zoet						brak	zout
Voedselrijkdom	voedselarm			matig voedselrijk		zeer voedselrijk	-	-
Zuurgraad	zuur	zwak zuur	basisch	basisch	zuur-basisch	-	-	-
Nat	G21	G22	G23	G27		G28	zG20	zG20
Vochtig	G41	G42	G43	G47kr	G47	G48	zG40	zG40
Droog	G61	G62	G63	G67		G68	-	-

wordt deze vaak toegepast in computermodellen om de effecten van ingrepen in het landschap (bijvoorbeeld verhoging grondwaterstand in een gebied) te bepalen en om voorspellingen te doen over te verwachte natuurdoelen. Een voorbeeld van zo'n programma is de Waterwijzer (STOWA, 2018).

Plantengemeenschappen

Ook plantengemeenschappen worden gebruikt om een indicatie te geven over standplaatscondities. De indeling in plantengemeenschappen zoals beschreven in de Vegetatie van Nederland (Schaminee e.a., 1995, 2017) is gebaseerd op de classificatie van een groot aantal vegetatie-opnamen. Door van alle vegetatie-opnamen van een plantengemeenschap, de gemiddelde indicatiewaarden van Ellenberg te berekenen zijn de indicatiewaarden per plantengemeenschap beschikbaar en zichtbaar gemaakt in het programma SynBioSys (zie Figuur 5.26).

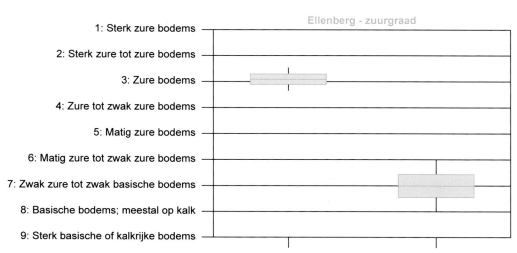

Figuur 5.26. Indicatiewaarden van Ellenberg voor zuurgraad voor Kalkgraslanden (links) en Heischrale graslanden (rechts) (bron: SynBioSys).

176

De verspreiding van plantengemeenschappen in een gebied wordt in beeld gebracht met vegetatiekaarten. Aan de basis van deze vegetatiekaarten liggen de vegetatie-opnamen, die in het gebied zijn gemaakt. Deze vegetatiekaarten zijn voor een natuurbeheerder van groot belang omdat ze enerzijds informatie geven over waar in het terrein de belangrijkste natuurwaarden aanwezig zijn (soortenrijke, zeldzame en/of onvervangbare plantengemeenschappen); anderzijds geven de vlakdekkende vegetatiekaarten inzicht in de terreincondities aan de hand van de indicatiewaarden van de vegetatietypen. De ruimtelijke verspreiding van de vegetatietypen maakt de patronen in abiotische condities zichtbaar en levert daarmee belangrijke informatie over het functioneren van het systeem. Daarom zijn vegetatiekaarten bijzonder waardevol in landschapsecologische systeemanalyses. Het hiervoor speciaal ontwikkelde instrument is het programma ITERATIO (zie Kader 5.7). Hierin wordt geen gebruik gemaakt van de indicatiewaarden van Ellenberg, maar van indicatorsoorten waarvan de indicatiewaarden zijn bepaald op basis van meetgegevens (Holtland en Hennekens, 2019).

5.5 Casus Stelkampsveld

5.5.1 Introductie: processen aflezen aan patronen

Het Stelkampsveld is een mooi voorbeeld van een gebied waar je aan de hand van de patronen in de vegetatie de onderliggende processen in het landschap kunt aflezen. Dan moet je wel de standplaatseisen van de voorkomende vegetaties kennen. Je vindt hier overgangen van droge en natte heide, heischrale graslanden en blauwgraslanden naar vegetaties van zwak gebufferde vennen. Deze zijn het resultaat van de variatie in ondergrond, reliëf, hydrologie en menselijk gebruik; deze variatie heeft geleid tot gradiënten in vocht, zuurgraad en voedselrijkdom.

Het Stelkampsveld is gelegen in het glooiende, kleinschalige kampenlandschap in de Achterhoek (Figuur 5.27). In de ondergrond (op zo'n 30 meter onder maaiveld) ligt een slecht doorlatende, tertiaire kleilaag; deze vormt de basis voor het grondwatersysteem. Daarbovenop is een dikke laag grofkorrelige Rijnzanden en vervolgens fijnkorrelig dekzand afgezet (Rossenaar en Streefkerk, 1997).

Figuur 5.27. Stelkampsveld is een onderdeel van het landgoed Beekvliet en is aangewezen als Natura 2000 gebied (luchtfoto, PDOK, 2021).

Kader 5.7. ITERATIO 2.

Het programma ITERATIO 2 (Holtland en Hennekens, 2019) is ontwikkeld om op basis van vegetatiekaarten vlakdekkende kaarten van abiotische terreincondities te maken. Het programma gebruikt hiervoor de set van vegetatie-opnamen die ten grondslag ligt aan de (lokale) vegetatietypologie en per landschapstype een selectie van indicatorsoorten, waarvan de indicatiewaarden zijn bepaald op basis van meetgegevens uit de indicatorenreeks van KIWA/SBB en overige abiotische meetwaarden.

Voorbeeld Weerribben

Op basis van vegetatiekaarten van de Weerribben uit 1998 en 2009 zijn vlakdekkende kaarten gemaakt van de zuurgraad (pH) in 1998 en 2009. Zo is te zien op de kaart van 1998 dat de meest zure delen vooral in het centrum van de Weerribben lagen.

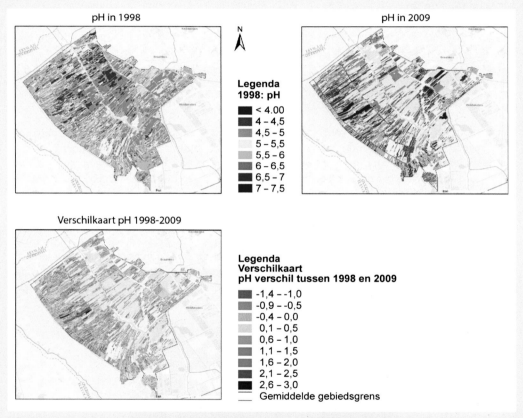

De kaarten van 1998 en 2009 zijn met elkaar vergeleken en er is een verschilkaart gemaakt, waarin zowel verzuring van percelen (voornamelijk pH 0,5 tot 1 punt gedaald) zichtbaar wordt als de plaatsen waar het milieu basischer is geworden (pH tot 3 punten gestegen).

De goede doorlatendheid van deze zandlagen zorgt ervoor dat het regionale grondwater er makkelijk doorheen kan stromen en als één omvangrijk watervoerend pakket functioneert (freatisch grondwater, zie Hoofdstuk 4 Grondwater in het landschap). Het reliëf in dit landschap is ontstaan in het Pleistoceen doordat smeltwater erosiedalen vormde, die daarna deels weer opgevuld, deels dicht gestoven en geïsoleerd zijn geraakt. Dit heeft geresulteerd in een landschap met dekzandruggen, slenken en afgesnoerde laagten (Figuur 5.28). Dit natuurlijke dekzandreliëf is verstoord door het ophogen van de dekzandruggen als gevolg van het potstalsysteem (op de bodemkaart aangegeven als enkeerdgronden); maar ook door het graven van zand en leem voor het ophogen van natte delen en de aanleg van watergangen om het gebruik van de laagten als hooiland mogelijk te maken (Van Wijngeeren, 2008). Er werd gegraven tot aan het grondwater; zo ontstonden de vennen met open water: het Littorellaven en het Charaven. De laagte hiertussen, de slenk, is later verbreed om afvoer van water uit het Charaven richting de westelijk gelegen Oude beek (ook gegraven) mogelijk te maken. In de vennen en slenk kan grondwater als kwel uittreden. Het betreft enerzijds lokale kwel afkomstig uit de nabijgelegen dekzandruggen. Het daar inzijgende regenwater stroomt maar korte tijd door de bovenste, kalkloze dekzandlagen, wordt nauwelijks aangereikt en treedt uit als basenarme kwel. Het grondwater dat langere tijd door de diepere ondergrond heeft gestroomd, de regionale kwel, is juist bijzonder basenrijk. Dit komt doordat kalk oplost wanneer het water de kalkhoudende Rijnafzettingen in de ondergrond passeert.

5.5.2 Hydrologie als sturend proces

Het grondwatersysteem onder het Stelkampsveld wordt het hele jaar gevoed door regionaal basenrijk grondwater met een stromingsrichting van zuidoost naar noordwest (RVO, 2016). Verschillen in stijghoogten van het grondwater worden gestuurd door de hoeveelheid neerslag. Door neerslagtekort in de zomer kan de grondwaterstand in de laagten tot (ver) onder maaiveld zakken. In de winter daarentegen vullen de laagten zich met grondwater en stagnerend regenwater.

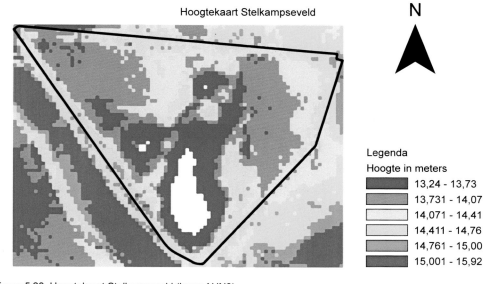

Figuur 5.28. Hoogtekaart Stelkampsveld (bron: AHN3).

In de dekzandruggen stijgt het grondwater verder dan in de laagten. Deze opbolling van het grondwater zorgt voor uittredende lokale kwel, maar zorgt er ook voor dat de stijghoogte van het diepere, kalkrijke grondwater toeneemt en daarmee de kwel tot in of boven het maaiveld komt (RVO, 2016). Dit verschijnsel doet zich voor in het zuidelijk gelegen Charaven: hier vormen zich in de winter plassen; pas boven een bepaalde waterstand kan het water afstromen naar de slenk. Het basenrijke grondwater treedt uit in de laagste delen, maar ook op de flanken van de dekzandruggen. In de laagte vermengt het basenrijk grondwater zich met zuur regenwater, zodat hier een zwak gebufferd ven ontstaat; op de flanken vindt deze menging niet plaats.

In het noordelijke, slechts 30 cm hoger gelegen Littorellaven bevindt zich voornamelijk zuur water als gevolg van stagnatie van regenwater en alleen lokaal toestromend, basenarm grondwater.

5.5.3 Bodem en beheer

Het grootste deel van de bodem van het Stelkampsveld is gekarteerd als veldpodzolen, zand-gronden met periodiek hoge grondwaterstanden. Op de lagere delen heeft zich een moerige bovengrond ontwikkeld. De hoeveelheid nutriënten in de bodem lijkt beperkt. Zo is het beschikbare fosfaatgehalte in de bodem (vrij) laag; het terrein is in het verleden nooit bemest geweest. Daarnaast wordt fosfaat in de basenrijke kwelgebieden sterk gebonden aan calcium (en ijzer); in de hogere, zuurdere delen vooral aan ijzer (en aluminium). Gemeten nitraat- en ammoniumgehalte van het bodemwater in het Stelkampsveld zijn overwegend laag (Smolders e.a., 2011). In het toestromende basenrijke grondwater worden opvallend hoge gehaltes aan sulfaat gemeten; dit kan het gevolg zijn van hoge sulfaatdepositie in het verleden en/of door oxidatie van pyriet (ijzersulfiden) door grondwaterstandsdaling (contact met zuurstof), waarbij sulfaat en zuur worden gevormd (Smolders e.a., 2011). Ook de te hoge atmosferische stikstofdepositie draagt bij aan een extra zuurlast. Wanneer er onvoldoende buffercapaciteit aanwezig is, leidt dit tot verzuring van de bodem.

Sinds 1983 zijn verschillende delen van het terrein, zowel hoog- als laaggelegen, geplagd tot op de minerale ondergrond. Het beheer van de graslanden bestaat uit eenmaal per jaar maaien na augustus, waarbij het maaisel wordt afgevoerd. In de heide wordt de opslag van bomen en struiken verwijderd.

5.5.4 Vegetatiepatroon

De opbouw en het functioneren van het systeem laat zich weerspiegelen in de vegetatie. Omdat de meeste delen van het Stelkampsveld worden gemaaid betreft het lage vegetaties. In de habitattypenkaart, opgenomen in het Natura 2000 Beheerplan voor het Stelkampsveld (2016), is het patroon in de vegetatie als volgt weergegeven en te verklaren (zie Figuur 5.29 en 5.30).

Boven op de dekzandruggen, waar regenwater infiltreert vind je droge, zure en voedselarme standplaatsen met heidevegetaties met daarin Struikhei (*Calluna vulgaris*), Stekelbrem (*Genista anglica*) en Grote wolfsklauw (*Lycopodium clavatum*) en plaatselijk Borstelgras (*Nardus stricta*) en Tormentil (*Potentilla erecta*) (nr. 1 op Figuur 5.31). Daaromheen, iets lager op de ruggen, worden vochtige heiden (nr. 2) aangetroffen. Uit de vergelijking met oude vegetatiekarteringen blijkt dat dit deels verzuurde/gedegradeerde heischrale graslanden betreft. Op plaatsen waar de vochtige heide is geplagd komen pioniersvegetaties met snavelbiezen voor. In het noordelijk gelegen Littorellaven

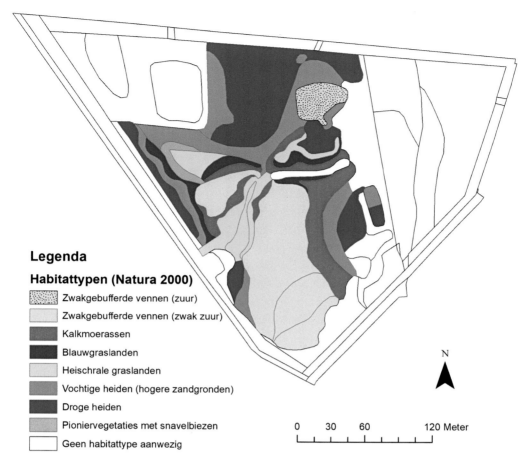

Legenda

Habitattypen (Natura 2000)

- Zwakgebufferde vennen (zuur)
- Zwakgebufferde vennen (zwak zuur)
- Kalkmoerassen
- Blauwgraslanden
- Heischrale graslanden
- Vochtige heiden (hogere zandgronden)
- Droge heiden
- Pioniervegetaties met snavelbiezen
- Geen habitattype aanwezig

N

0   30   60   120 Meter

Figuur 5.29. Habitattypenkaart Stelkampsveld (gebaseerd op de Habitattypenkaart Stelkampsveld, Natura 2000 Beheerplan (RVO, 2016) en de Vegetatie- en plantensoortenkartering Beekvliet 2013 (Inberg en Loermans, 2014).

vind je zwakgebufferde venvegetaties, de aanwezige soorten zoals Veelstengelige waterbies (*Eleocharis multicaulis*), Knolrus (*Juncus bulbosus*) en dominantie van veenmossen (*Sphagnum* spec.) wijzen nu op een relatief zure vorm.

Op plaatsen waar incidenteel of via capillaire opstijging basenrijk grondwater toestroomt, komen matig tot zwak zure, vochtige heischrale graslanden voor met Gevlekte orchis (*Dactylorhiza maculata*) en Heidekartelblad (*Pedicularis sylvatica*) (nr. 3 op Figuur 5.32). Door de tijdelijke toestroming van basenrijk water (in ieder geval in de wortelzone) wordt het adsorptiecomplex in de bodem door uitwisseling van kationen weer opgeladen; op die manier blijft de buffercapaciteit op peil en treedt er geen verzuring van de bodem op. Wat lager in de gradiënt komt blauwgrasland voor met Spaanse ruiter (*Cirsium dissectum*), Vlozegge (*Carex pulicaris*) en Blauwe zegge (*Carex panicea*) (nr. 4). Ten opzichte van heischraalgrasland wordt dit nog sterker gevoed door met opgeloste kalk aangereikt grondwater, resulterend in een vochtige tot natte, zwak zure standplaats. Op de plaatsen in de gradiënt waar het meest basische grondwater uittreedt en er geen regenwater stagneert wordt het kalkmoeras aangetroffen: deze orchideeënrijke variant van het blauwgrasland is te herkennen

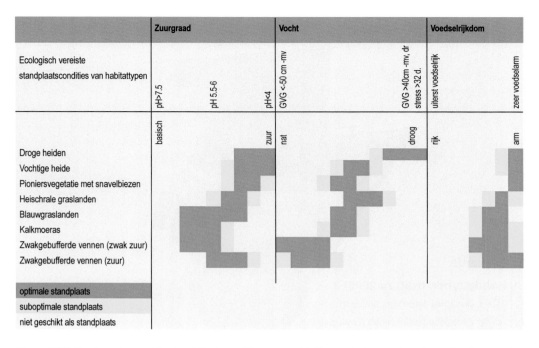

	Zuurgraad			Vocht			Voedselrijkdom	
Ecologisch vereiste standplaatscondities van habitattypen	pH>7.5	pH 5.5-6	pH<4	GVG <-50 cm -mv		GVG >40cm -mv, dr stress >32 d.	uiterst voedselrijk	zeer voedselarm
	basisch		zuur	nat		droog	rijk	arm
Droge heiden								
Vochtige heide								
Pioniersvegetatie met snavelbiezen								
Heischrale graslanden								
Blauwgraslanden								
Kalkmoeras								
Zwakgebufferde vennen (zwak zuur)								
Zwakgebufferde vennen (zuur)								
optimale standplaats								
suboptimale standplaats								
niet geschikt als standplaats								

Figuur 5.30. Ecologisch vereiste standplaatscondities van habitattypen (gebaseerd op de profiel-documenten Habitattypen en Ecologisch vereisten van habitattypen in Natura 2000 Beheerplan Stelkampsveld (RVO, 2016).

Figuur 5.31. Stelkampsveld vegetatiezonering langs het Charaven. De nummers verwijzen naar de beschrijving van de vegetatietypen in de tekst.

Figuur 5.32. Stelkampsveld vegetatiezonering langs het Charaven. Inzet: Moeraswespenorchis en Vlozegge. De nummers verwijzen naar de beschrijving van de vegetatietypen in de tekst.

aan het voorkomen van kalkminnende soorten als Moeraswespenorchis (*Epipactis palustris*), Vleeskleurige orchis (*Dactylorhiza incarnata*) en Parnassia (*Parnassia palustris*) (nr. 5). Hieraan grenzend vind je in de laagste en natste delen, zoals het Charaven, vegetaties met Oeverkruid (*Littorella uniflora*), Pilvaren (*Pilularia globulifera*) en Ongelijkbladig fonteinkruid (*Potamogeton gramineus*) (nr. 7). Deze soorten zijn karakteristiek voor zwakgebufferde vennen, maar wijzen op meer buffering dan in het Littorellaven. De zwakke buffering is het gevolg van de vermenging van regenwater met uittredend basenrijk grondwater.

Bovengeschetste vegetatiezonering kan mee schuiven met de gradiënt (pendelen) die zich kan verplaatsen als gevolg van verandering in de plaats waar de lokale dan wel regionale kwel uittreedt. Verschil in neerslagpatroon over de jaren heen ligt ten grondslag aan deze verplaatsing. De fluctuaties in het waterpeil mogen niet te groot worden. Als er teveel water blijft staan, ontwikkelt zich een ruige vegetatie met veel Grote wederik (*Lysimachia vulgaris*) (nr. 6) of Stijve zegge (*Carex elata*). Bij een te grote afvoer treedt er verdroging op.

5.5.5 Knelpunten: verdroging en verzuring

Verlaging van de drainagebasis in de omgeving van het Stelkampsveld heeft direct invloed gehad op het hele Stelkampsveld en geleid tot verdroging. Door daling van de grondwaterstanden zijn zowel de basenarme lokale kwel als de kalkrijke kwel afgenomen (Smolders e.a., 2010). De verandering in de abiotiek is te zien in de clustering van de Spaanse ruiterplanten in vegetatiezone 4. Het lijkt erop dat de zone met het orchideeënrijke blauwgrasland langs het Charaven in de loop van de tijd smaller is geworden en lager op de gradiënt is te komen te liggen. Het areaal heischraalgrasland is afgenomen; de bovenliggende zone met vochtige heide breidt zich naar beneden uit. Ook hier leidt verdroging dus direct tot verzuring.

In het nu zure Littorellaven kwamen in het verleden meer soorten van zwak gebufferd water voor zoals Oeverkruid en Moerassmele (*Deschampsia setacea*) (Van Wijngeeren, 2008). De al zwakke buffering is verdwenen; als gevolg van verdroging is er nu voornamelijk sprake van regenwatervoeding.

5.5.6 Fauna

Wat betreft fauna zijn in het Stelkampsveld vooral soorten aangetroffen van het kleinschalig, halfnatuurlijk landschap. Zo is de Geelgors (*Emberiza citrinella*) goed vertegenwoordigd; een van de laatste broedgevallen van de Ortolaan (*Emberiza hortulana*) in Nederland was in 1999 in Beekvliet, waarvan het Stelkampsveld deel uitmaakt (Van Wijngeeren, 2008). Ook Zomertortel (*Streptopelia turtur*) en Patrijs (*Perdix perdix*) zijn sinds 2003 niet meer aangetroffen. Door het openhouden van de heidebiotopen komen er typische soorten voor zoals Levendbarende hagedis (*Zootoca vivipara*), Groentje (*Callophrys rubi*, vlindersoort) en Veldleeuwerik (*Alauda arvensis*). Bij de vennen worden veel libellen waargenomen waaronder de Rode lijstsoort Tengere pantserjuffer (*Lestes viridis*); deze soort overwintert als ei in onder andere Biezeknoppen (*Juncus conglomeratus*), een soort van de schrale graslanden. Ook sprinkhanen en krekels zijn goed vertegenwoordigd, waaronder de Zompsprinkhaan (*Chorthippus montanus*). Het betreft dan de meer algemene soorten; de meest typische soorten en vaak zeldzame soorten van de verschillende habitattypen ontbreken echter (RVO, 2016).

Literatuur

Aggenbach, C.J.S., Berg, M.P., Frouz, J., Hiemstra, T., Norda, L., Roymans, J. en Van Diggelen, R., 2017. Evaluatie strategieën omgang met overmatige voedingsstoffen. Rapport OBN2017/214-NZ. VBNE, Driebergen.

Alkemade, J.R.M., Wiertz, J. en Latour, J.B., 1996. Kalibratie van Ellenbergs milieu-indicatiegetallen aan werkelijk gemeten bodemfactoren. Rapport nr. 711901016. Rijksinstituut voor Volksgezondheid en Milieu, Bilthoven.

Bartholomeus, R.P., Witte, J.P., Van Bodegom, P.M. en Aerts, R., 2008. The need of data harmonization to derive robust empirical relationships between soil conditions and vegetation. Journal of Vegetation Science 19: 799-808.

Bloemendaal, F.H.J.L. en Roelofs, J.G.M. (red.), 1988. Waterplanten en Waterkwaliteit. Koninklijke Nederlandse Natuurhistorische Vereniging, Utrecht.

Cools, J., Van der Velde, Y., Runhaar, H. en Stuurman, R., 2006. Herstel- en Ontwikkelplan Schraallanden. TNO, Den Haag.

Decleer, K., Bonte, D. en Van Diggelen, R., 2013. The hemiparasite Pedicularis palustris: 'Ecosystem engineer' for fen-meadow restoration. Journal for Nature Conservation 21 (2): 65-71.

De Graaf, M.C.C., Bobbink, R., Roelofs, J.G.M. en Verbeek, P.J.M., 1998. Differential effects of ammonium and nitrate on three heathland species. Plant Ecology 135: 185-196.

Dicke, M., Van Loon, J.A. en Soler, R., 2009. Chemical complexity of volatiles from plants induced by multiple attack. Nature Chemical Biology 5: 317-324.

Ellenberg, H., 1974. Zeigerwerte der Gefässpflanzen Mitteleuropas. Scripta Geobotanica 9: 1-97.

Ernst, W.H.O. en Van Andel, J.,1985. Autoecologie. In: Bakker, K., Cappenberg, Th., Croin Michielsen, N., Freijsen, A., Nienhuis, P., Woldendorp J. en Zijlstra J. (red.). Inleiding tot de oecologie. Bohn, Scheltema & Holkema, Utrecht, pp. 70-100.

Grime, J.P., 2002. Plant Strategies, Vegetation Processes and Ecosystem Properties (2nd ed.). John Wiley & Sons Ltd, Chichester.

Hallmann, C.A., Sorg, M., Jongejans. E., Siepel, H., Hofland. N., Schwan. H., Stenmans, W., Müller, A., Sumser, H., Hörren, T., Goulson, D. en De Kroon, H., 2017. More than 75 percent decline over 27 years in total flying insect biomass in protected areas. PLoS ONE 12 (10): e0185809. https://doi.org/10.1371/journal.pone.0185809.

Holtland, W.J. en Hennekens, S.M., 2019. ITERATIO 2 (computerprogramma). BIJ12, Utrecht.

Inberg, H. en Loermans, J., 2014. Vegetatie- en plantensoortenkartering Beekvliet 2013. Bureau Waardenburg, Culemborg.

Jalink, M.H. en Jansen, A.J.M.,1995. Bewerkt door Nooren. M.J., Indicatorsoorten voor verdroging, verzuring en eutrofiering van grondwaterafhankelijke beekdalgemeenschappen. Staatsbosbeheer, Driebergen.

Jalink, M.H., Grijpstra, J. en Zuidhoff, A.C., 2003. Hydro-ecologische systeemtypen met natte schraallanden in Pleistoceen Nederland. Rapport EC-LNV nr. 2003/225 0. Expertisecentrum LNV, Ede.

Jansen, P.C. en Runhaar, J.,2005. Toetsing van het verband tussen het aandeel xerofyten en de droogtestress onder verschillende omstandigheden. Rapport 1045. Alterra, Wageningen.

Janssens, F., Peeters, A., Tallowin, J.R.B., Bakker, J.P., Bekker, R.M., Fillat, F., en Oomes, M.J.M., 1998. Relationship between soil chemical factors and grassland diversity. Plant and Soil 202: 69-78.

Kooijman, A.M. en Besse, M., 2002. On the higher availability of N and P in limepoor than in lime-rich coastal dunes in the Netherlands. Journal of Ecology 90: 394-403.

Kwak, M.M. en Bekker, R.M., 1999. Biotische processen in ecosystemen. In Van Dorp, D., Canters, K.J., Kalkhoven, J.T.R. en Laan, P. (red.) Landschapsecologie. Uitgeverij Boom, Amsterdam, pp. 77-86.

Kennisnetwerk OBN, z.d. Vennensleutel: Isoëtiden. Geraadpleegd op 17 juli 2021 van https://www.natuurkennis.nl.

Koerselman, W. en Meuleman. A.F., 1996. The vegetation N:P ratio: a new tool to detect the nature of nutrient limitation. Journal of Applied Ecology 33: 1441-1450.

Kleyer, M., Bekker, R.M., Knevel, I.C., Bakker, J.P., Thompson, K., Sonnenschein, M., Poschlod, P.,Van Groenendael, J.M, Klimes, L., Klimesova, J., Klotz, S., Rusch, G.M., Hermy, M.,Adriaens, D., Boedeltje, G., Bossuyt, B., Dannemann, A., Endels, P., Götzenberger, L., Hodgson, J.G., Jackel, A.K., Kühn, L., Kunzmann, D., Ozinga, W.A., Römermann, C., Stadler, M., Schlegelmilch, J., Steendam, H.J., Tackenberg, O., Wilmann, B., Cornelissen, J.H.C., Eriksson, O., Granier, E. en Peco, B., 2008. The LEDA traitbase: A database of lifehistory traits of Northwest European flora. Journal of Ecology 69: 1266-1274.

Londo, G., 1999. Over storing, dynamiek en plantengroei. Oase 9 (4): 17-19.

Mourik, J., 2002. Hogere planten. In: Hootsmans, M.J.M. (red.) Van zeereep tot binnenduin. Flora, fauna en beheer in de Amsterdamse Waterleidingduinen 1990-2000. Gemeentewaterleidingen Amsterdam, Amsterdam, pp. 52-55.

Mourik, J., 2015. Bloemplanten en dagvlinders in de verdrukking door toename van Damherten in de Amsterdamse Waterleidingduinen. De Levende Natuur 116 (4): 185-190.

Ozinga, W.A., 2008. Assembly of plant communities in fragmented landscapes: the role of dipersal. PhD thesis, Radboud University, Nijmegen.

Piek, H. en Van Slochteren, J.H., 1986. De toepassing van bio-indicatie bij het natuurbeheer. Nota Bio-indicatie en Natuurbeheer. Natuurmonumenten, 's Graveland.

Raunkiær, C., 1934. The Life Forms of Plants and Statistical Plant Geography. University Press, Oxford.

RVO, 2016. Beheerplan Natura 2000-gebied Stelkampsveld (060).

Rossenaar, A.J.G.A. en Streefkerk, J.G., 1997. Herstel van een pleistoceen blauwgrasland: het Stelkampsveld. De Levende Natuur 98 (7): 266-272.

Runhaar, J., Van Landuyt, W., Groen, C.L.G., Weeda, E.J. en Verloove, F., 2004. Herziening van de indeling in ecologische soortengroepen voor Nederland en Vlaanderen. Gorteria 30: 12-26.

Runhaar, J., 2010. Invloed grondwaterstanden op standplaatscondities en vegetatie. Rapport BTO 2010.043 (s). KWR, Nieuwegein.

Runhaar, J., Jalink, M. en Bartholomeus, R., 2011. Invloed van grondwaterstanden op standplaatscondities en vegetatie. De Levende Natuur 112 (4): 138-142.

Schaminee,J.H.J., Stortelder, A.H.F. en Westhoff, V., 1995. De Vegetatie van Nederland. Deel 1. Inleiding tot de plantensociologie-grondslagen, methoden en toepassingen. Opulus Press, Uppsala/Leiden.

Schaminee, J.H.J., Janssen, J.A.M., Hommel, P.W.F.M., Weeda, E.J., Haveman, R., Schipper, P.C. en Bal, D., 2015. Veldgids Rompgemeenschappen. KNNV. Zeist.

Schaminee, J.H.J., Haveman, R., Hommel, P.W.F.M., Janssen, J.A.M., De Ronde, I., Schipper, P.C., Weeda, E.J., Van Dort, K.W. en Bal, D., 2017. Revisie vegetatie van Nederland. Westerlaan, Lichtenvoorde.

185

Schipper, P.C., Nooren, M.J., Holtland, W.J. en Aggenbach, C.S.J., 2007. Indicatorsoorten voor verdroging, verzuring en eutrofiering van plantengemeenschappen in negen belangrijke landschapstypen; Deel 1 Methode en Toepassing. Staatsbosbeheer, Driebergen.

Smolders, A., Lucassen, E., Poelen, M. en Kuiperij, R., 2010. Onderzoek ten behoeve van ecohydrologische analyse Stelkampsveld. B-WARE, Nijmegen.

Sparrius, L.B., Ode, B. en Beringen, R., 2014. Basisrapport Rode Lijst Vaatplanten 2012 volgens Nederlandse en IUCN-criteria. FLORON Rapport 57. FLORON, Nijmegen.

Stortelder, A.H.F., 1992. Vegetatiestrategieën? Stratiotes 5: 22-27.

STOWA, 2018. Waterwijzers Hoe richt ik de waterhuishouding zo in, dat zowel landbouw als natuur in een gebied optimaal worden bediend? Brochure. STOWA, Amersfoort.

SynBioSys (Versie 3.4.8). [Computerprogramma]. Alterra, Wageningen.

Thompson, K., Bakker, J.P. en Bekker, R.M., 1997. The soil seed banks of north west Europe: methodology, density and longevity. Cambridge University Press, Cambridge.

Townsend, C.R., Begon, M. en Harper, J.L., 2008. Essentials of ecology. Blackwell Publishing, Malden, USA.

Van Leeuwen, C.G., 1965. Het verband tussen natuurlijke en antropogene landschappen, bezien vanuit de betrekkingen in grensmilieus. Gorteria 2 (8): 93-105.

Van der Maarel, E. en Franklin, J., 2013. Vegetation Ecology. 2nd ed. John Wiley & Sons, Ltd, Chichester, UK.

Van Hulsel, M. en Kuiters, A.T., 2011. Co-evolutie van grassen en grazers: veranderend klimaat als sturende factor. In: Schaminee, J.H.J., Janssen, J.A.M. en Weeda, E.J. (red.) Gewapende vrede: Beschouwingen over plant-dierrelaties. KNNV, Zeist, pp. 150-173.

Van Wijngeeren, R.F., 2008. Vijf Achterhoekse parels. Natuurreservaten van Staatsbosbeheer. Staatsbosbeheer Regio Oost, Deventer.

Van Wirdum, G., 1991. Vegetation and hydrology of floating rich-fens. Dissertatie Universiteit van Amsterdam.

Vrieling, K., 2017. Jacobskruiskruid trekt de wereld over. Holland's Duinen 69: 20-26.

Weeda, E.J., Schaminee, J.H.J. en Van Duuren, L., 2000. Atlas van plantengemeenschappen in Nederland. Deel 1 wateren, moerassen en natte heiden. KNNV, Zeist.

Weeda, E.J., Ozinga, W.A. en Jagers op Akkerhuis, G.A.J.M., 2006. Diversiteit hoog houden; bouwstenen voor een geïntegreerd natuurbeheer. Alterra-rapport 1418. Alterra, Wageningen.

Westhoff, V., 1965. Plantengemeenschappen. In: Lanjouw, J., Van der Wijk, R. Anker, L., Blaauw, O.H., Koningsberger, V.J., Sirks, M.J., Lam, H.J. en Westhoff, V. (red.) Uit de Plantenwereld. Van Lognum Slaterus, Zeist/Arnhem, pp. 288-349.

Witte, J.P. en Runhaar, J., 2000. Planten als indicatoren voor water. Stromingen 6 (1): 5-21.

Witte, J.P., 2007. Water maakt biodiversiteit. In: Van Everdingen, J.J.E., Feddes, R.A., Saat, T.A.W.M. en Buiter, R. (red.). Water – bron van leven en ontwikkeling. Stichting Bio-Wetenschappen en Maatschappij, Leiden, pp. 29-37.

Witte. J.P., 2015. Klimaatverandering en de gevolgen voor grondwater en natuur. Presentatie. KWR, Nieuwegein.

6. Dieren in het landschap

Jos Wintermans en Bas Worm

met medewerking van Wimke Crets-Fokkema, Sip van Wieren,
Robert Ketelaar en Fokko Erhart

6.1 Inleiding

Dieren nemen binnen het landschap een bijzondere plek in. Ze maken onderdeel uit van de voedselketen, vervullen daarbinnen verschillende rollen en functies en geven daarmee mede vorm aan dat landschap, in ruimte en tijd, op kleine en grotere schaal. De mobiliteit van dieren, hun gedrag en de variatie in dat gedrag maakt ze tot 'ecosystem engineers' bij uitstek (Jones e.a., 1994). Kijk bijvoorbeeld naar de wijze waarop een Bever (*Castor fiber*) de successie tot bosontwikkeling periodiek terugzet en de soortenrijkdom verhoogt (Wright e.a., 2002). Of bekijk hoe een mestkever (*Geotrupes* spec.) nutriënten verplaatst en daarmee de biomassa-ontwikkeling van een grazige vegetatie in ruimtelijke zin laat variëren (Veldhuis e.a., 2018). Het mag uit deze voorbeelden duidelijk zijn dat het landschap een stuk eenvormiger zou zijn zonder de aanwezigheid en invloed van al die dieren.

We gaan hier in op de drie trofische niveaus 'herbivoren', 'predatoren' (vgl. carnivoren) en 'bodemleven' (waaronder ook de reducenten, zie Figuur 6.1). In de wetenschap dat elk niveau onderdeel uitmaakt van de voedselpiramide en daarmee het totale landschap. En dat elk niveau sterk wordt beïnvloed door de abiotische omstandigheden (het 'milieu') enerzijds en door menselijk handelen anderzijds.

De voedselpiramides maken in de praktijk deel uit van een veel complexer netwerk van voedselketens (Figuur 6.2), namelijk het voedselweb. Ook het voedselweb is op zijn beurt weer onderdeel van wat tegenwoordig geduid wordt als het 'ecologisch netwerk' (Olff e.a., 2009).

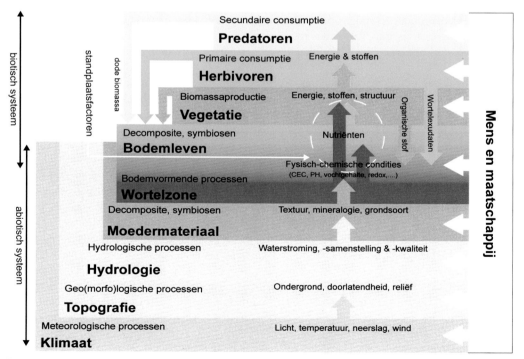

Figuur 6.1. Rangordemodel waaruit blijkt dat dieren aan de top staan van het landschapssysteem. Zichtbaar is ook dat er terugkoppelingen zijn met het bodemleven en de vegetatie.

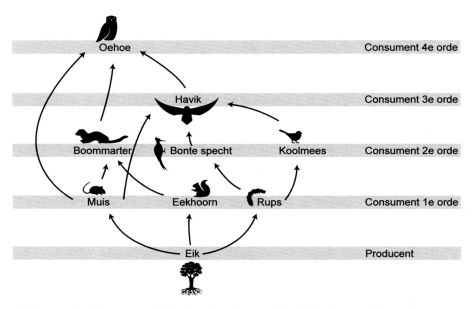

Figuur 6.2. Een voorbeeld van een voedselweb met relatie naar de trofische niveaus uit Figuur 6.1.

Herbivoren worden weliswaar geduid als zijnde planteneters, maar nemen ook micro-organismen en andere kleine dieren op tijdens de voedselinname. Roofdieren eten meestal herbivoren, maar soms ook andere carnivoren. Parasieten komen voor in alle hogere trofische niveaus. Dit geeft wel aan dat de onderlinge relaties in werkelijkheid veel complexer zijn dan in Figuur 6.1 weergegeven is.

Dit hoofdstuk begint met de behandeling van enkele definities en basisprincipes om inzichtelijk te maken hoe het landschap functioneert, geredeneerd vanuit de levensbehoeften van een diersoort. Vervolgens wordt ingegaan op de populatiedynamica, de daarmee samenhangende invloed van de dieren op het landschap in ruimtelijke en temporele zin en de problematiek van versnippering. Het accent ligt hierbij op de herbivoren in verband met hun sterke landschapsvormende rol (Figuur 6.3).

Het hoofdstuk vervolgt met een uiteenzetting over de verschillende invloeden van de mens op de dieren en een overzicht van de doorwerking van verschillende beheerstrategieën op de dieren. Tot slot wordt de behandelde kennis geïllustreerd aan de hand van het rivierengebied.

6.2 Belangrijke definities en basisprincipes

Om de rol van dieren in het landschap goed te kunnen begrijpen leggen we eerst een aantal definities en principes uit. Deze maken inzichtelijk hoe het landschap functioneert vanuit de levensbehoeften van een diersoort.

6.2.1 Definities

- *Complementariteit*: een diersoort kan – afhankelijk van de levensfase waarin het verkeert – gebruik maken van verschillende *habitatten*. Een libelle (*Odonata* spec.) bijvoorbeeld leeft

Figuur 6.3. Een landschap waar de invloed van herbivoren overduidelijk bijdraagt aan de wijze waarop wij het kunnen beleven en – minder zichtbaar – aan de diversiteit aan levensgemeenschappen en soorten (Foto Bas Worm).

het grootste deel van zijn leven als larve onder water; pas in het laatste levensstadium brengen libellen door als imago's: volwassen, gevleugelde insecten die op het land en in de lucht leven en zich dan ook voortplanten en verspreiden.

- *Concurrentie*: concurrentie of competitie is het gebruik van het milieu door organismen met overeenkomstige behoeften. Er kan bijvoorbeeld concurrentie plaatsvinden om ruimte, voedsel, nestgelegenheid of water. Men onderscheidt twee typen concurrentie: interspecifieke concurrentie – dit is de concurrentie tussen individuen van verschillende soorten – en intraspecifieke concurrentie – dit is de concurrentie tussen individuen van een populatie van één soort.
- *Dispersie*: hiermee bedoelen we de – vaak ongerichte – ruimtelijke beweging van veelal jonge dieren op zoek naar geschikt leefgebied. Ze verlaten het ouderlijk territorium of leefgebied waar op een zeker moment geen plaats meer is.
- *Ecologische draagkracht (carrying capacity, vaak aangeduid met K)*: onder de ecologische draagkracht van een gebied verstaan we de maximale populatiegrootte van verschillende soorten die over een langere tijd in een ecosysteem kan bestaan. In de praktijk wordt ook het begrip '*maatschappelijk draagkracht*' gebruikt om aan te geven wat de door de samenleving gewenste en/of gekozen populatieomvang van een diersoort is. Veelal lager dan de *ecologische draagkracht* omdat bij groeiende populaties (richting de ecologische draagkracht) al gauw effecten optreden die door de mens als negatief ervaren worden, zoals (veel) verkeersaanrijdingen, schade aan tuinen, bossen en landbouwgewassen maar soms zelfs ook schade aan (door de mens geformuleerde) natuurdoeltypen. Om die 'ongewenste' effecten op een voor de mens aanvaardbaar niveau te houden wordt vaak gewerkt – in ieder geval bij de grotere diersoorten – met een of andere vorm van actief aantalsbeheer (jacht) waarbij gewerkt wordt met een systeem van doel- en/of streefstanden.
- *Home-range of activiteitengebied*: het totaal aan leefgebied dat door een individueel dier of een groep dieren wordt gebruikt om alle levensbehoeften te kunnen vervullen. Denk aan foerageren,

het innemen van drinkwater, het vinden van beschutting en veiligheid. Als de home-range actief verdedigd wordt tegen anderen, dan is sprake van een territorium.

- *Populatiedynamica*: de wetenschap die de processen van geboorte, sterfte, immigratie en emigratie van individuen bestudeert, met als doel om de aantalsveranderingen in een populatie te verklaren en te zoeken naar wetmatigheden in het aantalsverloop.
- *Populatiedichtheid*: is het gemiddeld aantal individuen per oppervlakte-eenheid (op het land) of per volume-eenheid (in het water), dus hoeveel dieren van een populatie bij elkaar leven in een bepaald gebied.

6.2.2 Een aantal basisprincipes inzake dieren en het landschap

De principes gaan over de aspecten 'ruimte' en 'tijd' als de twee 'dimensies' waaraan het landschap onderhevig is, maar daarnaast ook over de ecologische positie van soorten (de 'niche') in het landschap en het daarmee samenhangend gedrag.

1. Het landschap bepaalt de (mogelijk) aan te treffen diersoorten en aantallen per soort, maar omgekeerd beïnvloeden de aanwezige dieren ook weer het landschap. De samenstelling en omvang van de dierenwereld hangt nauw samen met de aard en omvang van de aanwezige vegetatie. Sommige diersoorten zijn gebonden aan één type vegetatie, anderen op hun beurt zijn gebonden aan een palet van vegetaties, van struweel via graslanden naar heiden, allemaal nodig voor hun voortbestaan. In zijn algemeenheid kan gesteld worden dat voor de grotere fauna de samenstelling van de vegetatie minder bepalend is dan de structuurvariatie (Londo, 1997). Voor de kleinere fauna (bodemfauna, insecten) is de relatie tussen aanwezigheid en de vegetatiesamenstelling sterker omdat ze vaak specifieke plantensoorten gebruiken voor hun voedingsbehoefte; denk daarbij bijvoorbeeld aan waardplanten voor insecten. Voor veel soorten is een minimumareaal aan leefgebied noodzakelijk om het voortbestaan op de langere termijn mogelijk te maken.

2. Hoe hoger in de voedselketen – zie het rangordemodel in de inleiding – des te groter het leefgebied en hoe lager de dichtheden van soorten zijn. Dit principe geeft aan dat elke diersoort gebruik maakt van het landschap op een voor die soort specifiek schaalniveau. Naarmate soorten hoger in het rangordemodel zitten, hebben ze veelal een grotere home-range. Een Gewone pissebed (*Porcellio scaber*) forageert op enkele m^2, een Edelhert (*Cervus elaphus*) in een gebied van 100 tot 1000 ha en een roedel wolven (*Canis lupus*) behoeft minstens 200 km^2. Gevolg is dat de aantallen per soort in dezelfde beschreven volgorde sterk afnemen; om bij de laatstgenoemde voorbeeldsoorten te blijven: veel edelherten, maar weinig wolven. Het 'eten en gegeten worden' staat in directe relatie met de aanwezige biomassa en de daarin aanwezige energie in de verschillende trofische niveaus. Vanuit het concept van de voedselpiramide valt op dat in het algemeen de totale biomassa per opvolgend, hoger trofisch niveau afneemt. Hiervoor wordt de 10% regel gehanteerd. Die regel zegt dat de organismen van elk volgend trofisch niveau, 10% van de massa hebben van het onderliggende trofische niveau. Dit is theoretisch logisch, immers: elk hogergeplaatst niveau consumeert van de onderliggende laag of lagen en zal een deel van de genuttigde consumptie 'verliezen' aan verbranding voor de eigen fysiologische processen. Bovendien kan niet de geheel onderliggende trofische laag genuttigd worden, want dan zou de basis voor het eigen voorbestaan weggenomen worden (Figuur 6.4).

3. Diversiteit aan successiestadia, zowel door natuurlijke als menselijke oorzaken, draagt bij aan de diversiteit in het landschap. In Hoofdstuk 5 Planten in het landschap is dit al uiteengezet. De rol van de fauna, in het bijzonder van de herbivoren, is een belangrijke beïnvloedingsfactor

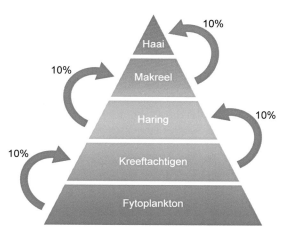

Figuur 6.4. De voedselpiramide, een veel gebruikte vorm om de eindigheid van de voedselketens aan te geven. Naast de getoonde 10 %-regel, als maat voor biomassa-conversiestap per niveau, is het goed te realiseren dat hoe hoger in de piramide, hoe groter de gemiddelde leefgebieden op individuniveau en daarmee samenhangend, hoe lager de aantallen van de betreffende soort.

daarbij. Natuurlijke begrazing remt bijvoorbeeld de vegetatiesuccessie en kan zelfs zorgen voor het stabiliseren van verschillende successiestadia naast en door elkaar (Olff e.a., 2008). Ondergrondse vraat door larven van diverse keversoorten, woelmuizen en andere kleinere zoogdieren en insecten stuurt ook in de aanwezigheid van plantensoorten en daarmee de samenstelling van de vegetatie en dus successie. Aantastingen van naald- en loofhoutsoorten door insecten – denk aan bladhaantjes (*Chrysomelidae* spec.) waaronder het Heidehaantje ((*Lochmaea suturalis*), de Letterzetter (*Ips typographus*) en de Dennenscheerder (*Tomicus piniperda*) – kunnen van de vegetatie sterk de naald- of bladbezetting bepalen. Soms resulteert deze vraat zelfs in sterfte, daarbij ook grote invloed hebbend op het veldbeeld (https://www.plantenplagen.nl/plantenplagen). Maar uiteindelijk is de vegetatieontwikkeling zelf leidend, met uitzondering van de gevallen waar sprake is van overbegrazing of extreme plaagdruk. Het rangordemodel geeft dit feitelijk ook al aan: de vegetatie is dominanter dan de fauna.

4. Soorten maken gedurende het jaar, maar ook gedurende de verschillende levensstadia, gebruik van verschillende vegetatie- of landschapstypen. Voedsel- en voortplantingsgebied van een specifieke soort kunnen bijvoorbeeld sterk van elkaar verschillen. Zo zijn er veel vogelsoorten die broeden in bossen of struiken, maar foerageren op graslanden. Combinaties van en geleidelijke overgangen (gradiënten) tussen landschapstypen zijn dus erg belangrijk voor dergelijke soorten.

5. Generalisten zijn tolerant en met velen; specialisten zijn kieskeurig en vaak beperkt in aantal. In pionierssituaties binnen successies tref je in de regel de generalisten aan, zowel qua planten maar dus ook qua dieren. Ze kenmerken zich door brede tolerantie ten aanzien van de aanwezige milieuomstandigheden en snelle groei (aanwas). Ze vestigen zich met velen, waarna ze plaats maken voor kritischer soorten. Het zijn daarmee ook soorten die in belangrijke mate onderaan in de voedselpiramide staan. Uiteindelijk zijn er aan het eind van de successie soorten die veelal specialistischer zijn, beperkter in aantallen zijn, langzamer groeien, een langere levensduur kennen en een beperkte tolerantie voor genoemde omstandigheden hebben. Het is wel goed te realiseren dat naarmate de successie vordert de voedselpiramide ook aan complexiteit toeneemt, dat pioniers –

lees generalisten – geleidelijk aan eruit verdwijnen en tevens het aantal specialisten op verschillende niveaus in dat web zal toenemen. Er zijn overigens altijd uitzonderingen op deze regel en de werkelijkheid is complex. Zo is de Gevlekte hyena (*Crocuta crocuta*) een relatieve voedselgeneralist in een savanne-ecosysteen, terwijl de soort hoog in de voedselpiramide staat. De Afrikaanse olifant (*Loxodonta africana africana*) is een climaxsoort die enerzijds van bosrijke delen houdt maar die in het geheel niet kritisch is qua voedselkeuze. Hij laat de successie letterlijk 'herstarten' door middel van het vellen van bomen en kan prima leven van pioniervegeties, samen met daarin aanwezige kleine, generalistische predatoren als de Slanke mangoeste (*Herpestus sanguinea*).

6.   Het landschap bepaalt de ecologische draagkracht voor de dieren. Onder natuurlijke omstandigheden zullen in een gebied populaties groeien tot ze de voor die soort specifieke ecologische draagkracht bereikt hebben. Dat is overigens geen statische maar een dynamische situatie (zie ook Paragraaf 6.3).

7.   Voldoende grote leefgebieden en verbindingen tussen kernleefgebieden worden bij elke volgende fase in het rangordemodel steeds belangrijker. Dit heet ook wel connectiviteit (zie Paragraaf 6.5.1 en 6.5.2). Dit principe – de mate van verbinding – tussen (natuur)gebieden draagt zorg voor de genetische uitwisseling tussen populaties. Hierdoor kan herkolonisatie plaatsvinden als een populatie in een zeker natuurgebied door menselijke of natuurlijke oorzaak een bepaalde soort is verdwenen of sterk is achteruitgegaan. Een voorbeeld hiervan is het Gentiaanblauwtje (*Phengaris alcon*) dat door zijn complexe levenscyclus en afhankelijkheid van andere soorten makkelijk lokaal uitsterft, waardoor verbindingen noodzakelijk zijn om te kunnen herkoloniseren. Bovendien voorkomen verbindingen genetische erosie door processen als genetische drift en inteelt (zie Kader 6.1).

8.   Het gedrag en daarbij ook het landschapsgebruik van dieren zijn terug te herleiden naar de basisvereisten: voedsel, rust, water en voortplanting. De aanwezige fauna heeft invloed op hoe het landschap er uit ziet en functioneert. Om deze interactie goed te kunnen begrijpen is het nodig hun gedrag te snappen. Eigenlijk is dat in de basis vrij simpel: dieren streven (onbewust) naar het zoveel mogelijk doorgeven van de eigen genen en vertonen daarbij passend gedrag dat ze in staat stelt om te voorzien in de primaire levensbehoeften: voedsel (energie en mineralen), water, rust en – het uiteindelijke doel – voortplanting. Bij het zoeken naar voedsel (consumptie) is belangrijk in welke mate hierbij concurrentie optreedt tussen individuen van de eigen soort of met andere soorten die in dat specifieke biotoop dezelfde voedselbronnen benutten (niche-overlap). Doorslaggevend bij het vergaren van het dieet is de voedselkwaliteit en energie-inhoud ervan. Daarbij worden verschillende strategieën gevolgd, die beschreven worden in de Optimal Foraging Theory (OFT), zie onder andere Stephens en Krebbs (1986). Als er veel voedsel van goede kwaliteit is, zullen dieren veel eten en zo ook vetreserves aanleggen of voorraden, zoals respectievelijk de ijsbeer en de eekhoorn doen. Dieren zullen dan proberen maximaal energie te verzamelen in zo min mogelijk tijd. Dit wordt ook wel aangeduid met de term 'time-minimizers'. Er is dan tijd over voor andere dingen, zoals bijvoorbeeld voortplanting. Als het zoeken/verzamelen van voedsel meer energie gaat kosten dan het oplevert, dan zullen veel diersoorten overschakelen naar zo min mogelijk verbruiken van in het lichaam opgeslagen energie: het worden dan dus 'energy-optimizers'. In Paragraaf 6.4.1 wordt dit toegelicht bij de behandeling van de verschillende vraatstrategieën bij herbivoren.

Kader 6.1. Complexe levenscyclus van het Gentiaanblauwtje.

Het Gentiaanblauwtje (*Phengaris alcon*) heeft een complexe levenscyclus doordat de rups zowel van de Klokjesgentiaan (*Gentiana pneumomanthe*) als waardplant en van een drietal mierensoorten als waarddier afhankelijk is. Deze specialisatie heeft gezorgd voor een bijzondere smalle ecologische niche, hetgeen in belangrijke mate de huidige zeldzaamheid van de soort bepaalt. Geschikt leefgebied voor het Gentiaanblauwtje moet ook aan de voorwaarden van de waardplant en de waardmieren voldoen.

Zowel verdroging als vernatting bedreigen het gentiaanblauwtje. Onder ideale omstandigheden staan klokjesgentianen langs een groot deel van de vochtgradiënt met nesten van de waardmieren in pollen pijpenstrootje. In natte jaren overstromen de lokale laagtes, maar kan het gentiaanblauwtje zich handhaven aan de randen. Bij verdroging raken de gentianen teruggedrongen tot de laagtes en vermindert de oppervlakte leefgebied. In natte jaren of bij snelle vernatting verdrinken de gentianen en rupsen in laaggelegen nesten van de waardmieren, waardoor het gentiaanblauwtje verdwijnt. Het gentiaanblauwtje verspreidt zich nauwelijks. Slechts in een korte periode van begin juni tot half augustus vliegen ze rond op zoek naar de waardplant om de eitjes af te zetten. Dat is de periode dat herkolonisatie kan plaatsvinden, mits de verbinding en het contactgebied waar de soort lokaal uitgestorven is (weer) over de juiste milieucondities en de voor de cyclus zo belangrijke waardsoorten beschikt.

Meer info op www.vlinderstichting.nl

6.3 Populatiedynamica

Populatiedynamica is – zoals in Paragraaf 6.2 al kort aangestipt – de wetenschap die de processen van toename en afname van individuen bestudeert (sterfte, geboorte), met als doel om de aantalsveranderingen in een populatie te verklaren en te zoeken naar wetmatigheden in het aantalsverloop (Bakker e.a., 1995).

6.3.1 Basis van de populatiedynamica

De grootte van een populatie en daarmee ook de dichtheid ervan in een zeker gebied wordt bepaald door de optelling van de volgende vier parameters:
1. De geboortesnelheid, ook wel geboortecijfer ofwel nataliteit: het aantal nakomelingen binnen een populatie en binnen een bepaalde periode, vaak 1 jaar (G).
2. De sterftesnelheid, ook wel sterftecijfer ofwel mortaliteit: het aantal sterfgevallen in de populatie binnen een bepaalde periode (S).
3. De immigratiesnelheid: het aantal individuen dat het gebied waar de populatie voorkomt binnenkomt binnen een bepaalde periode (I).
4. De emigratiesnelheid: het aantal individuen dat het gebied waar de populatie voorkomt verlaat binnen een bepaalde periode (E).

De omvang N van een populatie – en daaruit volgt de dichtheid – op een tijdstip t is dan te berekenen volgens:

$N_t = N_{t-1} + G - S + I - E$ (verklaring van de letters: zie hierboven).

In de navolgende paragrafen wordt hier nader op ingegaan.

6.3.2 Logistische en exponentiele groei van populaties (r- en K-strategen)

In de populatiedynamica worden in de basis twee benaderingen gehanteerd voor de groei van een populatie: de S-curve en de J-curve (Figuur 6.5). In beide is de ecologische draagkracht K aanwezig. Het verschil zit hem echter in de groeisnelheid van de betreffende populatie en de mate van (zelf) regulatie zodra de ecologische draagkracht in beeld komt. Populaties die zich nieuw vestigen of die in een gebied voorkomen waar plotseling een voorheen belangrijke beperkende factor wegvalt, kunnen zich ontwikkelen volgens een zogenaamde J-curve of een S-curve. Soorten die zich heel snel voortplanten – de reproductiestrategen, afgekort de 'r-strategen' – vertonen vaak een J-vormige groeicurve in het nieuw te koloniseren gebied. De populaties van deze r-strategen 'crashen' ook weer regelmatig om vervolgens na zo'n crash opnieuw snel te gaan groeien. Bij de r-strategen speelt in het geval dat de draagkracht K overschreden wordt (de 'overshoot'), dat dan met name de intraspecifieke (voedsel)concurrentie of infectieziekten zorgen voor de afname van de populatieomvang. Dat kan de vorm van een crash aannemen. Uit voorgaande is te stellen dat de waarde K bij r-strategen eigenlijk heel weinig inzicht in de werkelijke dynamiek van dergelijke populaties geeft. De draagkracht K heeft wat dat betreft veel meer betekenis voor populaties die minder (snel) nakomelingen produceren en als gevolg van de sterkere invloed van de draagkracht vaak een S-vormige groeicurve volgen (Begon e.a., 1990).

In het geval van de S-curve wordt de populatiegroei verondersteld logistisch te zijn: bij de start – als de populatie nog klein is – een lage groeisnelheid die langzaam toeneemt en vervolgens bij het naderen van K weer afneemt. Deze afname bij het naderen van K is het gevolg van een afname van het voortplantingssucces gecombineerd met een toename in de sterfte. Deze soorten duiden we als de K-strategen. Eigenschap van de K-strategen is dat ze – naast de beperkte groeisnelheid – ook vaak lang en intensief voor hun nakomelingen zorgen (weinig sterfte onder de aanwas). Zie Tabel 6.1 voor kenmerken van r- en K-strategen.

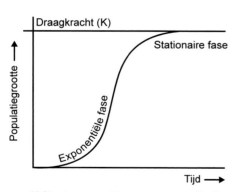

K-Strategen met langzame reproductie
Soorten met een langzame reproductie overstijgen de draagkracht niet. Door voedseltekort sterft het overschot aan nakomelingen vroeg in de ontwikkeling.

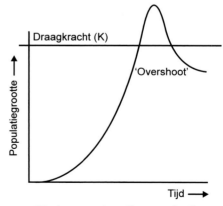

r-Strategen met snelle reproductie
Soorten met een snelle reproductie overstijgen de draagkracht wél. Dit fenomeen wordt 'overshoot' genoemd. De reproductie gaat sneller dan het effect van voedseltekort, waardoor een piek ontstaat.

Figuur 6.5. De S-curve (links) en de J-curve (rechts) als benadering voor respectievelijk populaties met beperkte groeisnelheid en populaties met zeer hoge groeisnelheid.

196

Tabel 6.1. Overzicht van kenmerken van r- en K-soorten.

r-strategen:	K-strategen:
• Snelle individuele ontwikkeling en vaak beperkte lichaamsgrootte.	• Langzame individuele ontwikkeling en flinke lichaamsgrootte.
• Korte levensduur en hoge reproductiesnelheid.	• Lange levensduur (worden 'oud') en lage reproductiesnelheid.
• Vroeg geslachtsrijp, snelle opeenvolging geboorten (soms dus meerdere malen per jaar), veel nakomelingen per keer.	• Later geslachtsrijp (kan meerdere jaren duren), beperkt aantal nakomelingen 1× per jaar of nog minder vaak.
• Beperkte tot weinig zorg voor de nakomelingen.	• Veel en lange zorg voor de geboren dieren.
• Voorkomen vooral in hoog-dynamische milieus of daar waar de omstandigheden abrupt gewijzigd zijn (opportunistische soorten, pioniers).	• Voorkomen vooral in stabiele, laag-dynamische milieus met weinig sterfte.
• Sterk fluctuerende populatiegroottes.	• Vaak stabiele populatieomvang, weinig fluctuerend.

Een duidelijke r-soort is het Wild zwijn (*Sus scrofa*). Wilde zwijnen hebben veel biggen in 1 worp en bij een hoog voedselaanbod zijn zelfs de nakomelingen binnen het 1^e jaar alweer reproductief. Een andere r-soort is de Veldmuis (*Microtus arvalis*). Deze kunnen onder bepaalde omstandigheden exponentieel toenemen, zoals in Friesland in 2019 en 2020 gebeurde. Voorbeelden van K-soorten zijn het edelhert (de hindes krijgen bijna altijd 1 kalf en zijn pas geslachtsrijp in 2^e jaar), de Afrikaanse olifant (*Loxodonta africana*) en de Oehoe (*Bubo bubo*).

6.3.2 Draagkracht en concurrentie

In Paragraaf 6.2.1 is bij de definities al kort uiteengezet wat de termen draagkracht en concurrentie (competitie) inhouden. Ook dat bij concurrentie onderscheid gemaakt moet worden tussen intraspecifieke en interspecifieke concurrentie, oftewel concurrentie tussen individuen van dezelfde soort respectievelijk die tussen soorten.

Interspecifieke concurrentie en bijkomende interacties tussen herbivoren is voor de situatie in Nationaal Park Veluwezoom goed beschreven door Van Wieren e.a. (1997) waar Schotse hooglanders (*Bos taurus*), IJslandse pony's (*Equus ferus*), Damherten (*Dama dama*), edelherten, reeën en wilde zwijnen samenleven.

In theorie zijn dergelijke interacties onder te verdelen in twee hoofdvormen: facilitatie en concurrentie. Van facilitatie spreken we als het voorkomen van de ene soort gunstig is voor de andere soort, bijvoorbeeld het begrazen van oud, dor grasland door rundvee (Schotse Hooglander) waardoor daarna hergroei van jong, beter verteerbaar gras optreedt waarvan het edelhert profiteert (Figuur 6.6). Bij toenemende/hoge dichtheden treedt juist vaak concurrentie op, oftewel soorten zitten elkaar in de weg bij hun voedselkeuze. Een voorbeeld: in de Oostvaardersplassen waar in het begin van de 21^e eeuw gedurende de winterperiode weinig voedselaanbod was voor de aanwezige omvang van meer dan 5000 grazers leidde deze combinatie van aantallen dieren en gering voedselaanbod tot extreme concurrentie tussen de aanwezige soorten, te weten: Edelhert, Heckrund (*Bos taurus*), en Konikpaard (*Equus caballus*). De van oorsprong aanwezige ree was toen al verdwenen en het Heckrund werd weggeconcurreerd door het edelhert en het Konikpaard.

Figuur 6.6. Het optreden van concurrentie of facilitatie hangt mede af van de dichtheden per soort (Foto Bas Worm).

Of en in welke mate interspecifieke effecten optreden hangt zowel af van de diversiteit als de dichtheden aan herbivoren. Bij hoge dichtheden zijn de interspecifieke effecten sterk. Zeer waarschijnlijk zijn de meer ondergronds levende soorten, zoals muizen en diverse insecten, nog onvoorspelbaarder voor wat betreft populatieveranderingen dan de 'bovengrondse' hoefdieren. Het betreft veelal r-soorten die door hun snelle groeimogelijkheden kunnen leiden tot extreme niveaus van beïnvloeding (bossterfte) en daarbij zijn ze ook nog eens lastig waarneembaar.

De intraspecifieke concurrentie is de drijvende kracht achter natuurlijke selectie en een belangrijk mechanisme in de evolutie van soorten. De intraspecifieke concurrentie is sterker dan interspecifieke concurrentie, omdat de individuen van één soort in sterkere mate overeenkomstige eisen stellen dan de individuen van verschillende soorten doen. Intraspecifieke concurrentie draait vaak om het recht van de sterkste en de seksuele selectie die daarmee samenhangt. Om maar weer even het voorbeeld van het edelhert te nemen: de mannetjes moeten tijdens de bronst in het najaar een ware uitputtingsslag leveren om zich te kunnen voortplanten, een periode waarin ze voortdurend alert zijn, voortdurend mogelijke concurrenten moeten verjagen, er soms ook mee moeten vechten. Ze hebben dan ook geen moment tijd om te eten en teren zodoende flink in op de in het lichaam aanwezige vetvoorraden. Tijdens zo'n bronsttijd kunnen de succesvolle edelherten wel 30% in lichaamsgewicht afnemen. Alleen de sterkste volwassen dieren zijn succesvol.

Bij interspecifieke concurrentie hebben de betrokken soorten allemaal nadeel van elkaars aanwezigheid (wederzijdse uitsluiting). Ze zitten als het ware voor een deel in dezelfde ecologische niche.

Terugkomend op het begrip 'draagkracht' geven we nog een paar aanvullingen op de eerder beschreven evenwichtssituatie, samenhangend met genoemde concurrentie. We zagen al dat bij een toenemende populatiegrootte het geboortecijfer geleidelijk aan zal afnemen, het sterftecijfer zal toenemen en dat bij het bereiken van ecologische draagkracht het sterftecijfer min of meer gelijk zal zijn. Soms is er sprake van een kortdurende doorgroei ('overshoot'), waarna vaak een sterke correctie volgt. In werkelijkheid is die draagkracht dus een dynamische situatie, schommelend rondom een zeker langetermijngemiddelde. Veranderingen in die populatiedichtheid worden bepaald door vele factoren. Ook in zeer stabiele ecosystemen zal de hoeveelheid individuen per soort jaarlijks variëren. De populatiedichtheid wordt gereguleerd door zowel dichtheidsafhankelijke factoren, bijvoorbeeld het optreden van ziektes, stress tussen individuen, als ook dichtheidsonafhankelijke factoren zoals verschillen in weer beïnvloeden de schommelingen.

Bij dichtheids*afhankelijke* factoren zal de invloed van de betreffende factor groter worden naarmate de populatie groter wordt, dus naarmate de dichtheid toeneemt. Als in een gebied de populatie herten groter wordt zal de invloed van beschikbaar voedsel op de populatie ook groter worden omdat ze limiterend wordt, er ontstaat schaarste. Als een populatie groeit, en individuen dichter op elkaar komen te leven, worden ziekten sneller verspreid. De invloed van ziektekiemen en parasieten stijgt bij het toenemen van de populatie-omvang. Als de populatie krimpt, dus de individuen niet zo veel meer met elkaar in aanraking komen, dan neemt de invloed van de factor ziekte op de populatie af. Dichtheidsafhankelijke factoren zijn (bijna) altijd factoren uit het biotische milieu.

Dichtheids*onafhankelijke* factoren hebben invloed op de omvang van de populatie, zonder dat de individuen daar zelf invloed op hebben en ongeacht van de grootte en dus dichtheid van de populatie. Dichtheidsonafhankelijke factoren zijn altijd factoren uit het abiotische milieu. Een strenge winter is zodoende te beschouwen als een voorbeeld van een dichtheidsonafhankelijke factor, immers de winter wordt niet meer of minder streng als er meer dieren in een gebied leven. Alle individuen ondervinden dezelfde hinder. Echter, dergelijke dichtheidsonafhankelijke factoren kunnen indirect wel een dichtheidsafhankelijk effect hebben. Om het voorbeeld van die strenge winter weer te nemen: hierdoor kan een lagere voedselbeschikbaarheid ontstaan, wat dan wel weer een dichtheidsafhankelijk effect is.

Hierboven zijn we uitgegaan van een min of meer vaste evenwichtssituatie, maar door veranderingen in de omgeving kan deze ook veranderen. Bij introductie of toename van een bepaalde soort 'B' in een gebied kan – in het geval deze soort faciliterend optreedt voor een andere aanwezige soort 'A' – de draagkracht K van het gebied voor deze soort 'A' verschuiven naar een nieuwe, hogere, evenwichtswaarde omdat het landschap geschikter wordt. Voorbeeld hiervan is de introductie van Schotse hooglandrunderen geweest op Nationaal Park Veluwezoom. Deze runderen eten ook oud, slechter verteerbaar gras, waardoor hergroei van nieuw, voor edelherten aantrekkelijker gras gestimuleerd wordt. De runderen treden hierbij dus duidelijk faciliterend op ten opzichte van het edelhert. Door veranderingen in de successie wordt het betreffende landschap geschikter of juist minder geschikt voor een soort. De eerdergenoemde ondergronds levende, kleine 'herbivoren' zullen reageren op de bovengrondse veranderingen in de vegetatie (Bakker e.a., 2009) en *vice versa*. Door ondergrondse aantasting kan een vegetatie voor hoefdieren ineens een stuk minder aantrekkelijk zijn, en ze doen besluiten andere planten te gaan eten. Wat daarnaast ook een grote rol speelt is de aanwezigheid van zogenaamde 'mast', het aanbod van vruchten van eik, kastanje, beuk en andere loofbomen. Veel mast betekent veel zoals bekend aanwas van het wild zwijn, maar ook soorten als Grote bosmuis (*Apodemis flavicollis*) en Rosse woelmuis (*Myodes glareolus*) (Pucek e.a., 1993).

De invloed van de mens op de populatiedichtheden van de wilde dieren neemt de laatste decennia sterk toe; recreatiedruk, toenemend verkeer, ander ruimtegebruik qua woon- en werkomgeving zorgen voor versnipperd leefgebied, meer stress en een lagere reproductie bij wilde dieren. De maatschappij vraagt daarmee indirect ook om de populaties van wilde dieren kleiner te houden dan de ecologische draagkracht, om zo maatschappelijke overlast door wilde dieren te beperken dan wel te voorkomen: minder aanrijdingen met wild ('valwild'), minder schade aan tuin en gewas, minder risico op zoönotische infecties, dat wil zeggen ziekte-overdracht van wilde dieren op de mens. Voorgaande duiden we dan ook vaak met het begrip 'maatschappelijke draagkracht'.

Omgekeerd is er in onze maatschappij ook sprake van een tendens om bepaalde leefgebieden hernieuwd te (laten) koloniseren met dieren en dan vooral herbivoren, waarbij het vraagstuk van ecologische en maatschappelijke draagkracht een uitdagende onbekende is. Markante voorbeelden zijn het uitzetten van wisenten in de duinen (gebied het Kraansvlak), op de Veluwe en in Nationaal Park de Maashorst, maar ook de overweging om edelherten te introduceren in het Drents-Friese Woud. In deze gebieden wordt bewust de mogelijke invloed van de komst van de grote herbivoren op de omvang van dag- en verblijfsrecreatie enerzijds en de verwachte landbouwschade en veranderingen in verkeersveiligheid onderzocht om het begrip maatschappelijke draagkracht beter kwantificeerbaar te maken. Naast mogelijke schade-componenten als input voor de maatschappelijke draagkracht zijn er ook veel bedreigde soorten of kleine populaties die niet zozeer schade aan menselijke activiteiten berokkenen maar vooral een hoge mate van aaibaarheid hebben, zoals weidevogels en de Otter (*Lutra lutra*). Het zijn 'gewilde dieren' waarvoor mensen zich hard willen maken en soms zelfs herintroducties op touw zetten (Zekhuis e.a., 2021).

6.4 Beïnvloeding van het landschap door dieren in de tijd en ruimte

Dieren beïnvloeden door hun mobiliteit en gedrag het landschap in ruimte en tijd. Hoe hoger een soort in het rangordemodel van de trofische niveaus zit, hoe invloedrijker het effect per individu is. We zoomen in op drie niveaus: de herbivoren, de carnivoren en de reducenten. Daarnaast staan we kort stil bij de rol van insecten in hun betekenis als zaadverspreiders en bestuivers van bloeiende planten.

In Paragraaf 6.3 hebben we al gezien dat populaties qua dichtheden fluctueren in de ruimte en tijd. Dat betekent in het geval van bijvoorbeeld herbivoren, beschreven in Paragraaf 6.4.1, dat de graasdruk niet altijd en overal even groot is. Op momenten dat die graasdruk minder wordt of tijdelijk wegvalt, kunnen andere soorten hiervan profiteren. Zo zullen zaailingen van bomen als grove den en berk in de heide een kans krijgen als herten en reeën in aantal afnemen (wegtrekken dan wel door predatie van bijvoorbeeld de wolf). Het gebruik van het landschap door dieren heeft dus met de mobiliteit van de diersoorten te maken, met plotselinge veranderingen in de abiotiek (bijvoorbeeld overstromingen in rivier- en beekdalen), met de voorkomende dichtheden (bij lage dichtheden meer variatie in graasdruk, bij hoge dichtheden vrijwel overal hoge graasdruk), met het voorkeursdieet en met dag- en jaarritme.

Seizoenstrek kan onderdeel zijn van het soortspecifieke jaarritme. Van edelherten op de Veluwe is bijvoorbeeld bekend dat ze zich in voorjaar en zomer in andere terreindelen ophouden dan tijdens de bronst in de herfst. In het Serengeti-Masaai Mara-gebied (grensregio Tanzania en Kenia) vindt jaarlijks een spectaculaire trek plaats waarbij een miljoen grazers (Figuur 6.7), voornamelijk gnoes, vergezeld van duizenden Grant gazelles en zebra's, zich laten leiden door neerslag en aanwezigheid van mals gras (Veldhuis e.a., 2019). Op hun beurt laten predatoren (de Leeuw, de Cheeta, de Zadeljakhals en hyena's) en 'opruimers', zoals gieren, zich leiden door de aanwezigheid van de prooidieren. Maar hun populaties zijn een stuk minder groot dan je zou verwachten aan de hand van het aantal prooidieren. Dat komt doordat de grazers migreren en dus niet het volledige jaar aanwezig zijn. De populaties van de grazers zijn daarentegen weer veel groter dan verwacht, enerzijds

Figuur 6.7. Een kudde gnoes tijdens de geboortepiek, waarin roofdieren een luilekkerland aantreffen. De grassen in de graslanden die tijdens de geboortepiek gebruikt worden, bevatten in vergelijking met de andere gebruikte graslanden tijdens de migratie, erg veel calcium, wat weer positief is voor de lactatie (Foto Jos Wintermans).

door relatief beperkte predatiedruk en anderzijds door het efficiënte gebruik van voedselbronnen, doordat ze het voedsel achternareizen (Fryxell e.a., 1988).

Een ander voorbeeld is dat van de lemmingen (*Lemmus* spec., onderfamilie van de woelmuizen). De lemming staat erom bekend dat de grootte van hun populatie in verschillende jaren sterk kan fluctueren (r-strategen!). De populaties predatoren die vooral van lemmingen leven, zoals de Sneeuwuil (*Bubo scandiacus*), Wezel (*Mustela nivalis*) en Poolvos (*Vulpes lagopus*), reageren vertraagd op de lemming-bevolkingsdichtheid. Volgend op een goed lemmingjaar krijgen ze veel nakomelingen, het jaar daarop zijn er veel predatoren en weinig lemmingen, zodat daardoor weer minder predatoren komen en de lemmingen weer in aantal kunnen toenemen (Gauthier e.a., 2004). Wanneer er (te) veel dieren zijn, kan massale migratie op gaan treden, maar dit gebeurt veel minder vaak dan in veel literatuur gesuggereerd wordt.

Niet onbelangrijk bij deze ruimtelijke en temporele verspreiding van dieren is de beschikbaarheid van water voor drenking. Een essentieel landschapskenmerk dat ook doorwerkt op de effecten van herbivoren zoals hierna beschreven is.

6.4.1 Herbivorie

De planteneters – zowel de bovengronds levende hoefdieren, knaagdieren en vogels als ganzen maar zeker ook de meer ondergronds levende muizen en diverse insecten – hebben van alle dieren de meest directe en duidelijke invloed op het landschap en de daar in voorkomende landschapselementen (Whittaker, 1977). Deze invloed is vooral het gevolg van de directe vraat, naast soms schuren en vegen, maar ook de meer indirecte beïnvloeding door betreding, bemesting, en zaadverspreiding dragen hier hun steentje aan bij (Gordon en Prins, 2008).

Vraat

Bij elke soort herbivoor is sprake van een vraatvoorkeur qua plantensoorten en/of onderdelen van de plant. Zo zijn enerzijds typische graseters, anderzijds soorten die gericht kruiden en delen van struiken en bomen eten (Figuur 6.8).

De grotere grazers, de hoefdieren, hebben in de loop van de evolutie een techniek ontwikkeld om het relatief slecht verteerbare gras te laten bewerken door bacteriën die in de pens als een soort 'vergistingstank' helpen het voedsel te verteren. De diersoorten die meer hoogwaardig voedsel kunnen uitkiezen, denk aan sap- en nutriëntenrijke bladeren en knoppen van kruiden, struiken en lagere delen van (jonge) bomen, hebben deze noodzaak niet of minder. Deze zogenaamde *browsers* of snoeiers, hebben dan ook een zichtbaar kleinere pens (Hofmann en Stewart, 1972). Het nadeel voor de browsers is dat ze vaker moeten foerageren dan de echte grazers. Deze snoeiers zijn dus meer afhankelijk van kwaliteit van het voedsel dat in het omringende landschap te vinden is en deze soorten leven dan ook meestal direct in de omgeving waar ze hun voedsel verzamelen. Daarom vertonen ze dan ook vaak territoriaal gedrag. Grazers en *'intermediate feeders'*, zoals edelherten, volstaan met enkele keren per dag voedsel te bulken en kunnen daarom dagelijks flinke afstanden afleggen tussen voedselgebied en herkauw-/rustgebied. Een bijzonder onderdeel van vraat is het schillen van bomen door met name de intermediate feeders en grazers: edelherten, paarden en runderen. Deze soorten kunnen ten tijde van schaarste aan andere bronnen – bijvoorbeeld in strenge winters of hoog water in geval van rivierenlandschap – zich tegoed doen aan de bast, inclusief het groeimeristeem (het cambium) dat vanzelfsprekend grote invloed heeft op de successie.

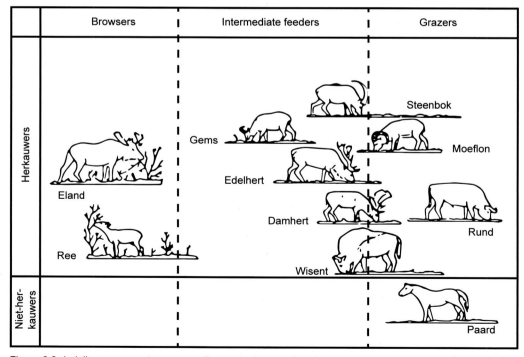

Figuur 6.8. Indeling naar soorten grazers (browsers, intermediate feeders en echte grazers (naar Hofmann en Stewart, 1972).

Ondanks de relatieve onverteerbaarheid van gras is er wel een ecologisch voordeel voor notoire graseters in relatie tot predatoren. Er is ruimte voor kuddevorming vanwege het uniforme voedselaanbod in grasachtige vegetaties en daardoor is het tijdig kunnen opmerken van predatoren, het zich kunnen verdedigen en makkelijk vluchten in zo'n open landschap kansrijker.

In meer gesloten vegetaties, de kruidenrijke vegetaties, struwelen en bossen vinden we vaker de selectieve voedselzoekers (snoeiers), die een meer gevarieerd dieet hebben dan de grazers en dat dus ook op verschillende plekken moeten verzamelen. Ze leven meer solitair, de invloed op het landschap door deze soorten is ook subtieler dan dat van (grote groepen) grazers. In dergelijke landschapstypen zijn eventuele predatoren lastiger te detecteren en deze predatoren – zoals de Lynx – hanteren ook meer de hinderlaagstrategie, gebruik makend van de aanwezige opgaande vegetatie.

Een vorm van vraat die we makkelijk over het hoofd kunnen zien is insectenvraat. Net als de grote planteneters kunnen zij planten, struiken en bomen aantasten, en daarbij is er een breed spectrum aan vormen aanwezig. Vraat aan bladeren door rupsen en bladmineerders – de tweede is een vorm waarbij minuscule larven gangen vreten in het blad – kan leiden tot remming in de groei van een plant en daarmee een ongunstige concurrentiepositie ten opzichte van andere soorten. Andere soorten leggen larven in schors of bast, denk aan eerdergenoemde letterzetter, of tasten eindloten aan zoals de dennenscheerder.

Naast genoemde vraat bovengronds worden ondergronds ook plantendelen gegeten. Zowel wortels, opslagorganen als knollen of overlevingsstadia als bollen. Het zijn hierbij vooral de kleinere zoogdieren die een rol spelen (woelmuizen, Wilde Hamster (*Cricetus cricetus*) (http://www.zoogdierenwerkgroep.be/hinder/predatie-en-vraatschade) en diverse insecten, veelal in larvale stadia).

Figuur 6.9. Een situatie waarin zowel de grasachtige vegetatie als ook de bomen door herbivoren worden gegeten waardoor het landschap een relatieve openheid behoudt (Foto Bas Worm).

In het algemeen kunnen we stellen dat vraat door dieren altijd subtieler en met name gedifferentieerder is dan door de mens uitgevoerd maaibeheer. In Hoofdstuk 8 Natuurbeheer is dit nader toegelicht.

Betreding

Door hun fysieke aanwezigheid hebben herbivoren soms een verdichtend, soms een openbrekend effect op de bodemstructuur. De mate van doorluchting ('aeratie') stuurt de afbraaksnelheid (mineralisatie) van organische stof en daarmee de standplaatseigenschappen voor plantengroei. Daarnaast heeft het effect op de kiemingskansen van diverse soorten. Zo zorgen grote grazers voor gradiënten in bodemverdichting die met name de variatie in graslanden sterk bevorderen. Vertrapping van vegetatie versnelt ook de omzetting van plantendelen naar organische stof.

Uitscheiding (bemesting)

Herbivoren beïnvloeden de bodem door middel van uitscheiding van feces en urine en zorgen daardoor voor (micro)variatie. Ook hier geldt dat de diversiteit aan soorten en de aantallen per afzonderlijke soort van invloed zijn op het uiteindelijke effect. Aardig is wel te realiseren dat sommige soorten bewust vaste locaties gebruikt om de uitwerpselen te deponeren, denk aan de latrines van Boommarter (*Martes martes*) en Das (*Meles meles*) terwijl andere soorten hun uitwerpselen schijnbaar willekeurig laten vallen. Weer andere soorten laten hun uitwerpselen zeer tactisch vallen om het territorium te markeren. Zo zal een Rode of Gewone vos (*Vulpes vulpes*) zijn uitwerpselen op goed zichtbare plekjes als heuveltjes, boomstronken en soms midden op het pad deponeren, al dan niet extra gemarkeerd met urine.

Zaadverspreiding

Herbivoren kunnen op twee manieren de zaden van planten verspreiden en daarmee de landschapssuccessie verder beïnvloeden. Enerzijds is dat via inname. Door het eten van bijna-rijpe zaden, die elders worden uitgescheiden, kunnen deze zaden elders tot kieming komen, vaak gefaciliteerd in de eerste groei door de mest die nabij is. Anderzijds kan dat door het onbewust hechten van zaden aan de vacht of tussen de hoeven en die op die wijze getransporteerd worden. Het zaad rijpt als het ware tijdens het transport en valt op zeker moment uit de zaadhuid op de grond. Dit zien we vooral bij de meer stekelige, klittende zaden.

De vier genoemde invloeden van herbivoren op de landschapsstructuur leiden ook tot veranderende vegetatietypen. Deze vegetaties hebben weer invloed op het voorkomen van herbivoren. In Figuur 6.10 is deze wisselwerking voor een scala aan grazers weergegeven in tabelvorm.

In aanvulling op de vier wijzen van beïnvloeding zijn er qua uitwerking op het landschapsbeeld enkele bijzondere herbivorie-effecten bijzonder vermeldenswaardig.

		Damhert	Edelhert	Ree	Wisent	Wild Zwijn	Rund	Schaap	Paard	Geit	Eland
Terreinvoorkeur (vooral i.v.m. dekking)											
Open terrein		O	O	●	●	●	★	★	★	O	
Parklandschap	★ = Primair	★	★	★	O	●	★	O	O	★	O
Open bos	O = Secundair	O	★	O	★	★	O		●	O	★
Gesloten bos	● = Tertiar				●	●	O				●
Voedsel											
Grassen en zeggen		★	★	●	O		★	★	★	●	
Kruiden		O	●	★	O	●	O	O	●	★	O
Afgevallen kleine boomvruchten		★	O	O		O		●	●	O	
Knoppen en bladeren		O	★	★	★	★	●	O	●	★	★
Twijgen en dwergstruiken		●	O	O	★	●	●	O	O	★	★
Bast		●	O		★		●		O	★	
Wortels, knollen, Insecten, etc						★					
Herkauwclassificatie											
"Grote grazer" (Eng: grazer)		O					★	★			
Overgangsvorm 1/2		★	★				O	O			
"Variabele vreter" (intermediate feeder)			O								
Overgangsvorm 2/3				O	★					O	
"Snelle snoeier" (browser)				★	O					★	★
Drinkwaterbehoefte											
Zelden of nooit		●		●							
Regelmatig			●			●			●	●	●
Dagelijks					●	●	●		●		
Behoefte aan modder				●		●	●				

Figuur 6.10. Verschillende grazers, hun voorkeur voor landschapstypen en voedselplanten en/of de aanwezigheid van water een belangrijke bepalende factor is (naar Van de Veen en Lardinois, 1991).

Bronstkuilen

De voortplanting heeft bij diverse herbivoren ('bronsttijd') bijzondere neveneffecten op de vegetatie. Bij runderen en hertachtigen zien we dat tijdens de seksuele activiteit de mannelijke dieren met hun hoeven bodems worden open gewoeld, en uiteindelijk kuilen ontstaan (Figuur 6.11) waarin de dieren zich omwentelen (Wilkinson e.a., 2009). Bij sommige soorten gaat dit gepaard met zichzelf besproeien met urine. Deze zogenaamde stieren- of bronstkuilen krijgen daardoor qua standplaats voor planten een hoogdynamisch van karakter en worden daarmee geschikt voor pioniersoorten onder de planten en dieren.

Uit onderzoek is inmiddels bekend dat dergelijke locaties, met name de perifere steilranden, essentiële habitatten opleveren voor allerlei gravende insecten zoals Steilrandgroefbijen (*Lasioglossum quadrinotatulum*) en graafwespen (*Crabronidae* spec.) (zie o.a. Helmer, 2019).

Figuur 6.11. Wissel en stierenkuil ineen. Nationaal Park de Maashorst (Foto Jos Wintermans).

Ter aanvulling: de mannelijke dieren hebben ook dikwijls – weliswaar sterk lokaal – effect op de kleinere boompjes en struiken omdat ze hun gewei of horens van ornamenten willen voorzien in de vorm van takken en twijgen, als onderdeel van hun imponeergedrag tijdens de bronst.

Zoelen

Bij met name zwijnensoorten is er sprake van een behoefte aan modderbaden, de zogenaamde 'zoelen', om te kunnen afkoelen maar ook om zich te ontdoen van parasieten. Dit laatste betekent in de praktijk dat naast deze natte, open plekken – vergelijkbaar qua toenemende dynamiek met de stierenkuilen – omliggende bomen gebruikt worden als veeg- en schuurbomen; want de eenmaal opgedroogde modder dient ook weer verwijderd te worden. Niet zelden hebben de bomen daar sterk onder te lijden. Dit effect is vergelijkbaar met schillen en daardoor sterven de bomen uiteindelijk af.

Het kooi-effect en het 'pendelende bos'

In situaties waarin de jeugdfase van boom- en struikvormers sterk bemoeilijkt wordt door hoge dichtheden aan herbivoren is het voor deze plantensoorten voordelig wanneer ze kiemen binnen een beschermende 'kooi' van doorn- of stekeldragende struiken dan wel in een dichte, op de grond liggende kroon van een omgevallen boom (Figuur 6.12). Zodra ze hoog genoeg zijn om te kunnen ontsnappen aan de vraatdruk kunnen ze zich ontpoppen tot een volwaardige boom. Na verloop van tijd zullen de kooivormende struiken de concurrentie om licht en voedingstoffen verliezen van de daarvan profiterende boom en sterven ze af. In de praktijk blijkt deze strategie vooral effectief in randzones van bossen omdat daar in eerste instantie juist diezelfde doorn- of stekeldragende struiken hebben kunnen opgroeien vanwege meer beschikbaarheid van licht en voedingstoffen. Omdat dit fenomeen ogenschijnlijk leidt tot een bosrand die periodiek de open ruimte in beweegt, maar na verloop van tijd zich ook weer terugtrekt omdat de randbomen ook relatief kwetsbaar zijn voor windworp en ziektes, wordt hiervoor ook wel de term 'pendelend bos' gehanteerd (Van Wieren e.a., 1997).

Figuur 6.12. Sterk kooieffect waarin de Ruwe berk profiteert van de bramenkooi, tegen vraat van Wisent en Tauros (Nationaal Park de Maashorst) (Foto Jos Wintermans).

Graaslijn

In geval van relatief hoge vraatdruk worden verschillende stadia in de successie min of meer 'geremd' in hun natuurlijke neiging tot doorontwikkeling. Bij struikvormers en jonge bomen resulteert dat veelal in het verkorten van de nieuwe loten, waarbij soms het gehele uiterlijk zelf een sterk gesnoeid karakter krijgt. Bij volgroeide bomen met een lage takaanzet – bijvoorbeeld aan bosranden – beperkt het vraateffect zich tot vraathoogte die de wilde herbivoren nog kunnen bereiken. Waarbij letterlijk de hoogste herbivoor zorgt voor een duidelijke graaslijn aan de onderkant van de kroon (Figuur 6.13).

Figuur 6.13. Duidelijke graaslijn in een gebied met paarden en damherten (Foto Bas Worm).

Beverdammen en -burchten

De invloed van bevers op het landschap is eigenlijk niet inpasbaar in de tot nu toe behandelde beïnvloedingsaspecten. Wat deze soort doet met het landschap is qua vraat grotesk te noemen omdat hele bomen worden omgelegd en benut. De bladeren en bast worden volledig geconsumeerd, het resterende hout wordt benut voor het verstevigen en vergroten van de burcht. In geval de waterstand in het door hem gewenste habitat te laag is, wordt het hout ook benut om dammen te bouwen voor waterstandsverhoging. Naast hout wordt voor de dam ook de nodige hoeveelheid modder (slib, klei) en bladeren gebruikt. Het creëren van de dammen betekent op termijn ook een successieverandering vanwege de sterke vernatting van de standplaatsen in de directe omgeving (Figuur 6.14). De bever is daarom een soort die we duiden als ecosysteem ingenieur (of *ecosystem engineer*), omdat deze soort letterlijk als een ingenieur de abiotische omstandigheden van het landschap verandert.

Ganzenvraat

De laatste decennia zijn de landbouwkundige omstandigheden en wettelijke afschotbepalingen in Nederland dusdanig veranderd dat er een gunstig deelhabitat is ontstaan voor ganzen. Met name overwinterende ganzen – en daarnaast ook een groeiend aantal jaarrond aanwezige soorten, zoals de Grauwe gans (*Anser anser*) – hebben geleid tot een hoge graasdruk, in zowel agrarisch gebied als ook natuurgebieden. In natuurgebieden staan hierdoor soms zelfs bepaalde Natura 2000-doelstellingen onder druk, zoals behoud van leefgebied voor soorten als Grote karekiet, Woudaap, Zwarte stern en Roerdomp (Bakker e.a., 2018; Van der Wind en Dreef, 2019). In meer agrarisch landschap leidt kortgegraasd grasland tot achteruitgang van 'klassieke' weidevogels als Grutto en Tureluur. Landschapsecologisch gezien is met name de Grauwe gans, als talrijkste ganzensoort in de zomerperiode, van grote invloed. Ze eten dag en nacht aan verlandingsvegetaties zoals Riet, Lisdodde, Zegge, Gele plomp en Krabbenscheer. Dit heeft ertoe geleid dat deze vegetaties sterk zijn afgenomen (Vulink e.a., 2010).

Figuur 6.14. Een beverburcht in het hart van het Biebrza Nationaal Park, Polen (Foto Jos Wintermans).

6.4.2 Carnivorie (predatie)

Carnivorie is een bijzondere vorm van interspecifieke faunarelaties. Carnivoren hebben een aantalsregulerend effect op herbivoren, maar door hun (tijdelijke) aanwezigheid ook een ruimtelijk effect: daar waar een carnivoor zoals de wolf (Figuur 6.15) verschijnt gaan de aanwezige grazers een aangepast ruimte-tijdgedrag vertonen. In het algemeen zien we dat een prooidierpopulatie in omvang slechts in beperkte mate door predatie wordt beperkt. Toch is er invloed op de successie, want predatie zorgt op sommige plaatsen in het landschap voor minder graasdruk dus kansen voor de successie. Struikvormende soorten krijgen kiem- en opgroeikansen in grazige vegetaties en jonge struiken en bomen kunnen doorgroeien waarbij de laatste tot volwassen bomen kunnen door ontwikkelen. In het geval meer openheid wordt nastreeft in een landschap zal dus een toename van het aantal roofdieren/carnivoren daar soms negatief, soms positief aan bijdragen, al naar gelang waar de herbivoren zich naartoe bewegen.

De aanwezigheid van roofdieren leidt dus tot gedragsaanpassingen bij potentiële prooidieren, in belangrijke mate herbivoren. Als predatoren aanwezig zijn zal meer tijd en dus ook meer energie besteed worden aan alert- en vluchtgedrag, en zal dit navenant leiden tot meer stress. Dit resulteert in aangepast foerageergedrag, waarbij dieren op zoek moeten naar meer rendement, efficiënter foerageren maar soms ook minder nakomelingen (kunnen) produceren. Als na enige tijd de prooidierpopulatie significant verlaagd is, zal prooidierschaarste optreden en navenant de reproductie bij de predatoren ook inzakken of zullen de predatoren het gebied (tijdelijk) verlaten, op zoek naar andere gebieden met beter prooidieraanbod. Dit is te beschouwen als een vorm van positieve terugkoppeling dat zal resulteren in fluctuatie van de aantallen van beide, met een duidelijk faseverschil in de tijd: groei van de een leidt – met een bepaalde vertraging – tot groei van de populatie van de andere soort. Hetzelfde geldt voor afname.

Figuur 6.15. Waar de wolf verschijnt... (Foto Hugh Jansman (Nature Today)).

Predator en prooi zorgen door hun wisselwerking dat de omvang van beide populaties in een gebied, gemeten over langere tijd constant zijn. De omvang van de prooidierpopulatie wordt actief in toom gehouden door hun vijanden (de predatoren). Deze vijanden bejagen deze prooidieren en eten er veel van als er een overvloed van is en zullen er minder van eten als de populatie prooien klein is. Als de prooidierpopulatie sterk krimpt zal voedselschaarste ook kunnen leiden tot sterfte en verminderde reproductie bij de predatorpopulatie. Er heerst tussen beide populaties dus een dynamisch evenwicht, dat in een stabiel milieu erg lang in stand kan blijven. In Figuur 6.16 zie je de relatie tussen de Lynx (*Lynx lynx*) als predator en de Sneeuwhaas (*Lepus timidus*) als prooi weergegeven. In deze grafiek vallen twee eigenschappen van de interactie op:
1. De populatieomvang van de prooidieren is altijd groter dan de populatieomvang van de predatoren.
2. De 'toppen' van predator en prooiomvang vallen nooit gelijktijdig. De toppen van de aantallen predatoren vallen in de tijd altijd na de toppen van de prooi (reageren vertraagd op toename in voedselaanbod). In zijn algemeenheid kun je stellen dat de roofdieren de prooidieren letterlijk en figuurlijk volgen.

De wisselwerking tussen predatoren en hun prooi is echter sterk locatie-afhankelijk en is moeilijk voorspelbaar, laat staan te duiden in een aantal algemeen geldende regels. Deze relaties zijn vaak zeer soortspecifiek, zeer locatiespecifiek en afhankelijk van de aanwezigheid van andere soorten (Van de Veen, 1983).

Dieren streven altijd naar een optimalisering van het forageergedrag qua voedsel – c.q. energie-opname. Dat heeft in de evolutie geleid heeft tot de al besproken verschillende vraatstrategieën bij verschillende herbivoren. Bij de carnivoren gaat die optimalisering nog een stap verder: omdat het jagen op prooien een investeringsafweging is tussen de energie die het kost en die het opbrengt via de te verwerven prooisoorten, zien we dat elke soort een 'optimal-prey-size' qua voedselkeuzestrategie heeft. Deze optimale prooidiergrootte is afhankelijk van de soort predator en van de diversiteit en aanbod (aantallen) van prooidiersoorten die in een gebied voorkomen (Krebs en Davies, 1989).

Prooi-predatorrelaties zijn in de natuur dikwijls complex omdat meerdere predatoren het gemunt hebben op dezelfde prooi of wanneer predatoren ook onderling elkaars prooi kunnen vormen. In die gevallen fluctueren meer dan twee soorten op basis van een complexe onderlinge afhankelijkheid.

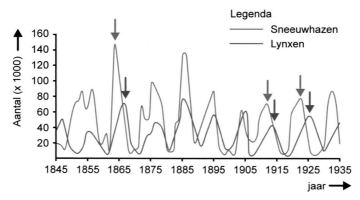

Figuur 6.16. Relatie prooidieren en predatoren (Begon e.a., 1990; Mech, 2002).

Een goed beschreven voorbeeld van prooi-predatorrelaties is dat van het trio sneeuwuil, poolvos en rotgans, waarbij de aanwezigheid van de sneeuwuil nabij broedsels van de rotgans predatie door de poolvos reduceert. Om het nog complexer te maken: deze relatie geldt alleen wanneer er veel lemmingen aanwezig zijn. Wanneer de lemmingstand laag is, eten sneeuwuilen namelijk ook rotganzen als alternatieve prooi. Dan is broeden bij een sneeuwuil ineens juist de strategie die geen broedsucces oplevert (Ebbinge en Spaans, 2002).

6.4.3 Betekenis van de afbraakketen (reducenten)

In het rangordemodel is de afbraakketen de minst zichtbare. Toch is de afbraak van organisch materiaal erg bepalend voor de aan- en afwezigheid van allerlei diersoorten, van groot tot klein (Schrama e.a., 2013). Het grootste deel van deze afbraakprocessen speelt zich af in de bovenste bodemlagen, de strooisel- of detrituslaag. Een beperkt – maar voor ons mensen wel zichtbaar – deel van de afbraak vindt bovengronds plaats (zie Figuur 6.17).

Deze afbraakprocessen zijn gedurende de successie van de vegetatie niet constant. Onderzoek toont aan dat in pioniersituaties onder zoute en brakke milieus en in een sterk minerale bodems, de betekenis van de afbraakketen relatief hoog is, en dat vervolgens tijdens de middenstadia van de successie de betekenis van herbivorie als proces in de nutriëntenketen aan belang wint ten opzichte van de afbraakketen (Schrama e.a., 2012). De bodem zelf wordt ook letterlijk meer organisch door een toenemende humusopbouw. In het climaxstadium is er een evenwicht bereikt tussen opbouw en afbraak van organische stof.

De bovenste lagen van de bodem herbergen een interessante fauna, waarbij onderscheid wordt gemaakt tussen mega-, macro- en meso-fauna, die verschillende rollen spelen qua verkleining, verplaatsingen en afbraak van het dode organische materiaal. Dit loopt van wild zwijn via wormen

Figuur 6.17. 'Gierenrestaurant' in de Pirin, Bulgarije. Als onderdeel van een herintroductieprogramma (Foto Jos Wintermans)

(*Lumbricus* spec.) tot aan mijten (*Acariformes* spec.) en springstaarten (*Collembola* spec.) aan toe (Van Delft, 2004). Voor de beeldvorming: de biomassa van alle organismen in een hectare bovengrond van een vruchtbare akker is vergelijkbaar met die van zestig schapen of vijf koeien, en in weilanden en bos is dat vaak nog meer. Al dit leven samen vormt het bodemsysteem, een complex van onderling verbonden organismen in een dynamische omgeving, verbonden door interacties zoals de relatie tussen predator en prooi en de omzetting van energie en stoffen (zie ook Hoofdstuk 4 Bodem).

Dode dieren en de restanten ervan na predatie, liggen net als uitwerpselen, vanzelfsprekend niet allemaal homogeen verspreid in het landschap. Er ontstaan concentraties van dode biomassa, omdat dieren ergens sterven, gedood worden en daar tot voedsel dienen van leden van de 'afbraakbrigade', de al genoemde mega-, macro- en mesofauna. Deze zorgen voor een verdere ruimtelijke en temporele verspreiding van organisch materiaal, hetgeen zorgt voor meer biodiversiteit en variatie in structuur van het landschap. De leden van de afbraakbrigade gaan van klein naar groot, van diverse kevers als doodgravers (*Nicrophorus* spec.) via muizen tot aan predatoren als Zeearend (*Haliaeetus albicilla*), Buizerd (*Buteo buteo*), Raaf (*Corvus corax*) en 'last but not least' het Wild zwijn dat – indien aanwezig – als omnivoor vaak het leeuwendeel voor zijn rekening neem. Uiteindelijk zorgen schimmels en bacteriën voor de finale omzetting naar mineralen waarmee de variatie in de standplaatsfactoren ook wordt gewaarborgd (Lardinois, 2005).

6.4.4 Betekenis van insecten als bestuivers

In de vorige paragrafen is al even stilgestaan bij de verschillende rollen van insecten. Maar de belangrijkste rol is nog niet genoemd, namelijk die van het bestuiven. Deze bestuivers hebben vooral grote invloed op landschapstypen bestaande uit lage vegetaties, zoals kruidenrijke graslanden, heides, kwelders en duinen. Het betreft dus veelal pioniermilieus waarvan de aanwezigheid en kwaliteit door de afhankelijkheid van bestuiving dus sterk bepaald wordt door insecten. Als we bedenken dat een flink deel van het landschap (binnen de natuurgebieden) uit half-natuurlijke vegetaties bestaat zoals genoemde heiden en graslanden, dan wordt de betekenis van de insecten meteen duidelijk. Gelukkig wordt het maatschappelijke belang van dit proces van bestuiven ook steeds meer onderkend. Als we namelijk in de landbouw en stedelijke omgeving (veel) insecticiden gebruiken, zien we niet alleen een verlies aan biodiversiteit en daardoor aan variatie in de open landschappen (Larson e.a., 2014), maar komt ook de voedselproductie en uiteindelijk zelfs ook onze eigen volksgezondheid in gevaar.

6.5 Mobiliteit in ruimte en tijd

Dit onderdeel gaat over de wijze waarop dieren zich in het landschap bewegen en welke eventuele beperkingen ze daarbij ondervinden. Versnippering van het landschap is daarbij helaas een groot probleem. Hier wordt daarvan de theoretische achtergrond gegeven. In Hoofdstuk 9 Natuurbeheer zal worden ingegaan op mogelijke oplossingen voor de versnippering.

6.5.1 Versnippering en verlies aan habitatkwaliteit

Door ontginning van natuur ten behoeve van landbouw, infrastructuur en bebouwing is de oppervlakte aan natuurgebieden in Nederland sinds de Tweede Wereldoorlog drastisch afgenomen. Natuurgebieden zijn kleiner geworden, afstanden tussen natuurgebieden zijn groter geworden, en het tussenliggend landschap heeft steeds minder kwaliteit als (deel)habitat. Dat laatste komt mede door de door mensen veroorzaakte processen als verzuring, verdroging en vermesting. Natuurgebieden zijn geïsoleerd geraakt en lokaal dreigen diersoorten zelfs uit te sterven. Dit probleem staat bekend als versnippering.

Ook de ruimtelijke heterogeniteit binnen natuurgebieden en de daarmee samenhangende variatie aan soorten neemt af. Populaties van soorten nemen af of verdwijnen zelfs. Als voorbeeld noemen we het verlies aan heideareaal en haar biodiversiteit. De rijkgeschakeerde heiden van weleer, met korhoen, zandhagedis en gentiaanblauwtje zijn op vele plaatsen verworden tot monotone vlaktes met dominantie van Pijpenstrootje (*Molinia caerulea*).

Dieren zijn gevoelig voor versnippering. Ze zijn vooral gevoelig voor veranderingen in terreinheterogeniteit en omvang van leefgebieden. Deze gevoeligheid verschilt overigens per diersoort. De samenstelling en diversiteit van de dierenwereld, vormt daardoor een goede indicatie voor de kwaliteit van het landschap in termen van geschikt biotoop en habitatten, op tal van schaalniveaus (zie Figuur 6.18). In geval het landschap binnen alle niveaus van het rangordemodel kan voorzien in de gewenste habitatonderdelen voor de betreffende soorten, dan is er sprake van een voor de fauna goed functionerend landschap. Dit zal zich uiten in een hoge biodiversiteit.

Naast gevoeligheid voor versnippering reageren dieren ook sneller dan plantensoorten op kwaliteitsverlies. Dit omdat ze vaak al binnen de levenscyclus van een enkel individu afhankelijk zijn van terreinheterogeniteit. Bovendien kunnen korte perioden van ongeschiktheid van de omgeving al funest zijn voor de overleving of voortplanting van diersoorten. Voor planten ligt de situatie anders. Enerzijds omdat ze via zaadverspreiding relatief zeer mobiel zijn, en ze daarbij korte perioden van ongeschiktheid meestal (vegetatief) kunnen overbruggen.

6.5.2 De Eilandtheorie

Het probleem van de versnippering en daarmee gepaard gaande verlies aan soorten kent een wetenschappelijke basis, die vaak wordt samengevat onder de naam 'Eilandtheorie' (zie Kader 6.2). De belangrijkste wetmatigheden hieruit geven een verklaring voor de verwachte problemen bij versnippering. Het oorspronkelijke onderzoek ging ook echt over soortendiversiteit op eilanden in zee, maar later kreeg het concept vooral toepassing op 'natuureilanden' in cultuurlandschap. Daarover verderop meer.

De kern van de theorie is als volgt: het aantal soorten op eilanden wordt bepaald door de immigratie- en uitsterfsnelheid, waarbij het daadwerkelijk aantal soorten op het eiland de beide snelheden beïnvloed (Figuur 6.19). Het aantal soorten op een eiland wordt bepaald door de volgende formule:

$$N = I + S - E$$

Waarin: N = Aantal soorten op het eiland, I = de Immigratie van nieuwe soorten, S = Soortvorming (nieuwe soorten die ter plaatse ontstaan door evolutie) en E = Uitsterven of extinctie van soorten.

Jos Wintermans en Bas Worm

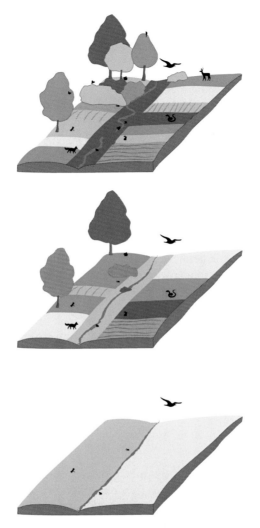

Figuur 6.18. Relatie tussen kwaliteit (diversiteit) van het landschap en diversiteit qua voorkomende dieren.

Kader 6.2. Klassieke Eilandtheorie.

De klassieke Eilandtheorie is gebaseerd op een reeks studies naar het verband tussen de biodiversiteit van een eiland en de combinatie van de oppervlakte van dat eiland en de afstand van dat eiland tot het vasteland. De Eilandtheorie werd in 1967 door MacArthur en Wilson voor het eerst gepubliceerd. MacArthur en Wilson borduurden met hun Eilandtheorie voort op de theorie van Preston (1948) die een wiskundig verband aantoonde tussen het aantal soorten en de aantallen per soort onder eilandsituaties waarbij een dynamisch evenwicht wordt verondersteld tussen de hoeveelheden van beiden. Niet onbelangrijk bij de totstandkoming van de theorie waren de ervaringen van Darwin en Wallace op hun beider reizen naar gebieden als de Galagapos-eilanden resp. Indonesië.

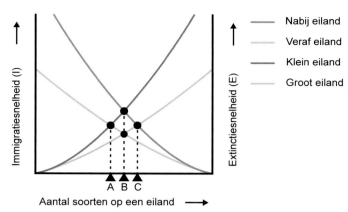

Figuur 6.19. De Eilandtheorie geschematiseerd. Met de duidelijke positieve correlaties 'toenemende immigratiesnelheid bij afnemende afstand' en 'toenemende extinctiesnelheid bij afnemende grootte'.

Het aantal soorten op een eiland wordt positief beïnvloed door immigratie van soorten van andere eilanden en door lokale soortvorming. Deze laatste (evolutie)factor wordt echter meestal weggelaten omdat soortvorming over zeer lange tijd speelt en zodoende slecht meetbaar is. Bij immigratie gaat het dan om de komst van soorten van andere eilanden of het vasteland (een brongebied). Het aantal soorten in de brongebieden en de tijd is een bepalende factor voor de mate van immigratie. Naarmate de tijd verstrijkt zullen meer soorten zich op het eiland hebben gevestigd, zullen de beschikbare ecologische niches bezet raken en daarmee de immigratiesnelheid afnemen. Het uitsterven of extinctie van soorten hangt vooral af van de grootte van eiland: hoe kleiner het eiland, des te groter de uitsterfkans. Ziektes en inteelt spelen daarbij waarschijnlijk een belangrijke rol, maar toevalsprocessen kunnen soms ook van significante invloed zijn. Hierbij kan gedacht worden aan aardbevingen, branden en vulkaanuitbarstingen.

Na verloop van tijd ontstaat een evenwicht tussen immigratie en extinctie en zal het aantal soorten op een eiland stabiel blijven, onder de voorwaarde dat de omstandigheden gelijk blijven. Daarbij valt verder op dat de immigratiesnelheid met name toeneemt naarmate een eiland dichter bij andere (bron)gebieden ligt en dat de extinctiesnelheid vooral toeneemt als een eiland kleiner wordt (Figuur 6.19).

Uit onderzoek blijkt dat geïsoleerd geraakte natuurgebieden ook als eilanden mogen worden beschouwd. Het geschikte leefgebied in het natuurgebied wordt omgeven door ongeschikt cultuurlandschap. Grootte, vorm (rond/vierkant beter dan smal en langwerpig) en de nabijheid van andere natuureilanden zijn hierbij belangrijke factoren die de biodiversiteit bepalen. Interessant onderzoek aan loopkevers in geïsoleerde heidelandschappen heeft aannemelijk gemaakt dat het verspreidings-/dispersievermogen van soorten en de 'weerstand' die verschillende landschapstypen hebben, zoals intensief landbouwareaal tussen twee natuurgebieden, een belangrijke rol spelen bij het kunnen vestigen en uitsterven van soorten in die natuurgebieden (Den Boer, 1983). Tegenwoordig spreekt men veeleer over 'heterogeniteit' dan 'weerstand' van het betreffende landschap (Haila, 2002; Fahrig, 2003). Genoemde inzichten en theorie leveren handvatten voor de ruimtelijke planvorming, waarbij natuur versnippert dreigt te worden door verstedelijking en toenemende infrastructuur.

6.5.3 Het metapopulatiemodel

De Eilandtheorie maakt inzichtelijk dat versnippering van het landschap (meer kleine 'eilandjes') slecht is voor het voorkomen en overleven van soorten. Processen als dispersie, migratie en (seizoens)trek kunnen eronder lijden en populaties kunnen geïsoleerd raken en daarbij te klein worden als populatie. Dit kan resulteren in inteelt en uiteindelijk lokale extinctie. Een praktische oplossingsrichting daarbij betreft de metapopulatietheorie (Richard Levins, 1969), die door Paul Opdam praktisch toepasbaar is gemaakt. Dit concept gaat ervan uit dat een aantal 'eilanden' elkaar in tijd en ruimte kan ondersteunen doordat lokale extincties kunnen worden aangevuld door natuurlijke dispersie vanuit de naburige 'eilanden'. Resulterend in herkolonisatie (immigratie). Op die manier kan een archipel aan eilanden er voor zorg dragen dat ze als geheel duurzame overleving van soorten kan bieden. Een dergelijk cluster van echte eilanden of geïsoleerde natuurgebieden wordt dan een 'meta-populatie' genoemd (Opdam, 1987). Dit is gevisualiseerd in een aantal planningsconcepten in Figuur 6.20. Essentiële voorwaarde hierbij is dan wel dat uitwisseling (via verbindingen) tussen de eilanden/natuurgebieden mogelijk is. Inmiddels is dit concept in de landschapsecologie uitgebreid met theorieën over 'meta-communities' en 'meta-ecosystemen' waarbij ook de interspecifieke relaties, zoals concurrentie en predatie, meegenomen worden (Loreau e.a., 2003).

6.5.4 Schaalniveaus en sleutelsoorten in relatie tot versnippering en mobiliteit

De mens grijpt op vele manieren en vaak sterk sturend in op het landschap en de daarin voorkomende soorten. Vaak bewust, soms onbewust. Dergelijke ingrepen hebben een variatie in landschapstypen opgeleverd, maar ook verlies van landschapstypen. Dat leidt vervolgens tot een verandering aan

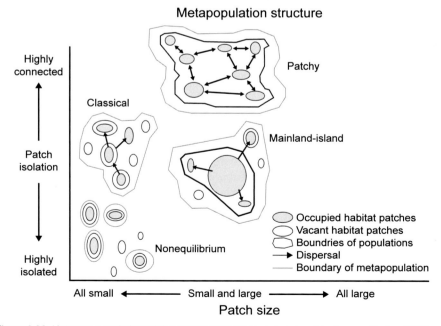

Figuur 6.20. Het meta-populatiemodel; een viertal planningsconcepten (Harrison en Taylor, 1997).

variatie aan niches en de daaraan gebonden faunasoorten. Hoe via natuurbeheer en -ontwikkeling gepoogd wordt verliezen te herstellen en met name diersoorten beter te beschermen vertellen we in Hoofdstuk 9 Natuurbeheer. Ter ondersteuning van het voor faunabeheer relevante probleem van de versnippering gaan we hier twee begrippen uitleggen, die belangrijk zijn bij het effectief kunnen tegengaan van versnippering, namelijk de begrippen *sleutelsoort* en *paraplusoort*. Deze begrippen hangen samenhangen met het schaalniveau waarop we kijken en de functionele rol die de soorten innemen.

Een *sleutelsoort* is een soort waarvan de invloed op het ecosysteem of de levensgemeenschap waartoe de soort behoort groter is dan op basis van louter het voorkomen van de soort gedacht zou worden. Deze invloed dankt de soort aan zijn bijzondere plaats in het trofische niveau. Voorbeelden van sleutelsoorten zijn de olifant, zalm, wolf en bever. Bever en wolf zijn al eerder langsgekomen, daarom richten we ons hier op de olifant en de zalm.

De Afrikaanse olifant is een sleutelsoort omdat gebleken is dat veel plantensoorten afhankelijk zijn van olifanten om hun zaden te verspreiden via hun uitwerpselen. In de dichte vegetaties die olifanten zo creëren, maken ze door hun grote massa en hun dieet tegelijk ook gaten, die dienen als de habitat voor vele andere diersoorten. In het bijzonder is daarbij het neerhalen van bomen door olifanten een sterk successie beïnvloedend proces. Tel daarbij op het feit dat de olifant ook drinkplaatsen maakt die ook door andere herbivoren en carnivoren wordt gebruikt, dan moge duidelijk zijn dat de olifant een duidelijke sleutelrol inneemt en anderen meeliften.

De zalm is ook een duidelijke sleutelsoort. Deze trekvis wordt bovenstrooms, in zuurstofrijk water geboren, om vervolgens naar zee te trekken en daarop te groeien. Aan het eind van de levenscyclus zwemmen ze terug naar de geboortelokatie, om te paaien alvorens daar te sterven. In die cyclus vormt de zalm een belangrijke voedselbron. In de jeugdfase worden de eitjes en jonge vissen gegeten door meeuwen en kleine roofvissen. In zee dienen ze vervolgens als voedsel voor grote roofvissen. Tijdens de paaitijd zijn het de beren, zeearenden, otters en andere dieren die zich tegoed doen aan de laatste tocht van de zalm stroomopwaarts en de massale sterfte in de voortplantingsgebieden. De rottende vis zorgt tenslotte voor veel extra nutriënten in de beek- en riviersystemen benedenstrooms. Zo is de zalm zowel levend als dood van betekenis voor veel andere soorten en milieus (Willson en Halupka, 1995).

Een *paraplusoort* ('umbrella species') is een soort waarvan de bescherming ook leidt tot betere bescherming van andere in hetzelfde gebied voorkomende soorten. Een sprekend voorbeeld is de das (Figuur 6.21), dat geleid heeft tot een toenemend bewustzijn over de waarde van kleinschalig landschap, met een diversiteit aan structuurvariatie en vegetatietypen. Dassen leven in sociale familieverbanden op hun burchten die ze van generatie op generatie onderhouden, uitbouwen en (gewild of ongewild) delen met een keur aan andere holbewoners. Die andere bewoners profiteren van de graaflustige en honkvaste das, die in zijn steeds verder uitbreidende burcht gratis woonruimte ter beschikking stelt. In dassenburchten kun je dus ook vossen, konijnen, boom- en steenmarters, bunzingen, wilde katten en exoten als wasbeerhond en wasbeer aantreffen. En in de buurt van water zelfs wel eens een otter. Deze soorten profiteren bovendien ook van het landschapsherstel waar de das dan als paraplusoort fungeert, inclusief de maatregelen die genomen worden om verkeersslachtoffers te verminderen (aanleg van rasters en faunabuizen).

Figuur 6.21. Ook een das heeft vocht nodig, iets om rekening mee te houden bij goed dassenbeheer (Foto Bas Worm).

6.5.5 Mobiliteit en beleid

De in dit hoofdstuk behandelde theorieën en onderzoeken, met als fundament de 'Eilandtheorie', zijn de basis geweest voor veel planningsconcepten, waaronder die van de Ecologische Hoofdstructuur (EHS) in Nederland eind 20ᵉ eeuw. Tegenwoordig bekend als 'NatuurNetwerk Nederland' (NNN). In die EHS werd duidelijk een ecologische structuur neergezet bestaande uit kerngebieden (leefgebieden) en (robuuste) verbindingen daartussen om uitwisseling te bewerkstelligen (Figuur 6.22). Via meerjarenprogramma's als het Meerjarenplan Ontsnippering (MJPO) is gewerkt aan het opheffen van harde knelpunten in deze verbindingen via het bouwen van ecoducten, onderdoorgangen (tunnels) en begeleidende rasters en kunstwerken. Een proces dat overigens nog steeds gaande is anno 2021.

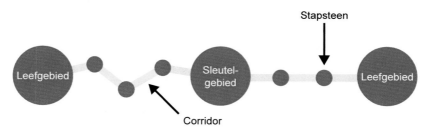

Figuur 6.22. Bij ontwerp en inrichting van verbindingszones – inclusief ecoducten en andere civieltechnische werken – is belangrijk aan te geven voor welke diersoorten en natuurtypen de verbinding geschikt moet zijn. Daarbij wordt vaak gewerkt met het benoemen van de beoogde doelsoorten: soorten die van wege hun (kritische) eisen aan verbindingen ervoor zorgen dat de betreffende verbinding voor een veel groter aantal soorten geschikt is. Hier een illustratief voorbeeld van een ecoduct voor de paraplusoort 'edelhert', waarbij in het kielzog vele andere soorten profiteren (naar Emond e.a., 2016).

6.6 Indirecte beïnvloeding van dieren door de mens

In Hoofdstuk 9 Natuurbeheer gaan we nader in op faunabeheer als onderdeel van natuurbeheer in brede zin. Daarom richten we ons hier op ongerichte, onbedoelde invloed als gevolg van menselijk handelen.

6.6.1 Effecten van klimaatverandering

Klimaatverandering is in de basis een natuurlijk proces. De relatief hoge snelheid waarmee ze nu verloopt en de antropogene bijdrage daaraan worden hier niet verder uitgelicht. In deze paragraaf richten we ons op de te verwachten effecten op de fauna binnen het landschap.

Verandering in het klimaat leidt tot veranderingen in de abiotische omstandigheden: het bodem- en watersysteem gaat zich anders ontwikkelen; grondwaterstanden en beschikbaar bodemvocht in de wortelzone worden beïnvloed (zie ook Hoofdstuk 3 Grondwater in het landschap). En niet alleen de beschikbaarheid van water wordt beïnvloed, ook de waterkwaliteit ontkomt niet aan klimaatinvloeden. Hierbij kan gedacht worden aan het wegvallen van kalkrijke kwelstromen uit de diepere ondergrond en de verbranding van organische stof (veen) door dalende grondwaterstanden en daardoor toenemende zuurstofbeschikbaarheid, met alle gevolgen van dien.

Door klimaatverandering treedt er ook verschuiving op in de beschikbaarheid van voedsel in de tijd. Veranderende bloei- en groeitijden van planten en daarmee insecten brengen (trek)vogels in de problemen die hun pasgeboren jongen willen voeden. Gelukkig blijken sommige (trek) vogels hier toch op in te kunnen spelen. Onderzoekers ontdekten bijvoorbeeld dat bonte vliegenvangers hun aankomst- en eilegdatum 'slim' kunnen vervroegen. Door eerder te gaan trekken, of door het leefgebied op te schuiven. Als de vogels bij een veranderend klimaat iets verder naar het noorden doortrekken, waar het voorjaar later begint, komen ze alsnog op tijd aan. Helaas zijn (nog) niet alle soorten zo vindingrijk en adaptief. Vaak blijkt ook vaak dat de ruimte die er is niet voldoende is voor soorten om te kunnen adapteren. Ze passen zich wel iets aan, maar niet genoeg om de verandering helemaal het hoofd te kunnen bieden (Both e.a., 2006).

Een van de effecten van klimaatverandering is dus het verschuiven van het voorkomen van soorten in geografische zin (range-shifting). Sommige soorten trekken naar het noorden, andere juist naar het zuiden. Deze klimaatgestuurde verschuiving in de spreiding van soorten is een relatief nieuw onderzoeksveld in de landschapsecologie, zie daarvoor onder andere Lenoir en Svenning (2015). Die verschuivingen hebben allerlei gevolgen. Soorten worden toegevoegd of verdwijnen juist uit ecologische netwerken. Dat heeft vervolgens weer grote gevolgen voor de andere soorten in diezelfde netwerken (zie bijvoorbeeld Memmott e.a., 2007).

Binnen vegetatiezones hebben plantensoorten te lijden omdat hun standplaats verandert en daarmee hun weerstand tegen bepaalde insecten. De opmars van de letterzetter, een schorskever van zo'n halve centimeter groot en die normaliter alleen verzwakte fijnspar aanpakt en nu hele natuurlijke arealen sparrenbos doet sneuvelen, is een teken aan de wand.

6.6.2 De invloed van exoten

Soms duiken nieuwe soorten in Nederland op. Ze komen direct of indirect door menselijk handelen geholpen vanuit alle windstreken het land binnen. Deze soorten gebruiken diverse migratieroutes, zoals het in 1992 geopende Rijn-Main-Donaukanaal, zitten in het ballastwater van vrachtschepen of hebben zich verstopt tussen aangevoerde goederen. Ook speelt hierbij de (soms illegale) handel in planten en dieren.

Gelukkig staat slechts een klein deel – ongeveer 1% – van de exoten als invasief te boek. Deze soorten zijn in staat om in korte tijd zeer talrijk te worden (r-strategen!). Invasieve exoten kunnen tot allerlei soorten problemen leiden ten aanzien van de waterhuishouding, volksgezondheid en ecologie. De hoge aantallen waarin exotische soorten kunnen voorkomen, zijn vaak het gevolg van het hier ontbreken van concurrenten, predatoren, parasieten en ziekten die de aantallen van deze soorten in hun natuurlijke areaal binnen de perken houden. Optredende verstoringen, zoals watervervuiling en verzuring, zorgen voor het verdwijnen van inheemse soorten. Hierdoor ontstaan lege niches waar uitheemse soorten van kunnen profiteren. Een bekend voorbeeld is de snelle vestiging van de Kaspische slijkgarnaal in de Rijn na de Sandoz-giframp van 1986 in het Zwitserse Bern. Nadat tonnen illegaal opgeslagen gif de Rijn in waren gespoeld en de inheemse flora en fauna zware klappen te verduren kregen, wist deze garnaal om te gaan met de hoge nitraatconcentraties in het water. Door deze nitraattolerantie en het langdurig ontbreken van predatoren heeft de soort zich snel in het Rijnsysteem weten te ontwikkelen.

Een ander bekend voorbeeld is dat van de Amerikaanse rivierkreeft (*Procambarus clarkii*). Rivierkreeften zijn zoetwaterkreeften die in sloten, meren en rivieren leven. In Nederland komt maar één soort van nature voor, de Europese rivierkreeft (*Astacus astacus*). De soort is in Nederland bijna helemaal verdwenen door het achteruitgaan van de waterkwaliteit en verlies van geschikt habitat. De Amerikaanse rivierkreeft heeft als nieuwkomer een groot, vernietigend effect op de waterplanten en het ecosysteem. Wegvreten van waterplanten, het graven van holen en omwoelen van sediment leiden tot algenbloei en daardoor weer minder licht op de waterbodem. Met sterk effect op de inheemse waterplanten en waterdieren. En ook nog eens instabiele oevers!

Voorkomen van introducties en invasies van exoten is dus de beste remedie. Door snel in te grijpen kan worden voorkomen dat een ongewenste exoot zich vestigt en snel uitbreidt. Het is echter in onze wereld waar alles met iedereen verbonden niet uit te sluiten dat soorten toch via moeilijk controleerbare wegen zich opeens sterk kunnen manifesteren.

De invasieve soorten zorgen dus voor concurrentie met inheemse soorten of vervangen die zelfs geheel (verdringingseffect). Door hun aanwezigheid verstoren ze de oorspronkelijke voedselketen en daarmee indirect de soortensamenstelling van het landschap. Veel beheerders proberen dat te voorkomen door actieve bestrijding van uitheemse soorten om zodoende de ecologische schade te beperken. Enkele van de meest voorkomende maatregelen zijn het verwijderen van Amerikaanse Vogelkers (*Prunus serotina*), het vangen van muskusratten (*Ondatra zibethicus*), Amerikaanse rivierkreeften en Zonnebaars (*Lepomis gibbosus*) en het uitmaaien van Grote waternavel (*Hydrocotyle ranunculoides*). Meestal zijn deze vormen van bestrijding niet volledig effectief in het lokaal uitroeien van een soort. Daardoor blijft regelmatig ingrijpen nodig.

6.7 Casus dieren in het rivierenlandschap

Deze casus gaat over dieren in het rivierenlandschap, met de Gelderse Poort als studie- en ervaringsgebied. We gaan daarbij kijken hoe de behandelde theorie qua dieren in het landschap aan de orde zijn in dit landschapstype.

Het rivierenlandschap wordt gekenmerkt door een relatief hoge natuurlijke dynamiek, voortdurend aan veranderingen onderhevig. Veranderingen die de vegetaties en daarmee dus ook de habitatkwaliteit van de dieren beïnvloedt. Diersoorten die in algemene zin aangepast zijn aan deze dynamische omstandigheden.

Het is dan ook niet verwonderlijk dat het idee van de 'natuurontwikkelingvisie' met het plan Ooievaar (De Bruin e.a., 1987) sterk postvatte in het rivierenlandschap, zoals ook in Hoofdstuk 9 Natuurbeheer wordt besproken. Een en ander werd eind vorige eeuw bovendien versterkt door een toenemend nationaal bewustzijn van waterveiligheid, aangewakkerd door hoogwaterdreiging halverwege de jaren '90 van de vorige eeuw, hetgeen resulteerde in een overheidsplan 'Ruimte voor Rivieren'. Later is dat door vertaald in het programma 'Nadere uitwerking Rivierengebied' (NURG). Dit bracht volop kansen voor natuur en natuurontwikkeling, met name door een verschuiving van de voorheen voornamelijk aanwezige landbouwfunctie van de uiterwaarden naar meer waterberging, rivierdynamiek en daaraan gekoppelde natuurwaarden (zie Figuur 6.23).

Als we kijken naar het rivierenlandschap als geheel dan blijkt er op diverse plaatsen ruimte te zijn voor natuurlijke processen, ook al blijft dat beperkt tot de ruimte binnen de hoge winterdijken in verband met de waterveiligheid. De term 'ruimte voor de rivier' moet dan ook vooral gelezen worden als ruimte geven aan rivierprocessen als erosie, sedimentatie en variatie in overstromingen binnen het zomer- en winterbed, dus in het gebied tussen de winterdijken. De rivierveiligheid wordt continu door Rijkswaterstaat gemonitord en als de stromingsweerstand te hoog wordt, door te veel en/of te hoge vegetaties, wordt actief ingegrepen in bossen en bosschages om het waterafvoerend vermogen weer te verbeteren. De veiligheid, dus het voorkomen van dijkoverstromingen, blijft altijd voorop staan. Van echte wildernis is daarom (nog) geen sprake (Peters e.a., 2021).

Figuur 6.23. Invloed van stopzetten landbouw en introductie semi-gedomesticeerde herbivoren op uiterwaarden-landschap in Gelderse Poort; de 1e foto toont beginjaren natuurherstel, de 2e foto ongeveer 20 jaar later (foto's: Fokko Erhart).

De genoemde erosie en sedimentatie (de *morfodynamiek*), gepaard gaand met periodieke overstroming van buitendijkse delen (de *hydrodynamiek*), leidt tot (dynamische) variatie in de abiotische omstandigheden. Op de hogere delen nabij de rivier wordt het grovere materiaal afgezet, verder richting de winterdijken het fijnere materiaal. Waarbij de overstromingsduur een belangrijke standplaatsfactor is voor de verschillende vegetaties. Zo ontstaan er oeverwallen en kommen in de benedenstroomse Nederlandse gebiedsdelen van de Rijn en zien we bij de Maas zelfs grindafzetting, omdat de Maas een deel van haar middenloop in Zuid-Nederland heeft.

In de ontdekking van de mogelijkheden die de rivierdynamiek geeft voor natuurontwikkeling zijn twee nog niet vermelde aspecten ook van belang. Ten eerste herontdekte onder andere Helmer e.a. (1992) de kansen voor oude meanders en geulen die ooit van de rivier werden afgesnoerd bij de kanalisatie van de grote rivieren. Deze elementen worden nu opnieuw aangekoppeld en krijgen een functie als meestromende nevengeulen of eenzijdig aangetakte strangen. Hierdoor ontstaat extra standplaatsvariatie. Ten tweede zijn kansen gezien om het rivierengebied weer te gaan bevolken met herbivoren. Door het ontbreken van inheemse grote herbivoren, zoals het edelhert en wild zwijn, en door de maatschappelijke noodzaak van voldoende waterafvoerend vermogen, is het uitzetten van semi-gedomesticeerde soorten als Konik, Galloway en andere soorten grazers een interessante win-win situatie omdat deze dieren de successie beteugelen en daarmee invloed hebben op de stromingsweerstand door (hoge) vegetatie bij hoge rivierafvoeren. Soorten die overigens wel beheerd moeten worden, qua aantallen en gezondheid (veterinaire zorg, bijvoeren indien nodig).

We gaan nu nader inzoomen op de principes die eerder in dit hoofdstuk zijn behandeld.

Wat we in het rivierengebied heel duidelijk zien is dat diversiteit aan successiestadia, zowel door natuurlijke als menselijke oorzaken, bijdraagt aan de diversiteit in het landschap. De natuurlijke variatie aan standplaatsen in het rivierengebied, gecombineerd met de menselijke ingrepen ('natuurtechnische milieubouw') en de introductie van grote herbivoren zorgen gezamenlijk voor een maximale diversiteit aan vegetatiestructuur c.q. successiestadia en daarmee voor een zeer hoge diversiteit aan planten en dieren. Om wat voorbeelden te noemen, van laag en nat, naar hoog en droog:

- In de aquatische delen van de uiterwaarden is onder het wateroppervlak een diversiteit aan standplaatsen aanwezig, vanwege de grote diversiteit aan moedermateriaal, onderwatervegetatie en stroomsnelheid. Van meestromende geulen tot stilstaande wielen, kolken en plassen. Voor diverse vissoorten zijn paaiplaatsen aanwezig in de volledig of gedeeltelijk meestromende nevengeulen en strangen. In de snelstromende nevengeulen zetten anadrome trekvissen als Zalm (*Salmo salar*), Steur (*Acipenser sturio*) en Fint (*Alosa fallax*) hun hom en kuit af. En zien we Weidebeekjuffer (*Calopteryx splendens*) en Rivierrombout (*Gomphus flavipes*) als karakteristieke soorten. In de zwakstromende strangen tref je Alver (*Alburnus alburnus*) en Winde (*Leuciscus idus*) aan.
- Waar de actieve rivier daadwerkelijk de buitenoevers deels kan wegslijten ontstaat broedgelegenheid voor de Oeverzwaluw (*Riparia riparia*).
- In de natste delen van kommen, strangen en wielen blijft het open water. Met kansen voor bijzondere soorten als Dodaars (*Tachybaptus ruficollis*) en Zwarte stern (*Chlidonias niger*).

- Op de iets minder natte delen – afhankelijk van het aantal overstromingsdagen – krijgt de ontwikkeling van zachthoutooibos kans, met soorten als schietwilg, laurierwilg en zwarte populier en/of rietland. In dit bostype is weinig voedsel beschikbaar voor de grote herbivoren. De herbivoren zullen hier niet vaak komen. En als er maar genoeg van dit bos ontstaat komt ooit de Zwarte ooievaar (*Ciconia nigra*) tot broeden.
- De Bever (*Castor fiber*) is de planteneter met het grootste landschapseffect; door het om knagen van hele bomen en grootschalige vraat aan zachthoutsoorten zorgt de bever voor het steeds terugzetten van de successie. Door met het om geknaagde hout waterlopen te blokkeren worden de ecosysteemkenmerken sterk beïnvloed. Bepaalde soorten hebben hier weer profijt van, anderen worden hierdoor belemmerd.
- Op plekken waar rietmoeras niet wordt begraasd maar periodiek gemaaid vinden we moerassoorten als Roerdomp (*Botaurus stellaris*), Kwak (*Nycticorax nycticorax*) en Porseleinhoen (*Porzana porzana*).
- Op de nog iets hogere delen kan zich hardhoutooibos met soorten als es, iep en eik ontwikkelen, met een opener karakter. Immers, de graasdruk is hier hoger dan in de lagere, moerassigere delen, omdat de dieren er jaarrond, dus ook in hoogwatersituaties, kunnen forageren. Tussen de stukken bos blijven delen open of halfopen. Stekel- of doorndragende soorten als meidoorn en sleedoorn zijn in het voordeel omdat ze vraatbestendiger zijn. Bijzondere soorten zoals Sleedoornpage (*Thecla betulae*) vinden zo habitatten die elders in Nederland nagenoeg verdwenen zijn. In de meer open delen waar plas-dras-situaties regelmatig voorkomen zien we de Rugstreeppad (*Epidalea calamita*); in het iets hogere gras de Kwartelkoning (*Crex crex*).
- Op de middelhoge delen, matig vochtig, zal de hoogste graasdruk zijn. Hier zullen ook de variatie verhogende effecten van zaadverspreiding, betreding, urineren en defeceren het grootst zijn.
- De hoogste delen van de stroomruggen fungeren als hoogwatervluchtplaatsen voor de herbivoren ten tijde van hoogwater. Dit leidt periodiek tot schilschade aan bomen. Het zijn echter ook de plekken die het meest zandig en kalkrijk zijn. Door de hoge ligging worden ze ook het warmst. Een soort als Tijmblauwtje (*Glaucopsyche arion*), op een enkel exemplaar in het uiterste zuiden van Limburg uitgestorven in Nederland sinds 1949, zou hier in de toekomst wellicht weer aangetroffen kunnen worden met de Tijm (*Thymus vulgaris*) uiteraard als waardplant.
- Ook gebruiken de grote herbivoren deze locaties om zogenaamde 'stierenkuilen' (zie Paragraaf 6.4.1) te maken waarbij de grond volledig wordt open gewoeld (bioturbatie). Hierdoor ontstaat weer tijdelijke broedlocaties voor diverse soorten wespen en bijen, waaronder diverse soorten groefbijen (*Halictus* spec.).

6.7.1 Complementariteitsprincipe

In zijn algemeenheid kunnen we voor het rivierenlandschap (tussen de winterdijken) stellen dat door de variatie aan abiotiek en biotiek een grote diversiteit aan biotopen is (ontstaan) en daarmee veel kansen voor (tijdelijke) vestiging van vele soorten planten en dieren wordt geboden. Wat de rijkdom vooral zo groot maakt is op basis van het eerder behandelde complementariteitsprincipe te verklaren: diverse soorten, zoals libellen, vissen en amfibieën, maken gedurende verschillende levensfasen gebruik van andere deelhabitatten. Deze zijn vrijwel altijd en allemaal aanwezig binnen het rivierenlandschap. De genoemde rugstreeppad kan zowel droge als natte plekken vinden, de libellen kunnen hun larven in ondiepe strangen laten opgroeien en zelf jagen boven grazige delen en rietmoerassen en diverse vissoorten gebruiken het gehele riviersysteem, om te paaien, te forageren of zich schuil te houden voor predatie.

6.7.2 Paraplusoorten

Het plan Ooievaar was vernoemd naar de al genoemde zwarte ooievaar. De soort werd namelijk als *paraplusoort* gezien. Zodra deze soort zich weet te vestigen mag gesproken worden van een succesvolle natuurontwikkeling in het rivierenlandschap. De habitateisen van deze soort zijn veeleisend, er moet zowel kwantitatief als kwalitatief voldoende ooibos aanwezig zijn, afgewisseld met voedselrijke open vegetaties. Ofschoon dat definitief vestigen als broedvogel nog niet is gelukt, neemt het aantal waarnemingen nog steeds toe. In de tussentijd heeft wel de zeearend het rivierenlandschap als broedbiotoop ontdekt, een soort die in dit geval het predicaat paraplusoort ook had kunnen krijgen. Zalm en steur mogen ook gezien worden als *paraplusoorten* waarbij dan met name de kwaliteit van het gehele stroomgebied van de rivier inclusief de aansluiting op het marine deel in ogenschouw genomen dient te worden. De zalm en steur zijn alweer gesignaleerd in Noordzee en de grote rivieren; daarnaast zijn met de steur sinds 2012 uitzetexperimenten gaande (www.steureninnederland.nl) die hoopvol stemmen.

Hoe hoger in de voedselketen, hoe belangrijker het wordt om voldoende grote leefgebieden te hebben met goede verbindingen daartussen. We zien dat toppredatoren nog beperkt aanwezig zijn in het Nederlandse rivierenlandschap. Vooralsnog zijn de natuurgebieden in het rivierenlandschap te beperkt van omvang om hervestiging van bijvoorbeeld een wolf te mogen verwachten, alhoewel deze soort ons wel vaker verrast tegenwoordig in de wijze en frequentie waarop deze in ons land verschijnt. Bij de nu aanwezige topsoorten, te weten Zeearend (*Haliaeetus albicilla*), Visarend (*Pandion haliaetus*) en Otter (*Lutra lutra*), allen voornamelijk viseters, zien we een groei in de populaties waarbij geldt dat met name de otter sterk afhankelijk is van een natte infrastructuur, goede verbindingszones tussen de kerngebieden. Gelukkig zijn watersystemen in Nederland vaak letterlijk met elkaar verbonden ('blauwe dooradering') en is het relatief makkelijk voor daaraan gebonden soorten om zich te verspreiden naar nieuwe leefgebieden. Dat geldt naast de otter ook voor de bever. Door een toenemend aantal natuurontwikkelingsprojecten langs de grote rivieren heeft deze soort kans gezien zich vanuit twee herintroductielocaties, de Biesbosch en de Gelderse Poort, goed te verspreiden naar allerlei andere – inmiddels geschikte – leefgebieden als Meinerswijk, Blauwe Kamer en meer locaties uiterwaarden (www.zoogdiervereniging.nl).

De succesvolle vestigingen van zee- en visarend zijn waarschijnlijk vooral toe te schrijven aan de omvang van bestaande leefgebieden en visstand en minder de verbindingen ertussen, het zijn beiden immers goede vliegers. Daar komt bij dat de zeearend enigszins een opportunistische voedselgeneralist is die naast vis ook wel eens een eend of gans slaat en op het Veluwemassief gebruik maakt van kadaverresten op zogenaamde 'loederplekken' waar karkassen van aangereden wilde hoefdieren worden achtergelaten. En omdat prooivissen vrije uitwisseling kennen qua leefgebied zal het effect op de prooivispopulaties gering en op het landschap als zodanig al helemaal niet merkbaar zijn.

6.8 Resumé: dieren in het landschap

Er zijn in dit hoofdstuk veel facetten langsgekomen die betrekking hebben op de relatie tussen landschapstypen en soorten die je daarin kunt of mag verwachten. Ook de manier waarop deze fauna omgekeerd datzelfde landschap beïnvloedt is de revue gepasseerd. Het aantal interacties, theorieën en concepten op dit vlak is echter vrijwel eindeloos. Vandaar dat veel slechts 'aangestipt' is en gezien moet worden als een eerste introductie op het onderwerp landschap en dieren. Via de diverse literatuurverwijzingen kan verder gezocht en verdieping gevonden worden. Het rangordemodel is de basis voor het begrijpen van al die interacties tussen fauna en landschap en tussen verschillende diersoorten onderling, waarbij voor het landschap de meeste aandacht is uitgegaan naar de consumenten en predatoren. De grazers hebben vanwege hun directe en indirecte beïnvloeding veel aandacht gekregen. Ook de rol van de mens is bewust en onbewust aanzienlijk, misschien wel het grootst (Figuur 2.24). De insectenwereld is slechts beperkt behandeld, maar het mag duidelijk zijn – en gelukkig geeft het rangordemodel dit ook haarscherp aan – dat zonder de insectenwereld de rest van de fauna het nakijken heeft. En uiteindelijk de mens ook.

Figuur 6.24. Het gewenste toekomstige natuurlandschap, gedomineerd door grote herbivoren en recreanten? (Foto Bas Worm).

Literatuur

Bakker E.S., Veen, C.G.F., Ter Heerdt, G.J.N., Huig, N. en Sarneel, J.M., 2018. High grazing pressure of geese threatens conservation and restoration of reed belts. Frontiers in Plant Science 9: 1649.

Bakker, E.S., Olff, H. en Gleichman, J.M., 2009. Contrasting effects of large herbivore grazing on smaller herbivores. Basic and Applied Ecology 10 (2): 141-150.

Bakker, K., Mook, J.H. en Van Rhijn, J.G. (red.), 1995. Oecologie. Uitgeverij Bohn Stafleu Van Loghum, Houten.

Begon, M., Harper, J.L. en Townsend, C.R., 1990. Ecology: individuals, populations and communities. Blackwell, Boston.

Both, C., Bouwhuis, S., Lessells, C.M. en Visser, M.E., 2006. Climate change and population declines in a long-distance migratory bird. Nature 441: 81-83.

De Bruin, D., Hamhuis, D., Van Nieuwenhuijze, L., Overmars, W., Sijmons, D. en Vera, F., 1987. Ooievaar, de toekomst van het rivierengebied. Stichting Gelderse Milieufederatie, Arnhem.

Den Boer, P.J., 1983. De vestigingshypothese: een alternatief voor de eilandtheorie? WLO-Mededelingen 10 (4): 172-178.

Ebbinge, B.S. en Spaans, B., 2002. How do brent geese (*Branta b. bernicla*) cope with evil? Complex relationships between predators and prey. Journal of Ornithology 143: 33-42.

Emond, D., Van Gogh, I., Driessen, F.M.F. en Brandjes, G.J., 2016. Het gebruik van ecoducten op de Veluwe. Monitoring, onderzoeken en interviews uit de periode 1989-2016. Bureau Waardenburg in opdracht van provincie Gelderland.

Fahrig, L., 2003. Effects of habitat fragmentation on biodiversity. Annual Review of Ecology, Evolution and Systematics 34: 487-515.

Fryxell, J.M., Greever, J. en Sinclair, A.R.E., 1988. Why are migratory ungulates so abundant? American Naturalist 131: 781-798.

Gauthier, G., Bety, J., Giroux, J.F. en Rochefort, L., 2004. Trophic interactions in a high arctic snow goose colony. Integrative and Comparative Biology 44: 119-129.

Gordon, I.J. en Prins, H.H.T., 2008. The ecology of browsing and grazing. Ecological Studies, vol. 195. Springer, Berlin/Heidelberg, Duitsland.

Harrison, S. en Taylor, A.D., 1997. Empirical evidence for metapopulation dynamics. In: Hanski, I. en Gilpin, M.E. (red.) Metapopulation biology. Ecology, genetics, and evolution. Academic Press, San Diego, CA, USA, pp. 27-42.

Haila, Y., 2002. A conceptual genealogy of fragmentation research: from island biogeography to landscape ecology. Ecological Applications 12: 321-334.

Helmer, J., 2019. Steilrandgroefbij wacht duizend jaar op bronstige stier. Nature Today, Wageningen. Beschikbaar op: https://www.naturetoday.com/nl/nl/nature-reports/message/?msg=25166.

Helmer, W., Litjens, G., Overmars, W., Barneveld, H., Klink, A., Sterrenburg, H. en Janssen, B. (red.), 1992. Levende Rivieren. Bureau Stroming / Hydrobiologisch Adviesburo Klink / Waterloopkundig Laboratorium / Landmeetkundig Buro Meet in opdracht van het Wereldnatuurfonds.

Hofmann, R.R. en Stewart, D.R.M., 1972. Grazers and browsers: a classification based on the stomach structure and feeding habits of East African ruminants. Mammalia 36: 226-240.

Jones, C.G., Lawton J.H., Shachak M., 1994. Organisms as ecosystem engineers. In: Samson, F.B. en Knopf, F.L. (red.) Ecosystem management. Springer-Verlag, New York, NY, USA, pp. 130-147.

Krebs, J.R. en Davies, N.B.,1989. An introduction to behavioral ecology. 4th ed. Blackwell Scientific Publications, Oxford, UK.

Lardinois, R. (red.), 2005. Dood doet leven: de natuur van dode dieren. KNNV Uitgeverij in samenwerking met Stichting Kritisch Bosbeheer. Utrecht/Dieren.

Larson, J.L., Redmond, C.T. en Potter, D.A., 2014. Impacts of a neonicotinoid, neonicotinoid-pyrethroid premix, and anthranilic diamide insecticide on four species of turf-inhabiting beneficial insects. Ecotoxicology 23: 252-259.

Lenoir, J. en Svenning, J.C., 2015. Climate-related range shifts – a global multidimensional synthesis and new research directions. Ecography 38: 15-28.

Levins, R., 1969. Some demographic and genetic consequences of environmental heterogeneity for biological control. Bulletin of the Entomological Society of America 15 (3): 237-240.

Londo, G., 1997. Natuurbeheer in Nederland 6: Natuurontwikkeling. Uitgeverij Pudoc, Wageningen.

Loreau, M., Mouquet, N. en Holt, R.D., 2003. Meta-ecosystems: a theoretical framework for a spatial ecosystem ecology. Ecology Letters 6: 673-679.

Mech, D.L., 2002. The wolves of Isle Royale. University Press Of The Pacific, Honolulu, HI, USA.

Memmott, J., Craze, P.G., Waser, N.M. en Priceet, M.V., 2007. Global warming and the disruption of plant-pollinator interactions. Ecology Letters 10: 710-717.

Olff H., Vera, F.W.M., Bokdam, J., Bakker, E.S., Gleichman, J.M., De Maeyer, K. en Smit, R., 2008. Shifting mosaics in grazed woodlands driven by alternation of plant facilitation and competition. Plant Biology 1: 127-137.

Olff, H., Alonso, D., Berg, M. P., Eriksson, B.K., Loreau, M., Piersma, T. en Rooney, N., 2009. Parallel ecological networks in ecosystems. Philosophical Transactions of the Royal Society B – Biological Sciences 364: 1755-1779.

Opdam, P., 1987. De metapopulatie: model van een populatie in een versnipperd landschap. Landschap 4 (4): 289-306.

Peters, B., Bijlsma, R-J. en Maas, G., 2021. Ooibossen, van ooievaar tot stroomlijn ... en verder. OBN-deskundigenteam Rivierenlandschap. OBN-VBNE publicatie, Driebergen.

Preston, F.W, 1948. The commonness and rarity of species. Ecology 19: 254-283.

226

Pucek, Z., Jędrzejewski, W., Jędrzejewska, B. en Pucek, M., 1993. Rodent population dynamics in a primeval deciduous forest (Białowieża National Park) in relation to weather, seed crop, and predation. Acta Theriologica 38: 199-232.

Schrama, M., Berg, M.P. en Olff, H., 2012. Ecosystem assembly rules: the interplay of green and brown webs during salt marsh succession. Ecology 93: 2353-2364.

Schrama, M., Jouta, J., Berg, M.P. en Olff, H., 2013. Food web assembly at the landscape scale: using stable isotopes to reveal changes in trophic structure during succession. Ecosystems 16: 627-638.

Stephens, D.W. en Krebs, J.R., 1986. Foraging theory. 1st ed. Monographs in Behavior and Ecology. Princeton University Press, Princeton, NJ, USA.

Van Delft, B., 2004. Veldgids humusvormen. Beschrijving en classificatie van humusprofielen voor ecologische toepassingen. Alterra, Wageningen.

Van de Veen, H.E., 1983. Functionele relaties in ecosystemen. Huid en Haar 2 (5): 197-206.

Van de Veen, H.E. en Lardinois, R., 1991. De Veluwe Natuurlijk! Een herkansing en eerherstel voor onze natuur. Schuyt & Co Uitgevers en Importeurs B.V., Haarlem.

Van der Wind, J. en Dreef, C., 2019. Effecten van ganzen op moerasvogelhabitat in de Oostelijke Vechtplassen. Literatuurstudie in verband met instandhoudingsdoelstelling Natura 2000-gebied Oostelijke Vechtplassen. Rapport 2019-04, Jan van der Winden Ecology, Utrecht.

Van Wieren, S.E., Groot Bruinderink, G.W.T.A., Jorritsma, I.T.M. en Kuiters, A.T. (red.), 1997. Hoefdieren in het boslandschap. Backhuys Publishers, Leiden.

Veldhuis, M.P., Gommers, M.I., Olff, H. en Berg, M.P., 2018. Spatial redistribution of nutrients by large herbivores and dung beetles in a savanna ecosystem. Journal of Ecology 106: 422-433.

Veldhuis, M.P., Ritchie, M.E., Ogutu, J.O., Morrison, T.A., Beale, C.M. en Estes, A.B., 2019. Cross-boundary human impacts compromise the Serengeti-Mara ecosystem. Science 363: 1424-1428.

Vulink, T., Tosserams, M., Daling, J., Van Manen, H. en Zijlstra, M., 2010. Begrazing door grauwe ganzen is een bepalende factor voor ontwikkeling van oevervegetatie in Nederlandse Wetlands. De Levende Natuur 11: 52-56.

Whittaker, R.H., 1977. Animal effects on plant species diversity. In: Tüxen, R. (red.), Vegetation und Fauna. Berichte der Internationalen Symposium der Internationalen Vereinigung für Vegetationskunde, pp. 409-425.

Wilkinson, M.T., Richards, P.J. en Humphreys, G.S., 2009. Breaking ground: Pedological, geological, and ecological implications of soil bioturbation. Earth-Science Reviews 97: 257-272.

Willson, M.F. en Halupka, K.C., 1995. Anadromous fish as keystone species in vertebrate communities. Conservation Biology 9: 489-497.

Wright, J.P., Jones, C.G. en Flecker, A.S., 2002. An ecosystem engineer, the beaver, increases species richness at the landscape scale. Oecologia 132: 96-101.

Zekhuis, M., Van Oort. L. en Hoogenstein, L., 2021. Gewilde dieren. Herintroducties van dieren in Nederland. KNNV Uitgeverij, Zeist.

7. Mensen in het landschap: milieudruk

Hans van den Dool en Maaike de Graaf

7.1 Inleiding

De biodiversiteit in Nederland staat sterk onder druk: in de afgelopen eeuw is de biodiversiteit sterk afgenomen, meer dan in de rest van de wereld en in de ons omringende landen. In Figuur 7.1 is de biodiversiteit in Nederland weergegeven als 'Mean Species Abundance' als een maat voor natuurlijkheid. De grafieken zijn bedoeld om de toestand en ontwikkeling van biodiversiteit voor landnatuur te vergelijken. Daarbij wordt gekeken de inheemse soorten die er oorspronkelijk zouden voorkomen in een ongestoorde situatie. De indicator heet de 'relative Mean Species Abundance of originally occurring species', ofwel MSA. De MSA is gedefinieerd als de gemiddelde populatieomvang van inheemse soorten in een ecosysteem of gebied ten opzichte van hun populatieomvang in een ongestoorde situatie (Rijksoverheid, 2016a).

De lage score voor Nederland komt natuurlijk doordat we met bijna 18 miljoen mensen op een beperkt oppervlak wonen: de grote bevolkingsdruk zorgt er enerzijds voor dat het areaal aan natuurgebied beperkt is en versnipperd. Anderzijds levert onze levenswijze een grote druk op voor de flora en fauna. Dit geldt zowel binnen als buiten de natuurgebieden, denk bijvoorbeeld aan de stikstofemissie die wij veroorzaken door uitstoot van stikstofverbindingen via verkeer, industrie en landbouw. Dit leidt tot eutrofiëring (vermesting) en verzuring, soms op grote afstand van de oorspronkelijke gebieden.

De laatste jaren is de achteruitgang tot stilstand gebracht. Het areaal natuurgebied in Nederland is immers toegenomen door ontwikkeling van het Natuurnetwerk Nederland (NNN, voorheen Ecologische Hoofdstructuur, EHS). Bovendien zijn er in natuurgebieden allerlei maatregelen genomen om de milieucondities te verbeteren en zijn inheemse soorten die waren verdwenen geherintroduceerd. Een relativering hierbij is dat met name de algemene soorten vooruitgaan, terwijl de zeldzame soorten achteruitgaan, zie Figuur 7.2.

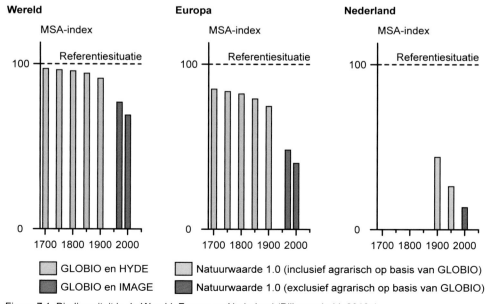

Figuur 7.1. Biodiversiteit in de Wereld, Europa en Nederland (Rijksoverheid, 2016a).

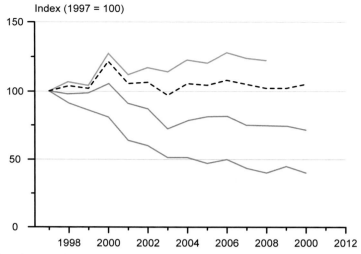

Figuur 7.2. Achteruitgang rode lijst soorten (Planbureau voor de Leefomgeving, 2012).

De invloed van de mens kan in principe verdeeld worden in een tweetal soorten milieudruk:
- processen die de oppervlakte met geschikte standplaatsen beïnvloeden, bijvoorbeeld de vernietiging van habitat door ander landgebruik, of die leiden tot versnippering van het leefgebied, waardoor het totaal oppervlak afneemt;
- processen die de kwaliteit van de standplaats beïnvloeden, zoals vermesting, verzuring en verdroging.

Hierbij moet echter opgemerkt worden dat in een druk bevolkt land als Nederland een sterke wisselwerking bestaat tussen de beide typen processen. Zo heeft de industrialisatie sinds de 19e eeuw geleid tot vernietiging van veel natuurlijke habitats. Een bijkomend effect is de toegenomen uitstoot van stikstof- en zwaveloxiden, wat heeft geleid tot verzuring van de standplaatsen. De intensivering van de landbouw vanaf de jaren '50 heeft niet alleen geleid tot een enorme afname van het areaal natuur en van de biodiversiteit in de landbouwgebieden zelf, maar de toegenomen ammoniakemissie leidde tot eutrofiëring van bijvoorbeeld de heide, waardoor de grassen als Pijpenstrootje (*Molinia caerulea*) en Bochtige smele (*Avenella flexuosa*) konden gaan domineren. Dit is al een achteruitgang van de kwaliteit van de standplaats. Maar het gaat verder, door de verandering in vegetatiesamenstelling, wordt ook het microklimaat beïnvloed: tussen de dichte Pijpenstrootje vegetatie zijn weinig open plekken waar reptielen zich kunnen opwarmen. Niet alleen het areaal aan standplaatsen, maar ook de kwaliteit ervan neemt af.

In dit hoofdstuk wordt eerst een overzicht gegeven van de stand van zaken wat betreft de kwaliteit van de natuur in Nederland. Daarna worden in afzonderlijke paragrafen de volgende vormen van milieudruk behandeld: vermesting, verzuring en klimaatverandering. Versnippering en verdroging komen in andere hoofdstukken aan bod.

7.2 Natuurkwaliteit in Nederland

In Nederland wordt de kwaliteit van de natuur onder meer weergegeven als de mate van voorkomen van soorten broedvogels, vaatplanten en dagvlinders in de natuurgebieden. In Figuur 7.3 wordt dit ecosysteemkwaliteit genoemd (Rijksoverheid, 2020b). In de figuur is af te lezen dat de ecosysteemkwaliteit in meer dan 50% van de beschouwde natuurgebieden (vrij) laag is, behalve in het open duin, daar is de kwaliteit hoger. Dat wil zeggen dat open duinen het grootste areaal met relatief veel kwalificerende soorten hebben en daarmee de hoogste kwaliteit in flora en fauna. De ecosysteemtypen (half)natuurlijk grasland en moeras hebben veel areaal met weinig kwalificerende soorten en dus een relatief lage kwaliteit. Uit nader onderzoek is gebleken dat met name natuur met een (vrij) lage kwaliteit in 2002-2009 gemiddeld genomen is verbeterd, terwijl natuur die in die periode een (vrij) hoge kwaliteit had gemiddeld genomen juist achteruit is gegaan. Het is blijkbaar lastig om bestaande kwalitatief goede natuur te behouden. De huidige milieudruk is blijkbaar te hoog (Rijksoverheid, 2020b).

De achteruitgang van zowel het areaal als de kwaliteit wordt veroorzaakt door de milieudruk die de mens op de Nederlandse natuur uitoefent (Figuur 7.4). De belangrijkste oorzaken voor de slechte toestand zijn verzuring, vermesting, verdroging, milieuvreemde stoffen en het gebrek aan ruimtelijke samenhang. De precieze oorzaken en de mate waarin dit voorkomt verschilt per ecosysteemtype en per regio (RIVM, 2018).

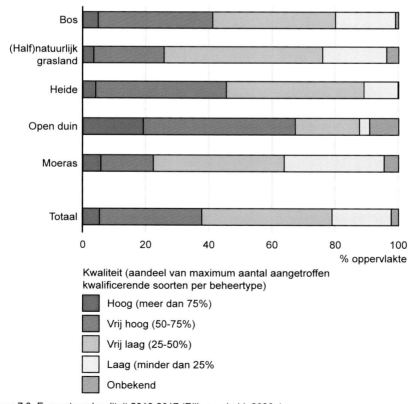

Figuur 7.3. Ecosysteemkwaliteit 2010-2017 (Rijksoverheid, 2020a).

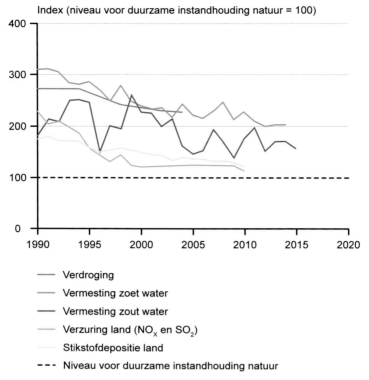

Figuur 7.4. Milieudruk op water en natuurgebieden (Rijksoverheid, 2016b).

Sinds 1990 is de milieudruk als gevolg van verzuring, vermesting en verdroging in natuurgebieden en oppervlaktewateren afgenomen. Het niveau voor duurzame instandhouding van natuur is echter nog niet bereikt. Sinds 2010 is er gemiddeld genomen sprake van stabilisatie van de ecosysteemkwaliteit voor landnatuur en een licht herstel voor waternatuur. Er zijn wel verschillen tussen de ecosysteemtypen en gebieden. Terwijl de afname van de kwaliteit van heide en moeras is gestopt, daalt de kwaliteit van de open duinen, alsmede het stedelijk en agrarisch gebied nog steeds (Rijksoverheid, 2020b).

De invloed van de mens op ecosystemen en soorten laat zich op alle niveaus van het rangordemodel gelden (Figuur 7.5): van klimaatverandering op het meest overkoepelende niveau, tot jacht en soortgericht beheer op het niveau van de predator. Uiteindelijk leiden al deze invloeden echter tot veranderingen in de standplaats van de producenten en daarmee tot veranderingen in de basis van het voedselweb. Om de invloed van de mens goed te begrijpen nemen we de standplaats van de plant als basis.

De standplaats van een soort wordt gevormd door een vijftal conditionele standplaatsfactoren, die alle ingrijpen op de fysiologische basiscondities van de plant. Met andere woorden, de lichtcondities, de pH (zuurgraad), het vochtgehalte, de nutriëntenvoorziening én de saliniteit (zoutgehalte) moeten zodanig zijn dat de plant zich kan ontwikkelen. Dit geldt voor de hele levenscyclus van de plant; alleen wanneer hij zich van kieming tot generatieve fase kan ontwikkelen is het voortbestaan van de populatie gegarandeerd. Om de effecten van de mens op een soort of ecosysteem goed in te kunnen

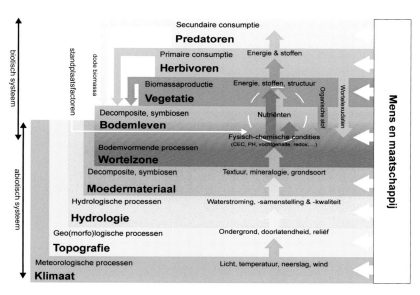

Figuur 7.5. Rangordemodel.

schatten, is het dus nodig om steeds terug te keren naar het standplaatsniveau. De standplaats kent ook een positionele factor: de plaats die de plant inneemt in het geohydrologische dwarsprofiel. Als voorbeeld is in Figuur 7.6 het dwarsprofiel van een dekzandlandschap weergegeven met daarin de stroming van het infiltrerende regenwater, dat door wegzijging door de ondergrond verandert van samenstelling en uiteindelijk als kwelwater in een beekdal weer tevoorschijn komt.

De beïnvloeding van de standplaats door de mens kent een lange geschiedenis: boeren beïnvloeden de standplaats door de bodem te bemesten en bekalken, zodat het gewas beter groeit. Als de grond te nat is wordt hij ontwaterd. Onbedoeld heeft dit grote effecten op de omringende gebieden: deze worden negatief beïnvloed door uit- en afspoeling van nutriënten, door verzuring als gevolg van uitstoot van stikstof en door een daling van de grondwaterstanden. Ofwel, door vermesting, verzuring en verdroging. Verzilting treedt op in de kustgebieden waar zoute kwel optreedt als gevolg van zoetwateronttrekking door de mens.

In de volgende paragrafen gaan we achtereenvolgens in op de volgende vormen van milieudruk: vermesting, verzuring en klimaatverandering.

7.3 Vermesting

Eutrofiëring oftewel vermesting betekent letterlijk 'voedselrijk worden', eutroof is immers het Griekse woord voor voedselrijk. Een eutroof ecosysteem bevat dus veel nutriënten. Andere trofische niveaus zijn: oligotroof, mesotroof en hypertroof (Figuur 7.7). Eutrofiëring is gedefinieerd als het proces waarbij door een toename van nutriënten in het ecosysteem, de groei en reproductie van enkele soorten sterk toeneemt. Dit is een gevolg van de verandering in de competitie tussen soorten, waarbij soorten gaan domineren die snel kunnen groeien, zoals riet, grassen en brandnetels.

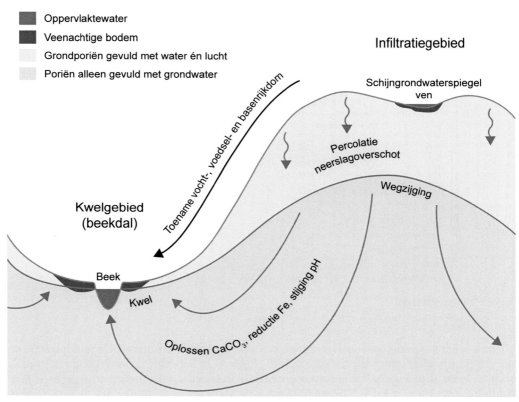

Figuur 7.6. Geohydrologisch dwarsprofiel dekzandlandschap (Witte, 2008).

Oligotroof	• Langzame groei
	• Veel concurrentie om nutriënten
Mesotroof	• Grote soortenrijkdom
Eutroof	
	• Snelle groei
	• Concurrentie om licht
Hypertroof	• Dominantie enkele soorten

Figuur 7.7. Trofische niveaus.

Onder eutrofe of hypertrofe condities zal niet het nutriëntenaanbod, maar de concurrentie om licht de groei limiterende standplaatsconditie worden. Uiteindelijk zullen de vegetatie en het ecosysteem veranderen (Figuur 7.8).

Bekende voorbeelden van eutrofiëring zijn de vergrassing van de heide onder invloed stikstofdepositie (zie Paragraaf 7.6) en de dominantie van algen in oppervlaktewater als gevolg van een toegenomen concentratie fosfaat (Figuur 7.9). Met deze verschuiving naar vegetaties die slechts door enkele soorten worden gedomineerd, gaat een afname in biodiversiteit gepaard, zowel in flora als in fauna.

234

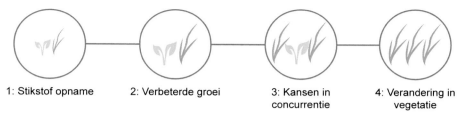

1: Stikstof opname   2: Verbeterde groei   3: Kansen in concurrentie   4: Verandering in vegetatie

Figuur 7.8. Effecten van stikstof eutrofiëring.

Figuur 7.9. Fuut, met jong op de rug, foerageert tussen de algen in het oppervlaktewater van natuurpark Lingezegen. Foto Hans van den Dool.

Dit soort negatieve effecten van eutrofiëring kunnen optreden wanneer er van een groei limiterend nutriënt meer beschikbaar komt. Volgens de Wet van Liebig (wet van het Minimum), wordt groei niet gelimiteerd door de totale hoeveelheid nutriënten, maar door het nutriënt dat het schaarst is (Von Liebig, 1840). In open vegetaties geldt dat meestal slechts één van de nutriënten beperkend is voor de groei van planten; als je dit nutriënt toevoegt aan het milieu, zal hij harder gaan groeien. Voeg je een ander nutriënt toe, dan geeft de plant geen groeirespons. In sommige gevallen zijn twee nutriënten tegelijkertijd limiterend voor de groei; we spreken dan van co-limitatie. In de meeste gevallen zijn stikstof (N) of fosfor (P) de limiterende voedingsstoffen, in een enkel geval kan dit een andere stof zijn zoals koolstof (C), kalium (K) of silicium (Si).

De groei limiterende nutriënten verschillen per ecosysteem; afhankelijk van de hydrologische, en biogeochemische processen in wortelzone, zal de beschikbaarheid van de nutriënten variëren. Er zijn echter wel vuistregels te geven: in terrestrische, droge ecosystemen is N meestal beperkend voor de groei, in natte systemen is er vaak sprake van P-limitatie of co-limitatie (Figuur 7.10).

Nutriëntenlimitatie
- **P fosfaat**
  - o Bijv. laagveen wateren, moerassen
- **N ammonium, nitraat**
  - o Bijv. laagvenen, vennen, hoogvenen
  - o Vaak: N + P limitatie
- **C anorganisch koolstof**
  - o Bijv. vennen, zachtwater meren, hoogvenen
  - o (C + N limitatie)
- **K kalium**
  - o Bijv. sommige beekdal hooilanden
- **Andere elementen (bijv. Fe)**
  - o (Eutrofiëring is gekoppeld aan element!)

Figuur 7.10. Nutriënten limitatie in verschillende ecosystemen dan wel ecotopen.

7.3.1 Bronnen van eutrofiëring

Natuurgebieden worden niet direct bemest door de mens. Indirect is dat wel het geval; via de lucht en (grond-)water verspreiden we onbedoeld een grote hoeveelheid voedingsstoffen. In Figuur 7.11 is een voorbeeld gegeven van de verspreiding van stikstof- en fosforverbindingen door de land- en tuinbouw. Naast de landbouw zijn ook het verkeer, riooloverstorten, honden en watervogels bekende bronnen van eutrofiëring.

De voedingsstoffen worden via verschillende wegen en mechanismen aangevoerd: stikstof wordt aangevoerd via de lucht en via het water, fosfaat alleen via het water. Omdat de herkomst van de nutriënten in deze situaties buiten het ecosysteem ligt waar de effecten optreden, wordt dit *externe eutrofiëring* genoemd.

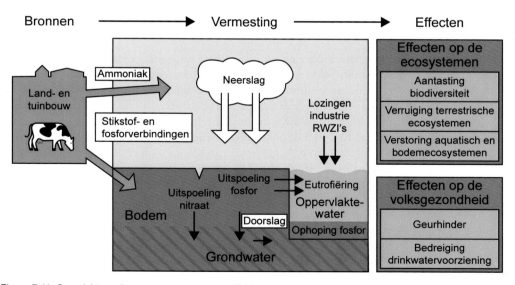

Figuur 7.11. Overzicht van bronnen van vermesting (RIVM, 2021a).

Interne eutrofiëring wordt gedefinieerd als het proces waarbij voedingsstoffen die in een ecosysteem zijn opgeslagen gemobiliseerd worden, zie Figuur 7.12. Per definitie kan interne eutrofiëring alleen optreden in ecosystemen waarin veel voedingsstoffen zijn opgeslagen, zoals venen en ecosystemen met veel organische stof in de bodem. Onder normale omstandigheden zijn de opgeslagen voedingsstoffen echter nauwelijks beschikbaar voor planten; doordat het bijvoorbeeld koud, zuur en/of anaeroob is, verlopen afbraakprocessen in de bodem traag. Echter, in deze bodems kan de mobilisatie van voedingsstoffen gestimuleerd worden door een externe prikkel: bijvoorbeeld hogere temperaturen als gevolg van klimaatverandering of de aanvoer van hard en/of sulfaatrijk water.

De belangrijkste eutrofiërende stoffen zijn, zoals gezegd, stikstof- en fosfaatverbindingen. Voor een goed begrip van de verschillende bodem- en waterprocessen die hierbij van belang zijn, is inzicht in de voedselkringloop van deze verbindingen onontbeerlijk (Figuur 7.13).

Stikstof

Stikstof is voor alle organismen een essentieel nutriënt, omdat het een belangrijk bestanddeel vormt van aminozuren, eiwitten en DNA. Vrijwel alle stikstof zit in een *niet actieve* vorm in de lucht. De buitenlucht bestaat immers voor een kleine 80% uit stikstof (N_2). Blauwalgen en stikstofknolletjesbacteriën zijn in staat om deze niet reactieve stikstof om te zetten in ammonium (NH_4^+). Dit proces wordt stikstofbinding of stikstoffixatie genoemd. Op deze wijze verschijnt stikstof in de voedselkringloop en is *actief* stikstof geworden. Het is de actieve stikstof die een probleem vormt met betrekking tot eutrofiëring en verzuring (zie ook Paragraaf 7.4).

Dode planten en dieren worden door het bodemleven afgebroken tot organisch stof. De verdere afbraak van organische stof tot ammonium wordt mineralisatie genoemd. Onder gunstige omstandigheden kan het ammonium worden genitrificeerd tot nitraat. Dit is een *aeroob* proces (met zuurstof) dat door bacteriën wordt uitgevoerd:

$$NH_4^+ + 2O_2 \rightarrow NO_3^- + 2H^+ + H_2O$$

Onder *anaerobe* omstandigheden (zonder zuurstof) kunnen andere bacteriën nitraat denitrificeren tot stikstof (N_2).

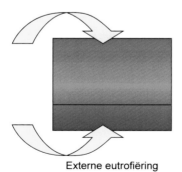

Externe eutrofiëring   Interne eutrofiëring

Figuur 7.12. Schematische weergave van externe en interne eutrofiëring in een watersysteem. De pijlen geven de herkomst van de voedingsstoffen weer.

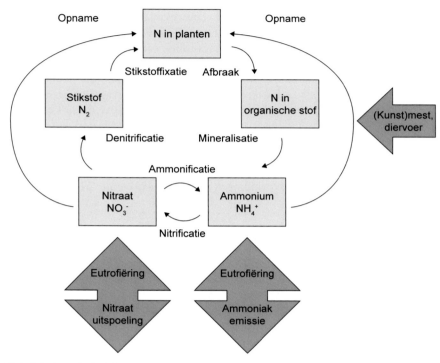

Figuur 7.13. De stikstofkringloop, inclusief eutrofiëring.

Planten kunnen stikstof zowel in de vorm van ammonium als nitraat opnemen. Aangezien stikstof één van de belangrijkste nutriënten is, is de vorm en beschikbaarheid ervan bepalend voor de ontwikkeling van de vegetatie. Sommige plantensoorten hebben een evolutionair ontwikkelde voorkeur voor ammonium (NH_4^+) en andere een voorkeur voor nitraat (NO_3^-). Vandaar dat de NH_4^+/NO_3^--ratio een belangrijke factor is. Daarnaast kan de familie van Vlinderbloemigen in symbiose met wortelknolletjes bacteriën stikstof (N_2) opnemen uit de lucht.

Normaal gesproken is de stikstofkringloop in balans en is er een natuurlijke ontwikkeling van de vegetatie. Als gevolg van de uitstoot van stikstofverbindingen door het verkeer, de industrie en de landbouw worden echter grote hoeveelheden stikstof toegevoegd aan het milieu. De depositie van extra stikstof bedroeg in 2018 gemiddeld over Nederland 1730 mol stikstof per ha (mol N/ha), dit is omgerekend bijna 25 kg N/ha. De stikstofdepositie is met circa 36% afgenomen sinds 1990. Vanaf 2005 is de daling gestagneerd omdat de ammoniakdepositie niet verder afnam, en vanaf 2009 zelfs weer licht toeneemt (Figuur 7.14) (RIVM, 2021b).

Doordat er verschillende stikstofbronnen zijn, komen er zowel geoxideerde als gereduceerde stikstofverbindingen in de atmosfeer terecht:
- *Verbranding fossiele brandstoffen.* Fossiele brandstoffen worden in de motoren van auto's, vrachtauto's, elektriciteitscentrales en fabrieken verbrand met de zuurstof uit de lucht. Een neveneffect hiervan is dat de stikstof en zuurstof uit de lucht hierbij onder de verhoogde druk en temperatuur worden omgezet in het gas stikstofoxide:

$$N_2 + O_2 \rightarrow 2NO$$

Figuur 7.14. Verspreiding stikstofdepositie in 2018 (RIVM, 2021b).

In de hogere luchtlagen (>10km) kan dit gas onder invloed van ultraviolet licht (UV) reageren tot salpeterzuur ($HNO_3 \rightarrow H^+ + NO_3^-$). Dit sterke zuur lost op in de waterdamp en komt terug op aarde in de vorm van neerslag. Daarmee is het dus niet alleen eutrofiërend, maar ook verzurend. Doordat dit proces zo hoog in de lucht plaatsvindt, treden de effecten vaak op ver van de bron. In Figuur 7.14 is te zien dat desondanks de grote transportafstanden vooral rondom de grote steden en industriegebieden veel geoxideerd stikstof terecht komt. Tijdens de COVID-19 crisis in 2020 was er weinig verkeer op de weg en werd er door de satellieten een veel lagere concentratie van stikstofoxide in de lucht gemeten (Figuur 7.15).

- *Intensieve landbouw.* In de intensieve landbouw worden grote hoeveelheden stikstof in de vorm van diervoer en kunstmest ingevoerd of ter plaatse geproduceerd. Deze stikstof wordt aan de kringloop op het landbouwbedrijf toegevoegd om de opbrengst te verhogen. De meeste stikstofverbindingen zijn echter uitermate mobiel en zullen als verliespost het bedrijf via het grondwater en de lucht verlaten. Zo spoelt nitraat (NO_3^-) makkelijk uit en kan via het grondwater elders het milieu eutrofiëren. Ammonium (NH_4^+) gaat makkelijk over in het vluchtige ammoniak (NH_3) en kan zo naar nabij gelegen natuurgebieden waaien (Figuur 7.16). Zo werkt het dus twee kanten op: ammoniak en nitraat verdwijnen als verliespost uit de kringloop van het landbouwbedrijf en verschijnen als eutrofiëring in de kringloop van natuurgebieden. In Figuur 7.14 is te zien dat de grootste hoeveelheden stikstof in de buurt van gebieden met intensieve landbouw terecht komt, zoals de Gelderse Vallei en De Peel.

Fosfaat

Ook fosfaat (PO_4^{3-}) is een belangrijke planten voedende stof. Zo is het een hoofdbestanddeel van de drager van het erfelijk materiaal DNA en van de energiedrager ATP. De voedselkringloop van fosfaat is eenvoudiger dan die van stikstof. Dit komt omdat fosfaat anders dan stikstof niet mobiel is, maar zich juist op allerlei manieren kan binden aan bodembestanddelen, zie Figuur 7.17.

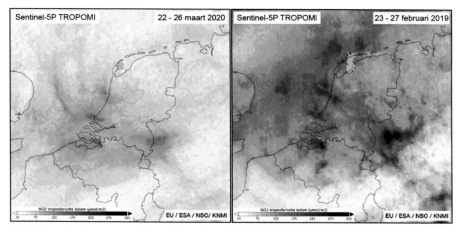

Figuur 7.15. Stikstofoxide vóór (rechts) en tijdens (links) COVID-19 crisis. Stikstofoxide wordt uitgestoten door het verkeer en de industrie (KNMI, 2021).

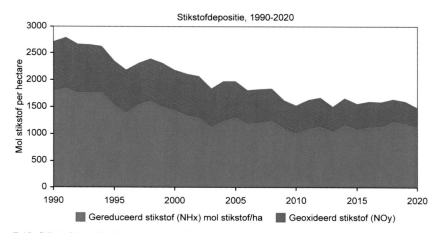

Figuur 7.16. Stikstofdepositie in Nederland (RIVM, 2021b).

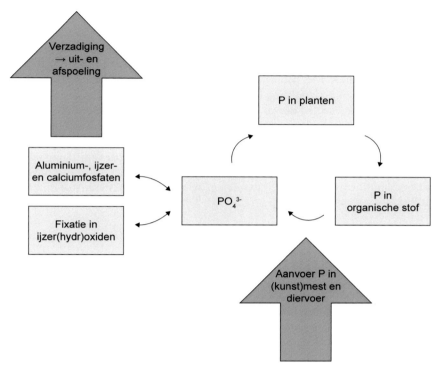

Figuur 7.17. De fosfaatkringloop.

De aanvoer van fosfaat in de Nederlandse landbouw betrof in 2019 via diervoer 70 miljoen kg P en via kunstmest 4 miljoen kg P. Hiervan verdween 7 miljoen kg P naar het milieu en de rest werd afgezet in dierlijke en plantaardige producten (RIVM, 2021). Pas als de bodem verzadigd is met fosfaat, kan het fosfaat zich verspreiden via het grondwater of met het regen- of drainagewater uit- en afspoelen naar een sloot of beek en daar het watermilieu eutrofiëren. Een probleem met eutrofiëring ontstaat ook als op een voormalige, met fosfaatverzadigde landbouwgrond natuurontwikkeling dient plaats te vinden. In dat geval moet bijvoorbeeld eerst de fosfaatrijke bovengrond ontgraven worden.

Onder een fosfaatverzadigde grond wordt verstaan dat een grond zodanig is bemest met fosfaat, dat op termijn in het bovenste grondwater een concentratie van 0,15 mg P/l wordt overschreden. Voor kalkarme zandgronden is vastgesteld dat deze concentratie al wordt bereikt indien 25% van de bindingscapaciteit is verbruikt; dit hoeft dus geen 100% te zijn. In 1998 is vastgesteld dat toen, volgens deze definitie, al meer dan de helft van Nederlandse landbouwgrond was verzadigd met fosfaat (RIVM, 2008; Schoumans, 2004). De kans is dus heel groot dat een voormalige landbouwgrond te veel fosfaat bevat voor de ontwikkeling van schrale natuurtypen.

Naast de externe eutrofiëring met fosfaat, kan interne fosfaateutrofiëring voor grote problemen zorgen. In Nederland is interne eutrofiëring vooral bekend geworden door onderzoek in oppervlaktewater in het laagveenlandschap waar onder invloed van de aanvoer van water dat rijk is aan (bi-)carbonaten en/of sulfaat een keten van processen werd ingezet die leiden tot eutrofiëring (Lamers, 2001). Aan de hand van dit onderzoek wordt hieronder het proces van het vrijkomen van voedingsstoffen beschreven.

Laagveenwateren zijn oorspronkelijk P-gelimiteerde systemen: veel P is immers vastgelegd in organische stof en calcium- en ijzerverbindingen in de waterbodem. Hierdoor bleef de P-concentratie in het water laag. Oorspronkelijk werden de laagveenwateren gevoed door een mengsel van schoon kwel- en regenwater. De kwel zorgde voor een continue toevoer van ijzer- en calciumionen en daarmee voor de vastlegging van fosfaat. Met name natuurgebieden zijn echter relatief hoog komen te liggen als gevolg van verdroging en bodemdaling in omliggende landbouwgebieden. De natuurgebieden zijn van kwel- naar infiltratiegebied omgeslagen, waardoor het zuurdere regenwater meer invloed heeft gekregen. Om de verdroging van natuurgebieden tegen te gaan wordt meer oppervlaktewater ingelaten. Dit oppervlaktewater bevat vaak een hoge concentratie sulfaat en is vaak sterker gebufferd (hogere alkaliniteit). Bovendien blijkt ook het kwelwater als gevolg van de verdroging van kwaliteit te zijn veranderd. Door de lagere grondwaterstanden kan in de ondergrond van hoger gelegen gebieden het bodemmineraal pyriet (FeS) worden geoxideerd omdat er zuurstof bij kan komen. Bij deze reactie komt sulfaat en zuur vrij:

$$4FeS + 9\,O_2 + 10\,H_2O \leftrightarrow 4\,Fe(OH)_3 + 4\,SO_4^{2-} + 8\,H^+$$

Het infiltrerende regenwater neemt het sulfaat mee en komt stroomafwaarts jaren later als sulfaatrijk kwelwater in natuurgebieden weer omhoog. Dus tegenwoordig kan zowel het aangevoerde oppervlaktewater als het kwelwater meer sulfaat bevatten, waardoor het proces van interne eutrofiëring in werking treedt (Figuur 7.18):

1. *Het aangevoerde water is rijker aan sulfaat* (SO_4^{2-}). Dit sulfaat wordt in de veenbodems door micro-organismen gereduceerd tot sulfide (S^{2-}). Bij deze reductie komt bicarbonaat (HCO_3^-) en fosfaatvrij. Door de toename van bicarbonaat stijgt de alkaliniteit.
2. Doordat de alkaliniteit stijgt, stijgt de pH in de bodem en verlopen afbraakprocessen in de veenbodem sneller dan voorheen. Het gevolg van deze toename in mineralisatiesnelheid is dat zowel fosfaat als ook stikstof (voornamelijk in de vorm van ammonium) vrijkomen. Wanneer fosfaat en ammonium diffunderen naar de waterlaag, kan hier eutrofiëring optreden.
3. Oppervlaktewater bevat vaak *minder ijzer (Fe²⁺)* dan grondwater. In de oorspronkelijke situatie wordt fosfaat dat vrijkomt bij mineralisatie gebonden aan ijzer; de fosfaat-ijzercomplexen zorgen ervoor dat fosfaat niet beschikbaar is voor plantengroei, waardoor eutrofiëring uitblijft. Wanneer er onvoldoende ijzer beschikbaar is, worden Fe-P-complexen niet (meer) gevormd en komt er meer fosfaat beschikbaar in het systeem: voilà, eutrofiëring is het gevolg.

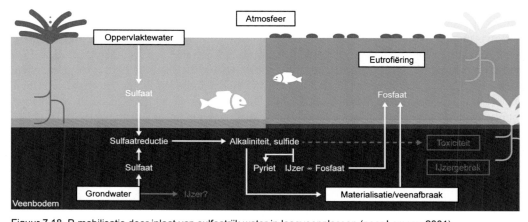

Figuur 7.18. P-mobilisatie door inlaat van sulfaatrijk water in laagveenplassen (naar Lamers, 2001).

4. Daar bovenop kan sulfide (S^{2-}) een complex vormen met ijzer: Fe-S-complex, wat leidt tot de vorming van pyriet. De binding tussen ijzer en sulfide is sterker dan die tussen ijzer en fosfaat; bij een overmaat aan sulfide, als gevolg van sulfaatreductie, drukt sulfide de fosfaatgroepen van het Fe-P-complex om een Fe-S-complex te vormen. Het vrijgekomen fosfaat kan ook via deze weg tot eutrofiëring leiden.

Als gevolg van voortgaande sulfaatreductie kunnen de sulfideconcentraties in een laagveenplas uiteindelijk zo hoog oplopen dat er onvoldoende ijzer is om het vrijgekomen sulfide te binden. Op dat moment komt sulfide vrij in de bodem. Dit sulfide is toxisch en leidt o.a. tot wortelrot bij zegge-soorten (*Carex* spp.) en sterfte van de Krabbenscheer (*Stratiotes aloides*).

7.3.2 Effecten van eutrofiëring

De effecten van eutrofiëring worden het eerst zichtbaar in de vegetatie, immers de producenten nemen als eerste de extra voedingsstoffen op. Zoals eerder beschreven, leidt een hoger aanbod van voedingsstoffen tot meer groei en tot veranderende concurrentieverhoudingen, resulterend in een soortenarme vegetatie die gedomineerd wordt door snelgroeiende soorten als grassen. Als gevolg hiervan zijn er minder kruidachtige planten met bloemen in de vegetatie, wat leidt tot een verminderd voedselaanbod voor bloem bezoekende insecten. Daarnaast zal de toename in groei leiden tot een toename van strooiselproductie in terrestrische ecosystemen en tot meer organisch slib in aquatische ecosystemen. Deze dikke lagen organisch materiaal bemoeilijken de kieming (geen lichtprikkel meer), en vestiging van de oorspronkelijke vegetatie (Figuur 7.19).

In geval van eutrofiëring door stikstof is aangetoond dat een overmaat van N leidt tot een verandering in de chemische samenstelling van de planten. In het algemeen bevatten planten dan meer stikstof, maar neemt het relatieve gehalte aan calcium, magnesium, kalium en andere micronutriënten in de plant af. Dit heeft tot gevolg dat de voedselkwaliteit van het plantmateriaal voor fauna verandert en in de meeste gevallen is dit geen verbetering. Herbivoren eten stikstofrijker voedsel dan voorheen, maar krijgen gebrek aan andere essentiële voedingsstoffen.

Effecten van eutrofiëring kunnen via verschillende wegen doorwerken in de voedselketen (Figuur 7.19). Ten eerste zal een dichtere en homogenere vegetatie leiden tot een ander microklimaat: door het verdwijnen van open plekken (minder instraling van de zon) en door de dichtere vegetatie wordt het vochtiger en koeler. Plaatsen waar reptielen en insecten zich kunnen opwarmen in de zon verdwijnen en door het koelere microklimaat duren levenscycli langer. Dit kan leiden tot een verschuiving in soortsamenstelling binnen een ecosysteem; in de duinen is aangetoond dat karakteristieke soorten verdwijnen als gevolg van concurrentie met meer algemene soorten (Van Turnhout e.a., 2003). Het vochtigere klimaat kan leiden tot een verhoging van het aantal schimmelinfecties bij rupsen en daarmee een toename van de sterfte. Kuikens van nestvlieders warmen minder snel op en hebben een verhoogde energiebehoefte.

De dichtere en homogenere vegetatie, met daarin minder open plekken, leidt voor een groot aantal soorten tot een afname in geschikte plaatsen om te paaien, nestelen en broeden. In combinatie met een koeler en vochtiger microklimaat, vermindert hierdoor het voortplantingssucces.

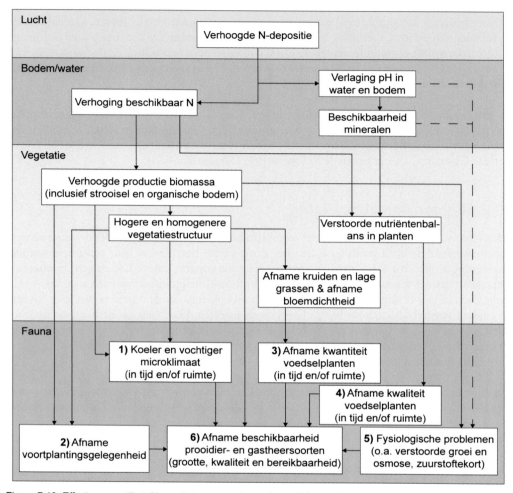

Figuur 7.19. Effecten van stikstofdepositie op vegetatie en fauna (Alterra Wageningen UR, 2014).

Op hogere trofische niveaus heeft eutrofiëring vooral tot gevolg dat het voedselaanbod van prooidieren en gastheren verandert als gevolg van de hierboven beschreven processen. Dit kan doorwerken tot in de top van de voedselketen; zo is door Van den Burg (2002) aangetoond dat het broedsucces van de Sperwer (*Accipiter nisus*) af is genomen als gevolg van een verslechterend voedselaanbod.

7.4 Verzuring

Verzuring is het proces waarbij de buffercapaciteit van de bodem of van het water afneemt als gevolg van een input van zuurionen (H^+) aan het systeem. Begrippen die in de literatuur als maat voor verzuring gebruikt worden zijn de veranderingen van de pH ($-\log[H^+]$), de zuurgraad en de zuurneutralisatiecapaciteit (ΔZNC, mmol H^+/kg). De ZNC wordt ook vaak buffercapaciteit genoemd.

Door het oplossen van kooldioxide tot koolzuur is de pH van regenwater van nature 5-6:

$$CO_2 + H_2O \leftrightarrow H_2CO_3 \leftrightarrow H^+ + HCO_3^-$$

Als gevolg van de uitstoot van verzurende zwavel- en stikstofverbindingen zakte de pH in de jaren '60 van de vorige eeuw tot onder de 4, zie Figuur 7.20 (Buijsman e.a., 2010). Dankzij nationale en internationale maatregelen is de uitstoot van verzurende stoffen verlaagd en is de pH van regen momenteel ongeveer 5.

Verzuring treedt van nature in veel zwak gebufferde systemen (pH 4,5-6,5) op, maar gaat normaal erg langzaam. Bij verschillende bodemprocessen (bv. afbraak) komen zuurionen vrij. Daarnaast stoten planten zuur uit om voedingsstoffen als fosfaat beschikbaar te maken. Bij de ademhaling van bodemorganismen komt koolzuur vrij, dat kan zich ophopen en ook voor een lagere pH zorgen. Ook onder natuurlijke omstandigheden is hierdoor de zuurgraad in zwak gebufferde bodems hoger dan in de regen en de pH dus lager. De pH in de arme, zure bosbodems van bijvoorbeeld de Veluwe kan lager dan 4 zijn.

7.4.1 Bronnen van verzuring

De mens heeft de natuurlijke verzuring versneld door uitstoot van verzurende stoffen, met name zwaveldioxide (SO_2) en stikstofverbindingen (NO_x en NH_x). In de atmosfeer treden verschillende reacties op, waarbij deze verbindingen worden omgezet in zuur:
- Zwaveloxiden (SO_x) afkomstig van industrie en huishoudens, reageren in de lucht tot zwavelzuur.
- Stikstofoxiden (NO_x), hoofdzakelijk afkomstig van verkeer, reageren in de atmosfeer tot salpeterzuur.

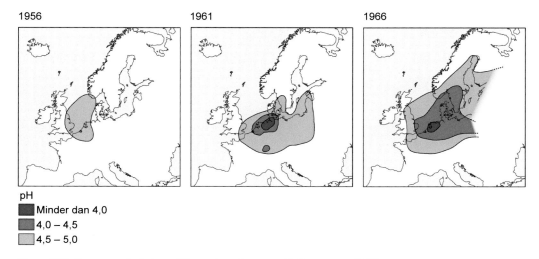

Figuur 7.20. Zure regen in de jaren '60 van de vorige eeuw (Buijsman e.a., 2010).

Beide (sterke) zuren dissociëren vrijwel meteen tot SO_4^{2-} en H^+, resp. NO_3^- en H^+, zodat er uiteindelijk zuur, sulfaat en nitraat in onze ecosystemen terecht komen. Een derde bron van verzuring betreft de gereduceerde stikstofverbindingen. Deze bestaan voornamelijk uit ammoniak (NH_3) en zijn hoofdzakelijk afkomstig uit de landbouw (Figuur 7.21).

Ammoniak is een base en zal in de lucht reageren tot ammonium NH_4^+:

$$NH_3 + H^+ \rightarrow NH_4^+$$

Anders dan bij de zwavel- en stikstofdepositie, is de depositie van ammonium niet zuur, sterker nog, de ammoniak neutraliseert in de lucht juist zuur! Echter, in de bodem wordt ammonium genitrificeerd tot nitraat, waarbij wel zuur wordt geproduceerd:

$$NH_4^+ + 2\,O_2 \rightarrow 2H^+ + NO_3^- + H_2O$$

Netto kan de uitstoot van elk molecuul ammoniak dus één ion zuur (H^+) in de bodem opleveren. Daarom wordt ammoniak ook tot de verzurende stoffen gerekend.

Sinds de jaren 80 van de vorige eeuw zijn er veel maatregelen genomen om de emissie van verzurende stoffen naar de atmosfeer te verminderen. Dit heeft geleid tot een sterke reductie van de uitstoot van deze stoffen naar de lucht: de zwaveluitstoot is in de periode 1990-2019 met 88% gedaald en de uitstoot van stikstofoxiden met 64% (Figuur 7.22). Beide zitten nu onder de daarvoor gestelde normen. Dat geldt nog niet voor de emissie van ammoniak: deze is weliswaar met 65% gedaald, maar zit nog boven de gestelde norm. Het is verontrustend dat de ammoniakuitstoot de laatste jaren weer lijkt toe te nemen (RIVM, 2021c).

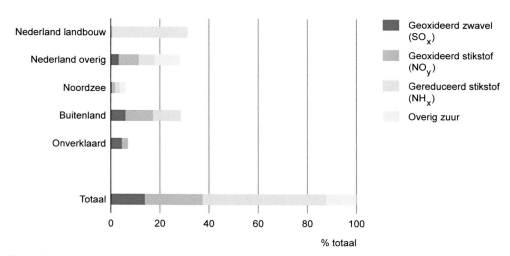

Figuur 7.21. Herkomst van de verzurende depositie in 2017 (RIVM, 2019).

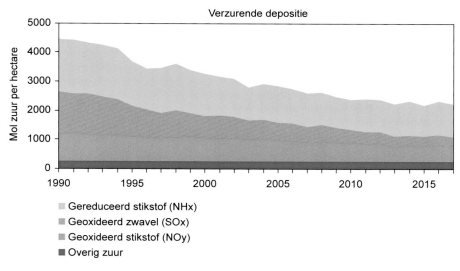

Figuur 7.22. Verzurende depositie 1990-2017 (RIVM, 2019).

De emissie (uitstoot) van verzurende stoffen is niet één op één gekoppeld aan de depositie (het neerslaan van de verzurende stoffen in het milieu). De verzurende stoffen kunnen grote afstanden afleggen door de atmosfeer alvorens terug te komen in terrestrische of aquatische ecosystemen. Daarnaast speelt de ruwheid van de vegetatie een grote rol in de hoeveelheid stikstof die wordt gedeponeerd: door ruwe, hoge vegetaties als naaldbossen, wordt in het algemeen meer verzurende stoffen ingevangen dan door vlakke, lage vegetaties als graslanden. Dit komt omdat net boven de ruwe vegetaties meer turbulentie in de lucht optreedt, waardoor de er meer uitwisseling en adsorptie aan het blad optreedt. Daarnaast hebben bomen natuurlijk meer blad en dus meer oppervlak, waaraan de verzurende stoffen kunnen adsorberen. Tezamen met de ruimtelijke verschillen in emissie, verschillen in transport en in adsorptie, leidt dit ertoe dat er grote ruimtelijke verschillen zijn in de zure depositie in Nederland (Figuur 7.23).

Bij natuurkwaliteit gaat het natuurlijk vooral om de depositie. En die is nog steeds veel hoger dan de kritische depositiewaarden voor bijna alle vegetatietypen.

7.4.2 Het proces van bodemverzuring

Onder invloed van verzurende depositie neemt de buffercapaciteit van de bodem af. Afhankelijk van de uitgangssituatie van de bodem, verschuift het bufferende proces achtereenvolgens van carbonaatverwering (pH >6,8), naar kationuitwisseling en silicaatverwering (6,8 < pH < 4,5), naar aluminiumbuffering (pH <4,5; zie Figuur 7.24). Bij nog verdere verzuring treedt de ijzerbuffering in werking.

Wanneer aan een kalkrijke bodem (pH 7) zuur wordt toegevoegd, blijkt dat de pH heel lang constant blijft. Met andere woorden, er treedt lang zuurbuffering op, totdat de kalk is opgelost en een volgend buffermechanisme in werking treedt (Alterra Wageningen UR, 2014):

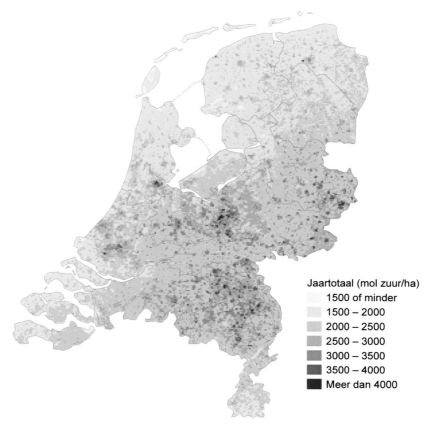

Figuur 7.23. Ruimtelijke verschillen in de zure depositie in Nederland (RIVM, 2019).

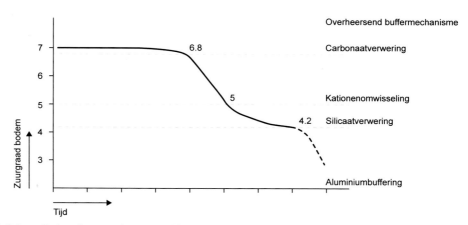

Figuur 7.24. Schematisch verloop van de zuurgraad in een goed gedraineerde kalkrijke bodemkolom bij voortdurende toevoeging van een sterk zuur (naar Ulrich, 1981; Alterra Wageningen UR, 2014).

1. *Carbonaatverwering*: in kalkrijke gronden (pH >6,8) vindt buffering plaats door de reactie van het zuur met de aanwezige kalk ($CaCO_3$ in de vaste fase):

$$CaCO_{3\,(s)} + H^+ \rightarrow Ca^{2+} + HCO_3^-$$

   Tijdens dit proces komen calcium en bicarbonaat in oplossing en deze kunnen uitspoelen naar het grondwater. Vergeleken met andere buffermechanismen is de reactie van zuur met kalk een snelle reactie. Als de kalk nagenoeg is verdwenen, zal de pH van de bodem opeens snel dalen.
2. Een buffermechanisme dat in het pH-traject tussen 4,2 en 6,5 in kalkloze (of ontkalkte) bodem verloopt, is dat van de *kationenuitwisseling* door het bodemadsorptiecomplex (Figuur 7.25). Het bodemadsorptiecomplex bestaat uit klei- en/of humusdeeltjes die een negatief geladen oppervlak hebben, waaraan positief geladen kationen (Ca^{2+}, Mg^{2+}, K^+ en Na^+) geadsorbeerd zijn. Wanneer er extra H^+-ionen in de bodem komen worden kationen van het complex verdrongen, waarbij de kationen in de bodemoplossing terechtkomen. Dit is de reden waarom ze de 'basische' kationen worden genoemd. De waterstofionen zelf zijn dan aan het complex geadsorbeerd en niet meer in oplossing, waardoor de pH niet verandert.
   Kationenomwisseling is een snellopend bufferproces, maar de capaciteit kan heel beperkt zijn. Men hanteert in relatie hiermee de term 'basenverzadiging' om aan te geven hoeveel procent van het adsorptiecomplex van de bodem bezet is met zogenoemde basische kationen. In de zure bosbodems van de Veluwe kan de basenverzadiging zijn teruggelopen van 30 tot 10%.
3. Een reactie die veel langzamer verloopt maar bijna altijd heel grote buffercapaciteit levert, is de *verwering van silicaatmineralen*. Deze reactie treedt op in kalkloze gronden (pH <6,5). Primaire silicaatmineralen lossen hierbij op onder vorming van secundaire silicaten. Een voorbeeld is de verwering van kaliveldspaat:

$$2KAlSi_3O_8 + 2\,H^+ + 9H_2O \rightarrow 2K^+ + Al_2Si_2O_5(OH)_4 + 4\,H_4SiO_4$$

   Door de lage snelheid draagt dit mechanisme maar in geringe mate bij aan de actuele buffering in de bodem. Ecologisch gezien is het op korte termijn dus vaak niet zo belangrijk, maar het is onder natuurlijke omstandigheden essentieel voor het 'opladen' van het adsorptiecomplex met basische kationen.

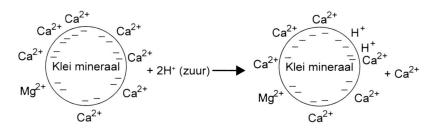

Figuur 7.25. Schematische weergave van de zuurbuffering door kationenomwisseling (Alterra Wageningen UR, 2014).

4. *Aluminiumbuffering.* In kalkloze, zure gronden (pH <4,5) is de verwering van het in de bodem aanwezige aluminiumhydroxide het voornaamste buffermechanisme:

$$Al(OH)_3 + 3\,H^+ \rightarrow Al^{3+} + 3\,H_2O$$

Wanneer deze reactie in gang wordt gezet, komt steeds meer Al^{3+} in de bodemoplossing terecht, terwijl voorheen Al vrijwel alleen in niet-opgeloste vorm in de bodem aanwezig was. Net als H^+ kan ook Al^{3+} gebonden worden aan het bodemcomplex, maar dit proces kan de toename in opgelost Al^{3+} niet verhinderen. Belangrijk om te weten is dat opgelost Al^{3+} toxisch is voor veel planten en diersoorten. Als er veel Al^{3+} in het bodemvocht wordt gemeten, betekent dit dat de buffercapaciteit van de bodem al voor een groot deel verbruikt is (Figuur 7.26).

5. *IJzerbuffering* (niet aangegeven in Figuur 7.26). Bij pH <3,8 lossen amorfe ijzer(hydr)oxiden op bij zuurbufferingsreacties in de aanwezigheid van opgelost organische stof. Bij pH <3,0 gaat ijzer een dominerende rol spelen bij de zuurbuffering en er komt dan ook (zeer) veel Fe^{3+} in oplossing. Dit laatste proces (pH <3,0) komt in Nederland in de praktijk weinig voor, maar was bijvoorbeeld prominent aanwezig in de jaren tachtig/negentig van de vorige eeuw in de extreem belaste bossen in de 'zwarte driehoek' van Europa, het grensgebied Polen-Tsjechië-Oost Duitsland, waar destijds veel raffinage van zwavelrijk bruinkool plaats vond. Daar komt ook de term 'Das Waldsterben' vandaan. Gelukkig is het Nederland niet zo ver gekomen.

De buffertrajecten kunnen ook als volgt worden weergegeven:

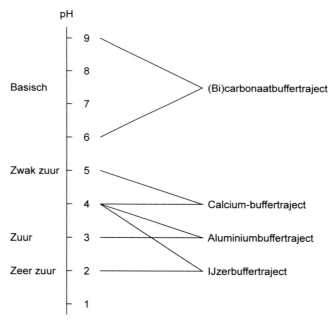

Figuur 7.26. Zuurbuffertrajecten (Bobbink e.a., 2007).

Kalkrijke bodems en bodems met een grote CEC (kation uitwisselingscapaciteit) hebben een grote zuur neutralistatie capaciteit (ZNC). De CEC wordt bepaald door het klei- en humusgehalte van de bodem.

Ook in systemen met bicarbonaat in het bodemvocht, bijvoorbeeld als gevolg regionale kwel, kan zuurbuffering optreden, en wel door bicarbonaat:

$$HCO_3^- + H^+ \rightarrow H_2CO_3$$

Buffering door bicarbonaat is in oppervlaktewater het belangrijkste buffermechanisme, maar is voor de meeste terrestrische situaties alleen in grondwater gevoede ecosystemen van betekenis. De hoeveelheid bicarbonaat in het bodemvocht is in het algemeen laag en daarmee is de capaciteit van deze buffering ook laag vergeleken met de vorige vier buffermechanismen, tenzij er regelmatig toevoer van bicarbonaat door opkwellend grondwater of door overstroming met bicarbonaatrijk oppervlaktewater optreedt. Daarom heeft onttrekking van grondwater en regulatie van oppervlaktewater vaak langs indirecte weg voor verzuring gezorgd via het wegvallen van kwel of overstroming. Naast bicarbonaat wordt via kwel of oppervlaktewater ook calcium (of andere 'basische' kationen) aangevoerd, waardoor via de hierboven genoemde kationenuitwisseling de basenverzadiging weer kan worden opgeladen.

7.4.3 Effecten van verzuring

Vooral zwak gebufferde ecosystemen, zoals zwak gebufferde vennen en blauwgraslanden, zijn gevoelig voor verzuring. Tijdens bodemverzuring vinden allerlei omzettingen in de bodem plaats, waarbij naast afname van de zuurneutralisatiecapaciteit (ZNC) en de pH, allerlei kationen versneld vrij in oplossing kunnen komen. In infiltratiegebieden zullen deze kationen uitspoelen naar diepere lagen of naar het grondwater, waar planten er met hun wortels niet meer bij kunnen. Hierdoor kunnen bij planten gebreksverschijnselen optreden, omdat er bijvoorbeeld onvoldoende kalium (K^+) of magnesium (Mg^{2+}) aanwezig is. Het vrijkomen van aluminium (Al^{3+}) kan juist een toxisch effect hebben op de planten, wortels kunnen zich niet goed ontwikkelen, waardoor de opname van mineralen verder wordt bemoeilijkt.

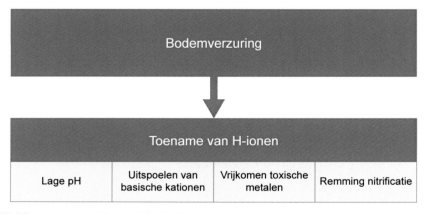

Figuur 7.27. Effecten van verzuring op de bodemfactoren (naar Alterra Wageningen UR, 2014).

Door de daling van de pH (<4,5) kan de nitrificatie geremd worden, omdat de nitrificerende bacteriën hier niet goed tegen kunnen. Als gevolg hiervan accumuleert ammonium en neemt de NH_4^+ / NO_3^--ratio toe. Tenslotte kan ook de afbraaksnelheid van organische materiaal (decompositie) sterk verminderen, waardoor strooiselophoping in verzuurde ecosystemen zeer algemeen is. Omdat veel plantensoorten de combinatie van lage pH en hoge concentraties aan NH_4^+ en vrij Al^{3+} niet kunnen verdragen, leidt verzuring bijna altijd tot een verlies aan soorten. Zo raakt de wortelgroei van Blauwe knoop (*Succisa pratensis*), een soort van blauwgraslanden, ernstig verstoord bij een verhoogde concentratie ammonium. Als gevolg daarvan raakt ook de nutriënt-opname sterk verstoord en treedt er gebrek op aan bijvoorbeeld kalium, calcium en magnesium (Figuur 7.28). Het leidt geen twijfel dat de overlevingskansen van dergelijke aangetaste planten in het veld miniem zijn (Bobbink en Weijters, 2018).

Als zwak gebufferde vennen verzuren, treedt naast uitbundige groei van veenmossen vaak ook (tijdelijke) woekering van Knolrus (*Juncus bulbosus*) op, die specifiek reageert op ammonium. Veenmossen en Knolrus maken onder deze omstandigheden optimaal gebruik van de hoge beschikbaarheid van stikstof en koolstof en kunnen daardoor snel biomassa opbouwen en zeer dominant worden. Zo zullen geleidelijk alle kenmerkende waterplanten als Oeverkruid (*Littorella uniflora*) en Waterlobelia (*Lobelia dortmanna*) uit de vennen verdwijnen (Alterra Wageningen UR, 2014).

In het veld treden effecten van verzuring vaak op in combinatie met effecten van andere milieudruk, zoals eutrofiëring, verdroging en/of klimaatverandering. Het goede nieuws is tenslotte dat de hoeveelheid zure depositie in veel natuurgebieden zo laag is geworden dat gewerkt kan worden aan herstel van de ecosystemen.

Weinig ammonium   Veel ammonium

Figuur 7.28. Beeld van het effect van hoge ammoniumconcentratie of verhoogde ammonium-nitraat ratio op de Blauwe knoop (*Succisa pratensis*) (foto Edu Dorland).

7.5 Klimaatverandering

Klimaatverandering heeft ingrijpende effecten op de natuur in Nederland. Bepaalde diersoorten kunnen af- en andere juist toenemen. Extremere weersomstandigheden zoals droogte of juist hevige neerslag hebben nu al een zichtbaar effect op de natuur in Nederland (Stichting CAS, 2022).

7.5.1 Oorzaken van klimaatverandering

Klimaatverandering is het gevolg van de in de atmosfeer aanwezige broeikasgassen, de zon, de vulkanen en natuurlijke schommelingen binnen het klimaatsysteem. Er is consensus onder de klimaatwetenschappers dat de mens dit broeikaseffect beïnvloedt. Door het verbruiken van fossiele brandstoffen (kolen, olie, gas) en grootschalige landgebruik neemt in de atmosfeer de concentratie toe van broeikasgassen zoals kooldioxide (CO_2), methaan (CH_4) en lachgas (N_2O) (Rijksoverheid, 2022) (Figuur 7.29).

De broeikasgassen zorgen voor een versterkt broeikaseffect, waardoor de gemiddelde temperatuur aan het aardoppervlak niet -18 °C (zonder broeikasgassen), maar 14,5 °C bedraagt (Figuur 7.30). Alg gevolg van de toename van de concentratie broeikasgassen is de gemiddelde temperatuur de laatste 100 jaar met een 0,8 °C graad gestegen tot 15,3 °C. In Nederland is de temperatuur sinds 1900 zelfs gestegen van 8,8 °C naar 11,2 °C (KNMI, 2022a,b).

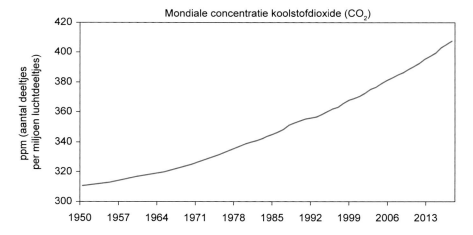

Figuur 7.29. Mondiale concentratie CO_2 (Rijksoverheid, 2022).

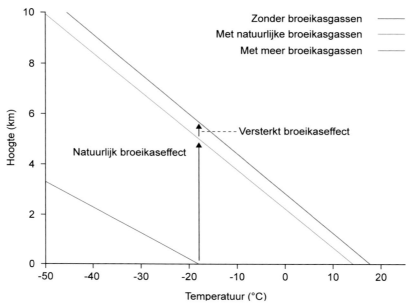

Figuur 7.30. Versterkt broeikaseffect (KNMI, 2010).

7.5.2 Effecten van klimaatverandering

De effecten van klimaatverandering op lokale en regionale schaal zijn lastiger te voorspellen dan de gemiddelde uitkomsten voor de aarde als geheel. Daarom zijn de voorspelde effecten voor bijvoorbeeld Nederland of een gebied binnen Nederland minder zeker. Wel is het zo dat de opwarming in de buurt van de polen sneller gaat dan in de tropen. In Siberië is de temperatuur al 3 °C hoger dan aan het begin van de industriële revolutie. Over het algemeen warmt het boven land sneller op dan boven de oceaan. Nu al is geconstateerd dat Nederland tweemaal sneller opwarmt dan de gemiddelde temperatuur in de hele wereld (Rijksoverheid, 2022).

De natuur heeft niet alleen te maken met de stijgende temperatuur, maar ook met de hoeveelheid neerslag die valt op andere plekken en tijden.

De vele klimatologische veranderingen hebben invloed op allerlei andere abiotische factoren, zoals de waterstand in beken en in de grond. Veranderingen hierin hebben weer uiteenlopende gevolgen voor dieren en planten. Voorbeelden daarvan zijn de zeespiegelstijging, meer en heftigere natuurbranden, te veel of te weinig nutriënten en zout in bodem en water (Stichting CAS, 2022).

Vooral door de gestegen temperatuur verandert de samenstelling van soorten behoorlijk. Er komen honderden warmteminnende soorten bij, zoals de Zilverreiger, Bijeneter, Postelein, Eikenprocessierups, Prachtpurperuiltje en Vuurwants. Tegelijk verdwijnen er steeds meer koude-minnende soorten, zoals de Tapuit, Grutto, Linaeusklokje, Valkruid en Kwabaal (Figuur 7.31).

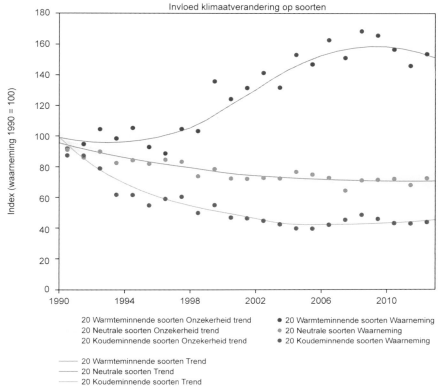

Figuur 7.31. Invloed klimaatverandering op soorten (Rijksoverheid, 2022).

Een extreem hoge maximumtemperatuur, intense of langdurige droogte, natuurbranden of een zware storm kunnen grote sterfte onder dieren en planten veroorzaken of juist de vestiging van nieuwe soorten bevorderen. De extreme droogte in 2018 en 2019 heeft bijvoorbeeld een zeer groot effect gehad op veel natuurgebieden. Zo zijn bijvoorbeeld in grote delen van droge heide gebieden de heideplanten afgestorven en door droogvallende beken hadden beekvissen het erg zwaar.

Doordat de totale natuur in Nederland zwaar onder druk staat, is de veerkracht van de natuur sterk afgenomen. Vooral de toenemende droge zomers zorgen voor grote veranderingen en kunnen natuurschade veroorzaken. Daarnaast is als gevolg van versnippering en ontginning van veel kwetsbare natuurtypen, zoals blauwgraslanden, hoogveen of vennen, nog maar een klein oppervlak over. Daardoor is er in verschillende gebieden te weinig variatie in leefgebieden. Omdat er in Nederland niet overal goede natuurlijke verbindingen zijn tussen natuurgebieden, kunnen dieren en planten vaak ook niet uitwijken naar koelere of vochtigere plekken. Ook zijn populaties vaak klein, waardoor de genetische diversiteit binnen een soort te klein wordt om zich aan te passen aan een veranderend klimaat of om zich te weren tegen ziektes en plagen.

De temperatuur steeg de afgelopen jaren in Nederland met 0,039 °C per jaar. De natuur kan de snelheid van de temperatuurverandering niet bijhouden: uit onderzoek blijkt dat de natuur zich tien keer te langzaam aanpast. Dit probleem zal naar verwachting de komende tientallen jaren alleen maar groter worden. Op basis van een scenario-analyse van zo'n 1,200 Nederlandse plantensoorten blijkt dat de gemiddelde temperatuur rond 2085 voor 40% van de Nederlandse planten te hoog zal zijn om te overleven. Tegelijk wordt Nederland mogelijk geschikt voor zo'n duizend nieuwe plantensoorten. Met de komst van de honderden nieuwe warmteminnende soorten naar Nederland veranderen de concurrentieverhoudingen tussen soorten. Over de precieze effecten daarvan is nog weinig bekend.

Van de nieuwkomers in Nederland weet een groot deel Nederland op eigen kracht te bereiken. Vanuit Midden- en Zuid-Europa bereiken ze geleidelijk aan ons land. Veel warmteminnende soorten vestigen zich vooral in onze steden, waar het door het hitte-eilandeffect een stuk warmer is dan erbuiten. Op de klimaatkaart van Nederlandse flora in de afbeelding hieronder kun je goed zien waar de warmere gebieden in Nederland liggen. Voor de klimaatkaart heeft FLORON 35 miljoen plantenwaarnemingen in Nederland gecombineerd met informatie over de gemiddelde temperatuur waarbij elke plantensoort op de wereld voorkomt. Warmteminnende soorten vestigen zich niet alleen in onze steden, maar ook bij de rivieren, die fungeren als migratieroute.

Naast veel nieuwe soorten die op eigen kracht in Nederland komen, zijn er de laatste jaren veel exotische dier- en plantensoorten die hier komen door transporten van de mens. Met de gestegen temperaturen neemt de kans dat ze hier overleven toe. Deze soorten kunnen een bedreiging vormen voor inheemse soorten en voor de biodiversiteit. Voorbeelden van zulke exoten zijn de Aziatische Tijgermug (*Aedes albopictus*), Alsemambrosia (*Ambrosia artemisiifolia*) en Buxusmot (*Cydalima perspectalis*). Een aantal van deze dier- en plantensoorten veroorzaken schade in delen van Europa. Daarom heeft de EU een verbod op bezit, handel, kweek, transport en import van deze soorten ingesteld. Je vindt deze soorten op de zogenaamde Unielijst. Hierop staan verschillende soorten die zich onder invloed van klimaatverandering zouden kunnen uitbreiden.

Door klimaatverandering verandert de timing van jaarlijks terugkerende verschijnselen in de natuur (de fenologie). Planten komen nu tot wel drie weken eerder in blad en bloei dan halverwege de 20ste eeuw. De gestegen temperaturen zijn de belangrijkste verklaring voor deze vervroeging. In het najaar blijven bladeren langer aan de bomen zitten. Het groeiseizoen is tegenwoordig drie tot vier weken langer dan 50 jaar geleden. Van 1986 tot en met 2015 zijn vogels gemiddeld 8 dagen eerder hun eieren gaan leggen. Klimaatverandering beïnvloedt ook de momenten waarop vogels gaan trekken, insecten tevoorschijn komen en zoogdieren en amfibieën in winterrust gaan. Doordat deze jaarlijks terugkerende verschijnselen in de natuur niet voor alle soorten even snel verschuiven, is er een kans op mismatches in de voedselketen (Stichting CAS, 2022).

Naast deze min of meer directe effecten van klimaatverandering op het verdwijnen en verschijnen van soorten heeft bijvoorbeeld een lagere waterstand in de grond ook indirecte effecten op de natuur. Lagere waterstand duidt immers op verdroging en de effecten daarvan, zoals interne eutrofiering en verzuring (zie Paragrafen 7.3.2 en 7.4.3).

7.6 Milieudruk op droge heide

Droge heide is een natuurtype dat deel uitmaakt van het droog zandlandschap. Naast droge heide komen in dit afwisselende landschap ook eiken- en beukenbossen, stuifzanden en heischrale graslanden voor. In grote delen heeft deze gevarieerde natuur echter plaatsgemaakt voor de aanplant van naald- en loofbossen en intensieve landbouwgebieden. De groeicondities voor planten zijn van nature droog, arm en zuur.

Na de tweede wereldoorlog heeft de depositie van stikstof- en zwavelverbindingen gezorgd voor zowel verzuring als vermesting van de droge zandbodems. Inmiddels is de SO_2 en NO_x uitstoot sterk afgenomen, en is de zuurgraad van de regen genormaliseerd. De ammoniakdepositie NH_4^+ is echter nauwelijks gedaald. Juist in het droog zandlandschap is deze depositie het hoogst omdat er veel intensieve landbouw in de directe nabijheid aanwezig is. Vrijwel in alle natuurgebieden van het droog zandlandschap worden de kritische depositieniveaus dan ook overschreden (Kennisnetwerk Ontwikkeling en Beheer Natuurkwaliteit (OBN), 2022) (Figuur 7.32).

Droge heiden zijn ontstaan op verarmde zandbodems. Door het kappen van bomen; het plaggen van de heide, zijn eeuwenlang mineralen afgevoerd. Op de hogere zandgronden ontstond hierdoor een open landschap met heidestruiken, die zijn aangepast aan deze voedselarme en zure omstandigheden. De heidevelden werden door runderen of schapen begraasd. Hierdoor bleef het landschap open. De mineralen uit de mest werden geconcentreerd in heideplaggen waar de schapen 's nachts op stonden in een potstal en kwamen vervolgens op de essen rond de dorpen terecht. De heidevelden werden hierdoor armer en armer waardoor soms zelfs stuifzanden ontstonden (Kennisnetwerk Ontwikkeling en Beheer Natuurkwaliteit (OBN), 2022).

Heideplanten zijn houtige gewassen die zuinig met voedingstoffen omspringen en zeer langzaam groeien. De heideplanten die je ziet op heidevelden kunnen soms wel ouder dan 50 jaar zijn, terwijl ze niet veel hoger worden dan 50 cm. De ophoping van heidestrooisel en de bodemvorming leiden na pakweg 40 jaar uiteindelijk tot mineralisatie en het beschikbaar komen van voedingstoffen waardoor een min of meer natuurlijke successie optreedt tot meer grazige vegetaties en uiteindelijk bosontwikkeling. Als gevolg van de N-depositie is deze successie versneld en vergrassen van heidevelden met Pijpenstrootje (*Molinia caerulea*) en Bochtige smele (*Avenella flexuosa*) vaak al na 20 jaar. Terreinbeherende organisaties hebben inmiddels een dagtaak aan het versneld (kleinschalig) plaggen, begrazen en andere lapmiddelen.

Figuur 7.32. Droog zandlandschap en intensieve landbouw. Tekening: Horst Wolter (w (OBN), 2022).

De doodsteek voor veel heidevegetaties is het optreden van calamiteiten zoals een keverplaag met het heidehaantje of een lange droge periode in de zomer. Zo zijn in de droge zomers van 2018-2020 veel heidevelden ernstig aangetast. B-ware heeft onderzoek gedaan naar de effecten van extreme droogte op heidevegetaties en kwam tot de conclusie dat daardoor een zogenaamde stikstofbom in de bodem barst, waarbij in de bovenste 30 cm van de bodem veel meer ammonium en nitraat in het poriewater komt. Dit stimuleert de groei van grassen als Pijpenstrootje (*Molinia caerulia*) natuurlijk enorm. Bijkomend verschijnsel is dat de nitraatconcentratie tot zelfs boven de norm voor drinkwaterwinning kan stijgen (50 mg nitraat/l). De lange termijneffecten van een periode van droogte zouden wel eens heel desastreus kunnen uitpakken voor de toekomst van droge heide. Snelle groeiers kunnen de heidevegetatie totaal gaan domineren, en voor veel kenmerkende plantensoorten dreigt het einde verhaal (Bobbink e.a., 2019).

Literatuur

Alterra Wageningen UR, 2014. Herstelstrategieën. Natura2000. https://www.natura2000.nl/meer-informatie/herstelstrategieen

Bobbink, R. en Weijters, M., 2018. Verschil in effecten op natuur van gereduceerd versus geoxideerd stikstof. Lucht in Onderzoek, Maart 2018: 24-27.

Bobbink, R., Van Kempen, M., Smolders, F. en Roelofs, J., 2007. Grondwaterkwaliteitsaspecten bij vernatting van verdroogde natte natuurparels in Noord-Brabant. B-ware, Nijmegen.

Bobbink, R., Loeb, R., Bijlsma, R.-J. en van Delft, B., 2019. Doet extreme droogte de stikstofbom in droge heide barsten? Vakblad Natuur Bos Landschap 160: 3-6.

Buijsman, E., Aben, J.M.M., Hettelingh, J.-P., Van Hinsberg, A., Koelemeijer, R.B.A., Maas, R.J.M., 2010. Zure regen, een analyse van dertig jaar verzuringsproblemtiek in Nederland. Planbureau voor de leefomgeving, Den Haag/Bilthoven.

Kennisnetwerk OBN, 2022. Droog zandlandschap. https://www.natuurkennis.nl: https://www.natuurkennis.nl/landschappen/droog-zandlandschap/droog-zandlandschap/algemeen-droogzand/

Koninklijk Nederlands Meteorologisch Instituut (KNMI), 2010. Achtergrond: hoe warmen broeikasgassen de aarde op? KNMI, De Bilt. https://www.knmi.nl/kennis-en-datacentrum/achtergrond/hoe-warmen-broeikasgassen-de-aarde-op

Koninklijk Nederlands Meteorologisch Instituut (KNMI), 2021. Afname luchtvervuiling tijdens coronacrisis. Von www.knmi.nl: https://www.knmi.nl/kennis-en-datacentrum/achtergrond/afname-luchtvervuiling-tijdens-coronacrisis

Koninklijk Nederlands Meteorologisch Instituut (KNMI), 2022a. Broeikaseffect. KNMI, De Bilt. https://www.knmi.nl/kennis-en-datacentrum/uitleg/broeikaseffect

Koninklijk Nederlands Meteorologisch Instituut (KNMI), 2022b. Klimaatdashboard. KNMI, De Bilt. https://www.knmi.nl/klimaatdashboard

Lamers, L., 2001. Tackling biogeochemical problems in peatlands. University of Nijmegen, Nijmegen.

Planbureau voor de Leefomgeving, 2012. Stop achteruitgang biodiversiteit 2010. sitearchief Balns van den Leefomgeving: https://pbl.sitearchief.nl/?subsite=balansleefomgeving#archive

Rijksoverheid, 2016a. Biodiversiteit. Compendium voor de leefomgeving: https://www.clo.nl/indicatoren/nl1440-ontwikkeling-biodiversiteit-msa

Rijksoverheid, 2016b. Natuurbeleid en natuurbescherming. Compendium voor de leefomgeving: https://www.clo.nl/indicatoren/nl1522-milieudruk-op-natuur

Rijksoverheid, 2020a. Biodiversiteit. Compendium van de leefomgeving: https://www.clo.nl/indicatoren/nl1617-duiding-provinciale-indicatoren

Rijksoverheid, 2020b. Ecosysteemkwaliteit. Compendium voor de leefomgeving: https://www.clo.nl/indicatoren/nl1518-areaal-ecosysteemkwaliteit

Rijksoverheid, 2022. Klimaatverandering. Compendium voor de leefomgeving: https://www.clo.nl/onderwerpen/klimaatverandering

Rijksinstituut voor Volksgezondheid en Milieu (RIVM), 2008. Fosfaatverzadiging landbouwgronden. Compendium voor de Leefomgeving: https://www.clo.nl/indicatoren/nl0267-fosfaatverzadiging-van-landbouwgronden

Rijksinstituut voor Volksgezondheid en Milieu (RIVM), 2018. Trend in kwaliteit van natuur 1990-2017. Compendium voor de leefomgeving: https://www.clo.nl/indicatoren/nl2052-trend-kwaliteit-natuurtypen

Rijksinstituut voor Volksgezondheid en Milieu (RIVM), 2019. Verzurende depositie, 1990-2017. Compendium voor de Leefomgeving: https://www.clo.nl/indicatoren/nl0184-verzurende-depositie

Rijksinstituut voor Volksgezondheid en Milieu (RIVM), 2021a. Milieudruk thema Vermesting: inleiding en beleid. Compendium voor de Leefomgeving: https://www.clo.nl/indicatoren/nl0190-milieudruk-thema-vermesting-inleiding-en-beleid

Rijksinstituut voor Volksgezondheid en Milieu (RIVM), 2021b. Stikstofdepositie, 1990-2018. Compendium voor de Leefomgeving: https://www.clo.nl/indicatoren/nl0189-stikstofdepositie

Rijksinstituut voor Volksgezondheid en Milieu (RIVM), 2021c. Verzuring en grootschalige luchtverontreiniging: emissies, 1990-2019. Compendium van de Leefomgeving: https://www.clo.nl/indicatoren/nl0183-verzuring-en-grootschalige-luchtverontreiniging-emissies

Schoumans, O.F., 2004. Inventarisatie van de fosfaatverzadiging van landbouwgronden in Nederland. Wageningen: Alterra, Wageningen UR.

Stichting CAS, 2022. Natuur. Kennisportaal klimaatadaptatie: https://klimaatadaptatienederland.nl/thema-sector/natuur/

Van den Burg, A., 2002. Snavelafwijking bij een ééndagskuiken van de Sperwer. De Takkeling 10: 85-87.

Van Turnhout, C., Stuijfzand, S., Nijssen, M. en Esselink, H. 2003. Gevolgen van verzuring, vermesting en verdroging en invloed van herstelbeheer op duinfauna. Expertisecentrum LNV, Ede.

Von Liebig, J., 1840. Organische chemie en de toepassing in landbouw en fysiologie. München: Universiteit van München.

Witte, J., 2008. Grondwater als bron voor biodiversiteit. VU University, Amsterdam.

8. De mens als landschapsvormer

Harm Smeenge

8.1 Inleiding

Wanneer er over een lange periode naar de invloed van de mens op de natuur wordt gekeken zul je ontdekken dat er sprake was van een wisselwerking die op tal van plaatsen tot in de eerste helft van de 20ste voortduurde. In tegenstelling tot Hoofdstuk 7 behandelen we de mens niet als de aantaster van het ecosysteem, maar worden vanuit een historisch-landschapsecologische benadering argumenten aangedragen waaruit blijkt dat de mens ook mede vorm heeft gegeven aan ecosystemen (Smeenge, 2020a,b). Met andere woorden, zonder menselijke bemoeienis waren er geen blauwgraslanden geweest. Wanneer over een ruimere tijdsperiode naar landschapsvormende ontwikkelingen wordt gekeken blijken de factoren uit het rangordemodel ook vaak kriskras door elkaar te lopen en speelde de mens in een groot deel van de tijd een duidelijke rol (Figuur 8.1). Dit betekent dat naast actuele gegevens meer nadruk ligt op het verzamelen van data uit een ver verleden om daarmee beter te begrijpen welke keerpunten in de tijd hebben plaatsgevonden en daarmee het landschap hebben vormgegeven. Omdat in het hedendaagse landschap aspecten voorkomen die hun basis hebben in vroegere tijdvakken zoals de prehistorische en middeleeuwse handelspraktijken ligt er een bijzondere onderligger voor klimaatadaptatie, waterveiligheid, vergroten van de biodiversiteit en kringlooplandbouw.

8.2 Historische landschapsecologie

Historische landschapsecologie is een integrale en conceptuele benadering door het ontstaan van het landschap te beschouwen als een wisselwerking tussen aarde, natuur en de mens over een lange tijdsperiode. Er wordt daarbij een driehoeksbenadering gehanteerd om te kunnen onderzoeken en begrijpen hoe het landschap met al zijn facetten in elkaar steekt, waarbij aarde, natuur en mens de

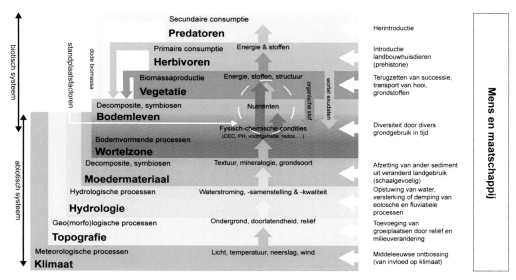

Figuur 8.1. Rangordemodel uit de landschapsecologie met daarin de relaties tussen abiotiek en biotiek, en binnen het biotische systeem de onderverdeling in onderlinge beïnvloeding. Ook de (sterke) rol van de mens op het geheel en de afzonderlijke niveaus is hierin meegenomen. Wanneer de invloed van de mens op de ecologische kenmerken van het landschap in meer volledigheid wordt bestudeerd is een alternatieve benadering nodig.

hoekpunten vormen en alle facetten gelijkwaardige aandacht krijgen (Figuur 8.2). Daarbij is het goed om je te realiseren dat in sommige perioden de invloed vanuit het hoekpunt aarde heel groot was en andere de mens of de natuur. De dynamiek tussen deze factoren kan daardoor in ruimte en tijd heel verschillende uitpakken. Langetermijnprocessen in de landschapsvorming zijn alleen te begrijpen door over de grenzen van vakgebieden en projectgebieden te kijken (Smeenge, 2020b).

Hoekpunt aarde bestaat onder andere uit geologisch onderzoek. Dit richt zich op de vormings-processen, de laagopbouw (lithostratigrafie) en de ouderdom. Hiervoor is het noodzakelijk om op zowel landschapsniveau als het standplaatsniveau te kijken. Dit raakt het geomorfologisch onderzoek dat de aandacht vestigt op het ruimtelijke voorkomen van landvormen aan het aardoppervlak. Dit laat bijvoorbeeld zien waar de rivier in het verleden stroomde en welke reliëfkenmerken daar nog als relict van zichtbaar zijn (Koomen en Maas, 2004). Binnen de geologische en geomorfologische patronen spelen zich minder zichtbare vormingsprocessen af, zoals podzolisatie, verwering, veenvorming en humusvorming (Kemmers en De Waal, 1999). Het hydrologisch onderzoek biedt mogelijkheden om de (grond)waterstromen te doorgronden en om bovendien een beeld te krijgen over de begrenzing van het hydrologisch systeem. Bestaande fysisch-geografische kaarten volgend uit bovenstaande onderzoeken zijn bruikbaar op landschapsschaal voor de beeldvorming over processen, maar op kleiner schaalniveau is veldonderzoek noodzakelijk om ruimtelijke patronen en bijbehorende processen scherp te krijgen.

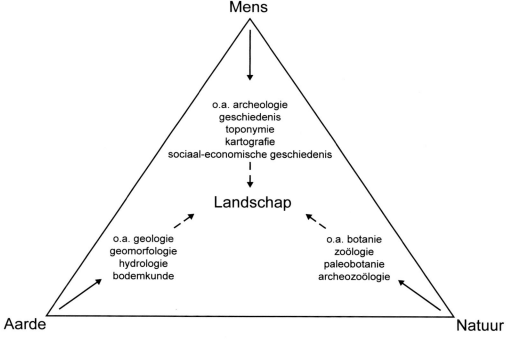

Figuur 8.2. Positionering van diverse specifieke monodisciplinaire vakgebieden binnen de landschappelijke driehoek aarde, natuur en mens (Smeenge, 2020b).

Het hoekpunt natuur richt zich op de levende delen van het landschap: alles wat zichzelf ordent en handhaaft, al dan niet in aansluiting op menselijk handelen, maar niet volgens menselijke doelstellingen (Figuur 8.2 en Figuur 8.3) (Londo, 1997; Schoevers, 1982). Historische inventarisatiegegevens van planten geven inzicht over de toestand in het verleden en/of ontwikkelingen door de tijd met de verschuivingen van de standplaatskenmerken. Doordat deze gegevens beperkt zijn tot de periode vanaf de 20ste eeuw, is het onzeker in hoeverre deze een beeld geven over een langere periode. Hetzelfde geldt voor zoölogische gegevens over het faunabestand in een bepaald gebied (During en Schreurs, 1995). Uit paleobotanische gegevens: subfossiele plantenresten van onder andere pollen (stuifmeel), macroresten (o.a. blad en zaden), fytolieten (siliciumstructuren, die voorkomen in sommige plantenweefsels en overblijven na vertering van het weefsel) en andere determineerbare organische resten (waaronder de niet-pollen-palynomorfen van schimmels, algen, microfauna) is de vegetatiegeschiedenis over een veel langere periode af te leiden (Birks en Berglund, 2018; Cappers e.a., 2006; Janssen, 1974; Schepers, 2014). Daarnaast geven vondsten van dierenbotten aanwijzingen over het toenmalige landschap (https://archisarchief.cultureelerfgoed.nl/BoneInfo/). Belangrijk is te beseffen dat paleobotanische en archeozoölogische gegevens niet dezelfde zeggingskracht hebben als historische inventarisatiegegevens, door variatie in pollenproductie (o.a. gerelateerd aan type bestuiving), de verspreiding, de conserveringstoestand en beperkingen voor classificatie (Broström e.a., 1998; Bunting e.a., 2004; Groenewoudt e.a., 2007; Janssen, 1974; Sugita e.a., 1999; Van Haaster e.a., 2007). Problematisch is veelal het gebrek aan voldoende paleobotanische en archeozoölogische gegevens.

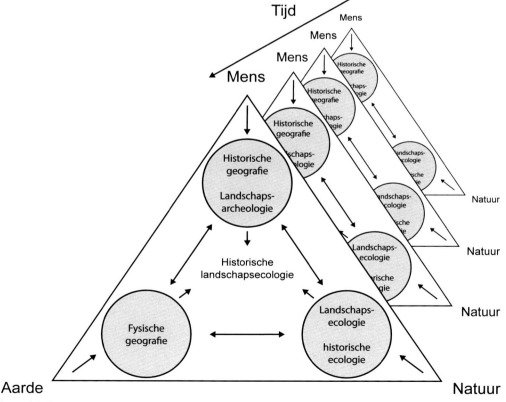

Figuur 8.3. De historische landschapsecologie als integratie van aardkundige, ecologische en cultuurhistorische benaderingswijzen op verschillende momenten in de tijd (Smeenge, 2020b).

Het hoekpunt mens gaat over de relatie tussen de mens en het landschap tijdens van af de actuele situatie tot in de prehistorie (De Haan, 2010). Voor de prehistorie zijn er legio archeologische onderzoeken beschikbaar, maar wanneer het aankomt op de mate van landschapsbeïnvloeding ontbreken deze vaak. Voor de historische periode zijn er schriftelijke bronnen beschikbaar die inzicht geven in de geschiedenis van een streek en de sociaal-economische omstandigheden. Toponiemen en kartografische gegevens geven informatie over het historisch landgebruik, bewoningsplekken, ongecultiveerde gebieden en soms ook de fysieke terreinomstandigheden (Figuur 8.2 en Figuur 8.3).

Het onderzoek vanuit een van de drie hoekpunten levert weliswaar kennis over aspecten van het landschap, een samenhangend overzicht ontstaat alleen door disciplines met elkaar te verbinden. In het verleden ontstonden daarmee vakgebieden zoals fysische-geografie, historische ecologie, landschapsecologie, landschapsarcheologie en historische geografie.

Het innemen van een positie tussen al deze monodisciplinaire en interdisciplinaire vakgebieden en concepten is ingewikkeld. Toch dient het voortdurende streven te zijn om bij allerlei deelanalyses van de landschapsontwikkeling steeds de drie hoofdaspecten aarde, mens en natuur in hun onderlinge samenhang te analyseren. Doel is dus om vanuit de drie disciplinair getinte hoeken zoveel mogelijk naar het interdisciplinaire midden te bewegen en daarbij steeds ook op verschillende schaalniveaus te werken. Dit is anders dan bij een LESA, waarbij het verhogen van de natuurwaarden centraal staan. Dit betekent dat de vanouds in het vakgebied van de landschapsecologie aanwezige verbinding tussen abiotische en biotische componenten ook intensief worden verbonden met de cultuurhistorische component (Figuur 8.3).

Ten opzichte van een Landschapsecologische SysteemAnalyse (LESA) laat een Historisch Landschapsecologische Systeemanalyse de vooropgestelde hiërarchie tussen geofactoren los en is meer aandacht voor cultuurhistorische gegevens. Het kunnen overzien van al deze soorten informatie en de integratie van data is de grootste uitdaging bij dit vakgebied. Doordat er in deze benadering weinig belangstelling is voor sociale aspecten (betekenisverschuivingen) zoals de zeden en gewoonten van de toenmalige landschapsgebruikers (bijvoorbeeld hoe mensen dachten en tegen landschap aankeken in de prehistorie, middeleeuwen, etc.), is er ook een verschil met de landschapsbiografie die wel aandacht heeft voor al deze aspecten (Appadurai, 1986; Elerie en Spek, 2010; Hidding e.a., 2001; Kolen, 2005; Kolen e.a., 2015; Kopytoff, 1986; Rooijakkers, 1999; Samuels, 1979; Spek e.a., 2015).

8.3 Historisch landschapsecologisch onderzoek

8.3.1 Aanpak en bronnen

Net als bij een LESA (Hoofdstuk 2) bestaat het historisch landschapsecologisch onderzoek uit een aantal fases, waarbij in dit onderzoek informatie uit de hoekpunten aarde, natuur en mens wordt verzameld en geïntegreerd. Als eerste wordt ingegaan op de vier hoofdfases, vervolgens volgt een toelichting op de verschillende soorten data uit de hoekpunten.

De oriëntatiefase (Figuur 8.4) heeft als doel om de stand van kennis op aardkundig, ecologisch en cultuurhistorisch gebied op hoofdlijnen in kaart te brengen en op waarde te schatten. Zo'n bureaustudie gaat betrekkelijk snel en kan grotendeels via vrij toegankelijke internetbronnen worden uitgevoerd (Tabel 8.1).

Figuur 8.4. Hoofdfases van historisch landschapsecologisch onderzoek.

Op basis daarvan worden kennislacunes geformuleerd en worden tijdens een reeks oriënterende veldbezoeken mogelijk geschikte locaties voor nader onderzoek geselecteerd. De exacte invulling van alle stappen binnen deze fase wordt verderop toegelicht.

Tijdens de empirische fase (gebruik van eigen waarnemingen) wordt aanvullende data verzameld in het veld, in het archief of door het houden van interviews met streekbewoners.

De multidisciplinaire-analyse-fase kenmerkt zich door een samenwerking of het voorleggen van gegevens aan specialisten. Het beantwoorden van die vraag komt neer op verdiepend geologisch onderzoek, bodemkundig onderzoek, archeologisch onderzoek, archiefonderzoek, kartografisch onderzoek, toponymisch onderzoek, oral history. Bij elk van deze aspecten is het belangrijk om te weten welke onderzoeksmethodes het meest geschikt is. Denk bijvoorbeeld aan het dateren van zand, veen of plantenresten. Meestal zijn hier kosten aan verbonden en is fondswerving nodig.

In de interdisciplinaire fase zijn de verzamelde aardkundige, ecologische en cultuurhistorische data verbonden tot historisch-landschapsecologische studies.

Tabel 8.1. Gehanteerde, vrij toegankelijke bronnen voor het krijgen van een eerste overzicht.

Geofactor	Bron	Locatie
Geologie	Geologische kaart Nederland	https://www.geologischekaart.nl/
	Lithostratigrafische gegevens	https://www.dinoloket.nl → ondergrondgegevens → grondwatermonitoring
Geomorfologie	Geomorfologische kaart Nederland	https://www.dinoloket.nl → ondergrondmodellen
	Actueel Hoogtebestand Nederland	https://www.ahn.nl
Hydrologie	Peilbuisgegevens	https://www.dinoloket.nl → ondergrond gegevens
		https://www.grondwatertools.nl/grondwatertools-viewer
	Hydrografische kaarten	https://www.historischwaterbeheer.wur.nl/
	Referentie grondwaterstanden per bodem	https://www.synbiosys.alterra.nl/waternood/
Bodem	Bodemkaart Nederland	https://www.dinoloket.nl → ondergrondmodellen
	Bodemdata	https://www.bodemdata.nl
		https://images.wur.nl/digital/collection/coll25/search
Planten	Vegetatieopnames	https://www.synbiosys.alterra.nl/LVD2/#Kaart
	Plantengemeenschappen	https://www.synbiosys.alterra.nl/LVD2/#Kaart
Fauna	NDFF verspreidingsatlas	https://www.verspreidingsatlas.nl/
Mens	Historische kaarten	https://www.topotijdreis.nl
		https://www.hisgis.nl
	Archeologische gegevens	https://archis.cultureelerfgoed.nl/#/login
		https://easy.dans.knaw.nl/ui/home
		https://www.wur.nl/en/Library/Imagecollections.htm
	Luchtfoto's RAF	https://ncap.org.uk/search?view=map
	Toponiemen & veldnamen	https://gtb.ivdnt.org/search/
	Toelichting op de bodemkaart, waaronder fysische-geografie, ecologie en historisch-geografische aspecten	https://maps.bodemdata.nl/bodemdatanl/index.jsp

Het achterhalen van informatie uit Tabel 8.1 lijkt al een hele klus op zich, maar vaak biedt het AHN en een serie historische kaarten als veel inzicht in belangrijke gebeurtenissen die in de afgelopen eeuw hebben plaatsgevonden. Dit eerste overzicht biedt ook aanknopingspunten om achterliggende processen te doorgronden via streekinterviews (oral history), toponiemenonderzoek, betrekken van archeologische gegevens, historische bronnen, etc. eventueel samen met andere vakbroeders.

Het is belangrijk om te beseffen dat de verschillende bronnen een verschillende reikwijdte hebben in de tijd (Figuur 8.5). Daarnaast zullen niet al deze gegevens beschikbaar zijn op hetzelfde schaalniveau of is kennis of geld beperkend. Het gaat vaak sneller en beter wanneer diverse soorten specialisten en gebiedskenners samenkomen en hun gegevens met elkaar uitwisselen. Zo'n gebiedsverkenning met specialisten gaat vooral helpen wanneer je als onderzoeker je al hebt voorbereid met een bureaustudie voor een LESA gericht op de actuele situatie.

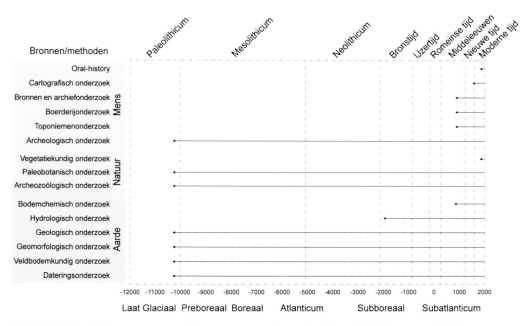

Figuur 8.5. Overzicht van bronnen en deelonderzoeken en hun reikwijdte in de tijd (Smeenge, 2020b).

8.3.2 Hoekpunt aarde

Kaartenstudie

Niet alles kan met een even grote intensiteit worden onderzocht. Met het AHN-bestand, historische kaarten en de bodemkaart van 1:50.000 kunnen plekken worden gezocht waar je in de aarde kunt kijken en daarmee de landschapsvorming kunt bestuderen. Denk bijvoorbeeld aan stootoevers langs beken, groeves of zandkuilen. Omdat op natte plekken diverse soorten afzettingen voorkomen zijn dit in principe sleutellocaties om processen achter aardkundige patronen te ontrafelen. Ze vormen vaak een bodemarchief voor pollen of dateerbaar materiaal. Voor droge gebieden geven zandkuilen of groeves inzicht in de diepere laagopbouw en daarmee soorten afzettingen.

De potentiële onderzoekslocaties moeten in het veld worden bezocht om de kwaliteit van het bodemarchief te beoordelen. Hieronder verstaan we de leesbaarheid van de lithostratigrafische opbouw om daarmee de bodemvormingsprocessen te onderzoeken. In ongestoorde veengronden biedt pollen-en macrorestenonderzoek een basis om ecohydrologische kenmerken door de tijd af te leiden. In zandgronden waar de bodem door bodemleven (bioturbatie) wordt omgezet levert een begraven maaiveld wel een bodemarchief, omdat daar na begraving het bodemleven tot stilstand is gekomen. Voorbeelden van zogenaamde *paleosols* zijn te vinden onder grafheuvels, landweren, houtwallen, plaggenlagen of zandverstuivingen. Ze bieden daarmee inzicht in de toenmalige bodemtypen en achterliggende bodemvormingsprocessen uit het verleden.

Veldbodemkundig onderzoek

Van de onderzoekslocaties worden de coördinaten (RD) vastgelegd en dient bijvoorbeeld het bodemprofiel en het omringende landschap te worden gefotografeerd. Vervolgens wordt de bodem geclassificeerd conform het Nederlandse classificatiesysteem (De Bakker en Schelling, 1989). Voor het bepalen van de textuur wordt de handleiding voor bodemgeografisch onderzoek gebruikt (Ten Cate e.a., 1995). De gegevens kunnen het beste in ArcGIS (Esri) of QGIS worden verwerkt, omdat dan een ruimtelijk overzicht ontstaat over patronen. Handig is dat diverse kaartlagen als onderlegger kunnen worden gebruikt om de patronen te ondersteunen. Historische kaarten geven bijvoorbeeld richting aan ruimtelijke vlakken (veengronden) of aanwijzingen voor zones met bodembewerking.

Dateringsonderzoek

Veenbodems kunnen worden gedateerd met het radioactieve isotoop van koolstof: ^{14}C (Bayliss e.a., 2004; Mook e.a., 1994). Het koolstofdateringsonderzoek kan worden uitgevoerd bij de Rijksuniversiteit Groningen, maar ook andere laboratoria in Europa. Na uitvoering van het koolstofdateringsonderzoek via de AMS-methode (accelerator mass spectrometer) moeten de koolstofdateringen worden gekalibreerd om tot kalenderjaren te komen (Kader 8.1).

8.3.3 Hoekpunt natuur

Ecologisch onderzoek

Vooral in natuurgebieden geven de planten aanwijzingen voor de standplaatscondities. Omdat er tegenwoordig veel kennis is over de milieueisen die deze soorten stellen geven ze inzicht in goede terreincondities (kwel, inundatie) en vormen ze indicatoren voor de mate van verstoring door de mens zoals verdroging, verzuring, vermesting. Het vastleggen van indicatorsoorten met GPS of het maken van een vegetatieopname geeft handvatten om verbanden tussen de abiotische en biotische wereld inzichtelijk te maken. Hierbij zijn de richtlijnen van de Vegetatie van Nederland wenselijk (Schaminée e.a., 1995).

Doordat de oudst beschikbare gegevens uit het begin van de 20ste eeuw dateren is er zogenaamd paleoecologisch onderzoek (subfossiele planten en dieren) noodzakelijk om verder terug in de tijd te kunnen kijken. Paleoecologische gegevens bieden daarmee mogelijkheden om de ecologische ontwikkelingen en bijbehorende processen over een lange tijdsperiode te reconstrueren.

Paleobotanisch onderzoek

Archieven van Stiboka en TNO beschikken over palynologische gegevens verspreid door Nederland. Veelal zijn deze niet toereikend om uitspraken te doen over het beoogde onderzoeksgebied. Bij veldbodemkundig onderzoek worden dikwijls bruikbare veen- en humusprofielen aangetroffen. Er zijn een aantal gespecialiseerde bedrijven die losse monsters of profielen kunnen bestuderen op de historische samenstelling van planten (microfossielen en macro resten), schimmels en algen. De microfossielen geven inzicht in de lokale en regionale vegetatiesamenstelling, taxa genoemd. De macroresten geven inzicht in de vegetatiesamenstelling op het monsterpunt. Afhankelijk van de bodemkenmerken zijn boren te gebruiken, waarbij het risico op contaminatie zo klein mogelijk is. In zuivere veengronden levert de Wardenaar boor het meest zekere resultaat, omdat er weinig

Kader 8.1. Dateringsonderzoek.

Het element koolstof (C) bestaat uit isotopen 12C, 13C en 14C, waarvan de laatste een halfwaardetijd van 5730 jaar heeft. De productie van koolstof varieerde door de tijd als gevolg van fluctuerende influx van kosmische straling en beïnvloed de werkelijke ouderdom van fossiele organismen. Het verschil tussen de zogenaamde koolstofjaren (BP) en daadwerkelijke kalenderjaren (CAL-BC/AD) is vanuit jaarringsequenties (dendrochonologisch onderzoek) bijgesteld. De kalibratiecurve geeft inzicht in de vertaling van koolstofjaren en kalenderjaren en is via een blauwe band aangegeven (Mook e.a., 2009; Figuur 8.6). In sommige perioden komen zogenoemde wiggles in de kalibratiecurve voor. Er verschijnen dan meerdere periodes, waarvoor de datering van toepassing kan zijn (Figuur 8.6). Dankzij het ter beschikking hebben van een serie date-ringen, waaraan ook alternatieve dateringen zijn toegevoegd, kon een leeftijd-diepte-model worden gebouwd (naar Van Geel e.a., 2014). Alternatieve dateringen zijn het moment van de heidebebossingen na de markedelingen met grove den (Demoed, 1978; Smeenge, 2020b). Dit speelt vanaf het midden van de 19de eeuw door een sterke toename van de Pinus-curve in de pollendiagrammen. Doordat de palynologische en fysisch-geografische eigenschappen voldoende aanwijzin-gen gaven voor intacte profielen kon het probleem met wiggles worden verkleind door het toevoegen van een trendlijn, waarbij het gemiddelde van de dateringsperiode is aangehouden. Dit heeft alleen in overlappende dateringsperioden tot verbetering geleid, doordat is aangenomen dat bovenliggende afzettingen jonger zijn dan onderliggende. Variatie in groeisnelheid van het veen, oxidatie, hiaten enzovoorts vergroten het risico op een onjuiste datering. Daarom is er altijd controle vanuit alternatieve bronnen.

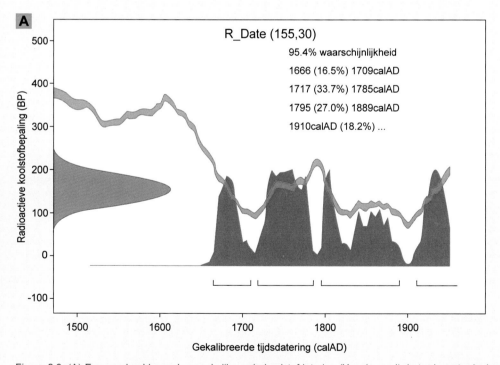

Figuur 8.6. (A) Een voorbeeld van de ongekalibreerde koolstofdatering (Y-as in rood), het relevante deel van de kalibratiecurve (blauwe band) en het gekalibreerde resultaat (X-as in grijs) met een 95% betrouwbaarheidsinterval (OxCal 4.3, IntCal13; Bronk Ramsey, 2017).

Kader 8.1. Vervolg.

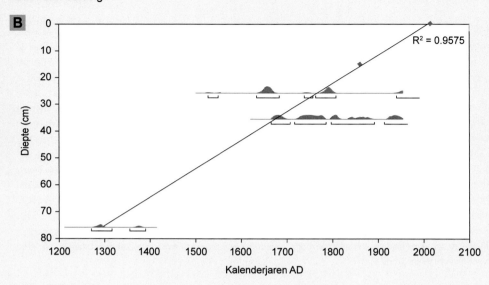

Figuur 8.6. (B) Een tijd-diepte grafiek, waarbij een trendlijn door de diverse dateringen (grijze dateringsintervallen en blauwe stippen met alternatieve dateringen) is aangebracht. Het vormt een manier om het meest waarschijnlijke dateringsinterval binnen periodes met 'wiggles' te kunnen aanwijzen.

Op locaties zonder veenbodems is een alternatieve dateringsmethode gebruikt, namelijk OSL (Optically stimulated luminescence). De mogelijkheden voor OSL-dateringsonderzoek van begraven zandoppervlak, sedimentopvullingen en bijvoorbeeld fossiele akkerbodems geeft inzicht in de leeftijd waarop de afzetting (sediment) of en begraving van oud maaiveld heeft plaatsgevonden. Een klein lichtsignaal dat kwarts- of veldspaatkorrels kunnen uitzenden, wordt op nul gesteld (gebleekt) door zonlicht en bouwt na afzetting en begraving van de korrels op. Dit komt doordat de korrels natuurlijke achtergrondstraling absorberen uit hun directe omgeving (Cunningham en Wallinga, 2010; Galbraith e.a., 1999). De gegeven onzekerheid is 68% betrouwbaarheidsinterval. Er wordt gewerkt met circa 30 cm lange PVC-buizen die voor circa 15% zijn opgevuld met een prop aluminiumfolie die is aangedrukt om lichtkieren tussen de buis en de folieprop te voorkomen. De buis wordt met een hamer in de wand van profielkuilen geslagen tot dat de prop aan de buitenkant van de buis zichtbaar wordt. Na het uitgraven van de buis dient op het nog open uiteinde zo snel mogelijk aluminiumfolie te worden aangebracht. Het geheel wordt tenslotte ingetaped met zwarte tape tegen lichtcontaminatie. Gelijktijdig wordt circa 0,5 liter grond verzameld voor een vochtbepaling.

omgevingscontact is tijdens het boren. Wanneer het aandeel zand toeneemt, lopen de messen vast, maar biedt een brede of een smalle Russische boor een alternatief. De op diepte gelegen geulopvullingen en fossiele bodems onder wallen zoals landweren of oude akkerbodems kan de bemonstering vanuit een profielkuil of Edelmanboor Ø 14 cm plaatsvinden. Uit de boorkern kunnen vervolgens kluitjes uit de niet verstoorde kernen worden gepeld (Figuur 8.7).

Figuur 8.7. De verschillende manieren waarop fossiel stuifmeel en macroresten zijn bemonsterd. Het is belangrijk om contaminatie met jonger of ouder materiaal te voorkomen. Het meest ideaal is de Wardenaarboor (A), waar een scherp mes het veenpakket doorsnijdt. Als de zandfractie toeneemt loopt de Wardenaar meestal vast en is de Russische boor (B) een goed alternatief. Deze boor heeft een klep die open en dicht kan worden gedraaid wanneer de juiste diepte is bereikt. In droge gebieden levert bemonstering vanuit een profielkuil de meeste zekerheid om contaminatie te voorkomen (C, foto: S. Engels). Wanneer het te bemonsteren materiaal diep in de bodem zit kan vanuit een Edelmanboor een kluitje worden gepeld (D).

Per monster worden de pollentaxa in een telstaat verwerkt (Beug, 2004; Faegri & Iversen, 1989). Van de telstaten wordt per locatie een overzichtsstaat gemaakt die als basis voor de diagrammen dient. Verwerking van de gegevens tot diagrammen gebeurt met behulp van het programma TILIA (Grimm, 1993, 2004). De zwart-ingevulde curves laten de daadwerkelijk percentages zien, terwijl lage percentages beter zichtbaar zijn gemaakt door extra curves met vijfmaal verhoogde percentages af te beelden. De macrorestmonsters worden microscopisch onderzocht op vruchten, zaden, enzovoorts (Berggren, 1969; Körber-Grohne, 1964; Moore e.a., 1991; Mauquoy en Van Geel, 2007). Deze worden geteld terwijl van mossen en diverse andere vegetatieve resten volumepercentages worden geschat.

Bij de interpretatie worden als eerste stap de paleoecologische gegevens in pollenzones ingedeeld (Figuur 8.8). Een pollenzone is gebaseerd op grote veranderingen tussen bijvoorbeeld het aandeel bomen ten opzichte van kruiden of het verschijnen van allerlei nieuwe soorten die dieper onderin het profiel nog niet aanwezig waren. Alle taxa (families, geslachten, soorten) worden ecologisch gezien geïnterpreteerd op basis van de ecologische kenmerken. Het gaat daarbij om:

1. De schaal, dat wil zeggen de afstand waarover lokale gegevens kunnen worden geëxtrapoleerd naar hun (ruimere) omgeving. In modelstudies is aangetoond dat de werkelijke en gesimuleerde pollensamenstelling binnen een straal van 1000 m overeenstemmen (Sugita e.a., 1999). Over grotere afstanden worden interpretaties onzeker.
2. Meer aandacht voor lokale taxa, meestal soorten van natte standplaatsen, bij landschappelijke interpretaties. Er wordt vaak geschreven dat lokale taxa minder bruikbaar zijn omdat ze de ecologische samenstelling van de totale pollensamenstelling overrepresenteren (Bouman e.a., 2013). Dit betekent dat via aanvullend fysisch-geografisch onderzoek moet worden bepaald in hoeverre taxa van natte standplaatsen een lokaal fenomeen zijn. De percentages van pollentypen van lokale herkomst zijn doorgaans hoog en sterk variabel, waardoor een zogenoemd zaagtandeffect in het pollendiagram zichtbaar is (Groenewoudt e.a., 2007; Van Haaster e.a., 2007).
3. Meer aandacht voor de landschapsecologische context bij de interpretatie en synthese van palynologische onderzoeksgegevens binnen en tussen de onderzoekslocaties. Concreet betekent dat aandacht voor de conserveringstoestand van de bodem waaruit het stuifmeel is verzameld, de pollenproductie van diverse soorten en verspreiding van stuifmeel via wind en water. In het pollendiagram heeft stuifmeel van regionale herkomst dikwijls lage percentages met geringe schommelingen. Dit betekent dat voor de interpretatie de context van de fysisch-geografische eigenschappen op lokale en regionale schaal heel helder moet zijn. De curven van de taxa in de pollendiagrammen moeten worden beoordeeld op consistentie voor een compleet beeld van het historisch-ecologische landschap (Broström e.a., 1998; Bunting e.a., 2004; Groenewoudt e.a., 2007; Janssen, 1974; Sugita e.a., 1999; Van Haaster e.a., 2007).
4. De mate van openheid van het landschap, uitgedrukt in de verhouding tussen boompollen (AP) en niet-boompollen (NAP), staat ter discussie (Van Haaster e.a., 2007). Uit vergelijkend onderzoek tussen de pollensamenstelling en de daadwerkelijke openheid van een tegenwoordig landschap blijkt dat een aandeel boompollen van minder dan 25% een open landschap weergeeft, tussen de 25 en 55% is er sprake van een open bos of bosrandsituatie en bij meer dan 55% van gesloten bos. Pingoveentjes op het Drents plateau uit het Laat Atlanticum tot Vroeg Subboreaal bevatten dikwijls 90% boompollen en fossiele zandbodems onder hunebedden tussen 60-90% boompollen (Groenman-Van Waateringe, 1986).
5. Koppeling tussen paleoecologie en actuo-referenties. Gebieden elders met vergelijkbare kenmerken van de historische situatie van een projectgebied worden geografische of *actuo-referenties* genoemd (Bootsma e.a., 2002). Afgaande op oude kaarten, historische beschrijvingen waaronder van oude streekbewoners was het landschap voorafgaand aan de modernisering in de jaren '50 van de 20ste eeuw periodiek nat. Kenmerkend waren tal van overgangen tussen bos, heide en grasland, gevormd door interactie tussen fysisch-geografische kenmerken en het historisch landgebruik. Binnen het vrijwel geheel gecultiveerde Nederland zijn deze geleidelijke overgangen verdwenen door ontwatering, schaalvergroting, strakke grenzen tussen natuurgebieden en landbouwgebieden en zelfs strakke grenzen tussen natuurtypen zelf. Tegenwoordig worden fraaie *artist impressions* gemaakt om historische ecosystemen te illustreren (Van Beek e.a., 2014, 2015). Hoe realistisch deze zijn is de vraag, want ze zijn niet altijd gebaseerd op data uit de driehoek aarde, natuur en mens. Door het zoeken naar vergelijkbare gebieden elders wordt geprobeerd om de kenmerken van bossen voorafgaand aan de prehistorische landbouw (het Mesolithicum/Atlanticum) en de kenmerken van het middeleeuwse boslandschap te illustreren. Wanneer de geofactoren van actuo-referenties worden onderzocht en overeenkomen met de geofactoren uit het studiegebied, biedt dat ongekende mogelijkheden om patronen en processen in historische ecosystemen te begrijpen.

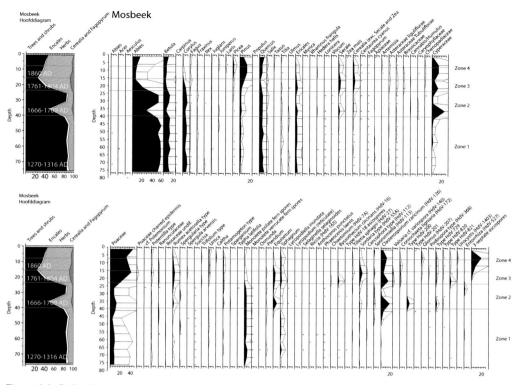

Figuur 8.8. Pollendiagram, waarbij op basis van veranderingen in de curves 4 pollenzones zijn onderscheiden. De koolstofdateringen zijn genomen uit macroresten bij elke zonegrens, om daarmee de verschuivingen in de tijd te kunnen plaatsen (Smeenge, 2020b).

Archeozoölogisch onderzoek

De bottendatabase BoneInfo ontsluit grotendeels grijze literatuur over mens en dier uit het verleden van Nederland, zoals rapporten, soortenlijsten, scripties en artikelen in regionale of lokale tijdschriften en onderdelen van populaire uitgaven (https://archisarchief.cultureelerfgoed. nl/BoneInfo/). BoneInfo bevat omschrijvingen van onderzochte complexen en verwijzingen naar de literatuur. Analoog aan de archeologische gegevens kunnen archeozoölogische gegevens palynologische ontwikkelingen helpen te verklaren.

In veel gevallen is er geen tijd of budget om al deze onderzoeken uit te voeren. Wel zijn er vanuit archeologische rapportage dikwijls paleoecologische gegevens beschikbaar. Er zal dan moeten worden ingeschat of deze gegevens representatief zijn.

8.3.4 Hoekpunt mens

Archeologisch onderzoek

In de meeste gevallen is het wenselijk om alleen bestaande gepubliceerde archeologische gegevens te gebruiken. De ARCHIS-database bevat dikwijls dubbele waarnemingen of gegevens waarvan een scherpe datering of coördinaat ontbreekt. Daarnaast is het classificeren van een losse vondst, of een mogelijke nederzetting, lastig en dient dan samen met een archeoloog plaats te vinden. Toegang tot de ARCHIS-database kan alleen na toestemming van de Rijksdienst van het Culturele Erfgoed.

Archiefonderzoek

Primair bronnenonderzoek is geen sinecure. Het lezen van oud schrift (paleografie) vraagt om training en wordt dikwijls in streekarchivaten of rijksarchieven aangeboden. Zelfs voor de liefhebber vraagt het transcriberen en hertalen van oude bronnen om veel tijd en geduld. Dikwijls zijn door heemkunde verenigingen of andere historici transcripties of werken uitgegeven die inzicht geven in de gebruiksgeschiedenis. Vooral de markeboeken of rechtsbronnen die gingen over het landgebruik bevatten waardevolle data (Bieleman, 2008; Buis, 1985; Heringa, 1982; 1985; Heringa e.a., 1981; Koop & Smeenge, 2016; Koop & Smeenge, 2019).

Kartografisch onderzoek

De beeldbanken van o.a. het historisch centrum Overijssel, Geldersch archief, Vrije Universiteit van Amsterdam ontsluiten diverse regionale 17[de]-eeuwse kaarten. De kadastrale kaarten uit 1832 zijn gedigitaliseerd en ontsloten via HISGIS. Deze bevatten voor het eerst gegevens op perceelsniveau over het landgebruik (hakhout, bos, heide, moeras), eigenaar of tariefklasse (hoog is waardevolle grond, laag is slechte grond) te krijgen.

Toponymie

Professor Edelman, een van de voorlopers van het interdisciplinaire onderzoek, verzamelde naast bodemkundige aspecten ook veldnamen (*micro-toponiemen*) als informatiebron over de bewonings- en ontginningsgeschiedenis (Schönfeld, 1950). Hij legde daarmee de basis voor de Wageningse traditie om fysisch-geografische en historisch-geografische kenmerken te verbinden (toelichtingsboekjes op de bodemkaart). De totstandkoming of herkomst van een naam (*etymologie*) levert voor ecologische interpretatie een grote meerwaarde. Omdat een deel van onze woorden na verloop van tijd buiten gebruik raken, geven ze in sommige gevallen een 'fossiel' kenmerk over het landschap van toen (Ter Laak, 2005). Denk bijvoorbeeld aan -wold (dicht begroeid moerasbos); loo (bosweide); goor (moerassige plek); stroot (gebied met kwel). Geografische namen (toponiemen, hydroniemen) zijn ontstaan vanuit een behoefte om zich in het landschap te kunnen oriënteren. De naam leverde onbewust informatie over onder andere een wisselwerking tussen mens en natuur. Van belang zijn zowel streeknamen, plaatsnamen, waternamen, boerderijnamen als veldnamen (Künzel e.a., 1988; Moerman, 1956; Schönfeld, 1950; Ter Laak, 2005; Van Berkel, 2017). Daarnaast biedt de digitale Geïntegreerde Taalbank (GTB) en het digitale etymologisch woordenboek een belangrijke kennisbron over de ouderdom of etymologie.

Oral history

Onbevredigend is dikwijls het ontbreken van achtergrondkennis over de ontginningsprocessen voorafgaand aan de ruilverkaveling in de eerste helft van de 20ste eeuw. Hierdoor konden de veranderingen die zichtbaar zijn op topografische kaarten onvoldoende worden begrepen.

Burny heeft op overtuigende manier de historische ecologie van de Limburgse Kempen op basis van mondelinge geschiedenis beschreven (Burny, 1999). Bij het vragen om toestemming voor veldonderzoek is het een kleine moeite om te vragen of de eigenaar of iemand uit de omgeving iets kan vertellen over de veranderingen die in de afgelopen eeuw hebben plaatsgevonden.

8.3.5 Naar het centrum van de driehoek

Er is geen standaardmanier om alle informatie uit de driehoek te integreren. Het hangt sterk af van het beschikbare materiaal en uit welk hoekpunt de sturende processen afkomstig waren. In sommige perioden zoals kort na de laatste ijstijd waren aardkundige processen van dominante invloed op het landschap. Zo waren dat in de periode tussen de 15.000 en 12.000 jaar geleden vooral smeltwaterprocessen waar in het voorjaar de stroomdalen grotendeels werden verspoeld door smeltwaterstromen. Dicht bij de vlechtende beddingen was nauwelijks sprake van vegetatie, maar in oudere lopen op grotere afstand van de rivier waren op basis van aardkundige en paleoecologische gegevens stabiele moerasvegetaties aanwezig. Er was een groot verschil in vegetatiekenmerken tussen dynamische en meer stabiele systemen. De mens als jager-verzamelaar was volgend op wat het landschap te bieden had (Figuur 8.9).

Het is voor de vroege prehistorie het meest logisch om analoog aan een LESA te beginnen met de aardkundige basis, gevolgd door ecologische kenmerken en tenslotte cultuurhistorische kenmerken te beschrijven.

Rond 4200 voor Christus gingen in Nederland mensen over van jagen-verzamelen naar het beoefenen van landbouw. Als eerste worden de grote rivierduinen of dekzandruggen uit de ijstijd ontgonnen tot akker. Rond de ijzertijd tot Laat-Romeinse tijd (800 voor Christus tot 300 na Christus) werd het landgebruik zo intensief dat er kleine zandverstuivingen plaatsvonden en veentjes overstoven. Doordat op tal van plekken ontbossingen in stroomgebieden plaatsvonden trad er erosie op. De rivieren kregen daardoor een ander karakter door opvullingsprocessen en op tal van plaatsen werd klei afgezet. Door de omvorming van bos naar korte vegetatie was er minder verdamping en steeg het grondwaterpeil. Door verzanding van het watersysteem en een natter klimaat werd dit effect versterkt vanaf 800 voor Christus (Erkens, 2009; Smeenge, 2020a,b; Spek, 2004; Van Beek, 2009; Van Geel, 2014; Van Geel e.a., 2014). Op de kleinere zandruggen, dieper in het Pleistocene rivierenlandschap had de mens nog weinig invloed en kwamen nog grote venen en bossen voor (Figuur 8.10).

In de middeleeuwen verdwenen de laatste min of meer natuurlijke bossen en werden hoofdzakelijk eiken en beuken aangeplant voor de houtvoorziening. Toen daardoor brandstof schaars werd ging men steeds meer turf gebruiken en raakte naar verloop van tijd ook het hoogveen in verval of is letterlijk in rook opgegaan. Rond 1650, de nieuwe tijd kort na de 80-jarige oorlog nam de bevolkingsgroei sterk toe en wijzen schriftelijke bronnen op diverse vormen van landgebruik (houtkap, strooiselwinning, plaggenwinning, turfwinning, hooiwinning, beweiding, leemwinning, zandwinning), waaruit allerlei vegetaties door verschillende intensiteit van door cultuur aangedreven processen voortvloeiden. Door menselijke beïnvloeding (erosie, vergraving, verstuiving, overstroming door watermolens) ontstonden heel nieuwe ecosystemen (Figuur 8.11).

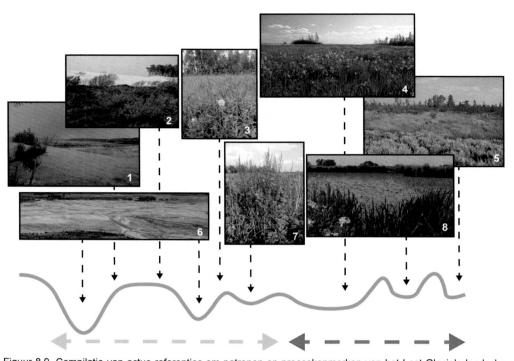

Figuur 8.9. Compilatie van actuo-referenties om patronen en proceskenmerken van het Laat-Glaciale landschap te kunnen begrijpen, gebaseerd op aardkundige, (paleo) ecologische en archeologische gegevens. De oranje lijn van het maaiveld visualiseert een terrasinsnijding, waarbij het belangrijkste verschil het onderscheid is tussen een actief hoogdynamisch geulenstelsel (gele zone) en laagdynamische achterliggende moerassen (blauwe zone). Locatie 1 toont actieve opstuiving van een rivierduincomplex Wizna aan de Narew/Biebrza in Noordoost Polen, waarbij kolonisatie van Jeneverbes en Grove Den kenmerkend zijn. De verstuiving is mede onder invloed van historisch landgebruik ontstaan. Locatie 2 toont de natuurlijke processen van duinverstuiving bij de Kerf in Bergen met successie door Kraaihei, Berk en Grove Den. Locatie 3 is een detail van een korte schrale grasvegetatie met onder andere Gevlekt Zonneroosje op lage pleistocene rivierduintjes in het zuidelijk bekken van de Biebrza. Locatie 4 bevat matig voedselrijke moerassen in het zuidelijk bekken van de Biebrza met onder andere Waterdrieblad, Scherpe Zegge, Gele Lis en Wolfspoot. Ondanks dat de openheid deels samenhangt met het historisch hooilandbeheer geeft het een goed beeld van de hydrologische condities en soortensamenstelling gedurende de Jonge Dryasstadiaal, in stabiele geïsoleerde geulenstelsels. De wilgen- en berkenbroekbosjes zijn alleen op kleine terrasrestruggen aanwezig, welke niet door het veenpakket zijn overgroeid. Locatie 5 geeft een vegetatiebeeld van de meer continentale holpijp-moerasvarengemeenschap in de Ob-vallei in Midden-Siberië, waarin ondanks de koude winters onder andere den, diverse soorten wilgen, ratelpopulier- en berken voorkomen. Locatie 6 bevat een vlechtend rivierenstelsel met lokale verstuivingen in het stroombed langs de Lhasa rivier in Tibet. Er zijn opvallende klimatologische overeenkomsten met de Jonge Dryas in Nederland. Locatie 7 bevat ruderale gemeenschappen op de flank van een oeverwal langs de Waal. Locatie 8 geeft een overzicht van een verlandingsreeks langs de Rijnstrangen bij Zevenaar en geeft een impressie van de stabiele hooggelegen terrasgeulen. Foto's: H. Smeenge.

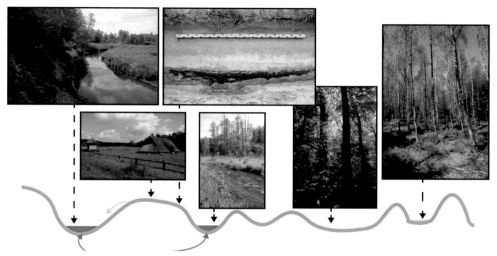

Figuur 8.10. Compilatie van actuo-referenties om patronen en proceskenmerken van het landschap in de late prehistorie te kunnen begrijpen, gebaseerd op aardkundige, (paleo) ecologische en archeologische gegevens. Er waren hoofdzakelijk rijke loofbossen aanwezig. Dichtbij de nederzettingen werd de vegetatie beïnvloed door begrazing door vee en wilde zoogdieren (ijzertijd nederzetting bij Wekerom). Door de verhoogde sedimentlast door ontbossing in het stroomgebied slibden rivieren dicht en vonden frequenter overstromingen plaats. Door overgebruik van droge zandruggen vonden de eerste zandverstuivingen plaats en werden veentjes overstoven met zand (Van der Velde, 2011). In Pleistocene verlaten geulen bevonden zich nog rijke loofbossen en breidde het veen zich uit. Alle referentiefoto's zijn genomen in bosgebied van Bialowieza in Noordoost-Polen.

8.4 Casus Mosbeekdal, een toepassing van historisch landschapsecologisch onderzoek bij natuur- en waterbeheer

8.4.1 Inleiding

Op de stuwwal van Ootmarsum in Noordoost-Twente liggen diverse beekdalen met bronmilieus. In het brongebied van de Mosbeek is daarin een doorstroomveen ontstaan. Dit veentype en bijbehorende basenminnende vegetatie is heel zeldzaam geworden in Nederland en staat zelfs in Europees verband onder grote druk (EIONET, 2015; European Union, 2013; Grootjans e.a., 2021; Provincie Overijssel, 2017; Šefferova Stanova e.a., 2008).

Vanuit de historisch-landschapsecologische aanpak wordt als eerste stilgestaan bij het ontstaan en de ouderdom van deze bronmilieus, welke ecologische ontwikkelingen door de tijd hebben plaatsgevonden en welke factoren daarachter schuilgaan en tenslotte hoe dit gebied onder grote druk is komen te staan met een ecologische neergang tot gevolg. Deze casus beschrijft daarmee welke sturende processen binnen de driehoek aarde, mens, natuur hebben plaatsgevonden en hieruit zal blijken dat landschapsvormende processen niet hiërarchisch volgens het rangorde model (Bakker e.a., 1981), maar door elkaar hebben gespeeld met de mens als sleutelproces.

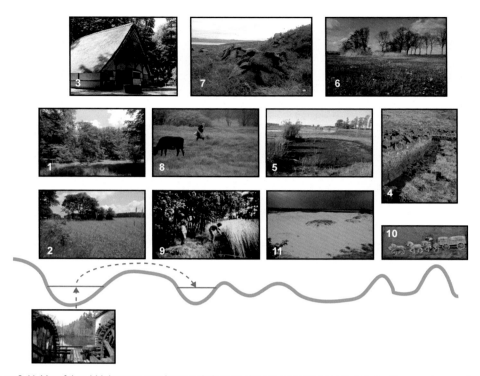

Figuur 8.11. Vanaf de middeleeuwen verdwenen de laatste niet aangeplante bossen door houtkap en plaggenwinning (nr. 1 Elbholz langs de Elbe). De meeste plaggen werden direct op de akkers aangebracht (nr. 2. graanakker bij Govelin aan de Elbe) een kleiner deel werd in de potstal gebracht (nr. 3. Erve Olde Dubbelink uit Beuningen in het openluchtmuseum in Arnhem). Toen het hout schaars werd ging men voor de brandstofwinning over op het steken van turf (nr. 4. Turfkuil op de Isle of Skye, Schotland) en ontstonden nieuwe ecosystemen met pioniermilieus zoals kluindellen (nr. 5. Strabrechtse heide). De omvorming van rijke vogelkers-essenbossen en elzenbroekbossen leidde tot het verschijnen van dotterbloemhooilanden (nr. 6. Gasterense diep in het Drentse Aa gebied). In de 17de eeuw slonk het hoogveenareaal en moest men zich behelpen met strooiplaggen van elders (nr. 7. Brandplaggen op de Isle of Skye in Schotland). De gebruiks- en beweidingdruk nam zo sterk toe dat men een gebruiksafstand ging voorschrijven tot boompjes en beekoevers (nr. 8. Herder met vee aan de Narew in Noordoost-Polen). Vanaf 1650 AD kon de bevolkingsgroei niet meer in de hoofdnederzettingen worden opgevangen en ontstonden dochternederzettingen of veldontginningen (nr. 9. Kampontginning tussen Lieveren en Peize in Drenthe, jaren 80). Naast lokale gebruiksfactoren leidde de ontwikkeling van interregionale handel (Hanzeverbond en later Hessenwagens) tot extra stress op het ecosysteem (nr. 10, Hessenwagen op een gevelsteen in Zwolle). Dat gebied ging in de 17de eeuw verstuiven door overgebruik van zwaar transport van stenen in combinatie met plaggenwinning en beweiding (nr. 11, Rivierduincomplex bij Wizna aan de Narew in Noordoost-Polen) en de opstuwende werking en gepaard gaande overstromingen in de wijde omgeving van watermolens (nr. 12, Singraven bij Denekamp). Foto's: H. Smeenge.

8.4.2 Methodiek

Na bestudering van algemene kaarten (geologie, geomorfologie, bodem, historische kaarten) is als eerste begonnen met een aardkundige verkenning, passend bij de schaal van het gebied. Door middel van geologisch- en veldbodemkundig onderzoek is een ruimtelijk beeld gemaakt van de opbouw van geologische formaties (zand, veen, antropogene afzettingen) en de globale proceskenmerken die vanuit het bodemtype kunnen worden afgelezen (infiltratie = podzolisatie; kwel = eerd- en zegge-broekveengronden; stagnatie/kwel = veen). De ecologische milieukenmerken die vanuit de huidige vegetatietypen zijn af te leiden maken het mogelijk om historische en actuele processen met elkaar te kunnen vergelijken (infiltratie/vrij zuur = droge heide; wisselvochtigheid/vrij zuur tot zeer zwak gebufferd = natte heide of vochtig heischraalgrasland; kwel/neutraal tot basisch = blauwgrasland of elzenbroekbos).

De ouderdom van diverse veenlagen is gedateerd met koolstofdateringsonderzoek, waardoor de leeftijd van landschapsvormende processen kon worden bepaald. Hierdoor kon gericht worden gezocht naar verklaringen vanuit historisch landgebruik (bewoningspatroon, historisch landgebruik, sociaal-economische geschiedenis, etc.). Historisch onderzoek bestond uit het houden van interviews met oud streekbewoners (oral history), interpretatie van bestaand veldnamenonderzoek (Booijink, 2003), zoeken naar oude kaarten via beeldbanken en rijksarchieven en onderzoek naar gebruiksconflicten (transcriptie en hertaling) van markeboeken. Markeboeken vormden jaarlijkse overzichten van afspraken tussen streekbewoners die gebruiksrechten hadden over bijvoorbeeld kappen van hout, steken van turf, gebruik van watermolens en water om landerijen te bevloeien, etc. en overtredingen van het gebruiksrecht). Deze bronnen beschrijven de periode tussen de late middeleeuwen en circa 1820 AD.

Pollen- en macroresten onderzoek (uitgevoerd door Van Geel van de Universiteit van Amsterdam) van gedateerde veenlagen gaf inzicht in de vegetatiesamenstelling. Vanuit ecologische vereisten en de mate van trouw aan een plantengemeenschap konden (paleo) ecologische gemeenschappen worden afgeleid; bijvoorbeeld soorten van kwelmilieus. De ruimtelijke aardkundige kartering maakt het dan mogelijk om in te schatten waar ruimtelijk gezien deze (paleo) gemeenschappen voorkwamen.

Uit dit overzicht van deze lange termijngeschiedenis zijn een aantal knelpunten naar voren gekomen die in de praktijk van natuur- en waterbeheer zijn opgelost door het uitvoeren van herstelmaatregelen. Aan dit aspect wordt aan het eind van deze paragraaf ook aandacht besteed.

8.4.3 De mens als ecosysteemvormer

Aan beide zijden van de waterscheiding op de Ootmarsumse stuwwalflanken liggen bronnen en erosiedalen. Het zandpakket op de top van de stuwwal fungeert als reservoir voor de bronnen die zijn omgeven door een scheefstelling van Tertaire kleilagen. Dit is ook de reden dat grondwater hoog in het landschap uittreedt (Figuur 8.12). Het zijn zones waar grondwater permanent of periodiek uit de grond treedt en in de meeste gevallen moerassige plekken in weilanden of broekbossen voorkomen (Figuur 8.13). In sommige van deze bronnen is sprake van veenontwikkeling (De Louw, 2006; Eysink e.a., 2012; Horsthuis en Eysink, 2011a,b).

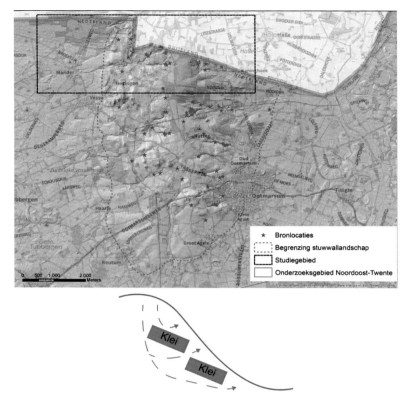

Figuur 8.12. Ruimtelijk overzicht van plekken waar grondwater periodiek of permanent uit de bodem treedt op de stuwwal van Ootmarsum. Brongegevens: De Louw (2006).

Figuur 8.13. Overzicht van een bronmilieu hoog op de Ootmarsumse stuwwal. Inzijgend regenwater kan slechts zijdelings zich een weg zoeken over slechtdoorlatende Tertiaire klei en treedt hoog op de helling uit. Foto H. Smeenge.

Op diverse plaatsen is de basis van deze bronmilieus gevormd door colluviale afzettingen die op basis van koolstofdateringsonderzoek voor de 13de eeuw plaatsvonden (Figuur 8.14). Ze getuigen van dynamische milieuomstandigheden tijdens de late middeleeuwen. Het materiaal bevatte geen fossiel stuifmeel, waardoor het niet mogelijk was om de landschapsecologische oorzaken van deze verspoelingen af te leiden. Dankzij de datering van het bovenliggende veenpakket is het wel mogelijk om vanuit historische bronnen op zoek te gaan naar achterliggende oorzaken van deze hellingerosie.

Figuur 8.14. Een dwarsdoorsnede van het Mosbeekdal (van noord naar zuid door het brongebied) met daarin de ligging van colluviale afzettingen (bruin) van voor de 13de eeuw. Een gedeeltelijk analoge situatie speelt op de Veluwezoom waar intensieve regen in combinatie met een intensief betreden pad leidt tot erosie en colluviale afzettingen in het bos (rode pijlen en geulvorming in het pad). Vermoedelijk vormde de laatmiddeleeuwse route tussen Ootmarsum en Hardenberg in combinatie met een intensief landgebruik een sedimentbron.

In de late middeleeuwen nam de bevolking in omvang toe en vond een kolonisatie vanaf de oude bewoningskernen op grote dekzandruggen plaats naar kleinere zandruggen in meer perifere gebieden nabij het brongebied plaats. Aangrenzend aan het brongebied lag ook een middeleeuwse handelsroute (Hanzeroutes).

Langs de oostflank van het brongebied lieten duizenden karren hun sporen na en dat leidde destijds tot kleine zandverstuivingen en erosie door afstromend sediment richting het brongebied. Koolstofdateringen geven aanwijzingen dat tussen de 13de en 15de eeuw veenvorming heeft plaatsgevonden. De stagnatie en vernatting in het gebied had vermoedelijk ook te maken met de aanleg van de watermolen Deele die vanaf 1493 AD in de schriftelijke bronnen verschijnt (Figuur 8.15). De molen hoorde volgens het gereconstrueerde middeleeuwse grootgrondbezit bij een van de oudste erven in Twente (Erve Maatman) en was in eigendom van de bisschop van Utrecht. Er zijn aanwijzingen gevonden waar deze watermolen lag, waarschijnlijk een doordachte locatiekeuze nabij een natuurlijke drempel (puinwaaier) in het Mosbeekdal (Figuur 8.16).

Deze drempel vormde als basis al een soort natuurlijk spaarbekken die om te kunnen malen nodig zijn bij geringe aanvoer van water. Volgens de dimensies van de naburige molenraderen en debietschatting van de Mosbeek moet er een bovenslagwatermolen hebben gestaan. Het hydrologisch effect van deze bovenslagwatermolen reikte tot aan het oorspronkelijke doorstroomveen bij de Maatmansweg. Deze weg doorkruist het dal op een natuurlijke vernauwing, stuwde het water op en belemmerde de afvoer uit dit brongebied. Het gebied had bovenstrooms van de Maatmansweg bovendien helemaal geen beekloop volgens kartografische bronnen en veenpakket in de beekbedding zelf. Met kartografische gegevens en drie paleoecologische onderzoekslocaties is vast komen te staan dat dit gebied een groot basenhoudend doorstroomveen was met vooral kenmerken van vegetaties van kalkmoerassen.

Na de 80-jarige oorlog kwamen er nieuwe invloedrijke personen die waterrechten verwierven en meerdere watermolens gingen bouwen (bovenste molen, watermolen Frans, watermolen Bels). De Deele watermolen is waarschijnlijk tussen 1662 en 1676 vervangen door de bovenste molen die richting het grensgebied van de marke Mander is verplaatst. Gebruiksconflicten, oude beekrelicten, relicten van spaarvijvers en kartografische gegevens duiden op ingrijpende wijzigingen van het watersysteem in de 17de eeuw (Figuur 8.16). Er ontstond een watermolenlandschap tussen deze watermolens, waarbij de natuurlijke drempel/puinwaaier werd doorgraven. Hierdoor kon er zowel water richting de bovenste en molens Frans en Bels worden geleid. Om dit te kunnen doen werden elzenbroekbossen in het dal omgevormd tot cultuurgraslanden. Het opheffen van de Deele watermolen en doorgraving van de natuurlijke drempel bij de oude watermolen Deele (de puinwaaier) leidde waarschijnlijk tot waterstandsdaling van tenminste 1 m. Vanaf 1770 AD konden daardoor berken op het veen ontkiemen en er verschenen plantensoorten van een zuurder milieu en meer wisselvochtige omstandigheden. De vegetatie bevatte toen meer soorten van een natte heide met mossen die ook in hoogveen voorkomen. In deze periode verdwijnen ook de laatste rijke loofbossen met linde en wijzen tred- en pioniervegetaties op een sterke cultuurbeïnvloeding in de omgeving van het doorstroomveen. Uit het voorgaande kan worden geconcludeerd dat al in de 13de eeuw door een combinatie van ontbossing, transport en de aanleg van een watermolen een geheel nieuw ecosysteem met basenhoudend doorstroomveen is voortgekomen (Figuur 8.17).

Figuur 8.15. De opstuwende werking van bovenslag watermolens is groot. Bron: Smeenge (2020a,b).

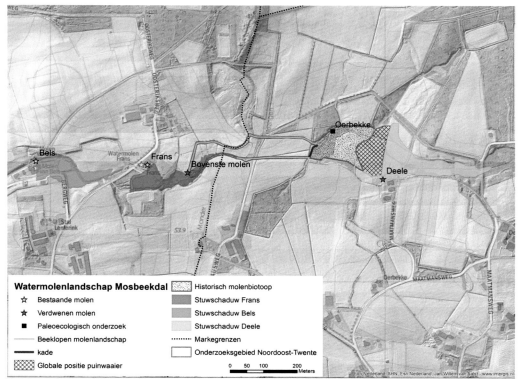

Figuur 8.16. Overzicht van het Mosbeekdal met de middeleeuwse korenwatermolen van Hezingen en 18de-eeuwse industriële watermolens in Mander. De Bovenste molen werd via de noordflank van het dal opgeleid. De opstuwende werking van de watermolens leidde tot diverse hydrologische vernattingszones. De inrichting geeft blijk van een 'watermolenlandschap'.

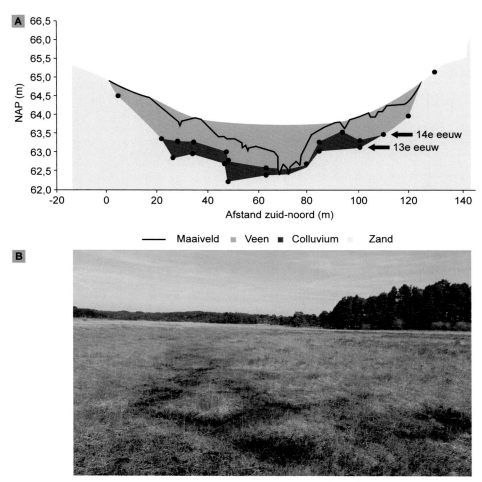

Figuur 8.17. (A) Een dwarsdoorsnede van het Mosbeekdal (van noord naar zuid door het brongebied) met daarin de ligging van colluviale afzettingen van voor de 13de eeuw (bruin) en veenontwikkeling (paars) vanaf de 14de eeuw. Tot aan de markeverdeling van 1858 AD was er geen beek in dit doorstroomveen aanwezig. De invulling van de dwarsdoorsnede is een retrogressieve reconstructie van de maximale veenomvang. (B) De foto uit het New Forest in Engeland geeft een actuele referentie van zo'n basenminnend doorstroomveen zonder duidelijke beek.

8.4.4 Knelpunten

Tussen 1860 en 1900 AD ontstond er verstoring van het ecosysteem plaats, omdat de veenvorming in dit watermolenlandschap werd beëindigd. Ter hoogte van de natuurlijke dalvernauwing aan de Maatmansweg werd een watergang door het doorstroomveen tot boven in het brongebied gegraven (Figuur 8.18).

Het leidde tot terugschrijdende erosie vanuit de beekbedding en bronerosie op de dalflanken, vermoedelijk geïnitieerd door begreppeling van het veenpakket (Figuur 8.19). Dit ecologische keerpunt is waarschijnlijk niet alleen vanuit interne maatregelen tot stand gekomen, want het omliggende landgebruik van de gemeenschappelijke markegronden, veranderde drastisch door

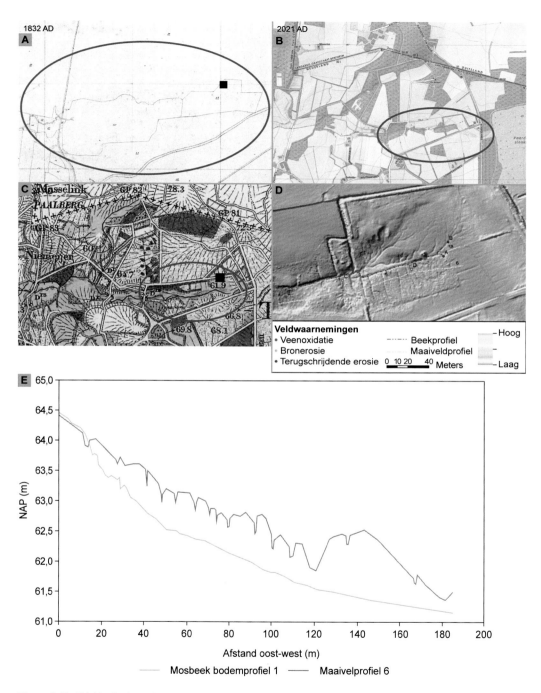

Figuur 8.18. (A) Het kadastrale minuutplan van 1832 met het nog onverkavelde brongebied, en (B) de huidige situatie. De beek ontspringt ten westen uit het veengebied. (C) In 1905 is de beekloop door het veenpakket gegraven, omdat tussen 1850 en 1900 AD de gemeenschappelijke gronden zijn geprivatiseerd. Er zijn talloze kleine greppels gegraven (zie AHN, D) waaruit sterke erosie is voortgekomen. De beek heeft zich diep (blauwe lijn) in het veenpakket (zwarte lijn) ingesneden (E).

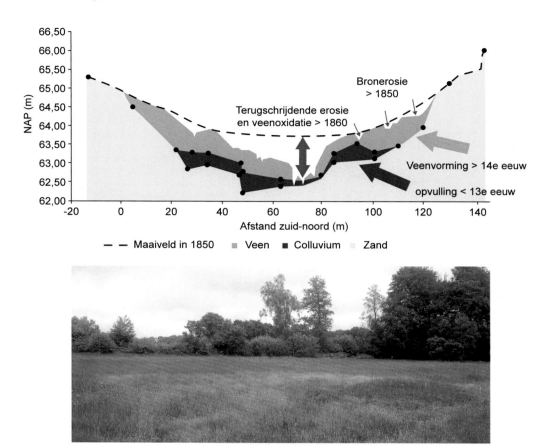

Figuur 8.19. Een dwarsdoorsnede van het Mosbeekdal (van noord naar zuid door het brongebied) met daarin de ligging van colluviale afzettingen (bruin) van voor de 13de eeuw en veenontwikkeling vanaf de 14de tot aan het eind van de 19de eeuw (paars). Na de markeverdeling van 1858 AD is er een waterloop aangelegd (ter hoogte van de dubbele rode pijl) en is in de omgeving ruim 1 m veen verdwenen door erosie en oxidatie. Desondanks komt op een aantal plekken een fraaie bultstructuur voor met daarop Beenbreek (*Narthecium ossifragum*), langs ontwaterende erosiegeultjes Witte snavelbies (*Rhynchospora alba*) en bij diepere insnijding met grondwatervoeding Veldrus (*Juncus acutiflorus*).

privatisering (markeverdelingen). Ook buiten het dal werd ontwatering aangelegd en is aangenomen dat daardoor een grotere variatie in het afvoerpatroon van het watersysteem ontstond. De afvoerpieken werkten erosie in de hand, waardoor er naast ontginning van de dalflanken nog maar een fractie van het oorspronkelijke basenhoudende doorstroomveen overbleef. In de omgeving van de gegraven waterloop (Mosbeek) is door erosie tenminste 1 m veen verdwenen. Vanuit deze hoofdloop ontstonden diverse kleine geultjes, waarin ook terugschrijdende erosie plaatsvindt. Het leidde op tal van plekken tot een gedeeltelijke mineralisatie van de toplaag van het veenpakket. Dit leidde op tal van plekken tot een meer voedselrijke en hoog productievere rietvegetatie. Door mineralisatie van veen is de structuur uit elkaar gevallen en leidt de hoge kweldruk tot het wegspoelen van het materiaal. Dit betekent dat het veenareaal kleiner is geworden en door geulvorming het effect van verdroging, verzuring en vermesting door mineralisatie en verspoeling wordt versterkt. De toekomst van het bijzondere basenrijke doorstroomveen was door zijn geringe oppervlak onzeker geworden.

8.4.5 Herstelmaatregelen

Om het proces van mineralisatie (het voedselrijker worden), verzuring en verdroging te stoppen is het noodzakelijk om terugschrijdende erosie en bronerosie een halt toe te roepen. Hiervoor is de problematiek aangekaart bij de terreinbeheerder (Landschap Overijssel), de Provincie (Natura2000), waterschap Vechtstromen (KRW- en waterdoelen) in het veld toegelicht. De Bosgroepen hebben samen met deze partijen een plan gemaakt voor herstelmaatregelen. Als eerste is een grondmechanische analyse uitgevoerd naar het materiaal dat op de bodem van de Mosbeek moet worden aangebracht (Berentsen, 2018). Hiervoor zijn een aantal normen, richtlijnen en software gebruikt (CIRIA; CUR; CETMEF, 2007). De erosie die veroorzaakt wordt door stroomsnelheden kan worden voorkomen door bodem- en oeverbescherming. Uit praktijkervaringen op de Ootmarsumse stuwwal blijkt dat harde constructies als dammen leiden tot ondergraving of geulvorming aan de zijkanten van de constructie. Er is daarom gekozen voor het inbrengen van zand om de insnijding te verminderen en het aanbrengen van grind op plekken waar het verhang steil is en daardoor snel tot nieuwe erosie kan leiden. Dit betekent dat ook bij natuurherstel technische maatregelen moeten worden afgewogen en doorgerekend (Kader 8.2).

Kader 8.2. Grondmechanisch onderzoek voor natuurherstelmaatregelen.

$$D = \frac{\phi_{sc}}{\Delta} \frac{0.035}{\Psi_{cr}} \, k_h \, k_{sl}^{-1} \, k_t^{2} \, \frac{U^2}{2g}$$

Waarin:
Δ = Relatieve dichtheid (-)
D = Nominale diameter D_n (m)
g = Valversnelling (g=9,81 m/s²)
U = Kritische verticaal gemiddelde stroomsnelheid (m/s)
Φ_{sc} = Stabiliteitsparameter (-)
Ψ_{cr} = Kritische Shields-parameter (-)
k_t = Turbulentiefactor (-)
k_h = Dieptefactor (-)
k_{sl} = Steilheidsfactor (-)

Dimensies van het benodigde materiaal met behulp van de formule van Pilarczyk zijn aangepaste formule van Isbash/ Shields is bepaald (CIRIA/CUR/CETMEF, 2007, formule 5.219).

De relevante parameters voor de benodigde eigenschappen van het beddinggrind (stortsteen) geven bij invulling van de formule van Pilarczyk een nominale diameter D_n van 0,03 m. Er bestaat een risico dat het zand dat onder het grind wordt aangebracht toch gaat eroderen doordat deze door de poriën van het grind wordt gezogen. Uit berekeningen aan de sortering, turbulentie en waterdiepte is bepaald dat het onderliggende zand tenminste 0,9 mm (grof zand) moet zijn.

Materiaal	Δ [m]	U [m/s]	Φ_{sc} [-]	Ψ_{cr} [-]	K_t [-]	h [m]	K_s [m]	K_h [-]	β [-]	φ [°]	K_{sl} [-]
Stortsteen	1,65	0,70	1,0	0,035	2,0	0,40	0,076	0,62	1:3	40	0,87

Er is geadviseerd om minimaal 50 mm grof zand aan te brengen, met daarop een 70 mm dikke laag grind met een sortering van 30 tot 60 mm (Berentsen, 2018, p. 5-12).

Het zand dat aan deze eisen voldeed en zo goed mogelijk aansluit bij de geologische eigenschappen van het gebied is gevonden in een groeve in Gölenkamp bij Uelsen net over de grens in Duitsland. Vanuit het grondmechanisch onderzoek is als eerste onderzocht in hoeverre de Mosbeekbodem naar zijn oorspronkelijke verhanglijn kan worden gebracht. Hierbij is de hoogte van het aangrenzende veenpakket als basis genomen, om daarmee grote zones van permanente inundatie te voorkomen (Figuur 8.20).

Vervolgens zijn haaks op het verhang alle detailslenken ingemeten en is ingeschat in hoeverre de in het veenpakket ingesneden geultjes kunnen worden verondiept met zand, zonder dat de kwetsbare aangrenzende vegetatie wordt begraven of er permanente stagnatie van neerslagwater plaatsvindt. Doordat de beekbedding vanwege de opvulling met zand en grind breder wordt, het elzenbroekbos deels zal afsterven door peilverhoging, verwachten we dat er meer licht op de bodem doordringt en de vegetatie de bedding zal opvullen, waardoor de Mosbeek verdwijnt. Herstel van een systeem met een meer geleidelijke en daarmee diffuse afvoer van water zijn uitstekende omstandigheden voor veenvormende processen.

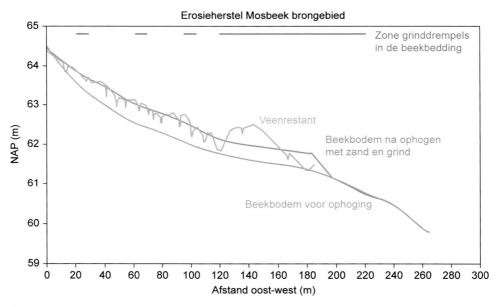

Figuur 8.20. Verhanglijn van de beekbodem (blauwe lijn) in het veenpakket met haaks op de beek liggende erosiegeulen (bruine lijn met insnijdingen). De groene lijn vormt de referentie, de beoogde beekbodem verondieping. De beekbodem door het brongebied (tussen 0 en 200 m afstand op de X-as) dient met grof zand (0,9 mm) met een dikte van 30-50 cm te worden opgehoogd. Op basis van het verhang zijn zones aangewezen die gevoelig zijn voor erosie (grijze balken) en moeten worden versterkt met grind (afgestrooid met 7-15 cm grind met een diameter van (30 tot 60 mm).

8.4.6 Uitvoering

Vanwege de kwetsbare natuurwaarden is rekening gehouden met flora en (beek) fauna, transport-routes, materieel en werkprocedures. Het werken met bijvoorbeeld vaste rijroutes, rupsdumpers, rupskruiwagens, spade bij droge weersomstandigheden en voor een goede samenwerking tussen onderzoekers en uitvoerders zijn cruciaal voor het succes, maar vaak geen dagelijkse praktijk door gunning op prijs (Figuur 8.21).

Sinds de uitvoering van 2016 lijken de maatregelen succesvol te zijn. Er zijn geen aanwijzingen voor nieuwe erosie in het gebied. Het biedt daarmee versterking van het vegetatiecomplex van beekbegeleidend bos, droge heide, vochtige heide, blauwgrasland en kalkmoeras (Figuur 8.22).

Figuur 8.21. Maatregelenkaart en situatie voor en na herstelmaatregelen in 2016. Door de brede profilering is de verwachting dat de bedding geheel dichtgroeit met vegetatie en opnieuw veenvormende processen gaan plaatsvinden.

Habitattype
- ▦ H4010A, Vochtige heiden (hogere zandgronden)
- ▨ H4030, Droge heiden
- ▨ H6230, Blauwgraslanden
- ▨ H7230, Kalkmoerassen
- ▦ H91E0C, Vochtige alluviale bossen (beekbegeleidende bossen)

Figuur 8.22. Natura2000-gebied Springendal en dal van de Mosbeek, met de aanwezige habitattypen in het brongebied van de Mosbeek (Bron: open source Provincie Overijssel).

8.5 Conclusies en aanbevelingen

In dit hoofdstuk is toegelicht dat het landschap is gevormd door een samenspel tussen de aarde, de mens en de natuur over een millennia durende tijdsperiode. Hieruit zijn diverse ecosystemen voortgekomen die tot een heel divers en soortenrijk landschap hebben geleid. Vanaf de middeleeuwen verdwenen primaire bossen en hoogvenen, maar kwamen daar deels soortenrijke graslanden voor in de plaats. Vanaf het midden van de 19de eeuw en vooral vanaf de jaren '50-60 van de 20ste eeuw werd het samenspel tussen aarde, mens en natuur verstoord door een dominante invloed vanuit de mens. Het landschap werd maakbaar door het onbeperkt kunnen beschikken over (kunst) mest, mechanisatie (ontwatering) en sterke bevolkingsgroei (kolonisatie). Dit betekent dat de diversiteit vanuit de aardkundige component ondergeschikt raakte en resterende ongecultiveerde gronden (natuurgebieden) direct of indirect beïnvloed werden door verzuring, verdroging, vermesting en versnippering. De sterke stempel van de mens op het landschap/natuur wordt zelfs als een nieuw tijdperk gezien, het Antropoceen (Crutzen en Stoermer, 2000). Deze vervlakking leidde niet alleen tot sterke afname van biodiversiteit, maar ook tot verlies van landschappelijke identiteit en tal van problemen.

De opgaven voor biodiversiteit, natuurinclusieve landbouw, waterveiligheid, klimaatbestendigheid, duurzame water- en energievoorziening, kwaliteit van grond- en oppervlaktewater, behoud en herstel van cultureel erfgoed en de landschappelijke diversiteit vragen om aanpassingen van het huidige landschap (College van Rijksadviseurs, 2018; Ministerie van Binnenlandse Zaken en Koninkrijkrelaties, 2019). Een benadering als deze biedt hier handvatten voor. Het geeft overzicht van de ontstaanskenmerken, veranderingen door de tijd en de hieruit voortgekomen knelpunten en kansen om deze opgaven passend bij de kenmerken van het landschap in te vullen. Historische Landschapsecologie heeft daarmee overeenkomsten met het lagenmodel dat in dit boek als leidraad dient. De hoekpunten van deze driehoeksbenadering aarde, mens, natuur zijn herkenbaar in vakgebieden zoals de fysische geografie, landschapsecologie, historische ecologie, historische geografie en landschapsarcheologie. Wanneer deze multidisicplinaire vakgebieden met elkaar worden geïntegreerd kan dat historische landschapsecologie worden genoemd (Smeenge, 2020b). Het samenwerken met specialisten of onderzoekers van collega instituten is in veel gevallen noodzakelijk om dit brede speelveld te kunnen overzien.

De casus over het Mosbeekdal illustreert hoe dit in de praktijk kan werken. Het geeft een toelichting op hoe het gebied is ontstaan, welke waarden daaruit zijn voortgekomen, hoe deze waarden uiteindelijk onder druk zijn komen te staan en welke maatregelen zijn opgesteld en uitgevoerd om deze waarden te behouden en te versterken (Tabel 8.2). Vanzelfsprekend is dit ook niet vrij van waardeoordeel, maar maakt de gemaakte keuzes wel inzichtelijk en doordacht. Deze casus nuanceert ook de omvang van historisch landschapsecologisch onderzoek. Het is namelijk geen doel op zich is om alle specialisaties toe te passen. Historische landschapsecologie vormt een gereedschapskist waaruit afhankelijk van wat speelt kennis uit allerlei vakgebieden gericht kan worden toegepast. De methodiek vermindert daarmee het risico van tunnelvisie en daarmee onbedoelde afbreuk aan andere waarden in het landschap. In veel gevallen kunnen de gevraagde opgaven elkaar versterken. Het landschap vormt nog steeds een belangrijke basis voor duurzame oplossingen.

Tabel 8.2. Overzicht van uitkomsten van historisch landschapsecologisch onderzoek vanuit aardkundig, ecologisch en historisch geografisch onderzoek over een lange tijdsperiode.

Tijd	Gebeurtenis	Effect
<1270 AD	Ontbossing	Toename netto neerslag
	Intensivering interregionale route	Erosie en slechte waterafvoer
	Aanleg watermolen	Opstuwing van grondwater
>1500 AD	Stabiliteit	Veenvorming
	Successie	Bultvorming op het basenhoudende doorstroomveen
>1860 AD	Doorgraving van het veen	Erosie aan het veenpakket
		Veenoxidatie
		Verdroging en verrijking door mineralisatie
>2016 AD	Constatering van erosieprobleem	Herstelmaatregelen t.b.v. van veenvormende processen

Literatuur

Appadurai, A., 1986. The social life of things. Commodities in a social perspective. Cambridge University Press, Cambridge, UK.

Bakker, T.W.M., J.A. Klijn & F.J. van Zadelhoff, 1981. Nederlandse kustduinen, Landschapsecologie. Wageningen.

Bayliss, A., McCormac, G. en Van der Plicht, H., 2004. An illustrated guide to measuring radiocarbon from archaeological samples. Physics Education 39: 137.

Berentsen, R., 2018. Advies bodemverondieping Mosbeek. NEPOCON ingenieurs & adviseurs, Hengelo.

Berggren, G., 1969. Atlas of seeds. Part 2 Cyperaceae. Swedish National Research Council. Stockholm, Sweden.

Beug, H.J., 2004. Leitfaden der Pollenbestimmung für Mitteleuropa und angrenzende Gebiete. F. Pfeil, München, Duitsland.

Bieleman, J., 2008. Boeren in Nederland, geschiedenis van de landbouw 1500-2000. Boom, Amsterdam.

Birks, H.J.B. en Berglund, B.E., 2018. One hundred years of Quaternary pollen analysis 1916-2016. Vegetation History and Archaeobotany 27: 271-309.

Booijink, H., 2003. Veldnamenboek Vasse Mander Hezingen. Historische kring Vasse, Mander, Hezingen, Mander.

Bootsma, M.C., Coops, H. en Drost, H., 2002. Referenties voor nat Nederland. Wat kunnen we ermee? Landschap 19(1): 63-69.

Bouman, M.T.I.J, Bos, J.A.A. en Van Beek, R., 2013. Van wildernis naar cultuurlandschap. Een reconstructie van de regionale vegetatieontwikkeling van Twente in het Holoceen. ADC Rapport 3413.

Bronk Ramsey, C., 2017. Methods for summarizing radiocarbon datasets. Radiocarbon 59(2): 1809-1833.

Broström, A., Gaillard, M.J., Ihse M. en Odgaard, B., 1998. Pollen-landscape relationships in modern analogues of ancient cultural landscapes in southern Sweden-a first step towards quantification of vegetation openness in the past. Vegetation History and Archaeobotany 7: 189-201.

Buis, J., 1985. Historia forestis. Nederlandse bosgeschiedenis. Proefschrift Rijksuniversiteit Wageningen, Wageningen.

Bunting, M.J., Gaillard, M.J., Sugita, S., Middleton, R. en Broström, A., 2004. Vegetation structure and pollen source area. The Holocene 14(5): 651-660.

Burny J., 1999. Bijdrage tot de historische ecologie van de Limburgse Kempen (1910-1950). Natuurhistorisch Genootschap in Limburg.

Cappers, R.T.J., Bekker, R.M. en Jans, J.E., 2006. Digitale zadenatlas van Nederland. Digital seed atlas of the Netherlands, Groningen Archaeological Studies 4. Barkhuis, Eelde/Groningen.

CIRIA/CUR/CETMEF, 2007. The rock manual. The use of rock in hydraulic engineering (2nd ed.). CIRIA/CUR/CETMEF, London, UK.

College van Rijksadviseurs, 2018. Panorama Nederland. Rijker, Hechter, Schoner. Uitgave van het College van Rijksadviseurs, Den Haag.

Crutzen, P.J. en Stoermer, E.F., 2000. The 'Anthropocene'. Global Change Newsletter 41: 17.

Cunningham, A.C. en Wallinga, J., 2010. Selection of integration time-intervals for quartz OSL decay curves. Quaternary Geochronology 5: 657-666..

De Bakker, H. en Schelling, J., 1966. Systeem van bodemclassificatie voor Nederland. Pudoc, Wageningen.

De Haan, A., 2010. Historische geografie. Onderzoeksbalans agentschap onroerend erfgoed, Vlaanderen. https://onderzoeksbalans.onroerenderfgoed.be/onderzoeksbalans/landschap/integrerend/historische_geografie#footnote72_39wkyld

De Louw, P., 2006. Wateratlas Twente. De grond- en oppervlaktewatersystemen van Regge en Dinkel. Waterschap Regge en Dinkel/TNO Bouw en Ondergrond.

Demoed, H.B., 1987. Mandegoed schandegoed. De markeverdelingen in Oost-Nederland in de 19de eeuw. Academisch proefschrift, Universiteit van Amsterdam. De Walburg Pers, Zutphen.

During, R. en Schreurs, W.H., 1994. Waterkwaliteit en hydrologie van de Dinkel voor 1950. INRO-TNO. NWA-Natuurwetenschappelijk Archief Staatsbosbeheer, Deventer.

EIONET, 2015. Habitat assessments at member state level. Beschikbaar op: https://nature-art17.eionet.europa.eu/article17/habitat/summary/?period=5&group=Bogs%2C+mires+%26+fens&subject=7230&region=ATL (bezocht op: 15-07-2021).

Elerie, H. en Spek, T., 2009. Van Jeruzalem tot Ezelakker. Veldnamen als levend erfgoed in het Nationaal Landschap Drentse Aa. Matrijs, Utrecht.

Erkens, G., 2009. Sediment dynamics in the Rhine catchment. Quantification of fluvial response to climate change and human impact. Proefschrift, Universiteit Utrecht, Utrecht.

European Union, 2013. Interpretation manual of European Union habitats, EU-28. European Commission DG Environment, Brussel, België.

Eysink, A.T.W., Horsthuis, M.A.P., Van Dongen, R.J.J. en Thielemans, J.H.J., 2012. Terug naar de Bron Evaluatie van herstelprojecten. Coöperatie Unie van Bosgroepen, Ede.

Faegri, K. en Iversen, J., 1989. Textbook of pollen analysis. Wiley, Chichester, UK.

Galbraith, R.F., Roberts, R.G., Laslett, G.M., Yoshida, H. en Olley, J.M., 1999. Optical dating of single and multiple grains of quartz from Jinmium rock shelter, northern Australia. Part I: Experimental design and statistical models. Archaeometry 41: 339-364.

Grimm E.C., 1993. TILIA 2.0b.4 (Computer Software). Illinois State Museum, Research and Collections Center, Springfield, IL, USA.

Grimm E.C., 2004. TGVIEW 2.0.2 (Computer Software). Illinois State Museum, Research and Collections Center, Springfield, IL, USA.

Groenewoudt, B.J., Van Haaster, H., Van Beek, R., Brinkkemper, O., 2007 Towards a reverse image 1100 BC-1500 AD. Botanical research into the landscape history of the eastern Netherlands. Landscape History 27: 17-33.

Groenman-van Waateringe, W., 1986. Grazing possibilities in the Neolithic of the Netherlands based on palynological data. In: Behre, K.E. (red.), 1986. Anthropogenic indicators in pollen diagrams. A.A. Balkema, Rotterdam.

Grootjans, A.P, Wołejko, L., De Mars, H., Smolders, A.J.P. en Van Dijk, G., 2021. On the hydrological relationship between Petrifying-springs, Alkaline-fens and Calcareous-spring-mires in the lowlands of North-West and Central Europe; consequences for restoration. Mires and Peat 27: 12.

Heringa, J., 1982. Drentse willeuren uit oudere uitgaven verzameld. Aanvulling op: Drentse rechtsbronnen. De Walburg Pers, Zutphen.

Heringa, J., 1985. Drentse willekeuren: een nalezing. Aanvulling op: Drentse rechtsbronnen – 1981 – en op Drentse willekeuren uit oudere uitgaven verzameld-1982. De Walburg Pers, Zutphen.

Heringa, J., Keverling-Buisman, F., Koen, D.T. en Brood, P., 1981. Drentse Rechtsbronnen; Willekeuren supplement op de ordelen van de etstoel, Goorspraken Indices. De Walburg Pers, Zutphen.

Hidding, M., Kolen, J. en Spek, T. 2001. De biografie van het landschap. In: Bloemers, J.H.F., During, R., Elerie, J.N.H., Groenendijk, H.A., Hidding, M., Kolen, J., Spek, T. en Wijnen, H. 2001. Bodemarchief in Behoud en Ontwikkeling, de conceptuele grondslagen. NWO, Den Haag.

Horsthuis, M.A.P. en Eysink, A.T.W. met medewerking van Lansink, L., 2011b. Terug naar de bron – Perceel Droste op de Galgenberg. Unie van Bosgroepen, Ede.

Horsthuis, M.A.P. en Eysink, A.T.W., 2011a. Terug naar de Bron. Dal van de Eendenbeek. Gebiedsanalyse met voorstellen voor herstel, inrichting en beheer. Unie van Bosgroepen, Ede.

Janssen, C.R., 1974. Verkenningen in de palynologie. Met een bijdrage van Dr. H. Visscher. Oosthoek, Scheltema en Holkema, Utrecht.

Kemmers, R.H. en De Waal, R.W., 1999. Ecologische typering van bodems. Deel 1 Raamwerk en humusvormtypologie. Rapport 667-1. Staring Centrum, Wageningen.

Kolen, J.C.A., 2005. De biografie van het landschap. Drie essays over landschap, geschiedenis en erfgoed. Proefschrift Vrije Universiteit Amsterdam, Amsterdam.

Kolen, J.C.A., Renes, J. en Hermans, R., 2015. Landscape biographies: an introduction. Amsterdam University Press, Amsterdam.

Koomen, A.J.M. en Maas, G.J., 2004. Geomorfologische Kaart Nederland (GKN). Achtergronddocument bij het landsdekkende digitale bestand. Alterra-rapport 1039. WUR, Wageningen.

Kopytoff, I., 1986. The cultural biography of things: commodization as a process: In: Appadurai, A. (red.), 1986. The social life of things. Commodities in a social perspective. Cambridge University Press, Cambridge, UK.

Körber-Grohne, U., 1964. Bestimmungsschlüssel für subfossile Juncus-samen und Gramineen-Früchte. Probleme der Küstenforschung im südlichen Nordseegebiet 7. Isensee Florian GmbH, Oldenburg, Duitsland.

Künzel, R.E., Blok, D.P. en Verhoeff, J.M., 1988. Lexicon van Nederlandse toponiemen tot 1200. P.J. Meertens-Instituut, Amsterdam.

Londo, G., 1997. Bos- en Natuurbeheer in Nederland. Deel 6 Natuurontwikkeling. Backhuys Publishers, Leiden.

Mauquoy, D. en Van Geel, B., 2007. Mire and peat macros. Encyclopedia of Quaternary Science Volume 3. Elsevier, Amsterdam, pag. 2315-2336.

Ministerie van Binnenlandse Zaken en Koninkrijkrelaties, 2019. Ontwerp Nationale Omgevingsvisie. Duurzaam perspectief voor onze leefomgeving. Min BZK, Den Haag.

Moerman, H.J., 1956. Nederlandse plaatsnamen een overzicht. Onomastica Neerlandica. Standaard Boekhandel, Brussel, België.

Mook, W.G., Van der Plicht, J. en Leijenaar, D., 1994. ^{14}C – de toekomst van het verleden. Rijksuniversiteit Groningen, Centrum voor Isotopen Onderzoek, Groningen.

Moore, P.D., Webb, J.A. en Collinson, M.E., 1991. Pollen analysis. 2nd ed. Oxford Blackwell Scientific Publications, Oxford, UK.

Provincie Overijssel, 2017. Natura 2000 Gebiedsanalyse voor de Programmatische Aanpak Stikstof (PAS). Springendal en Dal van Mosbeek.

Rooijakkers, G., 1999. Mythisch landschap: verhalen en rituelen als culturele biografie van een regio. In: Kolen J. en Lemaire, T. (red.) Landschap in meervoud. Perspectieven op het Nederlandse landschap in de 20ste/21ste eeuw. Uitgeverij Jan van Arkel, Amsterdam.

Samuels, M.S., 1979. The biography of landscape. Cause and culpability. In: Meinig, D.W. (red.), The interpretation of ordinary landscapes: geographical essays. Oxford University Press, Oxford, UK.

Schaminée, J.H.J., Stortelder, A.H.F. en Westhoff, V., 1995a. De Vegetatie van Nederland. Deel 1. Inleiding tot de plantensociologie -grondslagen, methoden en toepassingen. Opulus Press, Leiden.

Schepers, M., 2014. Reconstructing vegetation diversity in coastal landscapes. PhD-thesis, Groningen University, Groningen.

Schoevers, P.J. (red.), 1982. Landschapstaal; een stelsel van basisbegrippen voor de landschapsecologie. Pudoc, Wageningen.

Schönfeld, M., 1950. Veldnamen in Nederland. Mededelingen der Koninklijke Nederlandsche Akademie van Wetenschappen, afd. Letterkunde. Deel 12, no 1. N.V. Noord-Hollandsche Uitgevers Maatschappij, Amsterdam.

Šefferova Stanova V., Šeffer, J. en Janak, M., 2008. Management of Natura 2000 habitats. 7230 Alkaline fens. Technical Report 2008 20/24. The European Commission (DG ENV B2), Brussel, Belgë.

Smeenge, H., 2020a. Het landschap van Noordoost-Twente. Uitgeverij Mattrijs, Utrecht.

Smeenge, H., 2020b. Historische landschapsecologie van Noordoost-Twente. PhD thesis, Rijksuniversiteit Groningen, Groningen.

Spek, T., 2004. Het Drentse Esdorpenlandschap; een historisch-geografische studie. Proefschrift, Wageningen Universiteit, Wageningen.

Spek, T., Elerie, J.N.H., Bakker, J.P. en Noordhoff, I. (red.), 2015. Landschapsbiografie van de Drentse Aa. Koninklijke van Gorcum B.V., Assen.

Sugita, S., Gaillard, M.J. en Broström, A., 1999. Landscape openness and pollen records: a simulation approach. The Holocene 9 (4): 409-421.

Ten Cate, J.A.M., Holst, A.F., Kleijer, H. en Stolp, J., 1995. Handleiding bodemgeografisch onderzoek. Richtlijnen en voorschriften. Deel A: bodem. Technisch document 19A. Staring Centrum, Wageningen.

Ter Laak, J.C., 2005. De taal van het landschap: project toponiemen in de Berkelstreek. Een verkennend onderzoek naar de bruikbaarheid van geografische namen voor het reconstrueren van de geschiedenis van het Oost-Nederlandse landschap. Rijksdienst voor het Oudheidkundig Bodemonderzoek.

Van Beek, R., 2009. Reliëf in tijd en ruimte. Interdisciplinair onderzoek naar bewoning en landschap van Oost-Nederland tussen vroege prehistorie en middeleeuwen. Proefschrift, Wageningen Universiteit, Wageningen.

Van Beek, R., Gouw-Bouman, M.T.I.J. en Bos, J.A.A., 2015. Mapping regional vegetation developments in Twente (the Netherlands) since the Late Glacial and evaluating contemporary settlement patterns. Netherlands Journal of Geosciences 94(3): 229-255.

Van Berkel, G., 2017. Overijsselse plaatsnamen verklaard. Reeks Nederlandse plaatsnamen, deel 8. G. Van Berkel, Amstelveen.

Van Geel, B., 2014. Zongestuurde klimaatveranderingen in het Holoceen (met implicaties voor het huidige en toekomstige klimaat). Grondboor en Hamer, 2014 (4/5): 124-130.

Van Geel, B., Bohncke, S.J.P. en Dee, H., 1981. A palaeoecological study of an Upper Late Glacial and Holocene sequence from 'De Borchert', the Netherlands. Review of Palaeobotany and Palynology 31: 367-392, 397-448.

Van Geel, B., Heijnis, H., Charman, D.J., Tompson, G. en Engels, S., 2014. Bog burst in the eastern Netherlands triggered by the 2.8. Kyr BP climate event. The Holocene 24 (11): 1465-1477.

Van Haaster, H., Groenewoudt, B., Van Beek, R. en Brinkkemper, O., 2007. Botanisch onderzoek naar de landschapsgeschiedenis van het Oost-Nederlandse dekzandlandschap in de periode IJzertijd-Middeleeuwen. BIAXiaal 285. Biax-consult, Zaandam.

Van der Velde, H.M. (red.), 2011. Germanen op De Borchert. Een oude opgraving in Denekamp opnieuw belicht. ADC RoelBrandt stichting. Amersfoort.

9. Natuurbeheer

**Hedwig van Loon, Jos Wintermans,
Bas Worm en Derk Jan Stobbelaar**

9.1 Verschillende visies en strategieën

Het Nederlandse landschap wordt al heel lang gevormd door een combinatie van natuurlijke en cultuurlijke processen. Eigenlijk is heel Nederland en haar natuur door de mens beïnvloed. De omvang en intensiteit van deze beïnvloeding is in de loop van de tijd steeds sterker geworden: waar deze eerst lokaal speelde zoals het kappen van bos, het ontwateren van beekdalen e.d. is de mens nu in staat om zelfs het klimaat te beïnvloeden. In Hoofdstuk 7 en 8 staat dit allemaal beschreven. In dit Hoofdstuk gaan we kijken of en hoe we natuurwaarden kunnen behouden, herstellen en duurzaam beheren. Leidraad daarbij is de wijze waarop de mens via natuurbeheer kan aangrijpen op de verschillende lagen in het rangordemodel. Om dat te begrijpen is het noodzakelijk eerst iets te weten te komen over de verschillende visies op natuur.

In de laatste 100 jaar zijn er verschillende natuurvisies en beheerstrategieën via de weg van de geleidelijkheid ontstaan. Een centrale rol hierin spelen twee belangrijke parameters die worden toegekend aan het begrip natuurwaarde, namelijk de mate van natuurlijkheid en de aanwezige biodiversiteit.

Tot in de jaren '60 van de vorige eeuw lag de focus sterk op het behouden van diversiteit. Diversiteit aan landschappen, vegetatietypen en alle daarbinnen aanwezige flora en fauna. De term 'klassieke natuurvisie' deed hiervoor zijn intrede, omdat het aansloot op het klassieke agrarische gebruik. Deze visie werd ingegeven door het verdwijnen van diversiteit aan flora en fauna in gebieden die, na als natuurmonument bestempeld te zijn, werden afgesloten en niet meer werden beheerd. In aansluiting op de bekende natuurbeelden die Jac P. Thijsse schetste met de beroemd geworden Verkade-albums werd Victor Westhoff een sterke pleitbezorger. Hij benadrukt als eerste het belang van actief menselijk ingrijpen in sommige situaties om zo natuur en met name de biodiversiteit in stand te houden: het begrip half-natuurlijke landschappen doet zijn intrede en ook het bewustzijn dat de bijzondere natuur met haar zeldzaamheid en biodiversiteit veiliggesteld moet worden (Westhoff, 1952). In de jaren '70-'80 groeide het bewustzijn dat met het actief beheren van de steeds kleiner wordende, gefragmenteerde natuur er mogelijk te weinig natuur zou overblijven en er ruimte moest komen voor herstel van meer natuurlijkheid en natuurlijke processen in de natuur. De term wildernisvisie of ook wel 'natuurontwikkeling' en 'zelfregulerende natuur' doen hun intrede. Een belangrijke randvoorwaarde hierbij bleek grootschaligheid; om natuur daadwerkelijk kansen te geven om alle natuurlijke processen een plek te geven, evenals de variatie daarbinnen qua successiestadia en de invloed van dieren daarop, is ruimte nodig. Parallel aan deze visie kwam het denken in beeld van ontsnippering en het daaraan gerelateerd begrip van een ecologische infrastructuur (De Bruijn e.a., 1987).

Belangrijke Nederlandse denkers in dit kader zijn Harm van der Veen en Frans Vera. De eerste met zijn ideeën over een meer natuurlijke Veluwe, met ruimte en tijd voor alle processen, waaronder predatie door o.a. de wolf (Van der Veen, 1975). De laatste met de ideeën over grootschalige begrazing als aangrijpend proces in de successie en daarmee een nieuw licht werpend op het beeld van oerbossen (Vera, 1997).

Bij de uitwerking van de natuurontwikkelingsvisie in concrete plannen (zoals Plan Ooievaar, zie Kader 9.1) werd al direct een koppeling gemaakt met maatschappelijke behoeften zoals (water) veiligheid, delfstoffenwinning en recreatie. Verweving met de landbouwfunctie werd uitgesloten: landbouw en natuur dienen ruimtelijk gescheiden te zijn, bijvoorbeeld natuur in de uiterwaarden en landbouw in de binnendijkse delen van het rivierengebied.

In het huidige natuur- en landschapsbeleid wordt multifunctioneel ruimtegebruik steeds meer aangewend om grote maatschappelijke vraagstukken, zoals klimaatsverandering, biodiversiteits-herstel, energieopwekking, duurzame voedselproductie etc. te kunnen oplossen. Ecosysteemdiensten van de natuur voor mensen vormen daarin een belangrijk uitgangspunt. Verweving van functies vindt grootschalig plaats, bijvoorbeeld het stimuleren van veenvorming in hoog- en laagvenen ten behoeve van CO_2 vastlegging, waterberging en natuurontwikkeling, maar ook kleinschalig zoals natuurinclusief bouwen, natuurinclusieve landbouw e.d.

9.1.1 Keuze in visie bepaalt de beheerstrategie

Voortbordurend op verschillende natuurvisies zijn er vele indelingen voor natuur- en landschapstypen ontstaan in de laatste decennia, met allemaal hun eigen doelen en tekortkomingen. Zo ontstond in de jaren '90 het Natuurbeleidsplan (1990), het allereerste integrale, landsdekkende beleidsplan voor natuur. Met daaraan gekoppeld de beheertypologie van de Nederlandse Natuurdoeltypen (Bal e.a., 1995), gevolgd door de huidige indeling van Natuurbeheertypen in de Index Natuur en Landschap (BIJ12, z.d.). Daarin krijgen de verschillende natuurvisies en beheerstrategieën naast elkaar de ruimte als beleidskeuzes.

Een eenmaal gekozen strategie van nagestreefde natuurlijkheid dan wel diversiteit of een combinatie van beide, maar ook de maatschappelijk gewenste functies, bepaalt direct de schaal van de gebieden en het te voeren beheer. Dit zijn twee sterk bepalende factoren voor het al dan niet voorkomen van planten en dieren in dat landschap. Veel beheerders moeten bij de inrichting en het beheer van hun terreinen kiezen voor de manier en intensiteit waarop ze in de terreinen willen ingrijpen. Als je niets doet, worden veel landschappen uiteindelijk bos. Soorten van de beginstadia van de successie nemen af in ruime mate en andere soorten nemen sterk toe, in aantal en fysieke aanwezigheid. Maar soms willen we graag dat bijzondere heideterrein of dat soortenrijke grasland. Dan is ingrijpen noodzakelijk. Veel beheervragen gaan dan ook over de mate en manier van ingrijpen. Aan de hand van enkele voorbeelden wordt de afweging tussen natuurlijkheid versus diversiteit inzichtelijk gemaakt (Kader 9.1).

De wildernisvisie (grootschalig, weinig menselijke ingrepen, procesnatuur) en de klassieke natuurbeheervisie (kleinschaliger, meer menselijke ingrepen, patroonnatuur) laten zich ook vertalen naar een landschappelijke typologie. Hieronder worden 4 landschapstypen beschreven:
1. (Nagenoeg) natuurlijk landschappen: hierin kunnen natuurlijke processen (vrijwel) volledig hun gang gaan, leidend tot eigen karakteristieke levensgemeenschappen, die zowel soortenrijk als soortenarm kunnen zijn. Ingrepen van mensen zijn er niet (of nauwelijks); landschapsstructuren zijn niet vastgelegd maar het resultaat van spontane ontwikkeling. Voorbeelden zijn kwelders, hoogvenen en bepaalde duinlandschappen (Figuur 9.1).
2. Begeleid natuurlijke landschappen waarin een spontane ontwikkeling plaatsvindt als gevolg van deels natuurlijke processen; ook hier is geen sprake van fixatie van landschapsstructuren. In deze landschappen is het niet mogelijk om alle oorspronkelijk voorkomende, natuurlijke processen te herstellen. Denk maar aan het wegvallen van getijdebeweging in afgesloten zeearmen; soms kan dit voor een deel worden hersteld door het maken van (tijdelijke) openingen in dammen. Natuurlijk begrazing wordt nagebootst door de inzet van grote grazers, waarvan de aantallen door de mens worden gereguleerd, bijvoorbeeld in de uiterwaarden van de grote rivieren.
3. Half-natuurlijke landschappen waarin soorten zich spontaan vestigen maar de mens gericht ingrijpt en stuurt in natuurlijke processen zoals in de successie. Het zijn landschapshistorisch sterk

Kader 9.1 Kiezen tussen diversiteit en natuurlijkheid.

Voorbeeld: Kiezen voor diversiteit

De keuze voor een gericht beheer voor diersoorten van moeras- en veenlandschappen zoals Blauwborst (*Luscinia svecica*), Grote vuurvlinder (*Lycaena dispar*), Boomvalk (*Falco subbuteo*) en Viervleklibel (*Libellula quadrimaculata*) door het gericht in standhouden van alle successiestadia in de verlandingsreeks van open-petgaten tot door zwarte elzen gedomineerd moerasbossen. Een ander voorbeeld is het gecombineerde landschap van natte hooilanden die grenzen aan vochtige heiden, die ruimte kunnen bieden aan Korhoen (*Lyrurus tetrix*), Roodborsttapuit (*Saxicola rubicola*), Zilveren maan (*Boloria selene*) en Pimpernelblauwtje (*Phengaris teleius*), waarbij elke soort en bijbehorend deellandschap om bewust ingrijpen in de successie vraagt (Van der Made en Wynhoff, 1991).

Voorbeeld: Kiezen voor natuurlijkheid

De insteek van 'Plan Ooievaar' (De Bruin e.a., 1987) was ruimte geven aan natuurlijke processen als erosie, sedimentatie, inundatie en successie in het tot dan toe sterk genormaliseerde, intensief gebruikte en sterk bedijkte rivierengebied van Nederland; in combinatie met andere maatschappelijke functies (zoals waterberging en kleiwinning). Naast het centraal stellen van de tot dan toe sterk geremde rivierprocessen werden in het plan wel 'gidssoorten' genoemd, zoals de Zwarte ooievaar (*Ciconia nigra*), maar in de beschreven ontwikkel- en beheerstrategie werden geen doelsoorten vastgelegd als succesparameters. Dat inmiddels andere soorten het succes wel aantonen, zoals de komst van de Bever (*Castor fiber*) en Zeearend (*Haliaeetus albicilla*), is mooi maar heeft nooit geleid tot specifiek soortgericht beleid om deze 'diversiteit' voor het rivierenlandschap expliciet te ontwikkelen. Dat laat onverlet dat het herintroduceren van sleutelsoorten (zoals de Bever) belangrijk is voor het zo compleet mogelijk maken van ecosystemen maar ook dat het herstel van natuurlijke processen belangrijker is dan een te enge focus op slechts enkele soorten.

Figuur 9.1. Oostpunt van de Boschplaat op Terschelling waar de natuur volledig haar gang mag gaan. Hier treden natuurlijke processen op landschapsschaal op zoals aangroei en afslag van strand, duinen en kwelders door werking van wind en zeewater. De natuurlijke successie leidt hier tot een scala van vegetaties van open zand en slik (Lammerts and Van Haperen, 2014) (Foto H. van Loon).

door de mens beïnvloede landschappen met duidelijke patronen op perceelsniveau. Voorbeelden hiervan zijn een beekdallandschap met daarin een afwisseling van schraallanden, heiden, bosjes en vennen of een laagveenmoeras met een afwisseling van rietlanden, trilvenen, moerasheiden en hoogveenbossen. Meestal wordt er regelmatig ingegrepen met beheermaatregelen als maaien, kappen, seizoensbeweiding, peilbeheer, etc.

4. Cultuurlandschappen waarin naast natuur ook andere functies aan de orde zijn zoals landbouw, bosbouw, recreatie ofwel menselijk gebruik staat voorop. Deze landschappen zijn een invulling van een functionele natuurvisie. Ook hier is sprake van duidelijke grenzen in het landschap. Voorbeelden hiervan zijn weidevogelgebieden of kleinschalig landbouwgebieden met daarin landschapselementen zoals houtwallen, singels, poelen, sloten, etc.

Ook onze directe urbane omgeving zou je kunnen rekenen tot de cultuurlandschappen. Het betreft een zeer sterk door de mens bepaalde omgeving, vaak op kunstmatig, stenig substraat. Natuurlijke processen spelen hier nauwelijks een rol, de vestiging van soorten kan echter spontaan zijn. Denk bijvoorbeeld aan de flora op stadsmuren, broedende Oehoes (*Bubo bubo*) in groeves (Figuur 9.2) of kolonies van vleermuizen (*Chiroptera* spec.) in spouwmuren of onder dakpannen.

In de praktijk zijn de grenzen tussen de landschapscategorieën en hun beheerstrategieën minder zwart-wit dan voorgesteld, het gaat tenslotte om gradaties van menselijk ingrijpen en meer of minder natuurlijke processen. Bij nagenoeg en begeleid natuurlijke landschappen zijn er soms eerst inrichtingsmaatregelen noodzakelijk voordat de spontane ontwikkeling op gang kan komen. In uiterwaardengebieden wordt er vaak periodiek ingegrepen om bijvoorbeeld te ver gaande verbossing (of algemener: opgaande structuren die teveel weerstand geven bij hoogwater in het rivierbed) te verwijderen. Dit zou je kunnen zien als een vervanging van het natuurlijke proces van ijsgang dat ervoor zorgt dat bomen en struiken langs de rivier worden platgedrukt en op deze manier de successie wordt teruggezet.

Figuur 9.2. Broedende Oehoe in een oude steengroeve (Foto B. Worm).

9.1.2 Inrichting en beheer

Om natuurkwaliteiten te behouden, te herstellen of te ontwikkelen wordt onderscheid gemaakt in:

- *Regulier beheer*: dit beheer is gericht op het langdurig in stand houden van de natuurwaarden ter plekke, ook wel aangeduid met onderhoudsbeheer. Dit kan betekenen 'niets doen', waarin aanwezige spontane processen de ruimte krijgen en de natuurwaarden bepalen. Vaak echter bestaat het regulier beheer uit het stabiliseren of terugzetten van de successie en daarmee het handhaven van specifieke successiestadia met karakteristieke gemeenschappen van planten en dieren door actief ingrijpen, zoals maaien, kappen en begrazen.
- *Herstelbeheer*: dit beheer richt zich op het duurzaam herstellen van abiotische omstandigheden voor planten en dieren in een natuurgebied, maar ook de bereikbaarheid voor soorten van een gebied. Het gaat daarbij vaak om de effecten van vermesting, verdroging, verzuring en versnippering tegen te gaan (zie Hoofdstuk 7). Voor een duurzaam herstel wordt gestreefd naar het zoveel mogelijk weer op gang brengen van natuurlijke processen, zowel op standplaats- als landschapsniveau. Op veel plaatsen wordt het herstelbeheer gevolgd door regulier beheer om de geschikte condities te behouden.
- *Natuurontwikkeling*: hierbij worden door inrichtingsmaatregelen in een gebied, waar alle natuurwaarden door menselijk gebruik nagenoeg of geheel zijn verdwenen, gunstige abiotische condities gecreëerd waarna zich levensgemeenschappen volgens geheel of deels spontaan verlopende processen ontwikkelen. Vaak wordt deze term gebruikt bij grootschalige, eenmalige ingrepen met ingrijpende veranderingen in het landschap waarbij de aanwezige levensgemeenschap geheel verdwijnt, zoals de omzetting van landbouwgronden naar natuur.

9.2 De beheerstrategieën in het rangordemodel: schakelen tussen schaalniveaus

Om tot keuzes in het natuurbeheer te komen is het belangrijk om te weten hoe het landschap in het verleden heeft gefunctioneerd en nu nog functioneert (zie Hoofdstuk 2). Uit de analyse van het landschap moeten beide landschapsvormende processen duidelijk worden:

- de natuurlijke processen die zich op landschaps- en standplaatsniveau hebben voorgedaan en nu nog aanwezig zijn en/of duurzaam hersteld kunnen worden;
- de landschapshistorische ontwikkeling die zich heeft voorgedaan, zichtbaar in bijvoorbeeld historische landschapselementen en occupatiepatronen.

Door deze in beeld te brengen en te waarderen kunnen kwaliteiten, knelpunten en mogelijkheden voor natuur en landschap worden vastgesteld. Vanuit (veranderingen in) beleid en maatschappij volgen wenselijkheden hiervoor, bijvoorbeeld het gebruik voor waterberging (in het kader van klimaatadaptatie), voedsel- en houtproductie, recreatie, etc. (zie Hoofdstuk 2). De oplossingsrichtingen bepalen de keuze voor de beheerstrategie en daarmee op welke lagen in het rangorde model wordt ingegrepen.

In Figuur 9.3 staan een aantal voorbeelden van natuurlijke processen, die door natuurbeheerders weer 'aangezet' kunnen worden om natuur te ontwikkelen. Deze natuurlijke processen geven samen vorm aan het natuurlijke landschap en doen zich voor op verschillende schaalniveaus. Voor het compleet functioneren van processen op landschapsschaal (macro- en mesoschaal) zijn grote oppervlakten nodig waarin de landschapsecologische relaties zowel verticaal – tussen de lagen in Figuur 9.3 – als horizontaal – d.w.z. tussen ecosystemen – tot ontwikkeling komen. Voorbeelden van dit soort landschappen zijn complete stroomgebieden van beken waarin zowel infiltratie- als kwel optreden of gebieden met complete voedselwebben van jaarrondtrekkende herbivoren en hun predatoren. Juist in de overgang van het ene naar het andere systeem hebben veel soorten hun leefgebied. Op standplaatsniveau vinden processen op microschaal plaats zoals humusvorming, nitrificatie, concurrentie en betreding. Wanneer natuurlijke processen op landschaps- en standplaatsniveau volledig kunnen functioneren, leidt dit eerder tot de aanwezigheid van ruimtelijke verschillen in standplaatsen en meer veerkrachtige ecosystemen.

In kleinere gebieden is het vaak niet mogelijk om systemen volledig natuurlijk te laten functioneren. In die gebieden is het dan logischer om gereedschap dat ontwikkeld is in de klassieke natuurbeheervisie in te zetten. Voorbeelden hiervan zijn: het graven van petgaten, het maaien van graslanden, hakhoutbeheer, seizoensbegrazing.

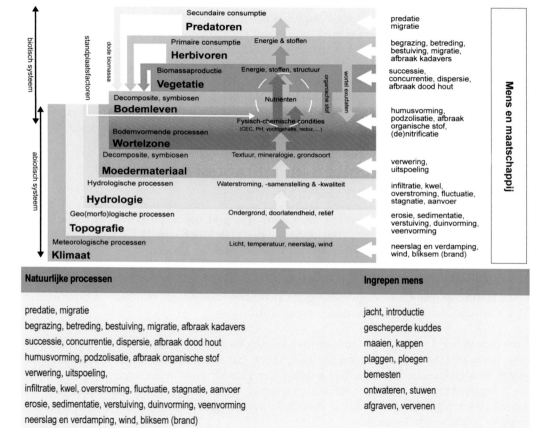

Figuur 9.3. Voorbeelden van natuurlijke processen (midden) binnen de verschillende landschapscomponenten (naar Bijlsma e.a., 2016) en cultuurhistorisch geïnspireerde ingrepen door de mens op de verschillende lagen (rechts). Zowel het aanzetten van de natuurlijke processen in de natuurontwikkelingsvisie als het direct ingrijpen op patronen vanuit de klassieke natuurbeheervisie levert gereedschap aan de natuurbeheerder.

Waar het bij de grotere natuurontwikkelingsgebieden – door de omvang – gemakkelijker is om uitwisseling binnen de delen van het grotere gebied (denk aan de Waddenzee) tot stand te brengen, is het bij deze kleinere gebieden noodzakelijk ook horizontaal te denken, dus aan het verbinden van deze gebieden met elkaar. De gedachte achter het Nederlandse NatuurNetwerk (NNN) en het Europese Natura 2000 is dan ook om een samenhangend netwerk van grote natuurgebieden te ontwikkelen om zo de kans op duurzaam herstel en behoud van de biodiversiteit te vergroten.

Zoals eerder gezegd, grijpt natuurbeheer aan op de verschillende lagen van het rangordemodel. Vaak leidt het ingrijpen in de ene laag ook tot een verandering in de andere laag (vaak de bovenliggende). Zo heeft ingrijpen in de bodem effect op het voorkomen van planten en dieren in het gebied. Veranderingen in de waterhuishouding hebben een directe invloed op de bodem, bijvoorbeeld er treedt een verandering op in de buffercapaciteit en/of het aandeel organische stof van de bodem.

Vaak gaat het bij de inrichting en beheer van natuur om het voorkomen en tegengaan van ongewenste processen zoals verdroging, vermesting, verzuring, verstarring en versnippering. Al eerder is aan de orde geweest dat deze processen vaak met elkaar samenhangen en een aanpak vragen op verschillende schaalniveaus (Figuur 9.4). Zo kunnen de effecten van stikstofdepositie, zoals vermesting en verzuring worden aangepakt op landschapsschaal door bijvoorbeeld verstuiving van zand op gang te brengen en/of op standplaatsniveau door het ter plekke verwijderen van de verzuurde en vermeste bodem door te plaggen.

Hieronder bespreken we een aantal strategieën en maatregelen om gewenste natuurkwaliteiten duurzaam te behouden, te herstellen of te ontwikkelen. De ingang vormen de componenten van het rangordemodel (zie Figuur 9.3). Met een duidelijk onderscheid in sturing op het abiotisch en het biotisch systeem.

De nagestreefde doelen kunnen met maatregelen in de verschillende componenten worden bereikt, afhankelijk van het systeem; bijvoorbeeld 'herstel basentoestand' kan in vochtige en natte systemen bereikt worden door ingrepen in de hydrologie; in droge landschappen door het actief inbrengen van bufferstoffen.

Onderstaand overzicht is geen volledige en uitputtende beschrijving. De belangrijkste doelen van veel gebruikte strategieën en maatregelen worden kort besproken. Voor specifieke informatie over beheer van landschappen en natuurtypen wordt verwezen naar de publicaties van het Kennisnetwerk Ontwikkeling en Beheer van Natuurkwaliteit (www.natuurkennis.nl).

Schaalniveau **Herstelmaatregelen**
Landschap Herstel wind- en waterdynamiek
Herstel connectiviteit/behoud isolatie
Herstel waterhuishouding
Herstel voedselketen/biologische netwerken
Herstel basentoestand
Verwijderen nutriënten via biomassa
Standplaats Verwijderen nutriënten via bodem

Figuur 9.4. Voorbeelden van herstelmaatregelen op verschillende schaalniveaus, van landschap tot standplaats (naar Smits en Bal, 2014).

9.3 Topografie

Geomorfologische processen bepalen de topografie van het landschap; daarbij horen onder andere de maaiveldhoogte en de variatie daarin, maar ook de geologische opbouw van sedimentlagen in de diepere ondergrond. In ons land zorgen in de huidige tijd vooral wind en water voor het transport van bodemmateriaal. Ook het ontstaan van hoogveen kun je beschouwen als een proces op landschapsschaal dat de topografie bepaalt.

9.3.1 Herstel van wind- en waterdynamiek

Op landschapsschaal zijn wind- en waterdynamiek de belangrijkste processen die ervoor zorgen dat via erosie en sedimentatie de successie steeds wordt teruggezet en er opnieuw pioniersomstandigheden worden gecreëerd (verjonging).

Maatregelen gericht op het herstel van deze landschapsvormende processen zijn de laatste decennia vooral toegepast in de kustduinen, binnenlandse zandverstuivingen en het rivierengebied. Zo zijn langs de grote rivieren door het verwijderen van zomerkaden en oeverbeschermingen (steenstorten), het verlagen van kribben en tevens het aanleggen van (meestromende) nevengeulen, natuurlijke erosie- en sedimentatieprocessen weer geactiveerd. Door erosie zijn weer nieuwe steilranden ontstaan en hier en daar worden (dunne) zand- en sliblaagjes afgezet. Op sommige plaatsen zijn rivierduinen ontstaan door het verstuiven van door de rivier afgezette, dikke zandpakketten (zie Figuur 9.5). Vanwege noodzakelijke bedijking van de rivieren voor de veiligheid, het belang van scheepvaart en een snelle afvoer van hoogwaters, blijven deze processen ruimtelijk beperkt. Geomorfologische processen zoals meandering of het ontstaan van eilanden in de rivierloop zijn hierdoor meestal niet mogelijk. De Grindmaas in Limburg vormt hierop een uitzondering; daar is geen scheepvaart.

Figuur 9.5. Afgezette zandpakketten door de rivier de Waal vormen nieuwe rivierduinen in de Erlecomse waard bij Nijmegen (foto H. van Loon).

Bij verstuiving van zand in onze kustduinen en binnenlandse zandverstuivingen, zijn van belang de aanwezigheid van voldoende verstuifbaar zand en de windsterkte, die wordt bepaald door de openheid van het gebied. Dat betekent dat er over voldoende oppervlakte de vegetatie en organische bovenlaag afwezig moeten zijn of moeten worden weggehaald door het kappen van bos, verwijderen van grasmatten of mostapijten en het voldoende diep plaggen zodat ook de wortels van planten worden verwijderd. Op die manier kan het zand weer in beweging worden gebracht. Dat kan in deze gebieden ook door watererosie.

Een voorbeeld van wind- en waterdynamiek is de Zandmotor voor de kust bij Kijkduin (Den Haag). Op die plek is in één keer een grote hoeveelheid zand gestort. Door wind, golven en stroming zal het zand zich de komende twintig jaar langs de kust verspreiden, waarbij nieuw strand en duin worden gevormd. Naast natuurontwikkeling draagt dit bij aan bescherming van de kust tegen overstroming en kustafslag ('building with nature').

9.3.2 Herstel van hoogveenvorming

De vorming van hoogveen vindt juist plaats in een stabiele omgeving, met een laag niveau van waterdynamiek. Doordat de afbraak trager is dan de opbouw ontstaat er een stapeling van organisch materiaal, waarin veenmossen (*Spagnum* spec.) de hoofdrol spelen. De afbraaksnelheid is traag door het natte en zure milieu en het moeilijk biologisch afbreekbare plantenmateriaal, dat dode veenmossen vormen. Zo kunnen er gewelfde vormen van hoogveen in het landschap ontstaan. Rond 500 voor Christus bestonden grote delen van ons land uit dit soort hoogveenkoepels (Jansen, 2019). Daarna verdwenen deze grotendeels door afslag door zee (zeespiegelstijging) en grootschalige afgraving. Nu resteren er nog restanten die als horsten in het landschap liggen, waardoor ze veel water verliezen en daardoor verdrogen. Voor het herstel van hoogveen moet de hydrologie op orde zijn: het veenlandschap moet permanent waterverzadigd zijn. Omdat het systeem afhankelijk is van neerslag moet deze voldoende maar ook regelmatig verdeeld zijn in de tijd. Klimaatsverandering leidt tot toenemende neerslag maar ook langere droge perioden, waarin de verdamping onvoldoende wordt gecompenseerd. Dat zou het herstel van hoogveen weleens kunnen bemoeilijken.

Een groot probleem zit hem in te grote waterverliezen door wegzijging van water naar de omgeving. Door verdroging treedt er afbraak op van het veen; dit tast de hydrologische zelfregulatie van het hoogveen aan en leidt tot eutrofiering. Zowel interne maatregelen zoals het dempen van watergangen, het aanbrengen van schermen en kades en dergelijke, als het aanleggen van bufferzones rond de hoogveenrestanten (zie Paragraaf 9.4 Hydrologie) dragen bij aan het herstel van de karakteristieke hydrologie van hoogvenen. Verlaging van de stikstofdepositie is noodzakelijk; deze is al snel te hoog voor een van nature voedselarm systeem als hoogveen. Bekende voorbeelden waar ingezet is op herstel van hoogveen op landschapsschaal, is het Bargerveen in Drenthe en het Haaksbergerveen in Overijssel.

9.4 Hydrologie

Veranderingen in de hydrologie hebben vaak geleid tot verdroging door verlaging van (grond) waterstanden, eutrofiering door verrijkt grond- en oppervlaktewater en verzuring door het verlies aan buffercapaciteit. Herstel van de hydrologie is meestal een voorwaarde voor een duurzaam behoud van natuurwaarden en het herstel van processen als veenvorming in beekdalen en hoogen laagveenlandschappen. Echter in het laaggelegen, drukbevolkte Nederland met veel intensieve landbouw is dit geen gemakkelijke opgave en vaak niet mogelijk.

9.4.1 Herstel natuurlijke (grond)waterhuishouding

Volgens Figuur 9.6 leidt daling van grondwaterstand niet alleen tot afname van het vochtgehalte van de bodem maar ook tot eutrofiering (mineralisatie organische stof) en verzuring (toename invloed regenwater en oxidatieprocessen).

Om de effecten van (grond)waterstandsdaling tegen te gaan kunnen de volgende maatregelen worden getroffen:
- stoppen of verminderen van freatische grondwaterwinning;
- verondiepen of dempen van sloten en greppels;
- verwijderen van drainagebuizen in percelen;
- plaatsen van dammen en stuwen in watergangen;
- kappen van naaldbos (tegengaan verdamping);
- plaatsen van damwanden en kwelschermen;
- aanleg van hoogwaterzones.

Deze maatregelen leiden tot vernatting, maar ook verzuring en eutrofiering kunnen worden tegengegaan. Welke maatregelen het best kunnen worden toegepast is afhankelijk van het landschapstype en het functioneren van het (lokale) hydrologische systeem. Het vooraf uitvoeren van een ecohydrologische systeemanalyse is daarom belangrijk. Bij het herstel van de hydrologie gaat het namelijk meestal niet alleen om maatregelen die binnen een natuurgebied getroffen moeten worden (het inwendig beheer met effecten op de standplaats), maar ook om maatregelen in de wijdere omgeving van het gebied (het uitwendig beheer met effecten op landschapsniveau).

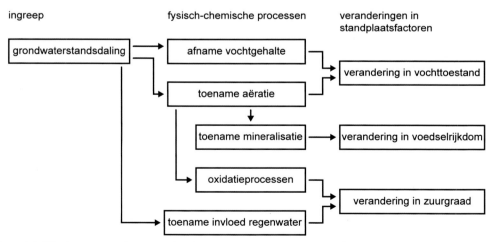

Figuur 9.6. Effecten van grondwaterstandsdaling op verandering in standplaatsfactoren (bron: Runhaar e.a., 2000).

Stoppen van grondwaterwinning, dempen van watergangen en plaatsen van stuwen en dammen

Het verminderen of stopzetten van freatische grondwaterwinning, bijvoorbeeld voor drinkwater, leidt gedurende het hele jaar tot hogere grondwaterstanden in een groot gebied (Runhaar e.a., 2000); de effecten daarvan doen zich voor op landschapsschaal. In dekzandlandschappen in de hoger gelegen infiltratiegebieden moet voldoende water kunnen infiltreren en worden vastgehouden om in de laaggelegen delen, zoals in de beekdalen, voldoende kwelwater in het maaiveld te laten uittreden. Daar kan dan de grondwaterstand stijgen tot op maaiveld of in de wortelzone, zeker wanneer diepe, kwelwater afvangende sloten worden gedempt en het beekpeil wordt verhoogd door stuwen of dammen te plaatsen; deze laatste maatregelen hebben effect op standplaatsniveau (Figuur 9.7).

Wanneer het grondwater rijk is aan basen en kationen (buffering) wordt verzuring van de bodem tegengegaan. Wanneer het ijzerrijk is, kan ijzer het fosfaat binden en daarmee de beschikbare voedingsstoffen beperken. Kwelafhankelijke vegetaties zoals elzenbroekbossen, dotterbloem-hooilanden, neutrale kleine zeggenvegetaties en blauwgraslanden profiteren hiervan.

Echter het volledig verwijderen van afvoersloten en greppels in dit soort systemen kan er ook toe leiden dat (niet gebufferd) regenwater op maaiveld wordt vastgehouden waardoor kwelwater niet kan uittreden. Dit leidt juist tot verzuring. Het verondiepen van sloten en greppels kan er dan voor zorgen dat het kwelwater toch in het maaiveld kan uittreden en, bij voldoende verhang, kan afstromen.

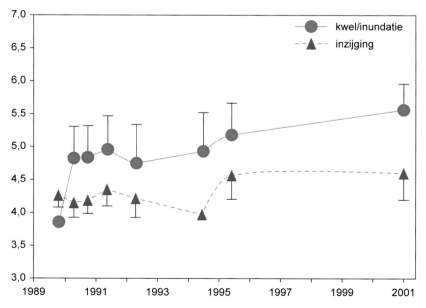

Figuur 9.7. Verloop van de bodem-pH in de verschillende zones (kwel/inundatie en inzijging) na plaggen en uitvoering van de hydrologische maatregelen – afsluiten drainage en opstuwen kwelwater – in het Verbrande Bos bij Staverden. De maatregelen zijn uitgevoerd in de winter van 1989-1990 (bron: Dorland e.a., 2005).

Kappen van bos

In infiltratiegebieden is het vasthouden van regenwater juist gewenst voor natte, zure natuurtypen zoals natte heide, vennen en hoogvenen. Dit kan, naast het dempen van afvoersloten en het plaatsen van stuwen en dammen, door het kappen van (naald)bos; op die manier wordt de verdamping beperkt. Zo is de verdamping van een heidevegetatie veel minder dan van een (dichte) sparrenopstand (Runhaar e.a., 2000) (Figuur 9.8). Ook hier is het van belang om eerst een onderzoek te doen naar hoe het hydrologisch systeem precies werkt; niet altijd leidt het kappen van bos tot een grondwaterstandsverhoging.

Damwanden en hoogwaterzones

Om plaatsen waar op korte afstand grote verschillen in de grondwaterstanden zijn, bijvoorbeeld bij de overgang van een hoogveenreservaat naar omliggend, gedraineerd landbouwgebied, kunnen damwanden of kwelschermen worden geplaatst. Op die manier wordt wegzijging van (regen) water naar de omgeving zoveel mogelijk voorkomen. Ook de aanleg van hoogwaterzones om een natuurgebied zijn bedoeld om wegzijging van water via de ondergrond tegen te gaan. Voorbeeld hiervan is het onderwater zetten van (voormalige) landbouwpolders rond laagveenmoerassen. Tevens kunnen zo gebieden worden gecreëerd die aantrekkelijk zijn voor moerasvogels, zoals Roerdomp (*Botaurus stellaris*) en Grote karekiet (*Acrocephalus arundinaceus*).

9.4.2 Overstroming met of inlaten van oppervlaktewater

Overstroming met of inlaat van oppervlaktewater kan ook bijdragen aan vernatting. Meestal mag het water niet te voedselrijk zijn en bevat bij voorkeur bufferende stoffen (zoals bicarbonaat en calcium) om verzuring tegen te gaan.

Figuur 9.8. Verwijderen van naaldbos rond een ven in een heidelandschap om verdamping te beperken en zo de grondwaterstand te laten stijgen (foto H. van Loon).

Het inlaten van oppervlaktewater gebeurt vrijwel overal in onze laagveengebieden om de wegzijging van water naar de omgeving te compenseren. Bij inundatie van percelen met dit veelal gebufferde water kan verzuring worden tegengegaan. Echter vaak is dit gebiedsvreemde water ook voedselrijk en te sterk gebufferd (hard water) wat leidt tot eutrofiering. In die gevallen is het noodzakelijk om het water eerst te zuiveren door het gebruik van helofytenfilters of het verlengen van aanvoerroutes van het inlaatwater. Door een langere verblijftijd kunnen de nutriënten dan bezinken en/of worden opgenomen door water- en moerasplanten, voordat het water in het te herstellen systeem komt, bijvoorbeeld trilveen in een laagveenmoeras.

9.4.3 Herstel natuurlijke peilfluctuaties

Beter dan het inlaten van gebiedsvreemd water is het vasthouden van gebiedseigen (grond) water dat in de winter wordt aangevuld met neerslag. Dit zorgt voor een waterbuffer voor de zomer, wanneer het peil gaat uitzakken door verdamping. Door een flexibel waterpeil te hanteren (d.w.z. minder constante waterstanden, peilverlaging en laagste waterstanden in de zomer) hoeft er 's zomers minder gebiedsvreemd (voedselrijk)water te worden ingelaten, waardoor externe en interne eutrofiëring vermindert (natuurkennis.nl). Door droogval in de zomer, als gevolg van een fluctuerende peil, kunnen moerasplanten zoals Riet (*Phragmites australis*) en Lisdodde (*Typha* spec.) kiemen, wat gunstig kan zijn voor de start van verlandingsprocessen. Overigens kan een flexibel peil in laagveenmoerassen, waarbij de waterstanden in de zomer te ver wegzakken, leiden tot verdroging, verzuring en daarmee versnelde successie. Dit wordt medebepaald in hoeverre de veenbodems kunnen meebewegen met de fluctuerende waterstanden.

In zwakgebufferde, voedselarme vennen zijn peilfluctuaties een systeemeigen proces: af en toe moet er droogval optreden zodat de organische laag op de waterbodem aan de lucht kan oxideren. Onder andere hierdoor blijven deze vennen voedselarm (o.a. vrijgekomen fosfaat kan aan geoxideerd ijzer worden gebonden).

Aansluiting bij natuurlijke peilfluctuaties in grond- en oppervlaktewater – laag in de zomer en hoog in de winter – is vanuit natuur oogpunt wenselijk, maar lang niet altijd mogelijk, bijvoorbeeld als een gebied fungeert als boezem voor omringende landbouwgronden. Langdurig hoge grondwaterstanden in het voorjaar zorgen in landbouwgebieden voor het laat op gang komen van het gewas door het trager opwarmen van de bodem. Hierdoor wordt het groeiseizoen verkort en daarmee de productie beperkt.

9.4.4 Potentiële knelpunten bij vernatting

Bij vernatting door het permanent verhogen van de (grond)waterstand kan interne eutrofiering optreden in het geval dat het water sulfaatrijk is en de bodem veel organisch materiaal bevat (mobilisatie van intern opgeslagen voedingsstoffen, Figuur 9.9). Dit is aangetoond in natte schraallanden, broekbossen, veenweiden en laagveenmoeras. Periodieke droogval (in de zomer) kan de interne eutrofiering voorkomen. Ook hier moet afstroming van het oppervlaktewater zorgen voor de afvoer van het teveel aan stoffen als sulfaat en fosfaat (Bobbink e.a., 2007).

Figuur 9.9. Afgestorven broekbos door permanente vernatting. Een bever heeft in de afvoersloot een dam gebouwd waardoor het waterpeil permanent hoog blijft. Op het water bevindt zich een kroosdek als gevolg van interne eutrofiering (foto H. van Loon).

Voor fauna kan een te snelle verhoging van grondwaterstanden en op het verkeerde moment in het jaar funest zijn. Bijvoorbeeld rupsen van vlinders kunnen verdrinken wanneer hun verblijfplaatsen ineens onder water komen te staan. Een slangenpopulatie kan in een klap uit een gebied verdwijnen wanneer de overwinteringsplekken door een te snelle peilopstuwing worden geïnundeerd (Stuijfzand e.a., 2004). Bij vernatting is het dus van belang dat dit geleidelijk gebeurt en op het juiste moment, al zal dat niet altijd mogelijk zijn. In dat geval moeten er keuzes gemaakt worden. Ook in een natuurlijk systeem kunnen dit soort 'natuurrampen' plaatsvinden, bijvoorbeeld als gevolg van een nat jaar, waardoor een soort lokaal uitsterft; echter wanneer er voldoende (meta)populaties en verbindingen zijn tussen (weer) geschikte leefgebieden kan er herkolonisatie optreden.

9.5 Moedermateriaal en bodem

Door intensief landbouwkundig gebruik zijn veel, van nature voedselarme bodems voedselrijk geworden, ook wel aangeduid als vermesting. Atmosferische depositie zorgt naast vermesting ook nog eens voor verzuring. Bijkomende verdroging heeft deze effecten versterkt, met name op zandige en venige bodem.

We zien dat de natuurlijke bodemstructuur en bodemvruchtbaarheid onder invloed van vermesting en verzuring zijn veranderd. Dit heeft geleid tot een nivellering van variatie in standplaatsen. Veel kwetsbare planten- en diersoorten zijn daardoor verdwenen met als gevolg dat we veelal dezelfde soorten tegenkomen. Bijvoorbeeld veel bramen (*Rubus* spec.*)* in de ondergroei van bossen, grote pollen Pijpestrootje (*Molinia caerulea*) in heideterreinen en velden van Pitrus (*Juncus effusus*) in vochtige graslanden.

Om de vermesting en verzuring te lijf te gaan, is het bij vochtige en natte systemen vaak noodzakelijk om maatregelen in de waterhuishouding te treffen. Deze zijn in de vorige paragraaf beschreven. De hydrologische maatregelen, zowel op landschaps- als standplaatsniveau worden vaak gecombineerd met herstelmaatregelen van de bodem ter plekke (verminderen bodemvruchtbaarheid), dus op de standplaats. Voor niet-grondwaterafhankelijke systemen geldt alleen het laatste.

Bij maatregelen op het niveau van moedermateriaal en bodem worden verschillende doelen nagestreefd:
1. herstel van de (natuurlijke) bodemvruchtbaarheid;
2. herstel van het bufferend vermogen en mineralenbalans van de bodem;
3. mogelijkheden creëren voor initiële successiestadia.

De technieken die hieronder worden beschreven dienen vaak meerdere doelen.

9.5.1 Herstel (natuurlijke) bodemvruchtbaarheid

Bij herstel van de (natuurlijke) bodemvruchtbaarheid is het meestal zaak om de *nutriëntenvoorraad* die zich in de loop van de tijd in de vegetatie en de bodem heeft opgehoopt, te verwijderen. Daarnaast kun je maatregelen nemen die de *nutriëntenbeschikbaarheid* verlagen. We bespreken hier een aantal gangbare technieken, die alleen ingrijpen in de bodem; invloed op bodemvruchtbaarheid via ingrepen in de vegetatie, zoals maaien, begrazen en uitmijnen worden in Paragraaf 9.6 besproken.

Plaggen, afgraven en ontgronden

Voor het verwijderen van de nutriëntenvoorraad worden plaggen, afgraven en ontgronden in de praktijk toegepast. Het verschil tussen deze maatregelen zit hem in de dikte van de te verwijderen bodemlaag. Naast het afvoeren van een (te) grote nutriëntenvoorraad kunnen deze maatregelen ook bijdragen aan het herstel van het oorspronkelijke reliëf; door het verkleinen van de afstand tussen maaiveld en grondwater kan vernatting optreden. Het doel van de maatregelen is meestal om laagproductieve vegetaties te herstellen of te ontwikkelen.

Bij plaggen wordt de vegetatie en de organische laag van het bodemprofiel geheel of gedeeltelijk afgevoerd, zo'n 10-15 cm (Aggenbach e.a., 2017). Plaggen wordt toegepast in halfnatuurlijke landschappen, zoals heideterreinen of schraallanden in beekdalen of duinen die sterk vergrast zijn. In het verleden werd er vaak grootschalig geplagd (relatief goedkoop) maar het is gebleken dat dit nadelige effecten heeft. Door kleinschalig en gefaseerd te plaggen wordt eerder voorkomen dat de volledige zaadvoorraad en populaties van kenmerkende planten- en diersoorten worden verwijderd. Ook voor de fauna is de kleinschalige heterogeniteit in het landschap van belang, om als deelpopulatie of metapopulaties te kunnen overleven (zie Hoofdstuk 6). Zo houden reptielen van een kleinschalig mozaïek van open en gesloten vegetatie en geleidelijke overgangen (Creemers en Van Delft, 2009).

Bij afgraven wordt een dikkere laag van de bodem weggehaald. Deze maatregel wordt vaak ingezet bij natuurontwikkeling op voormalige landbouwgronden. Vaak zijn deze gronden lange tijd sterk bemest; de nutriënten zitten niet alleen in de organische toplaag, maar ook in het moedermateriaal eronder. Er wordt gesproken over afgraven wanneer de bouwvoor wordt verwijderd. Deze laag, meestal gemengd door bodembewerking, bevat relatief veel organische stof en nutriënten. De dikte van de bouwvoor wordt bepaald door de diepte van de bodembewerking. Wanneer er meer dan de bouwvoor wordt verwijderd, wordt er gesproken over ontgronden. De diepte van afgraven of ontgronden wordt afgestemd op het fosfaatprofiel. Nitraat in de bodem spoelt makkelijk uit, maar dat geldt niet voor fosfaat. Dit wordt sterk gebonden aan ijzer, calcium en bodemdeeltjes; de voorraad aan fosfaat blijft zo lange tijd hoog. Voor er wordt gestart met afgraven, wordt dan ook eerst de fosfaatbeschikbaarheid op verschillende diepten (= fosfaatprofiel) gemeten. Zo kan worden bepaald tot welke diepte afgegraven moet worden om een voldoende fosfaatarme uitgangssituatie te creëren voor laagproductieve vegetaties.

Potentiële knelpunten bij plaggen, afgraven en ontgronden

Bovengenoemde maatregelen zijn effectief voor het afvoeren van nutriënten uit de bodem en werken sneller dan bijvoorbeeld maaien en afvoeren of uitmijnen (zie Paragraaf 9.6). De resultaten voor de natuurwaarden zijn afhankelijk van de mogelijkheden en de uitvoering. Zo is afgraven niet altijd – of niet tot de gewenste diepte – mogelijk bijvoorbeeld wanneer ook archeologische en cultuurhistorische waarden aan de orde zijn. Bij te diep afgraven kan een afvoerloze laagte ('bak') ontstaan die zich vult met (regen)water; deze kan ook nog eens drainerend werken voor de omgeving. En de kosten van deze maatregelen zijn relatief hoog.

Afvoer van organisch materiaal vermindert het bufferend vermogen van de bodem (zie Hoofdstuk 4 Bodem). Op verzuurde heideterreinen treedt er na het plaggen, bij de afbraak van organisch materiaal dat vaak deels in de bodem achterblijft, een extreme ophoping op van ammonium, de zogenaamde ammoniumpiek (Dorland e.a., 2005; Figuur 9.10). Oorzaken hiervan zijn de lage pH en de afwezigheid van nitrificerende bacteriën door de afvoer van de bovenste bodemlagen, waardoor de omzetting van ammonium naar nitraat wordt geremd. Algemene soorten als Gewone dophei (*Erica tetralix*, Struikhei (*Calluna vulgaris*), Pijpestrootje en Bochtige smele (*Avenella flexuosa*) zijn hiertegen bestand, maar juist soorten van heischrale milieus zoals Valkruid (*Arnica montana*), Klokjesgentiaan (*Gentiana pneumonanthe*), Vleugeltjesbloem (*Polygala* spec.), etc. kunnen zich niet vestigen, omdat ammonium giftig is voor deze soorten.

In heideterreinen is door atmosferische depositie de verhouding tussen stikstof (N) en fosfor (P) veranderd. Onder zeer zure bodemcondities blijkt fosfaat minder makkelijk opneembaar voor de planten; de N:P ratio in de vegetatie is te hoog geworden. Bij plaggen wordt naast stikstof ook fosfor afgevoerd waardoor de balans nog ongunstiger wordt. Deze hoge N:P ratio heeft negatieve gevolgen voor flora en fauna, zoals herbivore ongewervelden. Uit proeven is gebleken dat bij Veldkrekels (*Gryllus campestris*) het reproductiesucces hierdoor vermindert. De afname in insecten werkt door in de voedselpiramide; dit kan leiden tot lagere aantallen vogels en reptielen (Vogels e.a., 2011). Verder is de kans groot dat bij grootschalig plaggen de gradiënten, als gevolg van het nivelleren van microreliëf, uit het landschap verdwijnen, waardoor de variatie in standplaatsen afneemt.

Zeker bij diep plaggen en afgraven is de kans groot dat de zaadvoorraad wordt afgevoerd. Juist karakteristieke plantensoorten van laagproductieve vegetaties hebben vaak kortlevende zaden en

312

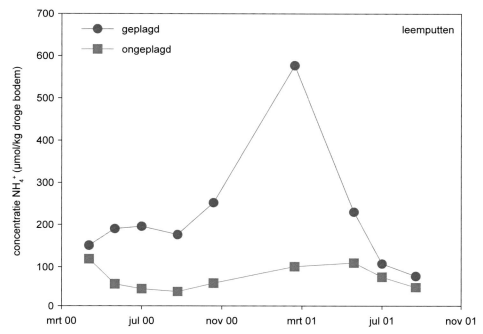

Figuur 9.10. Ammoniumconcentratie in de bodem (0-5 cm) in al of niet geplagde vergraste natte heide in de Leemputten bij Staverden (Gelderland) (Bron: Dorland e.a., 2005).

een gering verspreidingsvermogen; bronpopulaties in de omgeving ontbreken veelal (zie Paragraaf 5.2.2). Het is dan ook niet verwonderlijk dat (her)vestiging van deze soorten na deze maatregelen uitblijft, ondanks dat de abiotiek voldoende hersteld is. Wanneer natuurherstel niet meer mogelijk is omdat plantensoorten teveel belemmeringen ondervinden in hun verspreiding, wordt er steeds vaker gekozen om plantensoorten door middel van zaad te herintroduceren. Dat kan door het opbrengen van maaisel en plagsel en bij akkers ook wel ongeschoond zaaigoed (Vereniging Natuurmonumenten, 2014).

Naast het afvoeren van de zaadvoorraad wordt bij het afgraven ook het bodemleven afgevoerd. Inmiddels is duidelijk geworden dat bodemleven een belangrijke rol speelt bij het herstel van levensgemeenschappen. Iedere plant(engemeenschap) heeft zijn eigen bodemgemeenschap. Na afgraven is er vaak een ander bodemvoedselweb aanwezig dan de beoogde levensgemeenschap vraagt. Zo wordt het bodemleven in zure heiden, gedomineerd door schimmels, mijten en springstaarten (zie Hoofdstuk 4). De afbraak verloopt hier langzaam en er ontstaat een ophoping van strooisel (Weijters e.a., 2015). Afgegraven, voormalige landbouwgrond heeft echter vaak nog een verhoogde pH. Hier wordt de afbraak van organisch materiaal gestuurd door bacteriën en zorgen regenwormen voor de verbreiding van het organisch materiaal naar de diepere lagen (dus geen strooiselophoping).

Er is onderzocht of via het enten van bodemmateriaal uit goed ontwikkelde natuurgebieden, het bodemvoedselweb kan worden hersteld. Daaruit is gebleken dat met enten karakteristieke bodemorganismen worden ingebracht en zo de ontwikkeling van heide wordt versneld (Waenink e.a., 2019).

Baggeren: nutriëntenafvoer in aquatische systemen

Baggeren is het uit permanente of tijdelijke wateren verwijderen van slib en ander niet in een bodemhorizont verankerd organisch materiaal. Zo worden nutriënten en zuren afgevoerd. Baggeren wordt als herstelbeheer toegepast in vennen en laagveenwateren waar, onder invloed van verzuring en/of vermesting, versneld een dikke laag slib of organische materiaal is ontstaan.

Ook bij baggeren kan de hervestiging van soorten een probleem zijn voor duurzaam herstel van levensgemeenschappen. Er moet rekening worden gehouden met restpopulaties van soorten, bijvoorbeeld door delen van de vegetatie te sparen. In vennen kan het nodig zijn om baggeren te combineren met maatregelen om herverzuring te voorkomen door bijvoorbeeld de inlaat van grondwater, gebufferd oppervlaktewater of bekalking van het inzijggebied (Figuur 9.11).

Om vermesting te voorkomen moet in voedselarme systemen de bagger uit het terrein worden afgevoerd. Bij laagveenwateren is dat minder eenduidig: daar werd vroeger de bagger gebruikt als meststof op de legakkers en andere vaste veenbodem. De bagger verhoogde de basenvoorziening en bevoordeelde de instandhouding van soortenrijke graslanden, zoals blauwgraslanden, met aan de randen begeleidende ruigten. Tegenwoordig bevat het slib vaak zulke hoge fosfaatgehalten, dat ook hier de bagger beter kan worden afgevoerd (Smits en Bal, 2014).

Verlagen nutriëntenbeschikbaarheid

Naast nutriëntenafvoer kun je er ook voor kiezen om de beschikbaarheid van nutriënten te verlagen. Een voorbeeld hiervan is het opbrengen van ijzerrijk slib op voormalige landbouwgronden in combinatie met plaggen van de bodem. Het ijzer bindt het fosfaat, waardoor het niet meer beschikbaar is voor de planten (Lucassen e.a., 2015). Dit soort maatregelen zijn relatief nieuw; wat precies de effectiviteit hiervan is moet nog blijken uit verder onderzoek. Duidelijk is dat het geen natuurlijke herstelmaatregel is.

9.5.2 Herstel bufferend vermogen en mineralenbalans van de bodem

In Hoofdstuk 7 hebben we gezien dat de natuurlijke verzuring van de bodems is versneld door de uitstoot van zwaveloxiden en stikstofverbindingen. Dit geldt vooral voor bodems met een geringe buffercapaciteit zoals minerale zandgronden. Door verzuring gaan zware metalen zoals aluminium in oplossing; dit heeft een toxisch effect op de wortels. Door het uitspoelen van opgeloste mineralen treedt er op den duur een mineralengebrek op (zie Hoofdstuk 4). Zo neemt de vitaliteit van de Zomereik (*Quercus robur*) af door verzuring en de effecten hiervan, in combinatie met factoren als verdroging en insectenplagen (vermoedelijk als gevolg van een warmer wordend klimaat). Bosbeheerders signaleren dan ook verhoogde eikensterfte in het bos (Lucassen e.a., 2014).

In vochtige en natte systemen kan herstel van de hydrologie waardoor basenrijk water weer op maaiveld of in de wortelzone komt, bijdragen aan het verhogen van de buffercapaciteit (Paragraaf 9.4). In droge systemen moet naar andere oplossingen worden gezocht.

In droge, verzuurde duingraslanden kan herstel van kleinschalige verstuivingsdynamiek zowel in kalkrijke als kalkarme gebieden zorgen voor een verbetering van de basenhuishouding. Door stuifkuilen te reactiveren of aan te leggen ontstaan er kale uitstuifzones en daarachter instuifplekken waar het ingestoven kalkrijke zand zorgt voor een verhoging van de pH van de toplaag van de bodem (Aggenbach e.a., 2018).

In bossystemen is het aanplanten van bepaalde bodemsoorten die de strooiselkwaliteit verbeteren een mogelijkheid. Vooral linde (*Tilia* spec.) maar ook Es (*Fraxinus excelsior*), iep (*Ulmus* spec.) en Hazelaar (*Corylus avellana*) hebben het vermogen om kalk in het bladstrooisel te accumuleren. Door bladafval wordt de basenbezetting in de bovengrond op peil gehouden of kan deze zelfs herstellen (Hommel e.a., 2007). Dit 'linde-effect' werkt het best op intermediaire standplaatsen dat wil zeggen matig voedselrijke standplaatsen die nog wel over enige buffercapaciteit beschikken; een ander effect is dat voorjaarsbloeiers massaal terugkomen.

Een meer kunstmatige ingreep is het actief inbrengen van bufferstoffen. Tot voor kort werd vooral Dolokal gebruikt: dit verweert snel en daarmee wordt de beschikbaarheid van calcium en magnesium snel verhoogd. Dolokal is meestal ingezet na plaggen van zure, vergraste heide om de pH te verhogen en om de ammoniumpiek (Figuur 9.10) na het plaggen te voorkomen; lager in het landschap gelegen, verzuurde vennen profiteren mee omdat de bufferstoffen via inzijgend regenwater het grondwater basenrijker maken. Dit stroomt van de hoge naar de lagere gedeelten en treedt daaruit als zwak gebufferd grondwater (Figuur 9.11).

Uit onderzoek is gebleken dat het toedienen van Dolokal in verzuurde heideterreinen negatief uitpakt voor de fauna onder andere doordat de balans in voedingstoffen (te weinig fosfaat beschikbaar) en sporenelementen niet wordt verbeterd (Vogels e.a., 2018). Verder is verruiging van de vegetatie als gevolg van versnelde afbraak van organische stof een risico.

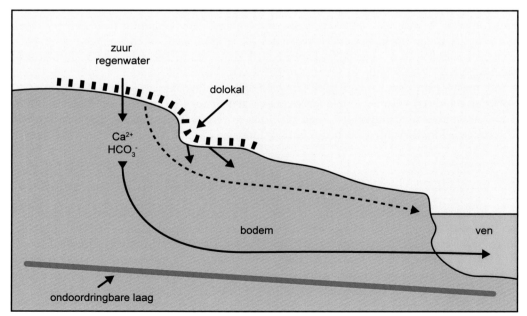

Figuur 9.11. Bekalking van het inzijggebied (met dolokal) leidt ook tot meer buffering in het lagergelegen ven (bron: Bobbink, 2010).

Als alternatief worden nu verschillende soorten steenmeel gebruikt. Steenmeel is een gemalen silicaat-mineraal, dat door verwering kationen en sporenelementen kan leveren (Weijters e.a., 2018). De verwering hiervan gaat niet zo snel, dus de basen komen langzaam vrij. Het steenmeel bevat ook andere mineralen dan calcium en magnesium en kan daarom bijdragen aan een betere nutriënten- en elementenbalans in de bodem en daarmee in de flora en fauna. Uit proeven met steenmeel is gebleken dat de basenverzadiging is toegenomen, evenals de concentraties calcium en magnesium en soms kalium en beschikbaar fosfor, afhankelijk van het soort steenmeel. Het lange termijneffect van deze herstelmaatregel is nog onbekend; het gebruik van steenmeel is maatwerk en afhankelijk van de situatie en de doelstellingen.

9.5.3 Mogelijkheden creëren voor initiële successiestadia

Verdergaande successie en verstarring van landschappen zorgen ervoor dat pioniersstadia steeds minder kans krijgen. Dat betekent netto een verlies aan biodiversiteit. Het opnieuw laten ontstaan van pioniermilieus draagt zo bij aan de variatie in de vegetatie en de daarbij horende fauna. De hierboven genoemde ingrepen zoals plaggen, afgraven, activeren van (kleinschalige) verstuiving, baggeren, het graven van petgaten, etc. zorgen ervoor dat er kale bodem of open water ontstaat waar de successie en de bodemontwikkeling opnieuw kunnen beginnen. Naast directe ingrepen door mensen kun je hierbij ook denken aan natuurlijke processen zoals overstroming, erosie en sedimentatie bijvoorbeeld in nevengeulen in de uiterwaarden of dieren die zorgen voor tred en/of bodemverwonding, bijvoorbeeld bodemomwoeling door zwijnen of het graven van kuilen door stieren.

9.6 Vegetatie

De effecten van verdroging, vermesting en verzuring zijn vaak zichtbaar in de vegetatie: zo zijn oorspronkelijk soortenrijke, lage vegetaties met een lage biomassaproductie vervangen door soortenarme, ruige, hoogproductieve vegetaties die gedomineerd worden door een of twee plantensoorten (veelal rompgemeenschappen, zie Hoofdstuk 5). De afwezigheid van bepaalde plantensoorten (zoals waard- en nectarplanten) maakt dat ook de soortenrijkdom aan dieren, vooral insecten, afneemt. Zo herbergde een goed ontwikkeld kalkgrasland in Zuid Limburg 35 soorten dagvlinders; nadat het terrein was vergrast, waren er nog 19 soorten over (Hermans, 1985). In bossen op minerale zandgronden heeft verzuring en vermesting een belangrijke invloed op de achteruitgang van de vitaliteit van boomsoorten (Lucassen e.a., 2014).

9.6.1 Ingrijpen op successie en structuurvariatie in lage vegetaties

In de vorige paragrafen hebben we maatregelen gezien die ingrijpen op de abiotiek op de schaal van het landschap en de standplaats. Ingrijpen in de vegetatie (standplaatsniveau) wordt gedaan om de, vaak versnelde, successie tegen te houden of te vertragen en de rijkdom aan flora én fauna te behouden of te ontwikkelen. De meest voorkomende maatregelen zijn maaien, begrazen en hakken/kappen. In veel gevallen is het doel het beperken van de biomassaproductie, het vergroten van de structuurvariatie en/of het verbeteren van de lichtcondities voor bepaalde soorten in de kruid- en moslaag. Bij de keuze voor een maatregel zijn er allerlei argumenten te geven, afhankelijk van de gekozen beheerstrategie en de praktische mogelijkheden die het landschap biedt. Zo werden vanuit praktisch oogpunt van oudsher de drogere delen in het landschap beweid en de natte delen gemaaid. Hieronder gaan we dieper in op de verschillende maatregelen.

Maaien

Maaien wordt toegepast om de successie in lage vegetaties, zoals graslanden, heiden en moerassen tegen te gaan of te vertragen. Door te maaien worden de opslag en groei van bomen en struiken onderdrukt. Bij natuurbeheer wordt maaien vrijwel altijd gecombineerd met afvoeren van het maaisel; bij graslanden ook wel aangeduid met hooilandbeheer. Zo worden de daarin aanwezige nutriënten en organische stof afgevoerd, zodat deze niet in de biomassa blijven opgeslagen en/of in de bodem terechtkomen. Wanneer er niet (actief) wordt bemest, vindt er netto verschraling van de bodem plaats, want er verdwijnen meer voedingsstoffen dan er in komen.

Om soortenrijke vegetaties te kunnen behouden of ontwikkelen zijn meestal een relatief lage voedingstoestand van de bodem en een niet te hoge biomassaproductie nodig (Schippers e.a., 2012). Zo wordt ervan uitgegaan dat maaien en afvoeren van graslanden op voormalige landbouwgronden leidt tot een voldoende lage nutriëntenbeschikbaarheid in de bodem waardoor zich laagproductieve, soortenrijke vegetaties kunnen ontwikkelen. Het laatste blijkt echter niet altijd het geval te zijn. Zo kunnen op droge zandbodems (inzijgingsgebieden) de fosfaatgehaltes in de bodem – als gevolg van voormalig landbouwkundig gebruik – hoog zijn terwijl de gehaltes aan stikstof en kalium laag zijn doordat deze makkelijk uitspoelen. Door het maaien ontstaan er dan wel laagproductieve vegetaties maar deze zijn zeker niet altijd soortenrijk. Het blijkt dat door een gesloten graszode in deze graslanden er nauwelijks kiemings- en vestigingsmogelijkheden voor andere soorten zijn (Eichhorn en Ketelaar, 2016).

Door te maaien wordt ook de structuur van de vegetatie veranderd; dit is van invloed op de concurrentieverhoudingen tussen plantensoorten om licht. Kleine soorten in de kruid- en moslaag kunnen zich door lichtgebrek niet handhaven als de hogere kruidlagen zich sluiten.

Maaien grijpt direct in op de groei en bloei van plantensoorten en werkt daarmee als een selectiemechanisme (zie Kader 9.2). Op vrij voedselrijke klei- en veengronden kan door vroeg te maaien de dominantie van productieve, vroegbloeiende grassen worden doorbroken in het voordeel van minder productieve grassen en in de zomer bloeiende kruiden (Schippers e.a., 2012). Wanneer er laat wordt gemaaid is verschraling echter beperkt omdat er dan minder voedingsstoffen worden afgevoerd. Riettelers in laagveenmoerassen maaien het riet juist in de winter, wanneer de meeste nutriënten zijn opgeslagen in de wortels. Op die manier blijven de nutriënten beschikbaar voor de rietplanten en kan er zo kwalitatief goed riet worden geoogst.

- *Uitmijnen*

Een manier om sneller te verschralen, waarbij de bodem intact blijft is, is uitmijnen. Bij uitmijnen worden voedingsstoffen, zoals stikstof en kalium selectief toegediend, om daarmee versneld fosfaat via het maaisel aan de bodem te onttrekken. Op deze manier kan met maaien op jaarbasis wel tot 80-110 kg fosfaat per hectare worden afgevoerd, mits er voldoende stikstof en kalium in de bodem aanwezig is (Timmerman e.a., 2010). Door de totale voorraad aan fosfaat (dus zowel het voor planten opneembare deel als het deel dat gebonden is aan het bodemabsorptiecomplex) in de bodem te meten kan worden berekend hoelang het duurt voor de gewenste fosforconcentraties (afhankelijk van het natuurdoel) zijn bereikt. Uitmijnen is vooral effectief op die plaatsen waar de beschikbare fosfaatgehalten niet te hoog zijn. Anders wordt er eerder gekozen voor afgraven of ontgronden (zie Paragraaf 9.5.1). Over de effecten van uitmijnen op de soortensamenstelling van de vegetatie is nog niet zoveel bekend omdat de proeven relatief nog maar kort lopen.

Kader 9.2. Hoe vaak maaien en wanneer?

De frequentie en het tijdstip van maaien worden bepaald door de ondergrond (zand, klei, veen) en de productiviteit van de vegetatie. Wanneer het doel is om vanuit een zeer voedselrijke graslandvegetatie een schraallandvegetatie te ontwikkelen, moet er vaker per jaar en niet te laat in het seizoen worden gemaaid. Intensief maaien, 3x per jaar of meer, is bedoeld als verschralingsbeheer (ontwikkelingsbeheer). Eerder is al uitgelegd dat dit niet altijd tot de gewenste effecten leidt. Maaien als onderhoudsmaatregel en om voldoende nutriënten als gevolg van de huidige stikstofdepositie af te voeren, bestaat uit 2x maaien in van nature voedselrijke omstandigheden en 1x in het najaar bij schrale omstandigheden (instandhoudingsbeheer). Wanneer er vaak wordt gemaaid zal het aantal nectar- en waardplanten in de vegetatie sterk afnemen. Dit leidt tot afname van insecten en werkt door in de voedselketen, dus ook minder vogels en (kleine) zoogdieren.

Het maaitijdstip kan ook door andere doelen dan verschraling worden bepaald: bijvoorbeeld bij weidevogelbeheer is het belangrijk dat er pas gemaaid wordt als de weidevogelkuikens vliegvlug zijn. Vaak wordt als eerste maaidatum 15 juni gehanteerd, maar in een 'laat jaar' kan dit wel uitlopen tot half juli. Voor een soort als de Kwartelkoning (*Crex crex*) moet het maaien liefst worden uitgesteld tot na 15 augustus. Het maaitijdstip kan dus beter afgestemd worden op het doel en de heersende omstandigheden dan op een datum vastgelegd in een beheerprotocol.

- *Gefaseerd maaien*

Vaak worden lage vegetatie, veelal uit kostenoverwegingen, in een keer gemaaid. Dit leidt verticaal tot een relatief homogene vegetatiestructuur. Ruimtelijke verschillen in de vegetatie, als gevolg van variatie in de standplaats, blijven aanwezig maar er ontstaan geen nieuwe verschillen (in tegenstelling tot extensieve begrazing; zie Figuur 9.12). Door te maaien wordt het aanwezige microreliëf zoals molshopen, mierenbulten of veenmosbulten, constant genivelleerd en daarmee ook de diversiteit in standplaatsen en flora en fauna.

Bij perceelsgewijs maaien lopen dieren met een beperkte mobiliteit – bijvoorbeeld niet vliegende insecten, nog niet-vliegvlugge kuikens – de kans om in een klap gedood en/of afgevoerd te worden. Dit kan worden beperkt door gefaseerd te maaien: delen van het perceel worden gespaard (spaarstroken: later in het jaar gemaaid of pas het jaar erop, delen wisselen in de tijd). Dieren kunnen zich dan terugtrekken op de niet gemaaide delen – ook in de winter, bijvoorbeeld in holle stengels – of in ieder geval een deel van de populatie blijft gespaard. Bij een gespreide maaidatum ontstaat er meer variatie in de vegetatiestructuur, worden niet in een keer alle nectarplanten afgevoerd en zijn er meer mogelijkheden voor zaadzetting (Eichhorn en Ketelaar, 2016). Een speciale vorm van het gefaseerd maaien is het sinusbeheer, waarin wordt gewerkt met slingerende maaipaden. Dit beheer is ontwikkeld om voor dagvlinders meer variatie en jaarrond gunstige omstandigheden in de vegetatie te krijgen (Couckuyt, 2016).

Begrazen

Onder begrazing als beheermaatregel verstaan we de inzet van grote grazers. Door begrazing wordt de successie voor korte of (zeer) lange tijd tegengehouden of teruggezet. Natuurlijke begrazing door wilde dieren zoals herten, reeën, konijnen, muizen, ganzen en dergelijke en de effecten hiervan, laten we hier buiten beschouwing, zie daarvoor Hoofdstuk 6.

318

Begrazing als beheermaatregel kan verschillende doelen hebben (Kennisnetwerk OBN, z.d.):
- Het terugdringen van hoogproductieve, concurrentiekrachtige plantensoorten ten gunste van laagproductieve, weinig concurrentiekrachtige soorten. Bijvoorbeeld de inzet van grazers bij het tegengaan van vergrassing in de duinen als gevolg van eutrofiëring en verzuring.
- De afvoer uit dan wel herverdeling binnen een terrein van nutriënten, bijvoorbeeld seizoens-beweiding van graslandpercelen met beperkte oppervlakte.
- Het laten ontstaan van mozaïeklandschappen met een grote afwisseling aan vegetatiestructuren zoals kort en ruig grasland, struweel en bos. Voorbeelden hiervan zijn de integraal begraasde bos- en heideterreinen, zoals het Nationaal park Veluwezoom.

In vergelijking met maaien is de werking van begrazing subtieler en gedifferentieerder. Figuur 9.12 laat zien wat de invloed van begrazing en maaien is op vegetatie en bodem van graslandvegetaties op drogere bodems. Door begrazing ontstaat meer microvariatie, uiteraard samenhangend met het soort grazers en de dichtheid ervan. In zijn algemeenheid kunnen we stellen dat de variatie aan levensgemeenschappen en soorten het grootst is in grote gebieden met een langdurige en zeer extensieve begrazingsdruk. Hierbij wordt dan gedoeld (ter indicatie) op minder dan 1 grootvee-eenheid (gve) per 10 ha (Londo, 1997). Wanneer de begrazingsintensiteit te laag wordt zal zich een gesloten bos vormen en neemt de variatie juist af.

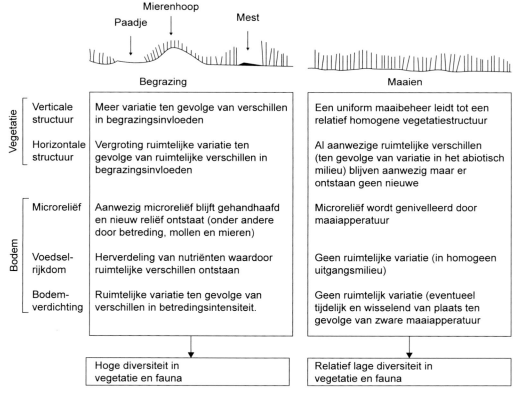

Figuur 9.12. Invloed van begrazing en maaien op de vegetatie (naar Londo, 1997). Begrazing heeft alleen bovengemelde gunstige uitwerking wanneer deze voldoende extensief is. Dat betreft vooral graslanden op drogere bodems; natte graslanden komen eerder in aanmerking voor een maaibeheer.

Begrazing zorgt voor een herverdeling van de nutriënten binnen in een terrein, omdat grazers in een korte vegetatie vooral eten en op andere plekken, bijvoorbeeld in de beschutting van struweel en bos herkauwen, rusten en mest laten vallen. Sommige grazers zoals paarden hebben latrines, dat zijn vaste plaatsen waar ze telkens hun mest deponeren. Daarnaast kan betreding tot een lokale vermindering van de nutriëntenbeschikbaarheid leiden, zoals is aangetoond voor kleibodems op de kwelder (Schrama e.a., 2011).

Begrazing bevordert verder het voorkomen van vraatbestendige plantensoorten, zoals stekelige planten, planten met toxische stoffen, lage, kortlevende en concurrentiekrachtige planten (De Molenaar, 1996). En grazers zorgen voor de verspreiding van plantenzaden via hun mest of vacht, vaak over grotere afstanden dan door windverspreiding (Mouissie, 2005).

- *Type grazers*

In Hoofdstuk 6 is uitgebreid ingegaan op de verschillen in vraat- en graasgedrag van de grotere grazers, inclusief de wilde dieren. Runderen (echte grazers) creëren ook bij lagere dichtheden een mozaïekstructuur, waarbij de overgangen tussen delen met hoge en lage vegetatie meestal minder scherp zijn dan bij paarden en schapen. Paarden kiezen vooral kort gras en kunnen voedsel met zeer lage voedingswaarde en verteerbaarheid consumeren. Grazige vegetaties die al door runderen zijn afgegraasd worden door paarden nog verder 'gemillimeterd'. Onder bepaalde omstandigheden kunnen paarden overschakelen op het schillen van struiken en bomen en zo houtige vegetaties laten afsterven. Dit is afhankelijk van het type gebied en voedselaanbod.

Ook schapen zijn grazers, maar kunnen naast grassen ook heel wat kruiden (en in de winter ook meer houtige planten dan runderen) eten. Geiten zijn zogenaamde intermediaire vreters: zij passen hun voedselkeuze aan de wisselende omstandigheden in de verschillende seizoenen. Zij kunnen grazen maar ook snoeien ('browsen'): in het najaar en de winter schakelen ze over op het eten van meer houtige gewassen. Geiten worden daarom nog weleens bij natuurbeheer ingezet om de bosopslag in (heide)terreinen te verwijderen.

Qua beheer is het in kleine natuurgebieden aan te bevelen met name complementaire soorten in te zetten, volgens het zgn. 'complementariteitsbeginsel' (Londo, 1997). Je kiest voor graasstrategieën die elkaar aanvullen, niet overlappen: is het ree (browser) er al, zet daar dan een echte grazer naast, bijvoorbeeld een rundersoort. De inzet van een 'intermediate feeder' zoals het edelhert kan in kleine gebieden al gauw tot concurrentie met reeën leiden. Nog los van de vraag of er voldoende levensruimte is voor een populatie van dergelijke inheemse soorten.

Naast het graasgedrag let een beheerder bij het kiezen van een geschikte grazer op de mate van verzorging die de dieren nodig hebben; paarden- en runderrassen kunnen nogal verschillen vertonen in gehardheid en zelfredzaamheid. Verder wordt er bij de keuze van de in te zetten dieren ook gelet op publieksvriendelijkheid: de grazers kunnen de belevingswaarde van een natuurgebied vergroten, maar mogen geen agressief of opdringerig gedrag vertonen.

Figuur 9.13. In 2007 zijn er voor het eerst in Nederland wisenten ingezet bij het beheer van een duingebied. De wisent staat te boek als een bosbewoner (waarschijnlijk doordat de laatste wisenten hun toevlucht in het bos hadden gezocht), maar blijkt ook goed in dit halfopen duinlandschap te gedijen (foto H. van Loon).

- *Begrazingsvormen*

In het natuurbeheer kennen we verschillende vormen van begrazing, zoals jaarrondbegrazing, seizoensbegrazing en drukbegrazing. Welke vorm van begrazing wordt gekozen is afhankelijk van het natuurdoel. Bijvoorbeeld in grote gebieden, waarin wordt gestreefd naar zoveel mogelijk natuurlijke processen worden jaarrond (gedomesticeerde) grote grazers ingezet als een vervanging van de oorspronkelijke, natuurlijke begrazing door oerrund en -paard. Er wordt zo min mogelijk ingegrepen in de kudde van paarden en runderen, zodat deze een zo natuurlijk mogelijk gedrag kunnen ontwikkelen; een natuurlijke sekseratio en sociaal gedrag zijn belangrijke kenmerken van deze vorm van begrazing. Echter vrijwel altijd is ingrijpen in de aantallen dieren noodzakelijk (vanuit de zorgplicht voor gehouden dieren), om te voorkomen dat er (massale) sterfte optreedt als gevolg van voedseltekort (met name) in de winter.

Bij seizoensbegrazing vindt er alleen begrazing plaats tijdens het groeiseizoen of een gedeelte daarvan. Hier is de grazer vooral een vervanger van de maaimachine: doel is om de vegetatie grotendeels kort te houden en een gevarieerde vegetatiestructuur te laten ontstaan. De begrazingsperiode wordt afgestemd op het type vegetatie en eventueel de bloeitijd van bepaalde plantensoorten.

Drukbegrazing is een vorm van begrazing waarbij een verruigde of vergraste vegetatie gedurende een korte periode volledig kort wordt gegraasd. Het is een herstelmaatregel en geen regulier beheer: het wordt vaak een paar keer per jaar herhaald en meerdere jaren achtereen toegepast. Drukbegrazing met schapen kan worden uitgevoerd met een gehoede kudde en binnen tijdelijke rasters. Mogelijk vindt er bij deze vorm een netto lichte afvoer van stikstof plaats, maar het belangrijkste effect lijkt dat de concurrentieverhoudingen tussen soorten worden beïnvloed.

- *Aantal grazers*

De graasdruk drukken we uit in aantal GVE/ha: aantal grootvee eenheden per hectare. Het gaat hierbij om het aantal ingezette dieren en het begraasbare oppervlak in een gebied. De graasdruk wordt afgestemd op het doel van het beheer. Afhankelijk van de biomassaproductie van de planten kunnen er meer of minder dieren worden ingezet; dat betekent dat in gebieden met voedselrijke bodems, zoals bijvoorbeeld in de uiterwaarden van de rivieren, er meer dieren kunnen grazen dan in van nature voedselarmere gebieden, zoals heideterreinen. Bij seizoensbegrazing van graslanden wordt vaak als regel gehanteerd dat de vegetatie kort de winter in moet om verruiging en vervilting te voorkomen. Bij te hoge begrazingsdruk kunnen bepaalde smakelijke of weinig weerbare plantensoorten worden overbegraasd. Dit kan leiden tot het afsterven van die soorten of het niet meer in bloei komen. Geen zaadzetting zal op termijn leiden tot het verdwijnen van de plantensoorten en de daaraan verbonden bloembezoekende insecten (Mourik, 2015; zie Kader 5.2).

- *Combinatie van maaien en begrazen*

Maaien en begrazen kunnen ook na elkaar worden ingezet bij het terreinbeheer. Maaien en na-begrazen is een variant van het onderhoudsbeheer van 2 keer maaien. Meestal is de eerste maaibeurt nadat de gewenste soorten in zaad zijn gekomen. Soms wordt er gekozen voor beweiding in het vroege voorjaar, met nog een maaibeurt laat in het seizoen. De keuze van de volgorde van de maatregelen en de periode is afhankelijk van het beheertype en de doelstellingen.

Branden

Periodiek branden is een traditionele beheermethode, die vroeger hoofdzakelijk in het heidelandschap veel werd toegepast en plaatselijk ook in andere landschappen (Bobbink e.a., 2009). Het doel was het verjongen van de vegetatie en verwijderen van opslag van struiken en bomen. Nu wordt de maatregel nog weleens ingezet als herstelbeheer om de effecten van vermesting en verzuring, zoals vergrassing en vervilting tegen te gaan. Bij branden vermindert de bovengrondse biomassa en door het open worden van de bodem wordt de kans op (her)vestiging van soorten vergroot. De afvoer van nutriënten (uit de vegetatie en de bodem) kan per situatie sterk verschillen en is afhankelijk van het type vegetatie, de intensiteit van de brand en de weersomstandigheden tijdens en na de brand. Branden wordt heel selectief toegepast, bijvoorbeeld op plekken waar niet geplagd kan worden of waar plaggen niet gewenst is (bijvoorbeeld defensieterreinen). Bij branden blijft, in vergelijking met plaggen, een veel groter aandeel van de bodem en de bodemfauna intact: mierennesten, veel insecten en reptielen kunnen deze maatregel overleven, als deze in de winter wordt uitgevoerd. De brand kan dan niet diep de bodem indringen; dit is ook gunstig voor de zaadvoorraad. Diersoorten die ondiep in de bodem overwinteren kunnen door brand juist worden vernietigd.

Na brand treedt er een tijdelijk verrijkend effect op; dit uit zich in een verhoging van nutriënten als nitraat, fosfaat en mangaan. Daarnaast zorgen asdeeltjes voor een bufferend effect in de bodem, dat leidt tot een verhoging van de mineralisatiesnelheid van organische stof. Branden moet dan ook gevolgd worden door begrazing om hervergrassing te voorkomen (Smits en Noordijk, 2013).

322

9.6.2 Ingrijpen op successie en structuurvariatie in bos en struweel

Bij het hakken en kappen van bos wordt ingegrepen op de soortensamenstelling en structuur van de bosvegetatie. Naast houtoogst en het vrijstellen van overblijvende bomen is het doel een meer gevarieerde bosstructuur en het op gang brengen van de verjonging van het bos. Bij spontane verjonging wordt geen bodembewerking toegepast: soorten vestigen zich spontaan en de geschiktheid van de standplaats bepaalt welke soorten uiteindelijk het bos zullen vormen met bijbehorende karakteristieke structuur, zowel horizontaal als verticaal. Door kap kunnen ongewenste boom- en struiksoorten worden verwijderd, bijvoorbeeld niet-inheemse soorten als de Amerikaanse vogelkers en andere soorten die de van nature voorkomende soorten verdringen.

Kappen kan op verschillende manieren uitgevoerd worden, variërend van extensief tot intensief en van kleine tot grote oppervlakten (van uitkap tot kaalkap). Bij hakhoutbeheer worden bomen en struiken in een relatief korte omlooptijd (3 tot 10 jaar) afgezet tot op of net boven de grond. Dit is een traditionele vorm van bosbeheer, wat als doel had het oogsten van geriefhout. Bij middenbosbeheer laat men enkele opgaande bomen als overstaander te midden van het hakhout staan. In hellingenbossen op kalkrijke bodems in Zuid-Limburg hebben deze vormen van beheer een soortenrijke ondergroei met veelal zeldzame soorten opgeleverd.

Het maken van open plekken op verschillende tijden zorgt voor een bosstructuur waarin alle bosontwikkelingsfasen, van jonge tot aftakelingsfase, aanwezig zijn. Deze heterogeniteit (zowel horizontaal als verticaal) verhoogt de biodiversiteit: veel soorten – planten, zoogdieren, insecten en bos- en struweelvogels – vinden hierin een geschikt leefgebied (Jansen en Van Benthem, 2008).

Met het kappen en verwijderen van hout worden nutriënten afgevoerd en kan er veel meer licht op de bosbodem doordringen; daardoor verandert het microklimaat (grotere verschillen in vocht en temperatuur dan onder een gesloten kronendak). De hogere lichtintensiteit zorgt ervoor dat de organische stof gaat mineraliseren; de vrijkomende mineralen spoelen voor een deel uit als een boomlaag met diepe beworteling ontbreekt. In bossen met een voedselrijke bodem en/of opgehoopte, stikstofrijke strooiselpakketten zorgt mineralisatie voor een explosieve ontwikkeling van bramen, grassen en ruigtekruiden. Deze ruigtes kunnen de verjonging van bomen en struiken sterk belemmeren. In plaats van kap kan er worden gekozen om een boom te ringen. Dit is het plaatselijk geheel of gedeeltelijk ringvormig verwijderen van de schors. Hierdoor sterft de boom langzaam af; het voordeel is dat de lichtintensiteit geleidelijk toeneemt en de mineralisatie langzamer verloopt; het bosmilieu wordt minder verstoord (Londo, 1991).

Het achterlaten van dood hout zorgt ervoor dat belangrijke mineralen in het systeem blijven. Daarnaast is dood hout, zowel liggend als staand, belangrijk voor de biodiversiteit. Een heel scala van mossen, varens, vogels, insecten, schimmels en micro-organismen leven van en in het dode hout.

Bosrandbeheer

Op veel plekken in het landschap vormen de overgangen tussen bos en open veld scherpe scheidingen. Juist bosranden met een geleidelijke overgang, variërend in breedte, begroeiing en expositie zijn van belang voor vlinders en andere insecten. Ook kleine zangvogels, amfibieën en reptielen maken gebruik van bosranden. Bij het ontwikkelen en beheren van gevarieerde en structuurrijke bosranden worden stroken bos van 10 tot 15 meter gekapt en het loofhout omgevormd naar hakhout. Aanvullend kunnen struiksoorten als Sleedoorn (*Prunus spinosa*), Wegedoorn (*Rhamnus cathartica*) of meidoornsoorten (*Crataegus* spec.) worden aangeplant. Langs de randen kan extensief en gefaseerd worden gemaaid. Op deze manier ontwikkelt zich een bosrand, bestaande uit een mantel van struiken en een zoom van ruigtekruiden. Uit onderzoek is gebleken dat op deze manier beheerde bosranden een hoger nectaraanbod hebben met daardoor een grotere vlinderrijkdom en -dichtheid (Non, 2013).

9.7 Faunabeheer

Het is goed je te realiseren dat voor de fauna in algemene zin de kwaliteiten van de hiervoor behandelde lagen van topografie, hydrologie, bodem en vegetatie randvoorwaardelijk van groot belang zijn, maar dat daarnaast de ruimtelijke samenhang en heterogeniteit van landschapstypen en vegetaties cruciaal is. Met name voor soorten hoger in de voedselketen bestaat het leefgebied vaak uit een heterogeen, divers samenstel van landschapstypen en vegetaties – vaak deelhabitatten genoemd – met een duidelijke samenhang en connectiviteit. In deze paragraaf gaan we de belangrijkste beheerprincipes voor de fauna behandelen, in aansluiting op de behandelde stof uit Hoofdstuk 6.

We spreken van faunabeheer bij indirecte en directe, bewuste beïnvloeding van dierpopulaties, uiteraard met als doel een duurzame instandhouding van de betreffende populatie dan wel soort als geheel. Het gaat daarbij om drie typen van interventie, die we hierna gaan behandelen. Als eerste kan het gaan om kwalitatieve habitatbeïnvloeding door het gericht sturen op abiotiek, vegetaties en landschapstypen. Verder is er de kwantitatieve beïnvloeding in het landschap waarbij het vooral gaat om de grootte van en verbinding tussen leefgebieden. Als derde betreft het directe populatieregulatie, zoals bijvoorbeeld in geval van (tijdelijke) aantalsreductie door middel van jacht en visserij of overplaatsing van het ene leefgebied naar het andere, zoals in geval van herintroductie.

9.7.1 Ingrijpen op de kwaliteit van leefgebied/habitat

Soms worden binnen natuurbeheer habitatmaatregelen genomen die gericht zijn op de kwaliteits-verbetering van het fysieke leefgebied van de betreffende populatie van één of meerdere diersoorten. Een markant voorbeeld in dit kader is de Korhoen (*Lyrurus tetrix;* Figuur 9.14). Het is een soort die meerdere deelhabitats en daarmee verschillende ecotopen in de directe nabijheid nodig heeft. Dat zorgt ervoor dat het Korhoen zeer gevoelig is voor landschappelijke veranderingen. Een typische habitatvereiste is een geleidelijke overgangszone tussen bos en open terreinen als heide, steppe, venen en (extensief beheerd) grasland. Iets dat door successie, maar ook door brand, storm en kaalkap, snel in beschikbaarheid kan toe- of afnemen. De aanwezigheid van bomen is essentieel, maar dichte opstanden worden gemeden. De voorkeur voor een bepaalde habitat kan per seizoen veranderen (Hijlkema, 2013). Hieruit is een belangrijke regel voor het herintroduceren van soorten te halen: zolang de gehele habitat niet (weer) geschikt is, heeft uitzetten van dieren geen zin. Zie voor een overzicht van herintroducties en de ervaringen hiermee in Zekhuis e.a. (2021).

Een ander voorbeeld betreft gericht beekherstel. Door het kansen bieden aan vrije meandering van genormaliseerde en gekanaliseerde beken, krijgen soorten als IJsvogel (*Alcedo atthis*), Oeverzwaluw (*Riparia riparia*) en Grote gele kwikstaart (*Motacilla cinerea*) weer meer geschikt leefgebied. Onder water zullen diverse vissoorten als Bermpje (*Barbatula barbatula*), Beekprik (*Lampetra planeri*) en ongewervelden als schietmotten (kokerjuffers; *Trichoptera* spec.) hernieuwde kansen krijgen,

Figuur 9.14. Baltsende korhaan op de Sallandse Heuvelrug (foto B. Worm).

omdat er een grotere diversiteit ontstaat aan stroomsnelheden, hoeveelheid organisch materiaal (detritus) en sedimentsamenstelling (klei, zand en grind). Dit levert onder andere voor de vissen goede paaiplaatsen (voor seksuele voortplanting) op.

Bij het nemen van faunagerichte maatregelen wordt vaak gebruik gemaakt van de in Hoofdstuk 6 behandelde *Sleutelsoorten* of *Paraplusoorten*. Dergelijke soorten hebben vaak habitateisen die impliciet die van andere soorten afdekken. Wanneer je maatregelen treft voor deze soort zullen andere soorten daarvan meeprofiteren. Bij het zojuist genoemde voorbeeld van de Korhoen kan deze soort als sleutelsoort worden aangemerkt. Goed leefgebied voor deze vogel betekent ook kwalitatief goed habitat voor soorten als Roodborsttapuit (*Saxicola rubicola*), Zandhagedis (*Lacerta agilis*) en Geelgors (*Emberiza citrinella*), maar ook diverse ongewervelden als insecten. Bij het voorbeeld van het beekherstel zou de Otter (*Lutra lutra*) een goedgekozen paraplusoort kunnen zijn.

9.7.2 Ingrijpen op de kwantiteit van leefgebied: ontsnippering

In Hoofdstuk 6 is al uitgebreid stil gestaan bij de problematiek van de versnippering. De kernvraag hier is op welk schaalniveau beheermaatregelen genomen moeten worden, om versnippering tegen te kunnen gaan? Uitgangspunt is dat je de te beheren soort(en) een voldoende grote populatie kunt garanderen, een zogenaamde minimumpopulatie die als meta-populatie zichzelf duurzaam in stand kan houden. Dat betekent dus een minimaal noodzakelijk oppervlakte aan geschikt leefgebied van voldoende kwaliteit. Ook hier geldt dat het focussen op de sleutel- of paraplusoorten als meerwaarde heeft dat andere soorten zullen profiteren van de voor deze soorten genomen maatregelen.

Bij het denken over minimumpopulaties en eisen aan habitatkwaliteit van een soort is het van belang onderscheid te maken in het niveau van het *individu* en de *populatie*. Het derde niveau, het *soortsniveau*, laten we even buiten beschouwing, hoewel het kan voorkomen dat we in Nederland een verantwoordelijkheid hebben om een gehele soort te beschermen omdat een substantieel deel van de populatie hier voorkomt. Denk aan de Grutto *(Limosa limosa)*, waarvan meer dan 60% in Nederland broedt.

Op individu niveau gaat het om de territorium- of areaalbehoefte, waarbij aandacht moet zijn voor eventuele deelhabitats, wat eisen stelt aan de landschappelijke structuur. Als voorbeeld noemen we diverse vleermuissoorten. Naast holtes om in te slapen, overwinteren en nakomelingen te krijgen – vaak gaat het om meerdere locaties, in oude bomen, grotten of artificiële locaties (onder dakpannen, muurspleten) – is een bepaalde afwisseling van lage en opgaande (vegetatie)structuren nodig. Dit in verband met hun echolocatietechniek, die ze gebruiken om zich te oriënteren tijdens jacht en zwermgedrag. Andere voorbeelden zijn Das (Lankester e.a., 1991) of Otter (Kuiters en Lammertsma, 2018), waarvoor gericht verkeerswegen ondertunneld worden respectievelijk loopplankjes onder bruggen worden gemonteerd om verkeersslachtoffers te voorkomen. In deze gevallen is er op individu niveau sprake van een pendelnoodzaak tussen deelhabitats. Het kan gaan om pendelen tussen rust- en foerageerhabitat of pendelen tussen voortplantingszone en foerageergebied.

Op populatieniveau is van belang om te weten hoe in het landschap waarin ook andere (maatschappelijke) functies en kwaliteiten aanwezig zijn, een populatie toch voldoende kwaliteit aan leefgebied kan worden geboden (zie de Eilandtheorie, Paragraaf 6.5.2 en 6.5.3). In het Nederlandse landschap betekent dit vaak dat de habitateisen van een soort noodgedwongen worden vertaald in optimaal, suboptimaal en marginaal habitat; en marginale delen van het landschap bijvoorbeeld worden ingericht voor een tijdelijke verblijfplaats of verbindingszone maar ongeschikt zijn als permanent leefgebied. In dat kader is er onderscheid te maken in *permanent habitat*, waarin zich een *kernpopulatie* kan ophouden en *tijdelijke habitats* voor *satelietpopulaties*. De laatste zijn instabiel, het ene jaar verblijven er een aantal individuen, een jaar later is het gebied 'leeg'.

Migratie en seizoenstrek kunnen een belangrijk onderdeel zijn van de levenscyclus van soorten. Daarbij is sprake van deelhabitats, vaak als overgang in de verschillende seizoenen. Het is dan zaak om in beide deelhabitats de juiste maatregelen te treffen. Een voorbeeld hiervan zijn trekkende steltlopers. In de Waddenzee kan Nederland zorgen voor rust en ruimte qua foerageergebieden met bijvoorbeeld storingsvrije hoogwatervluchtplaatsen tijdens vloed. Maar evenzeer is bescherming nodig van broedhabitat en vaak ligt die in het buitenland. In dat geval zijn internationale samenwerking en bijpassende wetgeving en convenanten belangrijk (zoals de Europese Vogelrichtlijn).

In aanvulling op migratie en seizoenstrek is dispersie een belangrijke factor. Zodra het beter gaat met een soort neemt de populatie toe en gaan met name jonge dieren op zoek naar nieuw of hernieuwd leefgebied. Dit heet dispersie, of bij een hernieuwd leefgebied herkolonisatie. Beherende partijen worden dan geconfronteerd met het nemen van nieuwe, passende maatregelen op deze nieuw bezette locaties, met soms de noodzaak van nieuwe wet- en regelgeving. De relatief recente herkolonisaties van Nederland door soorten als Wolf *(Canis lupus;* Figuur 9.15*)* en Zeearend *(Haliaeetus albicilla)* spreken voor zich (Groot Bruinderink en Lammertsma, 2013). Een ander spraakmakend voorbeeld is het openstellen van de Haringvlietsluizen omwille van natuurherstel, met name voor anadrome vissen als steur- en zalmsoorten. Door deze openstelling – het zogenaamde 'Kierbesluit' (Ministerie van Verkeer en Waterstaat, 2000) – wordt letterlijk de 'weerstand van het landschap' van 100% tot nagenoeg 0 gereduceerd. Anadrome trekvissen als de Zalm *(Salmo salar)* en Zeeforel *(Salmo trutta trutta)* kunnen sinds 2018 weer met het zoute water mee het Haringvliet in zwemmen.

Figuur 9.15. Wolven op verkenning in het leefgebied (foto B. Worm).

Bij het gericht bedenken van oplossingen voor versnippering worden meerdere concepten toegepast, die hieronder kort worden toegelicht (Figuur 9.16). De insteek is dat er rekening wordt gehouden met het dispersievermogen en specifieke habitateisen, met name de behoefte aan voortplantingshabitat. Bij de *stapsteenverbinding* gaat men uit van een relatief hoog dispersievermogen en lage habitateisen, bij de *leefgebiedverbinding* een laag dispersievermogen en relatief hoge habitateisen. Voor de getoonde *corridorverbinding* zijn beide eisen wat meer gemiddeld. Ofschoon het hier om dieren gaat geldt dat plantensoorten met makkelijke zaadverspreiding zoals de meeste pioniersoorten als bijvoorbeeld een Boerenwormkruid (*Tanacetum vulgare*) veelal voldoende bediend worden door een stapsteenverbinding terwijl de leefgebiedverbinding passender lijkt voor matige zaadverspreiders als climaxsoorten als bijvoorbeeld de eik (*Quercus* spec.).

9.7.3 Actief aantalsbeheer

Met actief aantalsbeheer worden beheermaatregelen als afschot, uitrasteren, wegvangen en overplaatsen, herintroductie en individugerichte ingrepen bedoeld. In alle gevallen wordt de dichtheid van de betreffende soort veranderd. Dit kan zowel een afname dan wel een toename zijn.

Afschot

Afschot kan om diverse redenen uitgevoerd worden. In geval van afschot van grotere herbivoren, bijvoorbeeld edelherten op de Veluwe, is er enerzijds het argument om bosverjonging meer kans te geven, dus successie meer ruimte te bieden. Daarnaast speelt vaak maatschappelijke overlast een rol om in te grijpen. Te veel aanrijdingen met wilde dieren ('valwild') en schade aan gewassen of private eigendommen zijn vaak reden om de wildstand omlaag te brengen via afschot. Beherende organisaties hanteren in dat licht vaak doelstanden, vastgestelde en gewenste populatiedichtheden, die als streefaantal worden gebruikt. Een neveneffect van afschot is dat er wordt ingegrepen op de

	stapsteenverbinding	corridorverbinding	leefgebiedverbinding
	● ● ● ⬤	▬▬⬤▬▬	▬▬▬▬
dispersievermogen	hoog	gemiddeld	laag
sleutelgebieden en stapstenen	liggen geïsoleerd van elkaar	verbonden	geïntegreerd in een groter leefgebeid
voortplanting	alleen in sleutelgebieden	in sleutelgebieden incidenteel in stapstenen	in gehele leefgebied
soortengroepen	vogels zeer mobiele insecten	zoogdieren amfibieën vlinders	reptielen sommige amfibieën meeste insecten

Figuur 9.16. Operationele concepten bij ontsnipperingsmaatregelen (bron: Alterra, 2001).

schuwheid van dieren en daarmee op hun zichtbaarheid voor mensen. Ook wordt hierdoor het terreingebruik door die dieren beïnvloed. Door afschot wordt daardoor ook indirect ingegrepen op de graasdruk. Zo is in afschotvrije zones en rustgebieden de graasdruk vaak hoger omdat de dieren zich hier langdurig en in hogere dichtheden ophouden, verder ervan af juist lager (Cromsight en Kuijper, 2018).

Overigens kan ongewenste verstoring door hoge recreatiedruk, loslopende honden, nachtelijke droppings, enzovoort, eenzelfde effect op het terreingebruik en daarmee de graasdruk hebben. Een dergelijk effect is meestal ongewenst, maar soms wordt verstoring juist bewust ingezet om dieren zo min mogelijk gebruik te laten maken van een bepaald gebied. Men creëert dan bewust een 'landscape of fear' door op onregelmatige tijden verschillende vormen van verstoring in een gebied te veroorzaken. Het is daarbij van belang dat de onvoorspelbaarheid van de verstoring groot is. Wilde dieren wennen immers gauw aan een vorm van regelmaat/voorspelbaarheid. Ook natuurlijke predators zijn tot op zekere hoogte in staat om zo'n 'landscape of fear' te realiseren (Lone e.a., 2014).

Afschot van andere diersoorten en -groepen heeft veelal als argument dat er (lokaal) maatschappelijke overlast is. Bijvoorbeeld afschot van ganzen in landbouwgebieden, omdat er gewasschade ontstaat. Een bijzondere motivatie voor afschot is aan de orde als natuurdoelstellingen strijdig worden. Zo wordt lokaal de Vos (*Vulpes vulpes*) afgeschoten om weidevogels een kans te geven.

Uitrasteren

In aanvulling op afschot wordt in geval van bosontwikkeling door terrein beherende organisaties gebruik gemaakt van periodiek uitrasteren. Een indirecte faunamaatregel met als doel de herbivoren buiten te sluiten en zo bosgedeelten een kans te geven te verjongen qua houtige gewasssen; zodra de jonge bomen boven de graaslijn zijn uitgegroeid en voldoende stevigheid hebben, kan het raster worden verwijderd (Ramirez e.a., 2019).

Wegvangen en overplaatsen

Een alternatief voor afschot is wegvangen. Deze strategie wordt zelden toegepast omdat ze veelal erg bewerkelijk en kostbaar is. Het wordt wel eens toegepast als ergens een tijdelijke ingreep vanuit een ander maatschappelijk belang wordt gedaan, bijvoorbeeld woningbouw. Het valt dan onder de beleidsmatige noemer van compensatiemaatregel, in de betekenis dat die dieren elders een vervangend leefgebied wordt aangeboden. Terughoudendheid is hierbij op zijn plaats, omdat bij overplaatsing dieren in een onbekend, nieuw habitat worden geplaatst en mogelijk moeite hebben zich op een juiste wijze aan te passen. Vaak voldoet de compensatielocatie namelijk (nog) niet aan de habitateisen van de soort.

Bijplaatsen in geval van kleine, kwetsbare populaties kan zinvol zijn omdat daarmee de genetische diversiteit wordt vergroot (Smulders e.a., 2006). Randvoorwaarde is wel dat er qua habitatkwaliteit voldoende perspectief is voor populatiegroei. Om een voorbeeld te geven: recentelijk zijn bij herhaling korhoenders uitgezet op de Sallandse heuvelrug, waarbij de soort ook strategisch wordt ingezet om zowel de lokale habitat van bosheidelandschap te versterken maar ook de voor de Korhoen broodnodige aanvullende landschappen als hoogveen, afgewisseld met extensieve, kleinschalige landbouw een stimulans te geven (Zekhuis e.a., 2021).

Herintroductie

De laatste decennia zijn in Nederland de leefomstandigheden en het bijpassende landschap voor bepaalde verdwenen soorten zodanig verbeterd dat de voor de soorten geschikte habitatten weer hersteld zijn. Als soorten door hun beperkte dispersiecapaciteit dergelijke gebieden niet makkelijk kunnen bereiken, wordt herintroductie soms overwogen. Daar waar Zeearend en Zwarte ooievaar (*Ciconia nigra*) op eigen kracht hier komen, kunnen andere soorten – vaak minder mobiel – een beetje hulp goed gebruiken. Enkele meer of minder succesvolle herintroducties worden kort uiteengezet. De in 1825 uitgeroeide Bever (*Castor fiber*) maakt sinds 1988 na enkele uitzettingen in de Biesbosch een succesvolle comeback. Deze uitgezette bevers zijn afkomstig uit het bovenstroomse gebiedsdeel van de rivier de Elbe, ecologisch gezien vergelijkbaar met het natuurontwikkelingslocaties in het Nederlandse uiterwaardenlandschap (zie Paragraaf 6.7 Casus dieren in het rivierenlandschap). Sinds enige jaren wordt er gesproken van een duurzame beverpopulatie in Nederland (Jansman e.a., 2016); regionaal vindt er zelfs al aantalsregulatie plaats door middel van wegvangen of afschot.

Minder eenvoudig is de al in Paragraaf 9.7.1 besproken Korhoen. Omdat het herstel- en omvormingsbeheer op de Sallandse heuvelrug van de gewenste habitatonderdelen een langdurig proces is gebleken en de restpopulatie in functionele zin was uitgestorven – en daaraan voorafgaand was er al sprake van dreigende inteelt (De Groot e.a., 2014) – heeft men na lang aarzelen enkele malen een aantal uit het buitenland afkomstige dieren uitgezet, in de hoop op populatiegroei. De komende jaren moeten gaan uitwijzen of het succesvol wordt.

Individugerichte maatregelen

In bepaalde situaties kan het wenselijk zijn om soorten te ondersteunen met maatregelen die effectief aangrijpen op individuele dieren, dan wel de familiesituatie. Naast gerichte ontsnipperingsmaatregel zoals al aangegeven voor soorten als Das en Otter zijn hiervoor de laatste decennia diverse vormen ontstaan. De beheersmatige overweging daarbij is vaak een tijdelijk ontbreken van bepaalde habitatonderdelen zoals bij het aanbieden van verankerde nestvlonders voor Zwarte stern

(*Chlidonias niger*) bij afwezigheid van krabbescheervelden of het nog in ontwikkeling zijn van bepaalde maatregelen zoals herstel van beekmeandering. Het creëren van betonnen broedwanden voor kolonies oeverzwaluwen kan dan juist een populatie lokaal in standhouden. Soms wordt het verdwijnen van bepaalde kwaliteiten in een kleinschalig agrarisch landschap vertaald in het aanbieden van nestkasten voor kerkuilen in boerenschuren of voor steenuilen in knotwilgen.

9.8 Natuurbeheer en de toekomst

In Paragraaf 9.1 is begonnen met visies op landschap en natuur en bijbehorende (beheer)strategieën. Visies die in de loop van de tijd mee zijn geëvolueerd met de samenleving, haar wensen en ideeën. De uitdaging is om op basis van opgebouwde kennis en ervaring het Nederlandse landschap en haar natuur duurzaam een plek te geven in onze samenleving.

Het verleden en het heden geven in elk geval referenties voor beide (zie Hoofdstuk 2, geografische en historische typen referenties). Volstaan de referenties niet, dan kan het waardevol zijn om ecologische en landschapsecologische wetmatigheden te gebruiken om een visie op te bouwen en daarvan afgeleid een gewenst beheer te kiezen. Een interessante casus in dat kader is de Markerwadden, een kunstmatig opgespoten archipel van kleine eilandjes in het Markermeer. Een stukje nieuwe natuur waar geen referentie voor bestaat maar die wel op basis van ecologische en landschapsecologische wetmatigheden kan worden ontwikkeld en beheerd. Een iets oudere casus die de laatste jaren zeer uitvoerig is besproken en bediscussieerd in het publieke domein, zijn de Oostvaardersplassen. Niet toevallig ook een voormalig stukje Zuiderzee, waar inmiddels veel is geleerd over begrazingsbeheer in een pseudo-natuurlijk landschap.

Wat in de toekomst het denken over natuur en landschap en het beheer ervan gaat beïnvloeden zijn de onomkeerbare veranderingen als gevolg van klimaatsverandering, verlies aan biodiversiteit door milieuvervuiling en toxische stoffen (zoals neonicotinoïden en de daarmee samenhangende sterfte van natuurlijke bestuivers als wilde bijen en wespen). De vraag is of je daaraan moet toegeven en het verlies accepteren of dat we ons er tegen moeten verzetten, om te behouden wat we hebben.

Daarom is een verwijzing naar de theorie van de 'shifting baselines syndrome' op zijn plaats. Deze theorie werd in 1995 door Daniel Pauly geopperd en later meermalen verfijnd, dan wel nader uitgewerkt (o.a. Campbell e.a., 2009). Deze theorie beschrijft hoe het gevoel van 'normaal' verschuift in een veranderende wereld. En hoe deze aangepaste nieuwe normaal wordt gebruikt als referentiepunt en voor interpretatie van (ecologische) gegevens.

Twee voorbeelden: 'edelherten houden van droge bosgebieden' (want ze komen in Nederland vooral op de Veluwe voor) en 'wolven tref je alleen in grote rustige natuurgebieden'. We weten inmiddels dat edelherten zich in het moerassige gebied van de Oostvaardersplassen meer dan thuis voelen. En des te groter is de verbazing als een wolf opeens op het platteland loopt en blijkbaar genoeg rust weet te vinden in bepaalde boskernen op de Veluwe om hier te overleven. We hebben blijkbaar onvoldoende beeld op de ecologische niche van soorten. En de mate van adaptief vermogen aan een veranderend landschap.

Een bijna filosofische vraag die oprijst is of de ambities voor natuur (de 'streefbeelden') langzaam maar zeker niet onderhevig zijn of moeten zijn aan deze theorie? Al eerder is genoemd dat klimaatverandering een belangrijke rol speelt in ecologische netwerken en daarmee het voorkomen van soorten. Als de arealen van soorten verschuiven, moeten er misschien voor dezelfde natuurgebieden op termijn andere/nieuwe doelsoorten gekozen worden, die beter passen bij de huidige (en toekomstige) klimatologische omstandigheden. Het realiseren van een robuuste natuur van voldoende omvang en samenhang kan ervoor zorgen dat er ook voor de meest kwetsbare soorten steeds geschikte leefomstandigheden bereikbaar en beschikbaar zijn (Kramer e.a., 2010).

9.9 Natuurbeheer in de praktijk: Casus Duingebied Zuid-Kennemerland

De duinen in ons land zijn een relatief jong landschap. Ze kenmerken zich door een grote variatie in ecotopen en daarmee gepaard gaand een grote diversiteit aan flora en fauna. Evenals het rivierenlandschap is het van nature een dynamisch landschap, dat zeker door menselijk handelen wordt beïnvloed, al is deze invloed vaak minder sterk dan in andere landschappen; dit is onder andere terug te zien aan het meestal ontbreken van een duidelijke perceelsstructuur. In het verleden werden de duinen gebruikt voor het verzamelen van hout en strooisel, beweiding en akkers. Naast hoge waarden voor natuur hebben de duinen nu een belangrijke functie als zeewering, recreatie- en (vaak) waterwingebied.

9.9.1 Natura 2000 gebied Zuid-Kennemerland

In deze paragraaf gaan we kijken naar het Natura 2000-gebied Zuid-Kennemerland en het natuurbeheer dat daar wordt toegepast. Dit is een groot duingebied van ruim 8000 ha dat zich langs de kust uitstrekt van IJmuiden tot Noordwijk. Het valt binnen het Renodunale district, dat wil zeggen dat het kalkrijke duinen betreft. Belangrijke natuurlijke processen zijn geomorfologische processen zoals water- en winddynamiek (verstuiving), successie en bodemontwikkeling. Als je van de kust naar de binnenduinrand gaat verandert het landschap van sterk dynamische pioniermilieus waarin stuivend zand en zout bepalend zijn naar meer stabiele milieus met humusvorming en opgaande begroeiingen. Door het, van het strand instuivende, kalkrijke zand is er een gradiënt aanwezig van kalkrijke, basische bodems in het westen tot aan ontkalkte, zwak zure bodems in het oosten. Het is een reliëfrijk en landschappelijk afwisselend gebied met grote verschillen in hoogten op korte afstand. De hogere delen zijn droog; daar vindt inzijging plaats met als gevolg ontkalking van het duinzand. De lage delen zijn vochtig tot nat en door, de invloed van het kalkrijke grondwater, beter gebufferd. De trofiegraad van de zandbodem is van nature laag. De gradiënten op de verschillende schalen zorgen voor een landschap met een fijnmazig mozaïek van ecotopen die verschillen in dynamiek en standplaatsfactoren als vocht, zuurgraad en voedselrijkdom. We vinden hier kale, stuivende duinen in de zeereep, daarachter duingraslanden en -struwelen, vochtige duinvalleien en meren, duinbossen en kleine oppervlakten duinheiden. Juist deze kleinschalige afwisseling zorgt voor leefgebied voor veel karakteristieke diersoorten zoals de Grauwe klauwier (*Lanius collurio*), Boompieper (*Anthus trivialis*) en Zandhagedis (*Lacerta agilis*).

De belangrijkste menselijke invloed in dit duingebied is te zien in het vastleggen van de zeereep voor de kustveiligheid, de aanleg van infiltratiekanalen voor de drinkwaterwinning, bosaanplant, recreatief gebruik en de oude landgoederen aan de binnenduinrand. Daarnaast is een heel karakteristiek element het zogenaamde zeedorpenlandschap, een zeer soortenrijk ecotoop dat het resultaat is van de hoge kalkrijkdom in de bodem en het eeuwenoude gebruik van de duinen als akkerland en weiland direct rond de vissersdorpen aan zee.

9.9.2 Knelpunten natuurkwaliteit

Hoewel het duingebied Zuid-Kennemerland een hoge natuurwaarde heeft, zowel qua natuurlijkheid als biodiversiteit, doen zich een aantal knelpunten voor.

Een van de grootste problemen is de verstarring van het duinlandschap door het verdwijnen van de dynamiek. De oorzaak hiervan is het op grote schaal vastleggen van de duinen door aanplant van Helm (*Calamagrostis arenaria*) en bos in het verleden. Het intact houden van een hoge en gesloten zeereep zorgt ervoor dat juist het hoog dynamische deel van de duinen sterk aan oppervlakte heeft ingeboet. Daardoor is de invloed van de saltspray, de zoute zeewind die de successie remt, afgenomen. Lokaal ontstaan er geen open plekken meer door het wegvallen van graverij door konijnen als gevolg van verschillende virusziekten. Het wegvallen van de dynamiek – zowel groot- als kleinschalige verstuiving – zorgt er ook voor dat de gradiënt in het kalkgehalte verdwijnt. Er vindt een versnelde successie plaats en het landschap verliest zijn karakteristieke kleinschalige variatie; de vegetatie vergrast, struweel rukt op en de bodem raakt versneld ontkalkt en verzuurd. Deze effecten worden nog eens versterkt door de verhoogde stikstofdepositie, die een verzurend effect heeft en daarnaast ook voor versneld dichtgroeien van het landschap zorgt. Karakteristieke fauna die juist gebonden is aan de open, kale zandbodems zoals de Tapuit (*Oenanthe oenanthe*) is daardoor sterk afgenomen.

Van oorsprong was het duingebied behoorlijk nat; in de winterperiode stonden de lagere delen onder water. Door de drinkwaterwinning in de duinen vanaf eind 19^e eeuw, verdroogden deze sterk. De aanplant van bos – en zeker naaldbos dat een sterke verdamping veroorzaakt (Runhaar e.a., 2000) – heeft dit effect versterkt, maar ook ontwatering en peilverlaging aan de binnenduinrand en in de diep gelegen Haarlemmeerpolder hebben hier aan bijgedragen. Door de verdroging zijn de voor de duinvalleien karakteristieke soortenrijke vegetaties verdwenen.

In Kennemerland-Zuid komen een aantal invasieve exoten voor zoals de Amerikaanse vogelkers (*Prunus serotina*) en de Rimpelroos (*Rosa rugosa*). Deze soorten kunnen zich in korte tijd snel uitbreiden en grote oppervlakten bezetten. Zij verdringen hierdoor de karakteristieke duinecotopen met bijbehorende flora en fauna en dragen bij aan een verdere verlaging van de dynamiek. Bestrijding is lastig omdat zaden door vogels, zoogdieren en wind, soms over grote afstanden en ook vanuit nabijgelegen gebieden, worden verspreid.

Met name in het zuidelijke deelgebied, de Amsterdamse waterleidingduinen komen grote aantallen damherten voor; dit leidt tot overbegrazing van de vegetatie waardoor de verjonging van bos achterwege blijft en de soortenrijkdom afneemt. Dat laatste geldt niet alleen voor de plantensoorten (zie Hoofdstuk 5, Kader 5.2) maar ook de insectenfauna die hiervan afhankelijk is. Zo blijken landelijk algemene soorten als het Oranjetipje (*Anthocharis cardamines*) en de Dagpauwoog (*Aglais io*) sterk achteruitgegaan als gevolg van de overbegrazing door de damherten (Mourik, 2015).

9.9.3 Doelstelling en maatregelen

Vanuit de aanwijzing als Natura 2000 gebied is de belangrijkste opgave voor natuurbehoud in Kennemerland-Zuid: het herstellen en ontwikkelen van een samenhangend en compleet duinlandschap met daarin de karakteristieke gradiënten in dynamiek, zout, kalk, vocht en de mozaïeken in open en gesloten, lage en hoge begroeiingen (Provincie Noord-Holland, 2018). Daarvoor zijn vooral nodig ruimte voor natuurlijke verstuiving, herstel van de hydrologie en het tegengaan van vergrassing en verstruweling. Het inzetten op deze doelen en het uitvoeren van de maatregelen moet leiden tot een duurzaam behoud van de karakteristieke flora en fauna en hun leefgebieden.

Hieronder beschrijven we de meest specifieke maatregelen die worden ingezet om de doelen voor dit gebied te behalen. We volgen in hoofdlijnen het rangordemodel en laten zien hoe de maatregelen op een niveau doorwerken op andere (meestal bovenliggende) niveaus in het model.

Topografie: herstel grootschalige verstuiving

Met het herstel van verstuiving op landschapsschaal wordt ingegrepen op de topografie van het landschap. Actieve verstuiving is een essentieel proces in het duinlandschap en daarmee de aanwezigheid van kerven en stuifkuilen in de zeereep. Deze kunnen spontaan ontstaan of worden gemaakt. Met name in het noordelijk deel, Nationaal Park Kennemerland, is het duingebied zo breed, dat de kustveiligheid hierdoor niet in het gedrang komt (Figuur 9.17). Het zand kan vanaf het strand de duinen in waaien.

Het zand stuift wel honderden meters landinwaarts, bedekt de (vergraste) vegetatie en creëert open kale bodems voor pionierssoorten; het landschap kan zich op deze manier steeds verjongen. Omdat het zand kalkrijk is, heeft het effect op de buffercapaciteit van de bodem: het bufferend vermogen van de (ondiep) ontkalkte bodem wordt weer verhoogd, zowel van de droge als de vochtige delen. De kalk kan ook nog eens het fosfaat binden, waardoor de beschikbaarheid hiervan voor de planten wordt beperkt en daarmee de vergrassing wordt vertraagd.

Figuur 9.17. Kerf in de zeereep ten noorden Bloemendaal, gemaakt om de verstuivingsdynamiek in het duinlandschap te vergroten (foto H. van Loon).

Hydrologie: herstel van vochtige en natte duinvalleien

Naast het terugbrengen van de verstuivingsdynamiek is herstel van de natuurlijke hydrologie van belang om een gradiëntrijk duinsysteem te herstellen en te behouden. Zo is in de Amsterdamse Waterleidingduinen in 1995 het grote infiltratiekanaal, het Van Limburg Stirum kanaal, gedempt en is in 2002 gestopt met de drinkwaterwinning in het noordelijk deel van Kennermerland-Zuid. Uit metingen aan de grondwaterstand is gebleken dat deze wel een tot enkele meters in de duinen is gestegen. Door aanvullende maatregelen is de verwachte grondwaterlast in de duinrand (met bebouwing) niet opgetreden. Zowel omvang als kwaliteit van de vochtige en natte duinvalleien zijn vooruit gegaan met de terugkeer of toename van plantensoorten als Knopbies (*Schoenus nigricans*), Rode ogentroost (*Odontites vernus*) en Slanke duingentiaan (*Gentianella amarella*), naast moerasvogels als Blauwborst (*Luscinia svecica*), Rietgors (*Emberiza schoeniclus*) en Bosrietzanger (*Acrocephalus palustris*) en een aantal libellensoorten (Van Brussel en Veel, 2007).

Bodem: lokale verstuiving en creëren van kleinschalige pioniermilieus

Door het maken van kleine stuifkuilen wordt lokaal verstuiving gereactiveerd, vooral in het middenduin (Figuur 9.18). De vegetatie wordt verwijderd en de bodem geplagd. Soms treedt er uitstuiving op tot aan het grondwater waardoor er vochtige laagten ontstaan. Planten en dieren, gebonden aan open, kale bodem vinden zo weer een geschikt leefgebied. De aanleg van stuifkuilen is tevens een mogelijkheid om exoten als Amerikaanse vogelkers en Rimpelroos maar ook de te ver oprukkende Duindoorn, te verwijderen. In het Natura 2000 Beheerplan is voorgesteld om meer dan 1000 stuifplekken in Kennemerland-Zuid aan te leggen (Provincie Noord-Holland, 2018).

Figuur 9.18. Aangelegde stuifkuil in de Amsterdamse Waterleidingduinen; vegetatie, humuslaag en het grootste deel van de wortels zijn afgevoerd (foto H. van Loon).

Vegetatie: vertraging successie, tegengaan van vergrassing en verstruweling

Konijnen worden beschouwd als de belangrijkste natuurlijke grazers in het duin; zij houden de vegetatie open en kort en kunnen door hun graafwerkzaamheden lokale verstuivingen op gang brengen. Door steeds nieuwe virusuitbraken is het aantal konijnen ook in dit duingebied sterk afgenomen; vergrassing en verstruweling worden zo niet tegengehouden. Onder andere als vervanging van de konijnenbegrazing worden grote grazers ingezet. Met runderen en paarden is dat meestal jaarrondbegrazing; bij de bestrijding van de Amerikaanse vogelkers is drukbegrazing met schapen ingezet, die heeft geleid tot een significante afname van de bedekking van deze soort (Nanne e.a., 2013). Het Kraansvlak in de Kennemerduinen is het eerste gebied in Nederland waar in 2007 wisenten zijn uitgezet (Figuur 9.13). Later zijn hier konikpaarden en Schotse hooglanders aan toegevoegd; daarnaast leven hier ook reeën en damherten. Daarmee is bijna het hele palet aan type grazers – van browsers tot en met echte grazers (zie Paragraaf 9.6.1) – aanwezig in dit deelgebied. De ingezette grazers blijken de verdere uitbreiding van houtachtigen en de verruiging van graslanden af te remmen, maar niet stop te zetten. Lokaal kunnen de effecten nogal verschillen (Cromsigt e.a., 2017). Er is in ieder geval een positieve trend van struweel- en bosvogels in het Kraansvlak tussen 2007 en 2018 vastgesteld.

Maaien wordt toegepast op plaatsen waar inzet van grote grazers niet mogelijk is zoals in de waterwingebieden, soms als aanvullende maatregel bij begrazing en vaak in vochtige en natte duinvalleien. In deze valleien wordt zo voorkomen dat de successie te snel doorzet en daarmee de soortenrijke jonge successiestadia snel verdwijnen ten gunste van wilgenstruwelen (Figuur 9.19).

Figuur 9.19. Soortenrijke, natte duinvallei die ontstaan is op het Kennemerstrand bij IJmuiden. Deze vallei wordt gevoed met kalkrijk kwelwater, nadat de drinkwaterwinning in het zuidelijk en oostelijk gelegen duingebied is gestopt. De vallei wordt jaarlijks in het najaar gemaaid, waarbij kleine oppervlaktes wilgenstruweel worden gespaard (foto H. van Loon).

Samenhangend duinlandschap: beperken versnippering en regulatie populatie damherten

Kennemerland-Zuid is vooral een langgerekt gebied dat in oost-west richting wordt doorsneden door een aantal druk bereden wegen en een spoorlijn. Om de uitwisseling van dieren tussen de deelgebieden mogelijk te maken zijn er daarom 3 natuurbruggen (ecoducten) aangelegd. De zuidelijk gelegen Natuurbrug Zandpoort vormt een verbinding tussen de Amsterdamse Waterleidingduinen (AWD) en het Nationaal park Zuid-Kennemerland (NPZK). Hierop is een stevig bouwhek geplaatst om de passage van damherten van de AWD naar het NPZK te voorkomen. Dit wordt beschouwd als een tijdelijke maatregel totdat de aantallen damherten tot een acceptabel aantal zijn teruggebracht. Dit doel moet worden behaald door afschot, maar door verschillende factoren (zoals toename aantal bezoekers, kortere schietperiode door vorst en sneeuwval e.d.) gaat dit minder snel dan de beheerders willen.

Bovenstaande laat zien dat de beheerders van Kennemerland-Zuid een scala aan beheermaatregelen kiezen om de natuurdoelen te bereiken. Het gaat om een combinatie van aanpak op landschapsschaal, zoals het aanzetten van landschapsvormende processen (verstuiving, infiltratie en kwel) naast effectgerichte maatregelen op specifieke locaties (plaggen, maaien, afschot) dus op standplaatsniveau.

Literatuur

Aggenbach, C.J.S., Berg, M.P., Frouz, J., Hiemstra, T., Norda, L., Roymans, J. en Van Diggelen, R., 2017. Evaluatie strategieën omgang met overmatige voedingsstoffen. Rapport OBN2017/214-NZ. VBNE, Driebergen.

Aggenbach, C., Arens, S., Fujita, Y., Kooijman, A., Neijmeijer,T., Nijssen, M., Stuyfzand, P., Van Til, M., Van Boxel, J. en Cammeraat, L., 2018. Herstel grijze duinen door reactiveren kleinschalige dynamiek. OBN223-DK. VBNE, Driebergen.

Alterra, 2001. Handboek Robuuste Verbindingen; ecologische randvoorwaarden. Alterra, Research Instituut voor de Groene Ruimte, Wageningen.

Bal, D., Beije, H.M., Hoogeveen, Y.R., Jansen, S.R.J. en Van der Reest, P.J., 1995. Handboek natuurdoeltypen in Nederland. IKC Natuurbeheer, Wageningen.

Bobbink, R., Hart, M., Van Kempen, M., Smolders, F. en Roelofs, J., 2007. Grondwater-kwaliteitsaspecten bij vernatting van verdroogde natte natuurparels in Noord-Brabant. Rapportnummer 2007.15. B-ware Research Centre, Nijmegen.

Bobbink, R., Weijters, M., Nijssen, M. Vogels, J., Haveman, R. en Kuiters, L., 2009. Branden als EGM maatregel. Rapport 2009/dk117-O. Directie Kennis, Ministerie van LNV, Ede.

Bobbink, R., 2010. Herstelbeheer natte heide en natte heischrale graslanden. Presentatie. Beschikbaar op: https://www.veldwerkplaatsen.nl/veldwerkplaats/download/?f=188&d=presentatienatteheiderolandbobbink.ed8abe.pdf

BIJ12, z.d. Index Natuur en Landschap. BIJ12, Utrecht.

Bijlsma, R.J., Jansen, A.J.M., Janssen, J.A.M., Maas, G.J. en Schipper, P.C.,2016. Kansen voor meer natuurlijkheid in Natura 2000-gebieden. Alterra-rapport 2745. Alterra, Wageningen.

Campbell, L. M., Gray, N.J., Hazen, E.L. and Shackeroff, J.M., 2009. Beyond baselines: rethinking priorities for ocean conservation. Ecology and Society 14 (1): 14.

Creemers, R.C.M. en Van Delft, J.J.C.W., 2009. De amfibieën en reptielen van Nederland. Nederlandse fauna 9. Nationaal Natuurhistorisch Museum Naturalis, KNNV Uitgeverij & European Invertebrate Survey – Nederland, Leiden.

Cromsigt, J., Wassen, M., Groenendijk, D., Rodriquez, E., Kivit, H. en Voeten, M., 2017. 10 Jaar ecologische monitoring van de Kraansvlak wisentpilot. Vakblad Natuur Bos Landschap 138: 7-13.

Cromsigt, J. en Kuijper, D., 2018. Niet tellen, maar sturen. Faunabeheer gericht op gedragsverandering. Vakblad Natuur Bos Landschap, Special Jacht 149: 24-27.

Couckuyt, J., 2016. Sinusbeheer: maaibeheer op maat. Vakblad Natuur Bos en Landschap 130: 14-17.

De Bruijn, D., Hamhuis, D., Van Nieuwenhuijze, L., Overmars, W., Sijmons, D. en Vera, F., 1987. Plan ooievaar. De toekomst van het rivierengebied. Stichting Gelderse milieufederatie, Arnhem.

De Groot, G.A., Jansman, H.A.H., Bovenschen, J., Laros, I., Meyer-Lucht, Y. en Höglund, J., 2014. Inteelt onder Sallandse korhoenders; de genetische gevolgen van een kleine populatieomvang. Alterra-rapport 2599, Alterra, Wageningen.

De Molenaar, J.G., 1996. Gedomesticeerde grote grazers in natuurterreinen en bossen: een bureaustudie. I. De werking van begrazing. Rapport IBN 231, IBN-DLO, Wageningen.

Dorland, E., Bobbink, R. en Brouwer, E., 2005. Herstelbeheer in de heide: een overzicht van maatregelen in het kader van OBN. De Levende Natuur 106 (5): 204-208.

Eichhorn, K. en Ketelaar, R., 2016. Ecologie en beheer van kruidenrijke graslanden op de zandgronden. Eichhorn Ecologie en Natuurmonumenten, Zeist/'s-Graveland.

Groot Bruinderink, G.W.T.A. en Lammertsma, D.R., 2013. Voorstel voor een wolvenplan voor Nederland: versie 2.0. Alterra rapport 2486, Wageningen.

Hermans, J., 1985. Dagvlinders van de Bemelerberg. Publicaties van het Natuurhistorisch Genootschap in Limburg, Reeks 34, pag. 80-82.

Hommel P., Waal, R., Muys, B., Den Ouden, J. en Spek, T., 2007. Terug naar het lindewoud – Strooiselkwaliteit als basis voor ecologisch bosbeheer. KNNV Uitgeverij, Zeist.

Hijlkema, J., 2013. Het Korhoen (*Lyrurus tetrix*) op de Sallandse Heuvelrug. Een onderzoek naar terreingebruik, voedselsituatie en overleving. Afstudeerscriptie, Van Hall Larenstein, Velp.

Jansen, P. en Van Benthem, M., 2008. Bosbeheer en biodiversiteit. Stichting Matrijs, Utrecht.

Jansen, A., 2019. Venen in soorten en maten. In: Jansen, A. en Grootjans, A. (red.). Hoogvenen. Noordhoek, Utrecht, pag. 16-23.

Jansman, H.A.H., De Groot, G.A., Broekmeyer, M.E.A. en Lammertsma, D.R., 2016. Status Bever in Nederland; Kaders om te komen tot bevermanagement. Wageningen Environmental Research, Wageningen.

Kramer, K., Bijlsma, R.J., Geijzendorffer en Vos, C., 2010. Ecologische veerkracht en natuurbeleid. In: Kramer, K. en Geijzendorffer, I. (red.) Ecologische veerkracht. Concept voor natuurbeheer en natuurbeleid. KNNV, Zeist.

Kennisnetwerk OBN, z.d.. Beheermaatregelen: Begrazen. https://www.natuurkennis.nl.

Kuiters, A.T. en Lammertsma, D.R., 2018. Actualisatie van infrastructurele knelpunten voor de otter; Overzicht van knelpuntlocaties met mate van urgentie voor het nemen van mitigerende maatregelen. Rapport 2915. Wageningen Environmental Research, Wageningen.

Lammerts, E.J. en Van Haperen, A., 2014. De natuur van de kust. Uitgeverij natuurmedia, Goedereede.

Lankester, K., Van Apeldoorn, R.C., Meelis, E. en Verboom, J., 1991. Management perspectives for populations of the Eurasian badger (*Meles meles*) in a fragmented landscape. Journal of Applied Ecology 28: 561-573.

Londo, G., 1991. Natuurtechnisch bosbeheer. Pudoc, Wageningen.

Londo, G., 1997. Natuurontwikkeling. Backhuys, Leiden.

Lone, K., Loe, L.E., Gobakken, T., Linnell, J.D.C.J., Odden, J., Remmen, J. en Mysterud, A., 2014. Living and dying in a multi-predator landscape of fear: roe deer are squeezed by contrasting pattern of predation risk imposed by lynx and humans. Oikos 123 (6): 641-651.

Lucassen, E.C.H.E.T., Van den Berg, L.J.L., Smolders, A.J.P., Aben, R.C.H., Roelofs, J.G.M. en Bobbink, R., 2014. Bodemverzuring en achteruitgang zomereik. Landschap 31 (4): 185-193.

Lucassen, E.C.H.E.T., Chardon, W.J., Dorland, E., Van der Sluys, M.L., Poelen, M.D.M. en Smolders, A.J.P, 2015. IJzerrijk drinkwaterslib en verschraling landbouwgronden. Landschap (4): 160-169.

Ministerie van Verkeer en Waterstaat, 2000. Besluit Beheer Haringvlietsluizen. https://wetten.overheid.nl/BWBR0011395/2009-12-22.

Mourik, J., 2015. Bloemplanten en dagvlinders in de verdrukking door toename van damherten in de Amsterdamse Waterleidingduinen. De Levende Natuur 116 (4): 185-190.

Mouissie, M., 2005. Grote grazers als zaaiers in heidegebieden. De Levende natuur 106 (5): 218-221.

Non, W., 2013. Het succes van bosrandbeheer. Vlinders 28 (1): 21-23.

Provincie Noord-Holland, 2018. Natura 2000 beheerplan Kennemerland-Zuid, 2018-2024. Provincie Noord-Holland, Haarlem.

Ramirez, J., Jansen, P., Ouden, J. d., Goudzwaard, L. en Poorter, L., 2019. Long-term effects of wild ungulated on the structure, composition and succession of temperate forest. Forest Ecology and Management 432: 478-488.

Runhaar, J., Maas, C., Meuleman, A.F.M. en Zonneveld, L.M.L., 2000. Herstel van natte en vochtige ecosystemen. NOV-rapport nummer 9-2. RIZA, Lelystad.

Schippers, W., Bax I. en Gardenier, M., 2012. Ontwikkelen van kruidenrijk grasland; Veldgids. Aardewerk advies & Bureau Groenschrift, Ede.

Schrama, M., Heijning P., Olff, H. en Berg, M., 2011. Hoe reageren kweldervegetaties op betreding door grote grazers? De Levende Natuur 112 (5): 196-198.

Smits, J. en Noordijk, J., 2013. Heidebeheer. Moderne methoden in een eeuwenoud landschap. KNNV, Zeist.

Smits, N.A.C. en Bal, D. (red.), 2014. Herstelstrategieën stikstofgevoelige habitats, deel 1. Alterra Wageningen UR en Programmadirectie Natura 2000 van het Ministerie van Economische zaken. https://www.natura2000.nl/meer-informatie/herstelstrategieen.

Smulders, M.J.M., Arens, P.F.P., Jansman, H.A.H., Buiteveld, J., Groot Bruinderink, G.W.T.A. en Koelewijn, H.P., 2006. Herintroducties van soorten, bijplaatsen of verplaatsen: een afwegingskader. Alterra-rapport 1390, PRI-rapport 128. Alterra, Wageningen.

Stuijfzand S., Van Turnhout C. en Esselink H., 2004. Gevolgen van verzuring, vermesting en verdroging en invloed van herstelbeheer op heidefauna. Basisdocument. Rapport EC-LNV nr 2004/152 O. Directe IFA – Ministerie van Landbouw, Natuur en Voedselkwaliteit, Ede.

Timmermans, B., Van Eekeren, N., Finke, E., Smeding, F. en Bos, M., 2010. Fosfaat uitmijnen op natuurpercelen met gras/klaver en kalibemesting. Handreiking voor de praktijk. Louis Bolk Instituut, Driebergen.

Van der Made, J.G. en Wynhoff, I., 1991. Pimpernelblauwtje terug in Nederland. Natura 88 (3): 64-65.

Van der Veen, H., 1975. De Veluwe natuurlijk? Het Veluwemassief: 'behouden', 'behouten' of 'woekeren met natuurlijke ontwikkelingsprocessen'? Gelderse Milieuraad, Arnhem.

Van Brussel, J. en Veel, P., 2007. Verdroging Kennemerduinen bestreden. H_2O 18: 9-11.

Vera, F.W.M., 1997. Metaforen voor de Wildernis. Proefschrift Landbouwuniversiteit, Wageningen.

Vereniging Natuurmonumenten, 2014. Richtlijn herintroductie planten. Natuurmonumenten, 's- Graveland.

Vogels, J., Van den Burg, A., Remke, E. en Siepel, H., 2011. Effectgerichte maatregelen voor het herstel en beheer van faunagemeenschappen van heideterreinen. Evaluatie en ontwerp van bestaande en nieuwe herstelmaatregelen (2006-2010). Rapport 2011/OBN152-DZ. Directie Kennis en Innovatie, Ministerie van Economische zaken, Landbouw en Innovatie, Den Haag.

Vogels, J., Weijters, M., Bergsma, H., Bobbink, R., Siepel, H., Smits, J. en Krul, L., 2018. Van bodemherstel naar herstel van fauna in een verzuurd heidelandschap. De Levende Natuur 119 (5): 200-204.

Waenink, R., Wilschut, R. en Bezemer, M., 2019. Evaluatierapport bodemtransplantatie als basis voor heideontwikkeling. Nederlands Instituut voor Ecologie (NIOO-KNAW), Wageningen.

Wallis de Vries, M., Bobbink, R., Brouwer, E., Huskens, K., Verbaarschot, E., Versluijs, R. en Vogels, J., 2015. Alternatieven voor plaggen van natte heide. Eerste effecten van drukbegrazing, chopperen en bekalking. Vakblad Natuur Bos Landschap 119: 10-13.

Weijters, M., Van der Bij, A., Bobbink, R., Van Diggelen, R., Harris, J., Pawlett, M., Frouz, J., Vliegenthart, A. en Vermeulen, R., 2015. Praktijkproef heideontwikkeling op voormalige landbouwgrond in het Noordenveld – Resultaten 2011-2014. B-ware Research Centre, Nijmegen.

Weijters, M., Bobbink, R., Verbaarschot, E., Van de Riet, B., Vogels, J., Bergsma, H. en Siepel, H., 2018. Herstel van heide door middel van slow release mineralengift – resultaten van 3 jaar steenmeelonderzoek. OBN222-DZ. VBNE, Driebergen.

Westhoff, V., 1952. De betekenis van natuurgebieden voor wetenschap en practijk. Rede, gehouden op de plenaire vergadering van de Contact-Commissie op 3 november 1951. Contact-Commissie voor Natuur- en Landschapsbescherming.

Zekhuis, M., Van Oort, L. en Hoogenstein, L. 2021. Gewilde dieren. Herintroducties van dieren in Nederland. KNNV Uitgeverij, Zeist.